本教材第1版曾获首届全国教材建设奖全国优秀教材一等奖

"十四五"职业教育国家规划教材

国家职业教育机电一体化技术专业
教学资源库配套教材

U0685539

PLC
应用与实践
（三菱）（第2版）

▶主 编 温贻芳 李洪群 王月芹
▶副主编 徐 黎 薛迎春

课程思政
示范课程
配套教材

mooc
国家精品
在线开放课程

中国教育出版传媒集团
高等教育出版社·北京

内容简介

本教材第 1 版曾获首届全国教材建设奖全国优秀教材一等奖，与配套建设的《PLC 应用与实践数字课程》同为"十三五"职业教育国家规划教材。本教材为"十四五"职业教育国家规划教材、课程思政示范课程配套教材、国家职业教育专业教学资源库配套教材，配套建设的 MOOC 为国家精品在线开放课程。

本教材以三菱 FX 系列 PLC 的应用为主线，系统地介绍 PLC 控制系统与外围设备，包括 PLC 的结构、工作原理、内部组件、指令系统、编程方法、组态技术和现场总线通信技术；同时介绍常用传感器、文本屏、触摸屏、步进电动机、伺服电动机等的应用；深入浅出地介绍 PLC 的输入、输出单元的内部电路特点，接口电路的设计，控制程序设计与调试方法，项目设计与开发过程等，有利于学习者自学。本教材包含 14 个项目：认识 PLC、电动机控制电路、竞赛抢答器、霓虹灯、交通信号灯、数字踩雷游戏机、4 层电梯控制、机械手自动控制及组态、生产线轻载 AGV 控制、平移门进卷帘门出风淋控制、微滤机控制、胶塞清洗机远程监控、自动灌胶机控制、生产线中机器人的控制。通过这些实际工程项目的设计与开发，更有效地培养学习者的实际工程应用能力。

本教材为新形态一体化教材，采用双色印刷，配有数字课程与教、学、做一体化设计的专业教学资源库，内容丰富，功能完善，详见"智慧职教"服务指南。其中，数字化资源包括微课、动画、思政学习、案例、延伸阅读、PPT 课件、习题答案、技能操作视频、仿真等类型，还包括供项目调试使用的仿真资源，详见封面所列二维码链接的配套资源清单。学习者可以使用手机扫描教材中的二维码，访问相关知识点和技能点的数字化资源。使用本教材授课的教师可发邮件至 gzdz@ pub. hep. cn，获取相关教学资源。

本教材可作为高等职业院校机电一体化技术、电气自动化技术等专业及装备制造大类、电子与信息大类相关专业的教材，也可供工程技术人员参考。

图书在版编目（CIP）数据

PLC 应用与实践：三菱／温贻芳，李洪群，王月芹主编. -- 2 版. --北京：高等教育出版社，2023.5（2024.9重印）
ISBN 978-7-04-059678-6

Ⅰ. ①P… Ⅱ. ①温… ②李… ③王… Ⅲ. ①PLC 技术–高等职业教育-教材 Ⅳ. ①TM571.61

中国国家版本馆 CIP 数据核字（2023）第 009353 号

PLC Yingyong yu Shijian(Sanling)

策划编辑	郭 晶	责任编辑 郭 晶	封面设计 马天驰		版式设计 童 丹
责任绘图	邓 超	责任校对 吕红颖	责任印制 赵义民		

出版发行	高等教育出版社	网　址	http://www.hep.edu.cn
社　址	北京市西城区德外大街 4 号		http://www.hep.com.cn
邮政编码	100120	网上订购	http://www.hepmall.com.cn
印　刷	三河市春园印刷有限公司		http://www.hepmall.com
开　本	850mm×1168mm　1/16		http://www.hepmall.cn
印　张	18.75	版　次	2017 年 9 月第 1 版
字　数	470 千字		2023 年 5 月第 2 版
购书热线	010-58581118	印　次	2024 年 9 月第 4 次印刷
咨询电话	400-810-0598	定　价	43.80 元

　　"智慧职教"（www.icve.com.cn）是由高等教育出版社建设和运营的职业教育数字教学资源共建共享平台和在线课程教学服务平台，与教材配套课程相关的部分包括资源库平台、职教云平台和 App 等。用户通过平台注册，登录即可使用该平台。

　　● 资源库平台：为学习者提供本教材配套课程及资源的浏览服务。

　　登录"智慧职教"平台，在首页搜索框中搜索"PLC 应用与实践"，找到对应作者主持的课程，加入课程参加学习，即可浏览课程资源。

　　● 职教云平台：帮助任课教师对本教材配套课程进行引用、修改，再发布为个性化课程（SPOC）。

　　1. 登录职教云平台，在首页单击"新增课程"按钮，根据提示设置要构建的个性化课程的基本信息。

　　2. 进入课程编辑页面设置教学班级后，在"教学管理"的"教学设计"中"导入"教材配套课程，可根据教学需要进行修改，再发布为个性化课程。

　　● App：帮助任课教师和学生基于新构建的个性化课程开展线上线下混合式、智能化教与学。

　　1. 在应用市场搜索"智慧职教 icve"App，下载安装。

　　2. 登录 App，任课教师指导学生加入个性化课程，并利用 App 提供的各类功能，开展课前、课中、课后的教学互动，构建智慧课堂。

　　"智慧职教"使用帮助及常见问题解答请访问 help.icve.com.cn。

国家精品在线开放课程
"PLC 应用与实践"
学习指南

国家精品在线开放课程"PLC 应用与实践"的内容基于高等职业院校自动化类等专业的教学要求,兼顾有志于投入相关行业的社会学习者的需要,由从事 PLC 应用工程项目开发和 PLC 课程教学的团队精心建设而成。课程自上线以来,一直面向社会免费开放,并处于不断优化、更新中,以期更有效地服务于职业院校和社会,助力 PLC 应用与实践教学。课程可与本教材配套使用。

课程同时在"智慧职教"平台"MOOC 学院"频道(mooc. icve. com. cn)和"爱课程(中国大学MOOC)"平台(www. icourse163. org)运行。在平台首页搜索课程名称"PLC 应用与实践",找到后进入课程首页,点击"立即参加"按钮,可免费参加学习。

课程基于企业岗位需求,以校企合作方式开展建设,历经多轮教改和反复修改,目前具备下列特点。

(1)遵循国家专业教学标准,对接 PLC 设计师职业标准和岗位能力要求,跟踪工业控制技术前沿,融合"质量、标准、环保、安全"发展理念,强调制造强国、产业报国的家国情怀,劳动光荣、技能宝贵的时代风尚,精益求精、追求卓越的工匠精神等思政元素。

(2)坚持新时代可持续发展的创新人才培养。与典型企业联合开展科研项目攻关,及时将新技术、新工艺更新到"随动式"教学项目,为培养自动化领域"大国工匠"夯实基础。

(3)"纸质教材+在线开放课程"一体化教学,项目训练与能力培养结合,借助视频、动画、仿真等数字化资源,针对课程的重点和难点进行可视化、立体化教学。

课程基本情况和学习方法建议如下。

课时:本课程每期持续 14 周,每周安排 3 ~ 5 学时。

公告:参加课程学习后,可在"公告"栏目下查看相关信息,了解学习进度。

学习:在线学习过程主要在"课件"栏目下完成。在该栏目下,首先查看学习任务单,明确每节课的学习任务,带着任务看视频;随后可进行"随堂测验",并在"讨论区"思考和回复老师发起的讨论,或结合自己的学习情况发起新的讨论。

实践:条件允许时可通过实验操作巩固所学知识;或通过"模拟仿真"开展训练。

交流:每个知识点都有相应的讨论栏,有任何疑问都可发起讨论。另外,可在"综合讨论区""老师答疑区""课堂交流区""精华区"在线交流,相互促进,共同进步。

测验:每个项目结尾有"单元测试"来实施阶段性检测,另有"单元作业"。

教材:《PLC 应用与实践(三菱)》(第 2 版)新形态一体化教材与在线开放课程相互融通,共同构建"一书一课一空间",支持线上线下混合式教学。

期待你的参与!

第2版前言

本教材第 1 版曾获首届全国教材建设奖全国优秀教材一等奖,与配套建设的《PLC 应用与实践数字课程》同为"十三五"职业教育国家规划教材。本教材为"十四五"职业教育国家规划教材、课程思政示范课程配套教材、国家职业教育专业教学资源库配套教材,配套建设的 MOOC 为国家精品在线开放课程。

本教材依据高等职业教育和应用企业对应用型人才的培养要求,由多年从事 PLC 应用工程项目开发和 PLC 课程教学的团队编写,力求全面介绍 PLC 应用系统,使学生掌握关键技术,达到工程综合应用的要求。本教材打破了以往教材的编写思路,立足应用型人才的培养目标,将理论教学、实验操作和综合设计训练有机结合,将硬件设计与软件设计相结合,将使用方法介绍和计算机编程操作相结合,以大量典型的应用项目,使学生在循序渐进的项目引领下,通过学习、思考,逐步掌握 PLC 课程的知识要点。本教材具有以下特点。

1. 内容新颖实用,紧跟时代

本教材以国内应用广泛、具有高性价比的三菱 FX 系列 PLC 为例,介绍 PLC 的结构、工作原理、内部组件、指令系统、编程方法、组态技术和现场总线通信技术,同时还介绍多个实际自动化控制产品的设计开发。以 GX Works2 编程软件为平台,编程、监控、仿真功能强。

2. 案例典型丰富,由易到难,逐步深入

本教材在项目的设置上力求难度循序渐进,项目的实施可由学生通过自己的思考、教师的引导得以实现;既能较全面地运用 PLC 课程的主要知识点,也兼顾一些相关课程的内容,适应工作中知识内容运用的多样性。不追求知识的面面俱到,而力求使学生掌握基本的方法和思路,同时培养学生的思维能力和学习能力,从而为学生今后的可持续发展打好工程应用能力方面的基础。

3. 内容广泛全面,启发引导,主动思考

教材中选取有实用价值和应用前景的实际控制电路,使学生不觉得抽象、空洞,从而提高学习的积极性。部分项目配有相关的思政学习内容,可提高学生的思想认识和职业责任感。鼓励学生的创新思维,同一个加工工艺控制过程用不同的编程方式、不同的设计方法来实现,以加深学生对所学知识的理解。内容紧跟当前工程生产实际,紧扣当前用人单位需求和就业市场要求。

4. 实践项目组织结构合理

教材中基础实践项目围绕 PLC 的基本应用,实行"三级指导"(即任务描述、相关知识、任务实施),使教、学、练紧密结合。综合实践项目包括设计要求、相关知识、项目分析、项目实施,可系统地培养学生的综合应用能力。延伸阅读与任务拓展的内容可以进一步培养学生的设计能力和创新意识。即使没有实训设备,也能在仿真条件下调试、验证程序设计。

5. 将企业真实项目引入全局设计,培养学生工程应用能力

本教材分为基础实践和综合实践两篇。第一篇基础实践包括 6 个项目,每个项目均分为若干任务,逐步介绍相关基础知识。第二篇综合实践包括 8 个项目,由浅入深地详细介绍企业真实项目,项

目的选取力求全面覆盖相关知识,系统应用范围广,重视培养学生的工程应用能力。各任务或项目后附有思考与练习,便于教师教学和学生自学。

6. 应用现代信息技术,配套在线开放课程,提升学习效率

本教材以微课、动画、思政学习、案例、延伸阅读、PPT 课件、习题答案、技能操作视频、仿真等丰富的数字化资源作为支撑,构建新形态一体化的教材形式。所有数字化资源在书中相应位置都有标注,并应用现代信息技术,在书中的关键知识点和技能点的配套资源旁插入二维码,可以通过使用手机扫描二维码的方式观看配套资源,让学习更加便捷。本教材与配套建设的国家精品在线开放课程"PLC 应用与实践"相互融通,共同构建"一书一课一空间",支持线上线下混合式教学。

本教材可用于装备制造大类、电子与信息大类各专业的教学,也可供工程技术人员参考。

本教材由温贻芳、李洪群、王月芹任主编,徐黎、薛迎春任副主编。项目 1 由仲蓁蓁编写;项目 2、8、10 由温贻芳、薛迎春编写;项目 3 由崔秋丽编写;项目 4 由徐月兰编写;项目 5、7 由王月芹编写;项目 6、9 由徐黎编写;项目 11、12、13 由李洪群编写;项目 14 由朱巍峰编写。企业工程师蒋兴年、杨培生参与了编写与审定。

本教材是高等职业院校教学改革中新形态一体化教材建设的一次探索和尝试。限于编者的水平,对于书中不妥之处,恳请读者批评指正。编者电子邮箱:liss02@ 163. com。

编　者

2023 年 1 月

本教材与配套建设的《PLC应用与实践数字课程》同为"十三五"职业教育国家规划教材,配套建设的MOOC为国家精品在线开放课程。本书同时为国家职业教育专业教学资源库配套教材。

本教材依据高等职业教育和应用企业对应用型人才的培养要求,由多年从事PLC应用工程项目开发和PLC课程教学的工程师编写,力求全面介绍PLC应用系统,使学生掌握关键技术,达到工程综合应用的目的。本书打破了以往教材的编写思路,立足应用型人才的培养目标,将理论教学、实验操作和综合设计训练有机结合,将硬件设计与软件设计相结合,将使用方法介绍和计算机编程操作相结合,以大量典型的应用项目,使学生在由容易到复杂的项目任务引领下,通过学习、思考,逐步掌握PLC课程的知识要点。本书具有以下特点。

1. 内容新颖实用,紧跟时代

本教材以国内应用广泛、具有高性价比的三菱FX系列PLC为例,介绍PLC的结构、工作原理、内部组件、指令系统、编程方法、组态技术和现场总线通信技术,同时还介绍多个实际自动化控制产品的设计开发。以GX Works2编程软件为平台,编程、监控、仿真功能强。

2. 案例典型丰富,由易到难,逐步深入

本教材在项目的设置上力求难易程度循序渐进,项目的实施可由学生通过自己的思考、教师的引导得以实现;既能较全面地运用PLC课程的主要知识点,也兼顾一些相关课程的内容,适应工作中知识内容运用的多样性。不追求知识的面面俱到,而力求使学生掌握基本的方法、思路,同时培养学生的思维能力和学习能力,从而为学生今后的可持续发展打好工程应用能力方面的基础。

3. 内容广泛全面,启发引导,主动思考

教材中选取有实用价值和应用前景的实际控制电路,使学生不觉得抽象、空洞,从而提高学习的积极性。鼓励学生的创新思维,同一个加工工艺控制过程用不同的编程方式、不同的设计方法来实现,以加深学生对所学知识的理解。内容紧跟当前工程生产实际,紧扣当前用人单位需求和就业市场。

4. 实践项目组织结构合理

教材中基础实践项目围绕PLC的基本应用,实行"三级指导"(即任务描述、相关知识、任务实施),使教、学、练紧密结合。综合实践项目包括设计要求、相关知识、项目分析、项目实施,可系统培养学生的综合应用能力。延伸阅读与拓展内容,可以进一步培养和提高学生的设计能力、创新意识和创新能力。即使没有实训设备,也能在仿真条件下调试、验证程序设计。

5. 引入真实企业项目全局设计,培养学生工程应用能力

本教材在体系架构方面,分为基础实践篇和综合实践篇。第一篇基础实践包括6个项目,每个项目均分为若干任务,逐步学习相关基础知识。综合实践篇包括8个项目,由简单到复杂,由浅入深地详细介绍了实际应用项目,项目的选取力求相关知识覆盖全面,系统应用范围广,重视培养学生的工程应用能力。各任务或项目后附有思考与练习,便于教师教学和学生自学。

6. 应用现代信息技术,配套在线开放课程,提升学习效率和效果

本教材以微课、动画、技能操作视频、仿真等丰富的数字化资源作为支撑,构建新形态一体化的教材形式。所有信息化教学资源在书中相应位置都有资源标注,并借助现代信息技术在书中的关键知识点和技能点的配套资源旁插入了二维码标识,可以通过使用手机扫描二维码的方式,观看配套资源,让学习变得方便快捷。

本教材可作为装备制造大类、电子信息大类各专业的教材,也可供工程技术人员参考。

本教材由温贻芳、李洪群、王月芹任主编,徐黎任副主编。项目 1 由仲蓁蓁编写;项目 2、8、10 由温贻芳、薛迎春编写;项目 3 由崔秋丽编写;项目 4 由徐月兰编写;项目 5、7 由王月芹编写;项目 6、9 由徐黎编写;项目 11、12、13 由李洪群编写;项目 14 由朱巍峰编写。企业工程师蒋兴年、杨培生参与了编写与审定。

本教材是高等职业院校教学改革中新形态一体化教材建设的一次探索和尝试。限于编者的水平,对于书中不妥之处,恳请读者批评指正。编者电子邮箱 liss02@163.com。

编　者

2017 年 9 月

目 录

第一篇 基础实践

第二篇　综合实践

第一篇
基础实践

可编程控制器（programmable logic controller,PLC）是一种为在工业环境下应用而设计的数字运算操作的电子装置。它采用可以编制程序的存储器存储执行逻辑运算、顺序控制、定时、计数、算术运算等操作的指令，并通过数字式或模拟式的输入和输出，来控制各种类型的机械或生产过程。

通过本项目，可了解 PLC 的由来、功能特点、应用场合、硬件结构，熟悉 PLC 输入接口电路的应用，掌握常用接近传感器的选型和应用，会将 PLC 的各种输入信号正确接线，会检验输入信号是否正常。

思维导图

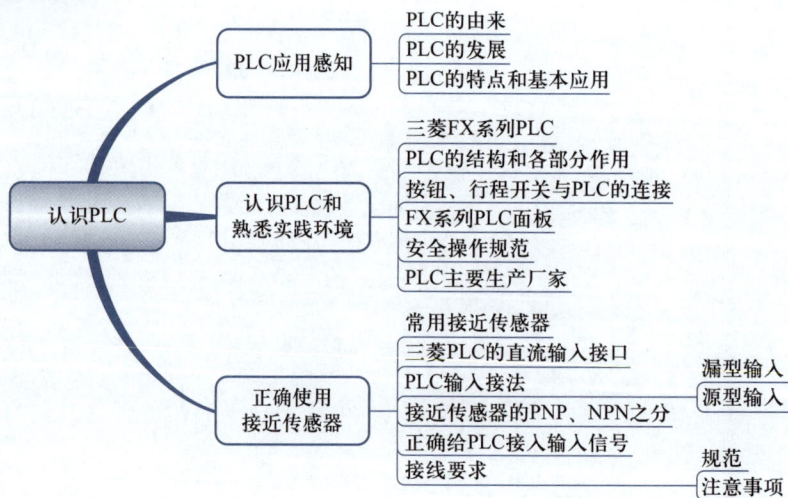

任务 1.1　PLC 应用感知

本任务是熟悉 PLC 的由来、发展、特点及主要应用。此外,可通过网络自主学习,了解 PLC 在生产与生活中的应用。

PPT课件
PLC 应用感知

【重点知识与关键能力】

重点知识
熟悉 PLC 的定义、特点、功能、应用,了解 PLC 在生活与生产中的应用。
关键能力
能通过网络查找需要的 PLC 相关资料,并加以整理、总结。
基本素质
以科学的方法进行调查研究,并严谨认真、实事求是地处理和整理调研数据。

思政学习
国产 PLC 技术
的进步

任务描述

通过网络收集 PLC 应用案例,熟悉 PLC 的应用场合,了解 PLC 技术的由来、发展,列举市场上的 PLC 品牌和型号。

【任务要求】
- 通过因特网熟悉 PLC 的相关概念,了解 PLC 有哪些品牌和相应的型号。
- 在因特网上收集 PLC 应用案例。
- 讨论 PLC 的特点和应用场合。
- 完成 PLC 应用调研报告,撰写学习计划。

【任务环境】
- 可以上网的计算机。
- PLC 课程网站。

相关知识

1.1.1　PLC 的由来

1. 背景

在 20 世纪 60 年代初,美国汽车制造业竞争激烈,产品更新的周期越来越短,所以对生产流水线的自动控制系统更新也越来越频繁。而当时的继电器控制系统经常需要重新设计和安装,很不方便。

2. 招标

1968 年 4 月,美国通用汽车公司的年轻工程师 Dave Emmett 提出设计一款"标准机器控制器"的设备,用来替代当时用于控制机器运行的继电器控制系统。同年 6 月,

通用公司发布招标文件,首先提出了可编程控制器(PLC)的概念。

3. 入围

在众多收到招标书的公司中,三家公司——美国数字设备公司(DEC)、3I 公司和 Bedford Associates 公司(Modicon 公司前身)最终进入评标阶段。

4. 第一台 PLC 的诞生

1969 年,美国数字设备公司研制出世界上第一台 PLC——PDP14,并实施安装,用于控制齿轮研磨机。紧接着,3I 公司和 Modicon 公司分别研制出了 PDQ-Ⅱ 和 Modicon 084。

5. 胜出

因为 Modicon 084 的编程语言与电路系统部门内非常熟悉的继电器梯形图逻辑类似,同时它是唯一一种安装在硬质外壳中的控制器,提供了其他两种产品所没有的电厂车间层面的保护,所以最终 Modicon 084 胜出。图 1-1 所示为 Modicon 084 的宣传画。

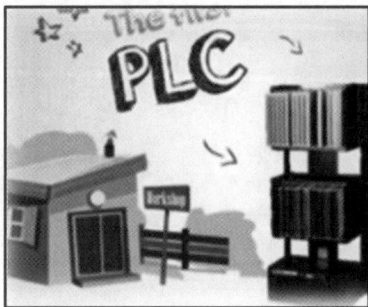

6. 定义

1987 年,国际电工委员会(IEC)颁布了可编程控制器标准草案第三稿。在草案中对可编程控制器定义如下:"可编程控制器是一种数字运算操作的电子系统,专为在工业环境下应用而设计。它采用可编程的存储器,用来在其内部存储执行逻辑运算、顺序控制、定时、计数和算术运算等操作的指令,并通过数字式和模拟式的输入和输出,来控制各种类型的机械或生产过程。可编程控制器及其有关外围设备,都应按易于与工业系统连成一个整体、易于扩充其功能的原则而设计。"

图 1-1   Modicon 084 的宣传画

1.1.2 PLC 的发展

PLC 自问世以来,经过多年发展,已成为很多发达国家的重要产业,并成为当前国际市场最受欢迎的工业畅销品。目前,用 PLC 设计自动控制系统已成为世界潮流。我国自改革开放以来,引进了许多用 PLC 实现控制的自动生产线,也引进了生产 PLC 的生产线,建立了生产 PLC 的企业,并生产出了许多规格的 PLC 产品,包括国产品牌汇川、信捷、台达等。

为了适应市场各方面的需求,各生产厂家对 PLC 不断地进行改进,使其功能更强大,结构更完善。随着大规模集成电路和超大规模集成电路的发展,PLC 在问世后的发展极为迅速。现在,PLC 已发展成为具有逻辑控制、过程控制、运动控制、数据处理、连网通信、故障自诊断等功能的多功能控制器,具有越来越强的模拟量处理能力,以及其他过去只有计算机才能具有的高级处理能力,如浮点数运算、PID 调节(PID 调节就是根据系统的误差,利用比例、积分、微分计算出控制量,进行相应的调节)、温度控制、精确定位、步进驱动、报表统计等。为适应信息化发展趋势,如今 PLC 网络系统已经不再是自成体系的封闭系统,而是迅速向开放式系统发展,各品牌 PLC 除了形成各具特色的 PLC 网络系统,完成设备控制任务之外,还可以与上位计算机管理系统连网,实现信息交流,成为整个信息管理系统的

一部分。另一方面,现场总线技术得到广泛的应用,PLC与其他安装在现场的智能设备,如智能仪表、传感器、智能型驱动执行机构等,通过信号传输线连接,并按照同一通信规约互相传输信息,构成一个现场工业控制网络。该网络与单一的PLC远程网络相比,配置更灵活,扩容更方便,造价更低,更具有开放性。

伴随着微电子技术、控制技术与信息技术的不断发展,PLC也在不断地发展。PLC的发展趋势如图1-2所示,主要表现在以下几个方面。

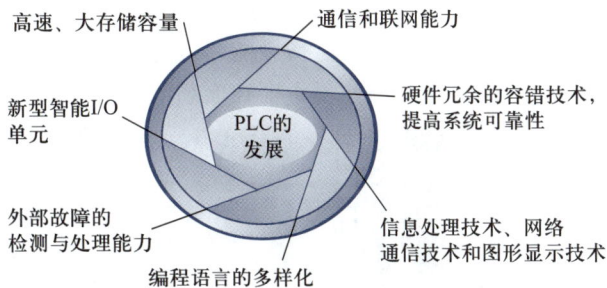

图 1-2　PLC 的发展趋势

1. 技术方面

PLC会向高集成度、小体积、大容量、高速度、易使用、高性能、高性价比的方向发展。随着计算机技术和自动化技术的快速发展,"32位处理器,纳秒级的处理速度,数万I/O点"让未来的PLC拥有计算机一样的运算能力和数据处理能力。PLC的故障检测与处理能力会更强,并将发展用于检测外部故障的专用智能模块,进一步提高系统的可靠性。

2. 规模方面

PLC会向两个方向发展:一个是向小型化、专用化和低价格的方向发展,以进行单机控制;另一个是向大型化、高速度、多功能和分布式全自动网络化的方向发展,以满足现代化的大型工厂、企业自动化的需求。

3. 配套方面

PLC产品会向规格更齐备、品种更丰富的方向发展。

有的厂商提出了全集成自动化的概念,即把原先分离的工业控制(PLC与工控机)、人机界面、传感器/执行器、上位机监控、分散控制系统(DCS)、数据采集与监视控制系统(supervisory control and data acquisition,SCADA)等系统集成在同一个自动化环境中,以利于接驳、通信,上行、下达全无障碍。

4. 标准方面

随着IEC 61131-3标准的诞生,各厂家或同一厂家不同型号的PLC将打破互不兼容的格局,使PLC的通用信息、设备特性、编程语言等向IEC 61131-3标准的方向靠拢,而最终实现通用。

5. 网络通信方面

PLC将向着网络化和通信简易的方向发展。

近几年来,随着互联网技术的普及与推广,以太网(Ethernet)也得到了飞速发展。基于以太网和Internet的不断发展,控制产品要有更好的开放性,是离不开以太网的。所以诸多品牌的PLC都配备了以太网模块,部分产品如信捷XD5E系列、三菱FX5U(C)系列和西门子S7-1200系列PLC都内置了以太网接口,上位机可直接通过以太网与PLC通信。将来,PLC与5G、智能手机的互连以及Wi-Fi的配置,更会带来工业现场的无线化变革。

1.1.3 PLC 的特点和基本应用

1. PLC 的特点

PLC 之所以能够迅速发展,除了它顺应了工业自动化的客观要求之外,更重要的是综合了继电器控制系统的优点以及计算机灵活、方便的优点,使之具有许多其他控制器所无法比拟的特点(如图 1-3 所示),较好地解决了工业控制领域中普遍关心的可靠、安全、灵活、方便、经济等问题。

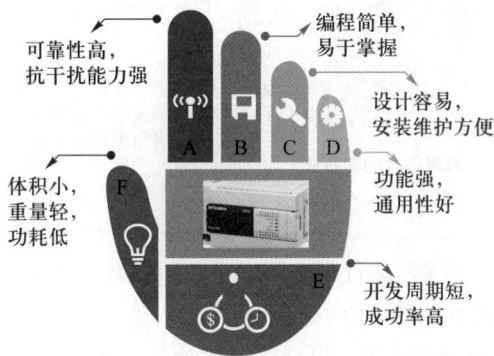

可靠性高,抗干扰能力强

编程简单,易于掌握

设计容易,安装维护方便

功能强,通用性好

体积小,重量轻,功耗低

开发周期短,成功率高

图 1-3   PLC 的特点

（1）可靠性高,抗干扰能力强

PLC 用软件代替大量的中间继电器和时间继电器,仅保留与输入和输出有关的少量硬件,接线可以减少到继电器控制系统的 1/100～1/10,进而使因触点接触不良造成的故障大为减少。同时,PLC 在软件和硬件上都采取了抗干扰的措施,以提高其可靠性,适应工业生产环境。一般 PLC 的平均无故障时间可达几万小时以上。

（2）编程方便,易于使用

PLC 是面向现场应用的一种新型的工业自动化控制设备,所以它一直采用大多数电气技术人员所熟悉的梯形图语言。梯形图语言延续使用继电器控制的许多符号和规定,形象直观,易学易懂。电气工程师和具有一定基础的技术操作人员都可以在短期内学会,使用起来得心应手。这是和计算机控制系统的一个较大区别。

延伸阅读
PLC 提高可靠性的措施

同时,PLC 可以和计算机控制系统一样远程通信控制,通过互联网进行远程维护,以满足生产需要。

（3）通用性强,配套齐全

PLC 产品已经标准化、系列化、模块化,其制造商为用户配备了品种齐全的 I/O 模块和配套部件。用户在进行控制系统的设计时,可以方便灵活地进行系统配置,组成不同功能、不同规模的系统,以满足控制要求。用户只需在硬件系统选定的基础上,设计满足控制对象要求的应用程序。对于一个控制系统,当控制要求改变时,只需修改相关程序,就能变更其控制功能。

（4）安装简单,调试方便,维护工作量小

因为 PLC 用软件代替了继电器控制系统中的大量硬件,使得控制柜的设计、安装、接线工作量大大减少。同时,PLC 有较强的带载能力,可以直接驱动一般的电磁阀和中小型交流接触器,使用起来极为方便,通过接线端子可直接连接外部设备。

PLC 软件设计和调试可以在实验室进行,而且现场统调过程中发现的问题可通过修改程序来解决。因为 PLC 本身的可靠性高,又具有完善的自我诊断能力,一旦发生故障,可以根据报警信息,快速查明故障原因。如果是 PLC 自身故障,可以更换模块来排除故障。这样既提高了维护的工作效率,又保证了生产的正常进行。

2. PLC 的基本应用

动画
PLC 的应用

PLC 是以微处理器为核心,综合了计算机技术、自动控制技术和通信技术发展起来的一种通用的工业自动控制装置。它的应用范围广,目前已经广泛应用于汽车装

配、数控机床、机械制造、电力石化、冶金钢铁、交通运输、轻工纺织等各行各业,成为现代工业控制的三大支柱(PLC、工业机器人和 CAD/CAM)之一。根据其特点来归纳,PLC 的主要应用有以下几个方面。

（1）开关量逻辑控制

开关量逻辑控制是 PLC 最基本的应用,即用 PLC 控制取代传统的继电器控制,实现逻辑控制和顺序控制,如机床电气控制、电动机控制、注塑机(如图 1-4 所示)控制、电镀生产线(如图 1-5 所示)控制、电梯控制等。PLC 既可用于单机控制,也可用于多机群和自动生产线的控制,其应用领域已遍及各行各业。

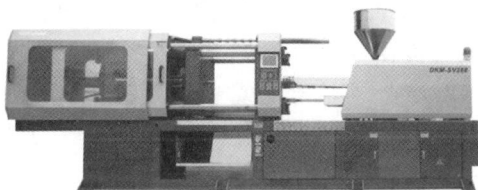

图 1-4　注塑机

图 1-5　电镀生产线

（2）模拟量过程控制

过程控制是指对温度、压力、流量等连续变化的模拟量的闭环控制。除了数字量之外,PLC 还能通过模拟量 I/O 模块,实现 A-D、D-A 转换,并控制连续变化的模拟量,如温度、压力、速度、流量、液位、电压、电流等。通过各种传感器将相应的模拟量转换为电信号,然后通过 PLC 的 A-D 模块将它们转换为数字量传送至 PLC 内部 CPU 进行处理,处理后的数字量再经过 D-A 转换为模拟量进行输出控制。如果使用专用的智能 PID 模块,可以实现对模拟量的闭环过程控制。现在 PLC 的 PID 闭环控制功能已广泛地应用于塑料挤压成形机、加热炉、热处理炉、锅炉等,以及轻工、化工、机械、冶金、电力、建材等行业。典型应用如图 1-6 和图 1-7 所示。

教学视频
自动化生产线

图 1-6　PLC 控制的乳制品生产线

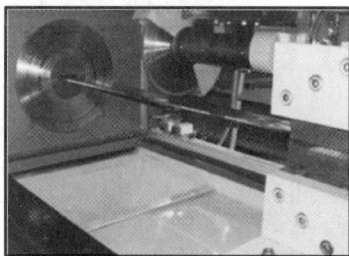

图 1-7　PLC 控制的型材拉拔机

（3）机械件位置控制

位置控制是指 PLC 使用专用的指令或运动控制模块来控制步进电动机或伺服电动机,从而实现对各种机械构件的运动控制,与顺序控制功能有机地结合在一起,如控制构件的速度、位移、运动方向等。PLC 位置控制的典型应用有机器人的运动控制、机械手的位置控制、电梯运动控制等;PLC 还可与计算机数控(CNC)装置组成数控机床,

图 1-8   三菱 PLC 控制的
LED 元器件贴片机

以数字控制方式控制零件的加工、金属的切削等,实现高精度的加工。图 1-8 所示为三菱 PLC 控制的 LED 元器件贴片机。

（4）现场数据采集处理

目前,PLC 都具有数据处理指令、数据传送指令、算术与逻辑运算指令、位移与循环位移指令等,所以由 PLC 构成的监控系统可以方便地对生产现场的数据进行采集、分析和加工处理。这些数据可以与存储在存储器中的参考值做比较,也可以用通信功能传送到别的智能装置,或者打印成表格。数据处理通常用于诸如柔性制造系统、机器人和机械手的控制系统等大、中型控制系统中。

（5）通信联网、多级控制

PLC 与 PLC 之间、PLC 与上位计算机之间、PLC 与其他智能设备（如智能化仪表、传感器、智能型驱动执行机构等）之间,通过 RS-232C、RS-485、CANopen 或以太网接口,用双绞线、同轴电缆或光缆将它们连网,如图 1-9 所示,由一台计算机与多台 PLC 组成的分布式控制系统进行"集中管理、分散控制",建立工厂的自动化网络,满足工厂自动化系统发展的需要。

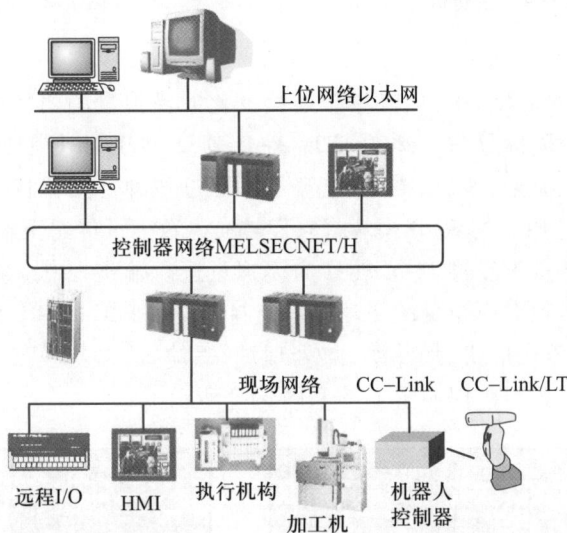

图 1-9   三菱 PLC 网络系统示意图

当然,并不是所有的 PLC 都具有上述全部功能,有些小型机只有上述部分功能。

任务实施

1.1.4   收集 PLC 相关信息

搜索关键词"什么是 PLC""PLC 图片""PLC 的由来""PLC 有哪些品牌""PLC 的型号""PLC 主要用在什么地方""PLC 有什么用""PLC 的特点"。

1.1.5　撰写 PLC 应用调研报告

查找 PLC 应用相关资料,学习小组分工完成调研报告(从"PLC 的发展现状""常用 PLC 品牌""PLC 的应用场合""PLC 外围设备"中任选一题完成)。

参考格式如下。

××××调研报告

摘要:(要求准确、精练、简朴地概括全文内容)

引言

(或前言、问题的提出。引言不是调研报告的主体部分,所以应简明扼要。内容包括:① 提出调研的问题;② 介绍调研的背景;③ 指出调研的目的;④ 阐明调研的假设(如果需要);⑤ 说明调研的意义。)

调研方法

(不同的课题,有不同的调研方法,如问卷调查法、实验调研法、行动调研法、经验总结法等,这是调研报告的重要部分。以问卷调查法为例,其内容应包括:① 调研的对象及其取样;② 调查方法的选取;③ 相关因素和无关因素的控制(如果需要);④ 操作程序与方法;⑤ 操作性概念的界定(如果需要);⑥ 调研结果的统计方法。)

调研结果及其分析

(这是调研报告的主体部分之一,要求现实与材料要统一,科学性与通俗性相结合,分析讨论要实事求是,切忌主观臆断。内容包括:① 用不同形式表达调研结果(如图、表);② 描述统计的显著性水平差异(如果需要);③ 分析结果。)

讨论(或小结)

(这也是调研报告的主体部分之一。内容包括:① 本课题调研方法的科学性;② 本课题调研结果的可靠性;③ 本调研成果的价值;④ 本课题目前调研的局限性;⑤ 进一步研究的建议。)

结论

(这是调研报告的精髓部分。文字要简练,措辞应慎重、严谨、逻辑性强。主要内容包括:① 调研解决了什么问题,还有哪些问题没有解决;② 调研结果说明了什么问题,是否实现了原来的假设;③ 指出要进一步研究的问题。)

参考文献

附录

(如调查表、测量结果表等,或采用行动调研的有关证明文件等。)

1.1.6　下载 PLC 学习资料

注册三菱自动化网站账号,在下载区下载三菱 PLC 编程软件,以及三菱 FX3U 系列 PLC 的硬件手册和编程手册。

思考与练习

1. 什么是开关量？什么是模拟量？模拟量信号怎么输入 PLC？

2. PLC 的实际应用中，哪些属于开关量逻辑控制？哪些属于模拟量过程控制？

3. PLC 控制与单片机控制各有什么优缺点？

4. 可编程控制器的定义是什么？

5. 简述 PLC 的发展史。

6. PLC 今后的发展方向是什么？

7. PLC 的全称是_____，它是一种以_____为核心，将自动控制技术、计算机技术和通信技术融为一体的新型_____控制装置。

8. PLC 有哪些特点？

9. 在工业控制中，PLC 有哪些应用？

10. PLC 比继电器控制系统可靠性更高、抗干扰能力更强的原因是什么？

参考答案

任务 1.2   认识 PLC 和熟悉实践环境

本任务是了解三菱 FX 系列 PLC 的硬件面板功能，掌握各部分的结构和作用，熟悉实践环境与面板指示灯、按钮、行程开关，熟悉 PLC 的漏型输入与源型输入。

【重点知识与关键能力】

重点知识

熟悉 PLC 的结构及面板功能，了解 PLC 的型号意义，熟悉 PLC 实训台的各部分功能。

关键能力

能识读三菱 PLC 型号，能正确进行漏型输入连接与源型输入连接，能规范使用实训台。

基本素质

在按钮选型、导线加工、输入接线等环节具有良好的规范意识和标准意识。了解国产 PLC 技术的进步，激发民族产业自信。

任务描述

认识实训室的 PLC，识别其型号，说明型号的意义；指出面板各部分的名称与功能；操作实训台使 PLC 正常通电工作；测试实训台各部分功能是否正常。

【任务要求】

● 认识实训室的 PLC，能读出型号并说出意义。

● 认识 PLC 的通信接口、I/O 接口。

● 熟悉 PLC 面板上的指示灯及其作用。

● 将按钮/行程开关进行漏型输入连接与源型输入连接,并检验信号输入是否有效。

● 正确、规范操作实训台。

【任务环境】

● 每组配套 FX 系列 PLC 主机一台。

● 每组配套按钮、行程开关两个,指示灯一个。

● 每组配套若干导线、工具等。

相关知识

1.2.1 三菱 FX 系列 PLC 介绍

三菱公司于 1981 年推出了 F 系列小型 PLC,20 世纪 90 年代用 F1、F2 系列取代,之后又相继推出了 FX0、FX2、FX1S、FX1N、FX2N、FX3U、FX3G 等系列。

三菱公司的 FX 系列 PLC 吸收了整体式和模块式 PLC 的优点,是国内使用最多的 PLC 系列产品之一。FX 系列 PLC 的相互连接不用基板,仅用扁平电缆,紧密拼装后组成一个整齐的长方体,所以其体积较小,适用于机电一体化产品。特别是 FX3U 系列 PLC,具有功能强大、应用范围广、性价比高等特点,且有很强的网络通信能力,I/O 接口最多可以扩展到 256 个,可以满足大多数用户的需要。FX 系列产品在国内占有很大的市场份额,所以本书重点介绍关于 FX 系列产品的知识。

微课
三菱 FX 系列 PLC

PPT课件
认识 PLC 和熟悉实践环境

1. FX 系列型号名称的含义

FX 系列型号名称的含义如下。

$$FX\square\square-\square\square\ \square\ \square-\square$$
$$\quad\ 1\qquad 2\quad 3\quad 4$$

1——系列序号:如 1S、1N、2N、3U、3UC、3G、3S 等。

2——I/O 总点数:10 ~ 256。

3——单元类型:M 为基本单元,E 为 I/O 混合扩展单元与扩展模块,EX 为输入专用扩展模块,EY 为输出专用扩展模块。

4——电源及输出形式:R/ES 为交流电源/继电器输出,T/ES 为交流电源/晶体管(漏型)输出,T/ESS 为交流电源/晶体管(源型)输出,R/DS 为直流电源/继电器输出,T/DS 为直流电源/晶体管(漏型)输出,T/DSS 为直流电源/晶体管(源型)输出。

例如,FX3U-48MT/DS 表示这个 PLC 为 FX3U 系列,有 48 个 I/O 点的基本单元,晶体管(漏型)输出,使用 24 V 直流电源。

2. PLC 的结构及各部分的作用

目前市场上的 PLC 产品很多。不同厂家生产的 PLC 以及同一厂家生产的不同型号的 PLC,其基本结构大致相同,都以中央处理器为核心,其功能的实现不仅是硬件的作用,更需要软件的支持。

动画
PLC 的结构分类

PLC 是由基本单元、扩展单元、扩展模块及特殊功能模块构成的。基本单元包括

CPU、存储器、I/O 单元和电源,是 PLC 的主要部分;扩展单元是扩展 I/O 点数的装置,内部有电源;扩展模块用于增加 I/O 点数和改变 I/O 点数的比例,内部无电源,由基本单元和扩展单元供电;扩展单元和扩展模块内无 CPU,必须与基本单元一起使用;特殊功能模块是一些特殊用途的装置。下面介绍 PLC 的硬件与软件结构。

（1）PLC 的硬件结构

PLC 专为工业控制设计,采用典型的计算机结构,主要由中央处理器(CPU)、存储器、采用扫描方式工作的 I/O 接口电路、电源等组成。单板 PLC 外观如图 1–10(a)所示,PLC 硬件结构如图 1–10(b)所示。图 1–11 所示为拆开的 PLC。

(a) 单板PLC外观   (b) PLC硬件结构

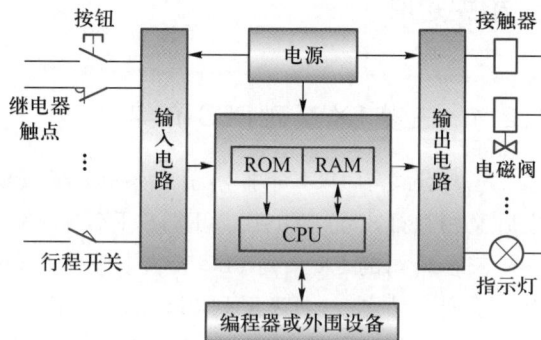

图 1–10 PLC 硬件系统

微课
PLC 的组成

图 1–11 拆开的 PLC

动画
PLC 系统工作过程
示意

1）CPU

同计算机一样,CPU 由控制器、运算器和寄存器组成。PLC 中所采用的 CPU 随机型的不同而不同。PLC 的档次越高,所用的 CPU 的位数也越多,运算速度也越快,功能也越强。小型 PLC 大都采用 8 位、16 位微处理器或单片机作为主控芯片,中型 PLC 大都采用 16 位、32 位微处理器或单片机作为主控芯片,大型 PLC 大都采用高速位片式微处理器。另外,对于重要的 PLC 控制系统,要考虑其安全性和可靠性,可以采用多 PLC 系统。

从图 1–10(b)中可以看出,CPU 处于主控的地位,系统中的各个部件,如 ROM、

RAM 和 I/O 单元,都是通过地址总线、数据总线和控制总线挂靠在 CPU 上的。CPU 是 PLC 系统的控制中心和运算中心,整个 PLC 的工作过程都是在 CPU 的统一指挥下有条不紊地进行。在 PLC 中 CPU 是按照固化在 ROM 中的系统程序所赋予的功能来工作的。它能监测和诊断电源、内部电路工作状态和用户程序中的语法错误,能按照扫描方式来完成用户程序。

2) 存储器

PLC 系统中配有两种存储器:只读存储器(ROM)和随机存取存储器(RAM)。ROM 用来存放系统管理程序,是软件固化的载体,用户不能访问和修改其中的内容;RAM 则用来存放用户编制的应用程序和工作数据、状态。

近年来,闪速存储器(简称闪存)作为一种新兴的半导体存储器件,因其独有的特点而得到了迅猛的发展。它存储容量密度高,成本低,能在 3 V 甚至更低的电压下工作,所以功耗小,为 PLC 产品提供了一种高可靠性、高密度、非易失、低电压的存储器。

3) 输入/输出单元

输入/输出(I/O)单元是 PLC 与输入/输出设备之间传送信息的接口。PLC 处理的信号只能是标准电平,但 PLC 的控制对象是工业生产过程,实际生产过程中的信号电平多种多样,这就需要相应的 I/O 单元来进行信号电平的转换。

4) 电源

PLC 分为 AC 电源型和 DC 电源型。一般而言,在 PLC 的内部都有一个高性能的稳压电源,所以允许外部电源电压在额定值的 85% ~110% 这个较大范围内波动。

一般小型 PLC 的电源包含在基本单元内,仅大中型 PLC 才配有专用电源。PLC 内部还带有锂电池作为后备电源,以防止内部程序和数据等重要信息因外部失电或电源故障而丢失。

除了上述几种硬件设备外,PLC 生产厂家还提供了其他的外部设备,如 I/O 扩展单元(用来扩展输入/输出点数)、外部存储器扩展单元、模拟量扩展单元或模块、各类通信扩展单元或模块等,用户可以根据需要来选用,以适应控制系统的要求。

(2) PLC 的软件结构

如图 1-12 所示,在 PLC 中,软件分为两大部分:一部分是系统监控程序,它是每一个 PLC 成品必须包括的部分,是由 PLC 的制造者编制的,用于控制 PLC 本身的运行;另一部分是用户程序,它是由 PLC 的使用者编制的,用于控制被控装置的运行。

1) 系统监控程序

系统监控程序主要可分为三部分:系统管理程序、用户指令解释程序、标准程序和系统调用功能模块。

① 系统管理程序。系统管理程序是系统监控程序中最重要的部分,整个 PLC 的运行都受它控制。其又包括运行管理、存储空间管理和系统自检程序。其中,运

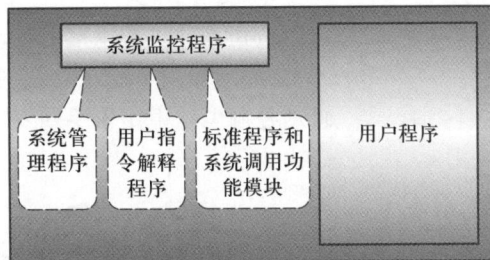

图 1-12　PLC 的软件结构

行管理部分进行时间上的分配管理,控制 PLC 何时输入、何时输出、何时运算、何时自检、何时通信等;存储空间管理,即生成用户环境,由它规定各种参数、程序的存放地址,将用户使用的数据参数存储地址转化为实际的数据格式及物理存放地址;系统自

检程序包括各种系统出错检验、用户程序语法检验、句法检验、警钟时钟运行等。

②用户指令解释程序。任何计算机最终都是根据机器语言来执行指令的,而机器语言的编写很麻烦。PLC 用户可采用梯形图语言编程。将人们易懂的梯形图程序变为机器能识别的机器语言就是解释程序的任务。

③标准程序和系统调用功能模块。这部分是由许多独立的程序块组成的,它们各自完成不同的功能,如输入、输出、特殊计算等。PLC 的各种具体工作都是由这部分程序来完成的,因此其功能强弱也就决定了 PLC 性能的强弱。

整个系统监控程序是一个整体,通过改进系统监控程序就可在不增加任何硬件设备的条件下大大改善 PLC 的性能。所以,系统监控程序质量的好坏在很大程度上影响了 PLC 的性能。

2）用户程序

用户程序是 PLC 的使用者编制的针对控制问题的程序。它可以通过多种编程语言来编制。用户程序线性地存储在系统监控程序指定的存储区间内,它的最大容量受系统监控程序的限制。

3）用户环境

用户环境是由系统监控程序生成的。它包括了用户数据结构、用户元件区分配、用户程序存储区、用户参数、文件存储区等。

①用户数据结构。用户数据结构主要分为三类。第一类是 bit 数据,是逻辑量,其值为"0"或"1",表示触点的通、断,线圈的得电、失电,标志开关的 ON、OFF 等;第二类为字数据,其数制、位长有多种形式,通常采用 BCD 形式,为提高数据运算的精度也采用浮点实数;第三类是"字"与 bit 的混合,即同一个元件既有 bit 元件又有字元件。

②元件。用户使用的每一个输入/输出端子及内部的每一个存储单元都称为元件。各种元件有其不同的功能,有其固定的地址。元件数量是由系统监控程序规定的,每一种 PLC 的元件数量都是有限的,元件数量决定了 PLC 整个系统的规模及数据处理能力。具体的元件将在后续项目中详细说明。

1.2.2　按钮/行程开关与 PLC 的连接

1. 按钮

按钮是通过按压推动传动机构,使动触点与静触点接通或断开并实现电路换接的开关,外形如图 1-13 所示。按钮是一种结构简单,应用十分广泛的主令电器,在电气自动控制电路中用于手动发出控制信号以控制接触器、继电器、电磁启动器等。

图 1-13　按钮外形

　　按钮一般由按钮帽、复位弹簧、可动触点、固定触点、支柱连杆及外壳等部分组成，如图 1-14 所示。

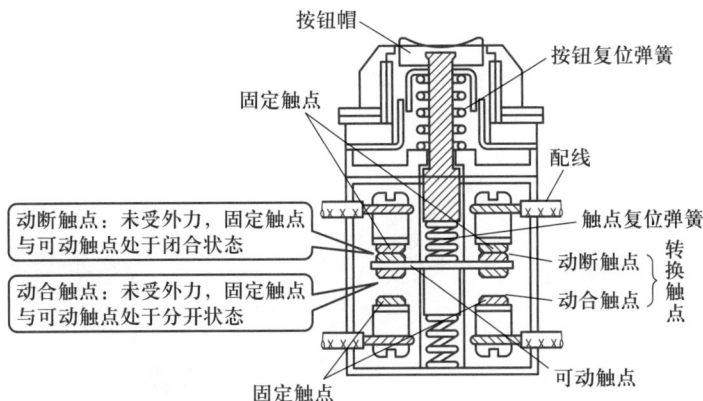

動画
按钮

图 1-14　按钮结构

　　根据按钮不受外力作用（即静态）时触点的分合状态，可将按钮分为启动按钮（即动合按钮）、停止按钮（即动断按钮）和复合按钮（即动合、动断触点组合为一体的按钮）。按钮的型号含义和电气符号如图 1-15 所示。

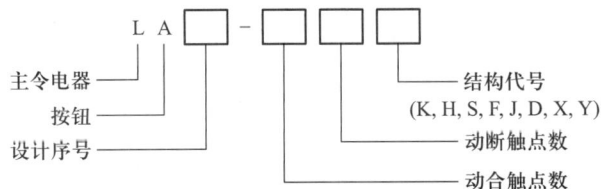

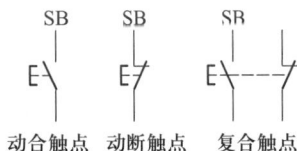

（a）型号含义　　　　　　　　　　　　（b）电气符号

图 1-15　按钮的型号含义和电气符号

2. 行程开关

　　工农业生产中有很多机械设备都是需要往复运动的，例如，机床的工作台、高炉的加料设备等要求工作台在一定的距离内能自动往返运动，这是通过行程开关来检测往返运动的相对位置，进而控制电动机正/反转来实现的。所以，这种控制称为位置控制或行程控制。

　　行程开关又称为限位开关，其利用生产机械运动部件的碰撞使触点动作来实现控制电路的接通或分断，达到一定的控制目的。根据结构形式不同，行程开关可分为按钮式、单滚轮式和双滚轮式，如图 1-16 所示。

　　行程开关的型号含义和电气符号如图 1-17 所示。

3. PLC 与按钮/行程开关的接线方法

　　PLC 以开关量顺序控制为特长，其输入电路基本相同，有直流输入方式、交流输

入方式和交直流输入方式。PLC 基本输入单元电路有内部供电 DC 24 V 的漏型输入和源型输入两种。FX2N 系列输入/输出扩展单元/模块的输入中,包括了漏型/源型输入通用型和漏型输入专用型的产品。FX3U 系列的输入/输出为漏型/源型输入通用型。

这里以直流输入方式(漏型输入)为例进行介绍,其电路图如图 1-18 所示。

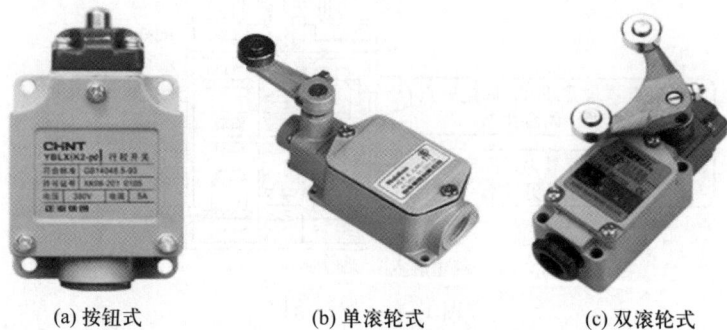

(a) 按钮式   (b) 单滚轮式   (c) 双滚轮式

图 1-16   行程开关

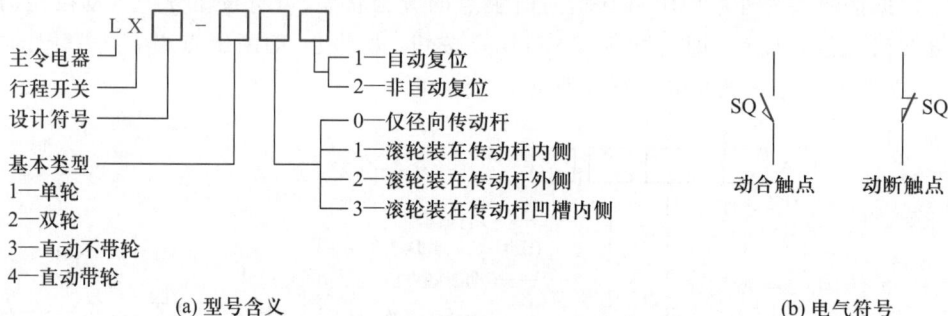

(a) 型号含义   (b) 电气符号

图 1-17   行程开关的型号含义和电气符号

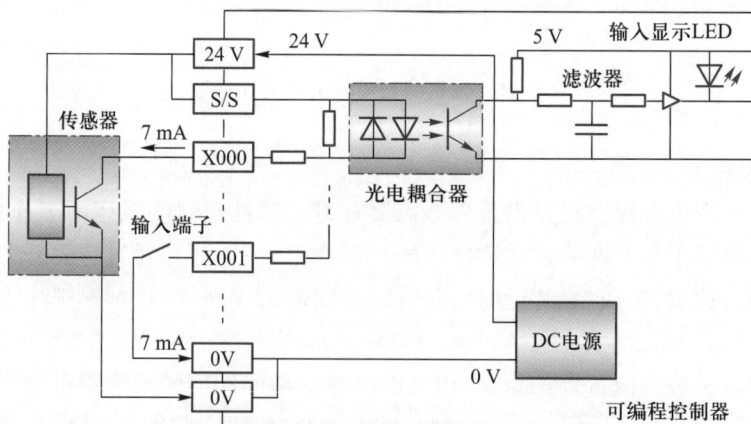

图 1-18   直流输入方式(漏型输入)的电路图

因为单元内部已经有 24 V 的直流电源,所以输入端子和 0 V 端子间可接无电源的开关输入器件,也可接 NPN 型集电极开路晶体管。当输入端子与 0 V 接通后,表示这

个输入的 LED 指示灯就会发亮。

输入的一次电路和二次电路之间的信号用光电耦合器耦合,同时又可对两电路之间的直流电平起隔离作用。二次电路设有 *RC* 滤波器,可防止因输入干扰而引起的误动作,同时也会引起 10 ms 的 I/O 响应的延迟。

利用外接电源驱动光电开关等传感器时,要求外接电源的电压同内部电源电压相同,允许的范围是 DC (24±4) V。

(1) 漏型输入("–"公共端)

当有 DC 输入信号时,电流从输入端 X 流出,称为漏型输入。这时,输入信号低电平有效。连接晶体管输出型的传感器时,要使用 NPN 型集电极开路输出型,如图 1-19 (a)所示。

(2) 源型输入("+"公共端)

当有 DC 输入信号时,电流流入输入端 X,称为源型输入。这时,输入信号高电平有效。连接晶体管输出型的传感器时,要使用 PNP 型集电极开路输出型,如图 1-19 (b)所示。

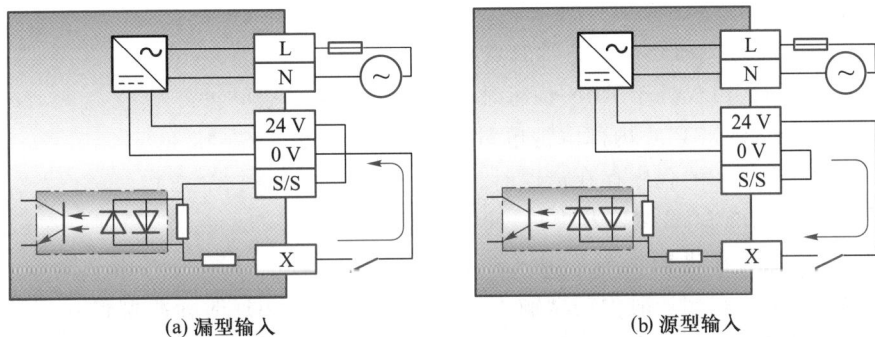

(a) 漏型输入　　　　　　　　　(b) 源型输入

图 1-19　PLC 输入接口电路

(3) 漏型、源型输入的切换方法

1) AC 电源型的 PLC

漏型输入:连接 24 V 端和 S/S 端。

源型输入:连接 0 V 端和 S/S 端。

2) DC 电源型的 PLC

漏型输入:连接"+"端和 S/S 端。

源型输入:连接"–"端和 S/S 端。

任务实施

1.2.3　认识三菱 FX 系列 PLC

三菱(MITSUBISHI)FX3U-48MR 是由电源、CPU、存储器和输入/输出器件组成的单元型 PLC。它是一台 AC 电源的,DC 输入/继电器输出型 PLC,外观如图 1-20 所示。

① PLC 供电电源:AC 220 V。

② 通信接口及电缆:SC-09。

③ RUN/STOP 开关:拨动此开关,PLC 在 RUN 与 STOP 之间切换。

动画
FX 硬件外观说明

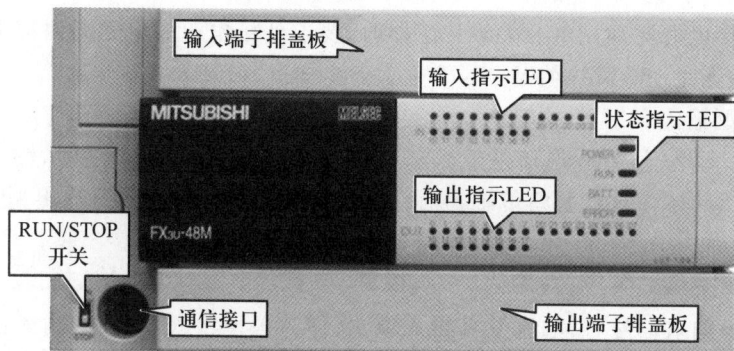

图 1-20   FX3U-48MR 外观

④ 状态指示。

POWER 指示灯:PLC 供电正常时点亮。

RUN 指示灯:PLC 处于 RUN 状态时亮,处于 STOP 状态时灭。

BATT 报警灯:当 PLC 内部电池电量不足时亮。

ERROR:当传入的程序存在错误时,闪烁;当 CPU 出错时,全亮。

⑤ 输入/输出(I/O)接口及指示。

24 个输入点,八进制编号(X0 ~ X7,X10 ~ X17,X20 ~ X27),共用一个输入 S/S 端,S/S 端与 24 V 端相连时为漏型输入,S/S 端与 0 V 端相连时为源型输入。24 个输出点,八进制编号(Y0 ~ Y7,Y10 ~ Y17,Y20 ~ Y27),4 个 4 点公用 COM(COM1 ~ COM4)及一个 8 点公用 COM(COM5)。每一个 I/O 点都有一个 LED 指示灯,当某一指示灯亮时,即表示对应的 I/O 点有信号。

1.2.4   连接 PLC 输入信号

按照图 1-21 所示,对按钮、行程开关进行 I/O 分配,正确接线,熟悉动合、动断触点的使用方法。

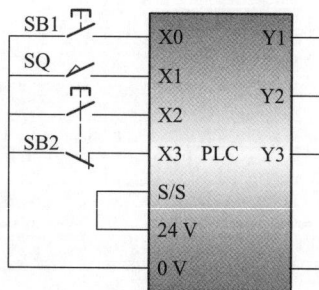

图 1-21   PLC 与按钮/行程
开关的接线图

先将 PLC 的 S/S 端接电源 24 V,然后按步骤完成以下操作。

① 将按钮 SB1 的动合触点接到 PLC 的输入口 X0,查看按动时对应的输入指示灯是否点亮。

② 将行程开关 SQ 的动合触点接到 PLC 的输入口 X1,查看按动时对应的输入指示灯是否点亮。

③ 将开关 SB2 的动合触点接到 PLC 的输入口 X2,查看按动时对应的输入指示灯是否点亮。

④ 将开关 SB2 的动断触点接到 PLC 的输入口 X3,查看按动时对应的输入指示灯是否点亮。

延伸阅读

1.2.5 实训室安全操作规范

① 学生进入 PLC 实训室,应服从老师安排,按规定穿工作服和电工鞋。必须遵守相关的各项规章制度,爱护公物,保持室内安静,并按指定位置就座。

② 不得将与教学无关的东西带入实训室,不得将水杯放在操作台或设备上,必须保持室内卫生和安静。

③ 学生使用设备前,需事先进行培训,了解设备正确使用的方法及操作步骤。

a. 检查实训台供电电源或设备是否正常。

b. 检查编程器或计算机是否开机正常。

c. 训练中,不做与实习操作无关的事情,强电操作时必须穿好电工鞋。

④ 学生进入实训室后不得随意开关设备电源,操作中如发现有异常应及时向老师报告,待查明原因,排除故障,严禁设备带病工作。

⑤ 为避免实训室计算机受计算机病毒影响,严禁任何人私自将 U 盘及光盘带入实训室,一经发现除没收外,视情节轻重给予一定的处罚。

⑥ 实训结束后,每个学生必须正确关闭设备电源,认真清点好工具及材料,整理好自己的工作台,经老师同意后,才能离开。

⑦ 值日生每天除做好卫生工作外,还应将门、窗、灯关好,切断总电源后才能离开实训室。

1.2.6 PLC 主要生产厂家

全世界有 200 多家 PLC 厂商,400 多个品种的 PLC 产品,主要包括我国、美国、欧洲和日本等产品流派,各流派 PLC 产品各具特色。例如,日本主要发展中小型 PLC,其小型 PLC 性能先进,结构紧凑,价格便宜。

著名的国外 PLC 生产厂家主要有德国的 AEG 公司、西门子(SIEMENS)公司,美国的 A-B(Allen-Bradley)公司、GE(General Electric)公司,日本的三菱电机(MITSUBISHI ELECTRIC)公司、欧姆龙(OMRON)公司,法国的施耐德(Schneider)公司等。西门子公司的模块化控制器 SIMATIC S7 包括 S7-1200、S7-1500、S7-200、S7-200CN、S7-200 SMART、S7-300、S7-400。三菱公司目前生产的 PLC 主要有 MELSEC iQ-R 系列、iQ-F 系列、Q 系列、L 系列、F 系列(FX 系列)和 QS/WS 系列。

我国的 PLC 研制、生产和应用发展很快,尤其在应用方面日益突出。目前,我国不少科研单位和工厂在研制和生产 PLC。主要品牌有台达、汇川永宏、盟立、士林、丰炜、智国、台安、英威腾、上海正航、深圳合信、无锡信捷、厦门海为、南大傲拓、和利时、浙大中控、兰州全志、科威、科赛恩、南京冠德、智达、海杰、易达等。

思考与练习

1. PLC 的硬件结构由＿＿＿＿＿、存储器、＿＿＿＿＿、＿＿＿＿＿等组成,其中存

储器有_____和_____两种。

  2. PLC 的三种输入电路方式为_____方式、_____方式和_____方式。

  3. PLC 软件系统包括_____和_____。

  4. PLC 按结构形式分类,可分为_____和_____两类。

  5. FX3U–32MT 表示 FX_____系列,I/O 点数为_____点,这个模块为_____模块,采用_____输出。

  6. 怎么通过万用表判别按钮的动合触点(a 类触点)与动断触点(b 类触点)?

  7. 将按钮 SB1 的动合触点接 X10,动断触点接 X14,并正确连接输入端 S/S 和输入公共端。

  8. 怎么使 PLC 处于 RUN 状态?

  9. 对比三菱 FX2N 与 FX3U 系列 PLC 外部输入接线的异同。

  10. 三菱公司的 PLC 还有哪些系列?和 FX 系列有什么不同?

  11. 市场上还有哪些品牌的 PLC?列举三个国产品牌 PLC 的具体型号。

参考答案

  12. 按钮的动合触点与动断触点接入 PLC 输入,对应的触点逻辑状态有什么不同?

任务 1.3   正确使用接近传感器

本任务是认识常用的接近传感器,并进行硬件接线和调试。

【重点知识与关键能力】

重点知识

熟悉 PLC 直流输入接口电路,熟悉各种常用接近传感器。

掌握接近传感器与 PLC 的连接。

关键能力

正确选用接近传感器,正确选择 PNP 型与 NPN 型。

会根据图纸选择合适传感器并进行连线,且能完成信号检测。

基本素质

通过查阅资料了解传感器选型要素,培养查阅资料能力,养成按工业流程及规范进行选型的习惯。

将图纸资料转化成实际连线,培养知识应用能力。

任务描述

将 6 种接近传感器(磁性、霍尔、电容、光电反射、光电对射、电涡流)与 PLC 输入端正确连接。当探头对准被检测物体时,观察并记录 PLC 输入端相应的指示灯是否点亮。

【任务要求】

● 根据给定图纸,正确连接输入按钮、传感器。

● 接收并记录各种接近传感器的检测信号。

【任务环境】

● 每组配套 FX 系列 PLC 主机 2 台。

● 每组配套按钮 1 个,接近传感器 6 种(磁性、霍尔、电容、光电反射、光电对射、电涡流);可进行气动分选:磁性材料、白色/黑色、导电/绝缘物体的分选。

● 每组配套若干导线、工具等。

相关知识

1.3.1　常用接近传感器

接近传感器利用物体具有的敏感特性来识别它的接近,并输出相应开关信号,所以接近传感器通常也称为接近开关。接近传感器有多种检测方式,包括利用电磁感应引起检测对象的金属体中产生涡电流的方式,捕捉检测体接近引起的电气信号容量变化的方式,利用磁石和引导开关的方式,利用光电效应和光电转换器件作为检测元件的方式等。根据检测方式的不同,接近传感器可分为磁感应式接近开关(或称为磁性开关)、电感式接近开关、电容式接近开关、霍尔式接近开关、光电接近开关等。

1. 磁性开关

磁性开关是利用磁石和引导开关完成位置检测的一种接近传感器,如图 1-22 所示。它主要用在气缸的位置检测上。这些气缸的缸筒采用导磁性弱、隔磁性强的材料,如硬铝、不锈钢等制成。在非磁性体的活塞上安装一个永久磁铁的磁环,这样就提供了一个反映气缸活塞位置的磁场。而安装在气缸外侧的磁性开关则可用来检测气缸活塞位置,即检测活塞的运动行程。

图 1-22　磁性开关外形

有触点式的磁性开关用舌簧开关作为磁场检测元件。舌簧开关成形于合成树脂块内,一般还将动作指示灯、过电压保护电路也塑封在内。图 1-23 所示为带磁性开关气缸的工作原理图。当气缸中随活塞移动的磁环靠近开关时,舌簧开关的两根簧片被磁化而相互吸引,触点闭合;当磁环移开开关后,簧片失磁,触点断开。触点闭合或断开时发出电控信号,在 PLC 的自动控制中,可以利用这个信号判断推料及顶料缸的运动状态或所处的位置,以确定工件是否被推出或气缸是否返回。

在磁性开关上设置的 LED 显示灯用于显示其信号状态,供调试时使用。磁性开关动作时,输出信号"1",LED 亮;磁性开关不动作时,输出信号"0",LED 不亮。磁性开关的安装位置可以调整,调整方法是松开它的固定螺栓,让磁性开关顺着气缸滑动,到达指定位置后,再旋紧固定螺栓。

微课
无处不在的传感器

磁性开关有蓝色和棕色 2 根引出线,使用时蓝色引出线应连接到 PLC 输入公共端,棕色引出线应连接到 PLC 输入端。磁性开关的内部电路如图 1-24 中点画线框内所示。

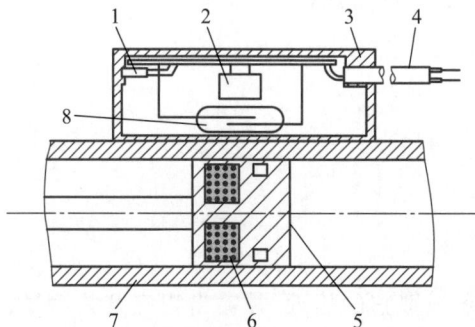

图 1-23   带磁性开关气缸的工作原理图
1—动作指示灯;2—保护电路;3—开关外壳;4—导线;
5—活塞;6—磁环(永久磁铁);7—缸筒;8—舌簧开关

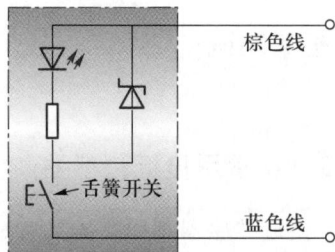

图 1-24   磁性开关内部电路

2. 电感式接近开关

电感式接近开关是利用电涡流效应制造的传感器,如图 1-25 所示。电涡流效应是指,当金属物体处于一个交变的磁场中时,在金属内部会产生交变的电涡流,这个涡流又会反作用于产生它的磁场这样一种物理效应。如果这个交变的磁场是由一个电感线圈产生的,那么这个电感线圈中的电流就会发生变化,用于平衡涡流产生的磁场。

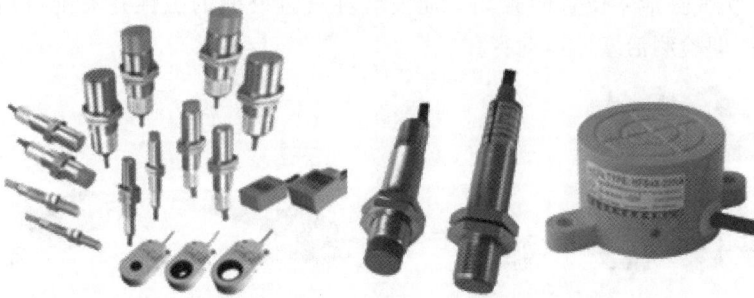

图 1-25   电感式接近开关外形

利用这个原理,以高频振荡器(LC 振荡器)中的电感线圈作为检测元件,当被测金属物体接近电感线圈时会产生电涡流效应,引起振荡器振幅或频率的变化,由传感器的信号调理电路(包括检波、放大、整形、输出等电路)将这个变化转换成开关量输出,从而可达到检测目的。电感式接近开关工作原理框图如图 1-26 所示。电感式接近开关同样有蓝色和棕色 2 根引出线,使用时蓝色引出线应连接到 PLC 输入公共端,棕色引出线应连接到 PLC 输入端,如图 1-27 所示。

3. 电容式接近开关

电容式接近开关是把被测的机械量(如位移、压力等)转换为电容量变化的传感器,如图 1-28 所示。它的敏感部分是具有可变参数的电容器。

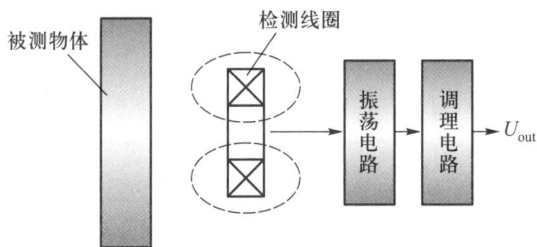

图 1-26 电感式接近开关工作原理框图   图 1-27 两线制电感式接近开关接线图

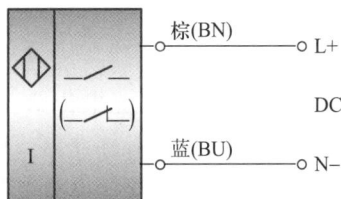

图 1-28 电容式接近开关外形

电容式接近开关的常用形式是由两个平行电极组成,极间以空气为介质的电容器,如图 1-29 所示。如果忽略边缘效应,平板电容器的电容为 $\varepsilon A/\delta$,其中 ε 为极间介质的介电常数,A 为两电极互相覆盖的有效面积,δ 为两电极之间的距离。δ、A、ε 3 个参数中任意一个的变化都将引起电容量变化,并可用于测量。所以,电容式传感器可分为极距变化型、面积变化型、介质变化型三类。极距变化型一般用来测量微小的线位移或因为力、压力、振动等引起的极距变化(见电容式压力传感器)。面积变化型一般用于测量角位移或较大的线位移。介质变化型常用于物位测量和各种介质的温度、密度、湿度的测定。

4. 霍尔式接近开关

当一块通有电流的金属或半导体薄片垂直地放在磁场中时,薄片的两端就会产生电位差,这种现象就称为霍尔效应。霍尔式接近开关就是在霍尔效应原理的基础上,利用集成封装和组装工艺制作而成的,它可方便地把磁输入信号转换成实际应用中的电信号。霍尔式接近开关的外形如图 1-30 所示。霍尔式接近开关的输出端一般采用晶体管输出,和其他传感器类似,有 NPN 型、PNP 型、动合型、动断型、锁存型(双极性)、双信号输出型之分。

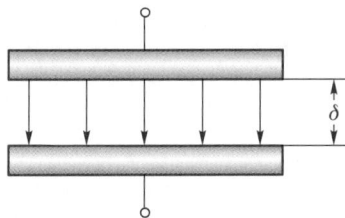

图 1-29 电容式接近开关常用形式   图 1-30 霍尔式接近开关外形

当磁性物件移近霍尔式接近开关时,开关检测面上的霍尔元件会因产生霍尔效应

而使开关内部电路状态发生变化,进而控制开关的通或断。这种接近开关的检测对象必须是磁性物体。

5. 光电接近开关

红外线光电开关(光电传感器)属于光电接近开关的简称。它利用被检测物体对红外光束的遮光或反射,由同步回路选通而检测物体的有无,其物体不限于金属,对所有能反射光线的物体都可检测。根据检测方式的不同,红外线光电开关可分为漫反射式光电开关、镜面反射式光电开关、对射式光电开关、槽式光电开关、光纤式光电开关。图1-31所示为反射式光电开关外形。

(a) 正面　　　　　　　(b) 背面

图 1-31　反射式光电开关外形

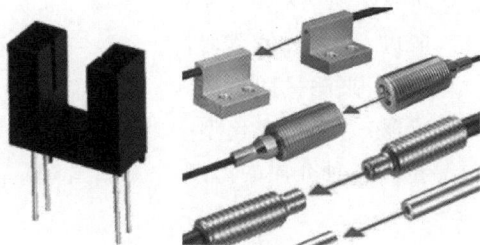

图 1-32　对射式光电开关外形

对射式光电开关(如图1-32所示)包含在结构上相互分离且光轴相对放置的发射器和接收器,发射器发出的光线直接进入接收器。当被检测物体经过发射器和接收器之间且阻断光线时,光电开关就产生了开关信号。如果检测物体不透明,对射式光电开关是最可靠的检测模式。

1.3.2　接近传感器的 PNP、NPN 之分

在选择接近传感器时,除了根据使用场合选择不同类型(如光电式、电感式或者电容式)的传感器,在信号输出上还要区分 PNP 型和 NPN 型(如图1-33所示)。其中,P 表示正,N 表示负。NPN 表示平时为高电位,信号到来时为低电位输出。PNP 表示平时为低电位,信号到来时为高电位输出。当接近传感器与 PLC 相连时,需根据 PLC 输入类型(漏型、源型)进行选择。

PPT课件
正确使用接近开关(传感器)

参考资料
PLC 外部接线规范

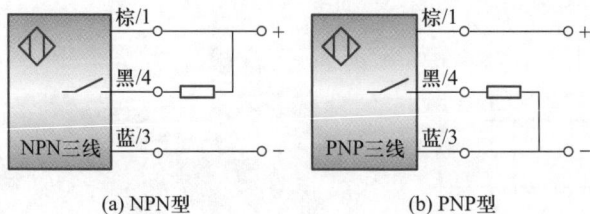

(a) NPN型　　　　　　　(b) PNP型

图 1-33　三线制接近传感器接线图

如果 PLC 是漏型输入,即信号电流是从输入端(X 端)流出 PLC,那么外接传感器需用 NPN 型,即低电平有效。

　　如果 PLC 是源型输入,即信号电流是从输入端(X 端)流入 PLC,那么外接传感器需用 PNP 型,即高电平有效。

　　选择 NPN 型传感器作为三菱 FX3U 系列 PLC 输入信号时,PLC 输入接线应接成漏型输入;选择 PNP 型传感器时,PLC 输入接线应接成源型输入,如图 1-34 所示。

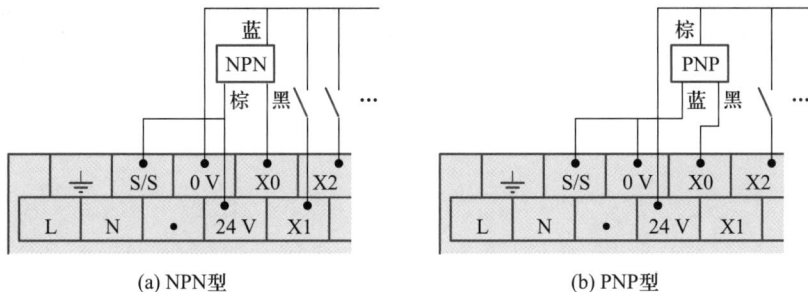

图 1-34　传感器与三菱 FX3U 系列 PLC 的连接

任务实施

1.3.3　选择合适的传感器

　　现有一设备需做下列检测,选择合适的传感器并分为两线制和三线制画出接线图。

　　① 须分辨金属材料和非金属材料。

　　② 检测物品不区分材料,仅检测有无。

　　③ 用于检测气缸的状态。

1.3.4　连接传感器到 PLC 输入端口

　　分别将各种传感器与 PLC 正确连接,并将被测物体放置在检测位置,查看 PLC 输入指示灯,并判断是否能完成检测。

任务拓展

1.3.5　传感器选型实践

　　① 查找两线制、三线制传感器,记录其型号、检测特性及参考售价。

　　② 分析源型输入的 PLC,如果要检测纸张材料,正确选择传感器的类型(PNP 型传感器)并正确接线。

思考与练习

　　1. 设计一个检测装置,用于分辨检测位置有无金属物体,根据设计要求选择合适的传感器。

2．磁性传感器应用在什么场合？如果在使用过程中发现不管 PLC 输入指示灯有无信号，磁性传感器上的指示灯一直不亮，试分析可能的原因。

3．光电传感器的工作原理是怎样的？可以应用在什么场合？

4．怎么检查 PLC 输入接线是否正确？

5．集电极开路输出的 PNP 型光电传感器应该怎么接入 FX3U–32MR PLC 的 X10 输入端？画出接线图以说明。

参考答案

项目 2

电动机控制电路

    电动机用途众多，大至重型工业设备中，小至儿童玩具中都可见其踪迹。 在不同的场合下会选择不同类型的电动机，例如：制风设备，如电风扇；电动玩具车、船等；升降机、电梯；以电力推动的交通工具，如地下铁路、电车、汽车、喷射机及直升机的启动电动机；工厂与大卖场的运输带；公共汽车上的电动自动门；电动卷闸。

    电动机是 PLC 系统常用的被控对象，本项目以电动机为 PLC 控制对象，进行编程、接线、调试，完成电动机单向运转的启动、停止，电动机的延时启停等功能。 通过实践熟悉 PLC 控制系统的结构、PLC 的基本工作原理、PLC 内部组件，掌握 PLC 输入、输出外部接线，会用 GX Works2 编程软件。 通过完成本项目，学会 PLC 启保停电路的设计和调试，灵活应用 PLC 的定时器元件。

思维导图

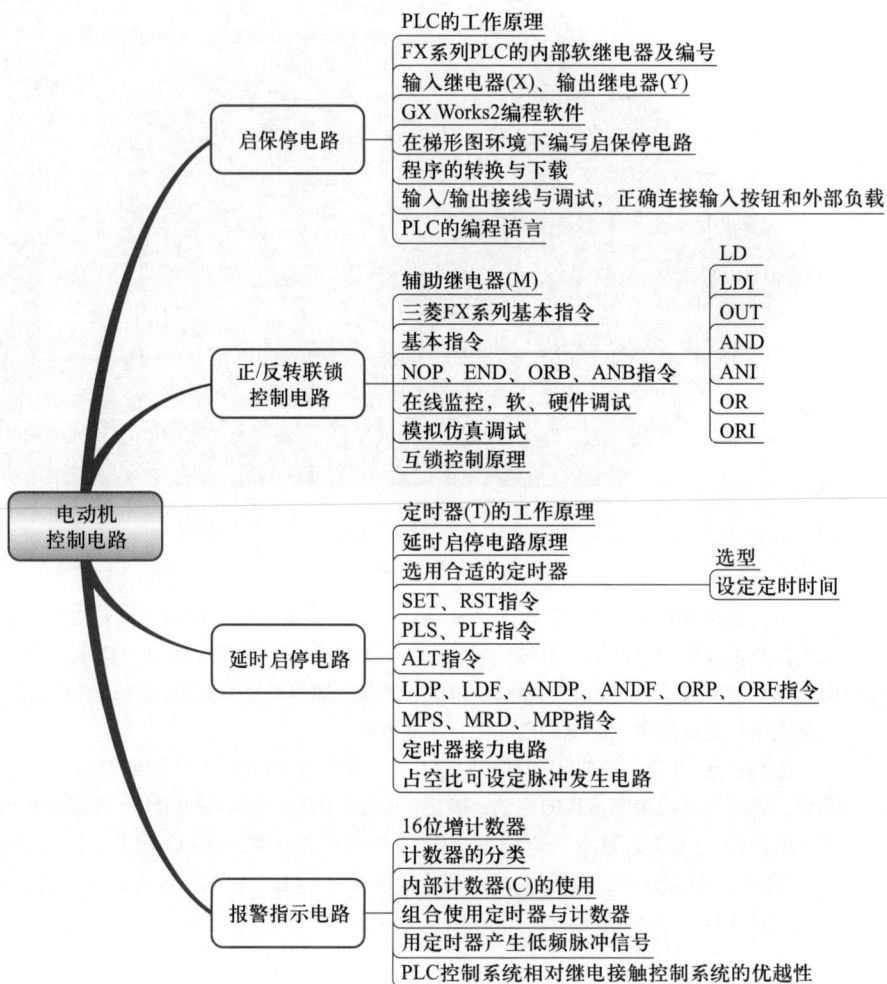

电动机
控制电路

启保停电路
- PLC的工作原理
- FX系列PLC的内部软继电器及编号
- 输入继电器(X)、输出继电器(Y)
- GX Works2编程软件
- 在梯形图环境下编写启保停电路
- 程序的转换与下载
- 输入/输出接线与调试，正确连接输入按钮和外部负载
- PLC的编程语言

正/反转联锁
控制电路
- 辅助继电器(M)
- 三菱FX系列基本指令
- 基本指令
- NOP、END、ORB、ANB指令
- 在线监控，软、硬件调试
- 模拟仿真调试
- 互锁控制原理

  - LD
  - LDI
  - OUT
  - AND
  - ANI
  - OR
  - ORI

延时启停电路
- 定时器(T)的工作原理
- 延时启停电路原理
- 选用合适的定时器
- SET、RST指令
- PLS、PLF指令
- ALT指令
- LDP、LDF、ANDP、ANDF、ORP、ORF指令
- MPS、MRD、MPP指令
- 定时器接力电路
- 占空比可设定脉冲发生电路

  - 选型
  - 设定定时时间

报警指示电路
- 16位增计数器
- 计数器的分类
- 内部计数器(C)的使用
- 组合使用定时器与计数器
- 用定时器产生低频脉冲信号
- PLC控制系统相对继电接触控制系统的优越性

任务 2.1　设计启保停电路

本任务是学习编写 PLC 程序、进行硬件接线和调试的方法。

【重点知识与关键能力】

重点知识

熟悉 PLC 的扫描工作原理。

掌握启保停电路控制原理。

熟悉输入继电器(X)和输出继电器(Y)。

关键能力

会在编程环境中输入梯形图程序,会上传和下载程序,会在线监控。

会进行输入、输出接线。

基本素质

了解控制电动机的种类、性能、经济性。

熟悉国内外控制电动机技术现状,激发产业自信,崇尚技术创新。

任务描述

有一台设备,当按下启动按钮时,电动机启动运行;按下停止按钮时,电动机停止。用 PLC 实现此控制,完成 PLC 程序的编写与调试、硬件的接线与调试。

【任务要求】

● 安装 GX Works2 编程软件。

● 在梯形图编程环境下编写启保停电路。

● 正确连接编程电缆,下载程序到 PLC。

● 正确连接输入按钮和外部负载(交流接触器)。

● 在线监控,软、硬件调试。

【任务环境】

● 两人一组,根据工作任务进行合理分工。

● 每组配套 FX 系列 PLC 主机 1 台。

● 每组配套按钮 2 个,交流接触器 1 个,电动机 1 台。

● 每组配套若干导线、工具等。

思政学习
电动机的精度

微课
PLC 的扫描工作原理

相关知识

2.1.1　PLC 的工作原理

PLC 因为自身的特点,在工业生产的各个领域得到了越来越广泛的应用。而作为

PLC 的使用者,要正确地使用 PLC 去完成各类控制任务,首先需要了解 PLC 的基本工作原理。

1. PLC 的工作方式

PLC 的 CPU 采用循环扫描工作方式。当程序执行到 END 指令后,再从头开始执行,周而复始地重复,直到停机或从运行状态切换到停止状态。对输入、输出进行集中输入采样,集中输出刷新。输入/输出映像区分别存放执行程序之前的各输入状态和执行过程中各结果的状态。

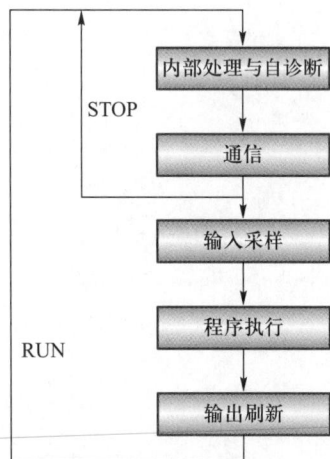

图 2-1　PLC 循环扫描的工作过程

PLC 是在硬件的支持下,通过执行反映控制要求的用户程序实现对系统的控制。为此,PLC 采用循环扫描的工作方式。PLC 循环扫描的工作过程如图 2-1 所示,包括 5 个阶段:内部处理与自诊断、与外设进行通信、输入采样、程序执行和输出刷新。

PLC 有运行(RUN)和停止(STOP)两种基本的工作模式。

当处于停止(STOP)工作模式时,只执行前两个阶段,即只作内部处理与自诊断,以及与外设进行通信。上电复位后,PLC 首先作内部初始化处理,清除输入/输出映像区中的内容;接着做自诊断,检测存储器、CPU 及 I/O 部件状态,确认其是否正常;再进行通信处理,完成各外设(编程器、打印机等)的通信连接;还将检测是否有中断请求,如果有则进行相应的中断处理。在此阶段可对 PLC 联机下载程序。

上述阶段确认正常,且 PLC 方式开关置于 RUN 位置时,PLC 才进行循环扫描,即周而复始地执行上述所有阶段。图 2-2 反映了 RUN 状态下扫描的全部过程。

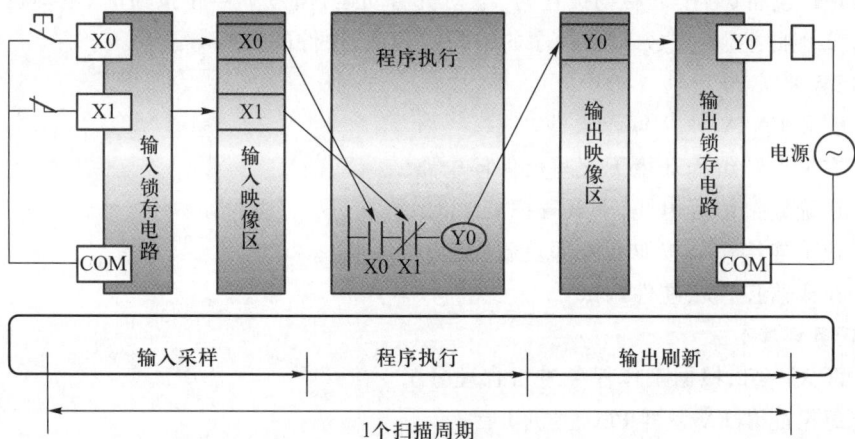

图 2-2　RUN 状态下扫描的全部过程

① 输入采样阶段。在 PLC 的存储器中,设置了两个区域用来存放输入信号和输出信号的状态,它们分别被称为输入映像区和输出映像区。PLC 梯形图中的软元件也有对应的映像存储区,统称为元件映像区。

在输入采样阶段,PLC 的 CPU 顺序扫描每个输入端,顺序读取每个输入端的状态,并将其存入输入映像区。采样结束后,输入映像区被刷新,其内容将被锁存而保持着,并将作为程序执行时的条件。PLC 在运行过程中,所需的输入信号不是实时取输入端

子上的信息,而是取输入映像区中的信息。

②程序执行阶段。PLC 完成输入采样后,进入程序执行阶段,PLC 从用户程序的第 0 步开始,按先上后下、先左后右的顺序逐条扫描用户梯形图程序,对由触点构成的控制线路进行逻辑运算。PLC 以触点数据为依据,根据用户程序进行逻辑运算,并把运算结果存入输出映像区。当所有指令都扫描处理完后,即转入输出刷新阶段。

③输出刷新阶段。在输出刷新阶段,PLC 将输出映像区中的状态信息转存到输出锁存器中,刷新其内容,改变输出端子上的状态,然后通过输出驱动电路驱动被控外设(负载)。这才是 PLC 的实际输出。

2. PLC 的扫描周期

PLC 全过程扫描一次所需的时间称为一个扫描周期。一个完整的扫描周期可由自诊断时间、通信时间、扫描 I/O 时间和扫描用户程序时间相加得到,其典型值为 1~100 ms。FX 系列 PLC 运行的程序,会在 D8012 中存放当前程序的最大扫描周期。

2.1.2　FX 系列 PLC 的内部软继电器及其编号

不同厂家、不同系列的 PLC,其内部软继电器(编程元件)的功能和编号也不相同,所以用户在编制程序时,必须熟悉所用 PLC 每条指令中的编程元件的功能和编号。

延伸阅读

FX 系列 PLC 的内部软继电器及其编号

FX 系列 PLC 编程元件的编号由字母和数字组成,其中输入继电器和输出继电器用八进制数字编号,其他都采用十进制数字编号。为了能全面了解 FX 系列 PLC 的内部软继电器,本书以三菱 FX3U 系列 PLC 为背景进行介绍。

FX3U 系列 PLC 内部的编程元件,也就是支持这个机型编程语言的软元件,通俗叫法分别为继电器、定时器、计数器等,但它们与真实元件有很大的差别,故称它们为"软继电器"。在不同的操作指令下,其工作状态可以无记忆,也可以有记忆,还可以作为脉冲数字元件。一般情况下,X 代表输入继电器,Y 代表输出继电器,M 代表辅助继电器,SPM 代表专用辅助继电器,T 代表定时器,C 代表计数器,S 代表状态继电器,D 代表数据寄存器,MOV 代表传输,等等。

1. 输入继电器(X000~X367)

PLC 的输入端是从外部开关接收信号的窗口,PLC 内部与输入端连接的输入继电器(X)是用光电隔离的电子继电器,它们的编号与接线端编号一致(按八进制编号),最多为 248 点,线圈的吸合或释放仅取决于 PLC 外部触点的状态。内部有动合、动断两种触点供编程时随时使用,且使用次数不限。输入电路的时间常数一般小于 10 ms。各基本单元都是八进制输入的地址,输入为 X000~X007、X010~X017、X020~X027……最多为 248 点。它们一般位于设备的上端。图 2-3 所示为输入/输出继电器等效电路图。

2. 输出继电器(Y000~Y367)

PLC 的输出端是向外部负载输出信号的窗口。输出继电器(Y)的线圈由程序控制,输出继电器的外部输出主触点接到 PLC 的输出端上供外部负载使用,其余动合、动断触点供内部程序使用。输出继电器的电子动合、动断触点使用次数不限。输出电路的时间常数是固定的。PLC 的输出继电器是无源的,所以需要外接电源。FX3U 系列的输出继电器也采用八进制,输出为 Y000~Y007、Y010~Y017、Y020~Y027……最多

提示

FX3U 系列 PLC 输入、输出总点数最多为 256 点,输出继电器的初始状态为断开状态。

为 248 点。它们一般位于设备的下端。

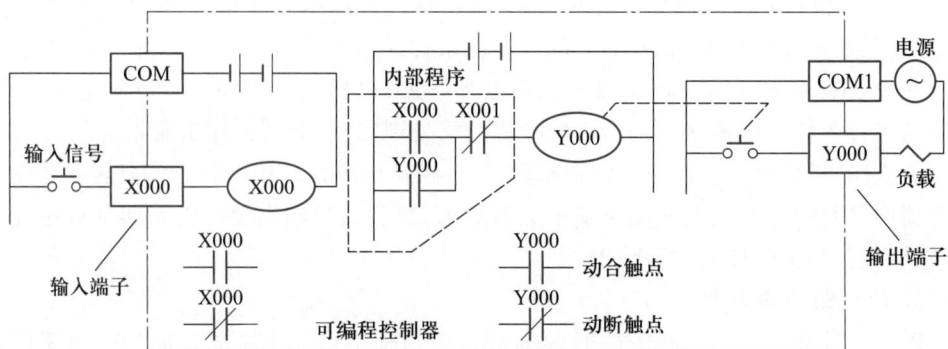

图 2-3   输入/输出继电器等效电路图

2.1.3   PLC 输出单元电路及外部负载的连接

1. PLC 输出电路的 3 种形式

PLC 的外部负载和工作电源与 PLC 的输出端和公共端 COM 相连,负载工作受 PLC 程序运行结果的控制。其输出电路有 3 种形式:继电器输出、晶体管输出、晶闸管输出。FX3U 系列 PLC 3 种输出方式的技术指标见表 2-1。

表 2-1   FX3U 系列 PLC 3 种输出方式的技术指标

指标		形式		
		继电器输出	晶闸管输出	晶体管输出(漏型、源型)
外部电源		AC 250 V、DC 30 V 以下	AC 85~242 V	DC 5~30 V
最大负载	电阻负载	2 A/1 点 8 A/4 点(COM) 8 A/8 点(COM)	0.3 A/1 点 0.8 A/4 点 0.8 A/8 点	0.5 A/1 点 0.8 A/4 点 1.6 A/8 点
	感性负载	80 V·A	15 V·A/AC 100 V 30 V·A/AC 200 V	12 W/1 点(DC 24 V) 19.2 W/4 点(DC 24 V) 38.4 W/8 点(DC 24 V)
开路漏电流		—	1 mA/AC 100 V 2 mA/AC 200 V	0.1 mA/DC 30 V
最小负载		DC 5 V/2 mA	0.4 V·A/AC 100 V 1.6 V·A/AC 200 V	
响应时间	OFF→ON	约 10 ms	1 ms 以下	0.2 ms 以下	5 μs(Y000~Y002)
	ON→OFF		10 ms 以下	0.2 ms 以下	5 μs(Y000~Y002)
回路隔离		机械隔离	光电晶闸管隔离	光电耦合器隔离
输出时显示		LED 灯亮	LED 灯亮	LED 灯亮

（1）继电器输出

继电器输出是最常用的一种输出方式。其优点是电压范围宽,导通压降小,价格便宜,既可以控制交流负载,也可以控制直流负载;其缺点是触点寿命短,响应时间长。由表 2-1 可知其最大负载是:纯电阻负载 2 A/1 点,感性负载 80 V·A 以下。继电器输出电路如图 2-4 所示。

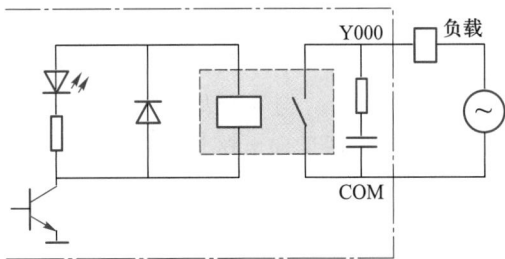

图中 PLC 用继电器作为输出组件。当 PLC 有输出时,输出继电器线圈得电,其主触点闭合,驱动外部负载工作。继电器可以将 PLC 的内部电路与外部负载电路进行电气隔离。

图 2-4　继电器输出电路

（2）晶体管输出

晶体管输出属于直流输出,只能接直流负载。其优点是寿命长,无噪声,可靠性高,响应快;缺点是价格高,过载能力差。要输出频率较高的脉冲信号时,应使用晶体管输出的 PLC。晶体管输出电路分为漏型和源型两种,如图 2-5 所示。

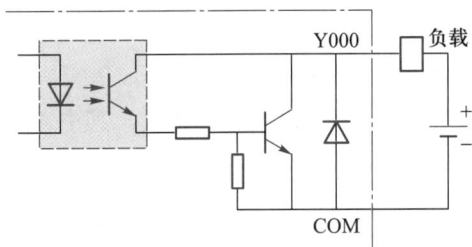

(a) 漏型

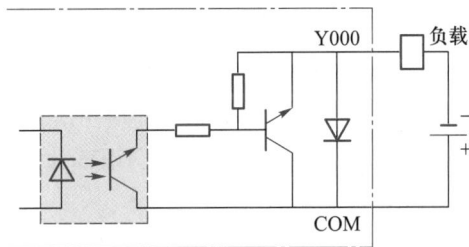

(b) 源型

图 2-5　晶体管输出电路

晶体管输出是无触点的,通过光电耦合器使晶体管截止或饱和来控制负载,并同时对 PLC 内部电路和输出电路进行光电隔离。

（3）晶闸管输出

晶闸管输出属于交流输出,其优点是寿命长,无噪声,可靠性高,可驱动交流负载;缺点是价格高,负载能力较差。晶闸管输出电路如图 2-6 所示。

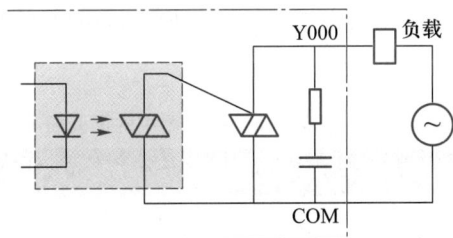

图 2-6　晶闸管输出电路

晶闸管输出也是无触点的,通过光触发双向晶闸管,使其截止或导通来控制负载。由表 2-1 可知,晶闸管输出最大负载是纯电阻负载 0.3 A/1 点。

2. PLC 输出接线的注意事项

（1）针对负载短路的保护回路

当连接在输出端子上的负载短路时,有可能会烧坏输出元器件或者印制电路板,需在输出中加入起保护作用的熔丝。选用容量约为负载电流 2 倍的负载驱动用电源。

（2）互锁

对于同时接通后会引起危险的正转和反转用接触器之类的负载,需在 PLC 内的程序中进行互锁,同时需要在 PLC 外部采取互锁的措施。

（3）使用电感性负载时的触点保护回路

连接电感性负载时,根据具体情况,必要时需在负载中并联二极管（续流用）。选用反向电压为负载电压 5 ~ 10 倍、正向电流大于负载电流的二极管。

2.1.4　GX Works2 编程软件

延伸阅读

GX Works2 编程软件的使用

GX Works2 是三菱电机新一代 PLC 软件,具有简单工程（simple project）和结构化工程（structured project）两种编程方式,支持梯形图、指令表、SFC、ST 及结构化梯形图等编程语言,可实现程序编辑,参数设定,网络设定,程序监控、调试及在线更改,智能功能模块设置等功能,适用于 Q、QnU、L、FX 等系列的可编程控制器,兼容 GX Developer 软件,支持三菱电机工控产品 iQ Platform 综合管理软件 iQ Works,具有系统标签功能,可实现 PLC 数据与 HMI、运动控制器的数据共享。

2.1.5　PLC 的编程语言

动画

三种编程语言的互换

PLC 的编程语言标准（IEC 61131-3）中有 5 种编程语言,分别是顺序功能图语言（流程图语言）、梯形图语言、功能块图语言、助记符（指令表）语言和结构文本语言。其中,三菱 FX 系列主要用的是梯形图语言、助记符语言、顺序功能图语言这三种编程语言。

1. 梯形图语言

（1）从继电器控制图到梯形图

梯形图语言是在继电器控制图的基础上发展而来的,是以图形符号及其在图中的相互关系来表示控制关系的编程语言。它最大的优点是形象直观,使用简便,很容易被熟悉继电器控制的电气技术人员掌握、使用,特别适用于开关量逻辑控制。

（2）梯形图中的图元符号

梯形图中的图元符号是对继电器控制图中的符号的简化和抽象,主要由触点、线圈和应用指令组成。触点代表逻辑输入条件;线圈通常代表逻辑输出结果。两者的对应关系见表 2-2。

表 2-2　梯形图中的图元符号与继电器控制图中的符号的对应关系

名称	梯形图中的图元符号	继电器控制图中的符号
动合触点	‖	⟋ ⟍ ⟋ ⟋
动断触点	╫ ╫	⟋ ⟍ ⟋ ⟋
线圈	─○─ ─◯─ ─( )─	─□─

2. 助记符语言

助记符语言以一种与微型计算机的汇编语言中的指令相似的助记符表达式,来表

示控制程序。

3. 顺序功能图语言

顺序功能图也称为流程图,是一种描述开关量顺序控制系统功能的图解表示法。对于复杂的顺序控制系统,内部的互锁关系非常复杂,如果用梯形图来编写,其程序步会很长,可读性也会大大降低。以流程图形式表示机械动作,即以状态转移图方式编程,特别适用于编制复杂的顺序控制程序。

用流程图来描述车床前进、后退的顺序控制时,车床工作的流程图如图 2-7 所示。流程图是状态转换图的原型。

提示

梯形图编程虽然直观形象,但要求配置较大的图形显示器。而在现场调试时,小型 PLC 往往只配备显示屏,只有几行宽度的便携式编程器,这样梯形图就无法输入了,但助记符指令却可以一条一条地输入,滚屏显示。

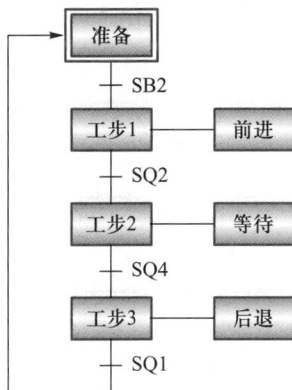

任务实施

2.1.6　GX Works2 编程软件的安装

完成 GX Works2 编程软件的安装,简述 GX Works2 的安装步骤。

图 2-7　车床工作的流程图

2.1.7　电动机单向运转启停电路的设计

1. I/O 分配

电动机单向运转启停电路即"启保停"控制电路,其 I/O 分配表见表 2-3。

表 2-3　电动机单向运转启停电路 I/O 分配表

输入		输出	
名称	输入点	名称	输出点
启动按钮　SB1	X1	交流接触器　KM1	Y0
停止按钮　SB2	X2		

2. 控制程序编写

启保停控制程序梯形图如图 2-8 所示。

图 2-8(a)所示梯形图中,当没有按下 SB2 时,X002 的动断触点是接通的。当按下 SB1 时,X001 接通,输出 Y000 与左母线之间全部接通,Y000 得电,与 X001 并联的 Y000 动合触点闭合,这时,即使 X001 断开,Y000 仍然得电。交流接触器一直吸合,电动机启动运行。

```
0  LD   X001
1  OR   Y000
2  ANI  X002
3  OUT  Y000
4  END
```

(a) 梯形图　　　　(b) 指令表

图 2-8　启保停控制程序梯形图

延伸阅读
顺序功能图语言编程思路

PPT课件
设计电动机单向运转启停电路

当按住 SB2 时,X002 动断触点断开,Y000 输出线圈失电,交流接触器释放,电动机停止。实现了电动机的启保停自动控制。

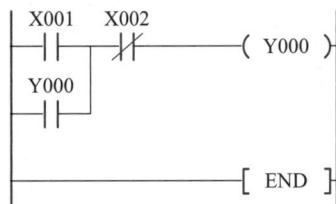

① 在 GX Works2 编程环境的写入模式下,输入图 2-8 中的梯形图程序,如图 2-9 所示。

② 完成输入后单击菜单栏中的"转换/编译"命令,灰色区域变为白色,如图 2-10 所示。

③ 在写入模式下,单击工具栏中的"软元件注释编辑"命令,开启软元件注释编辑状态,双击梯形图中的"X002"等元件,在弹出的对话框中,输入相应的注释,并单击"确定"按钮,如图 2-11 所示。

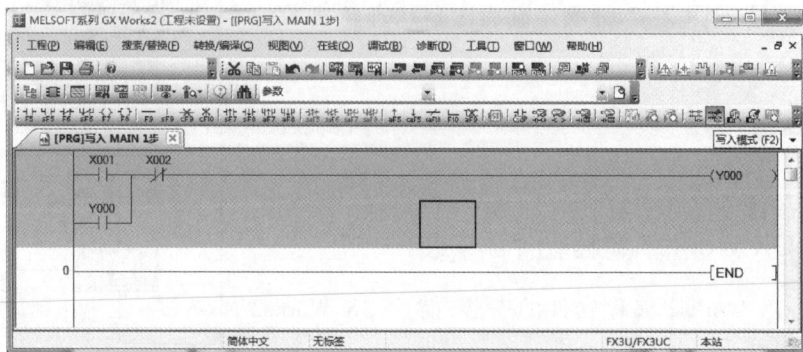

图 2-9   启保停电路的输入

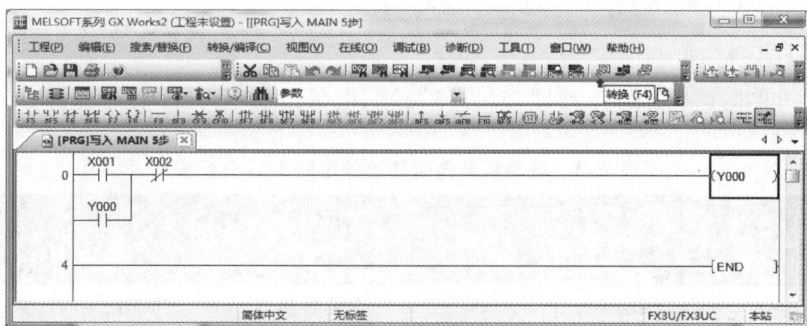

图 2-10   转换梯形图

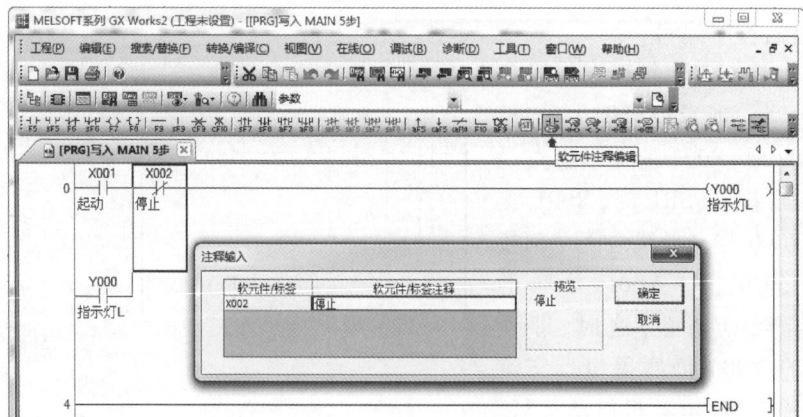

图 2-11   输入软元件注释

④ 保存为单文件格式工程。

教学视频
GX Works2 教程
1. GX Works2 的界面结构

2. 编辑梯形图的操作

3. 创建工程

4. CPU 运行前的准备

5. 绘制梯形图

6. 程序写入与读取

7. 梯形图的编辑

8. 梯形图的保存与读取

3. 外部接线与调试

① 正确连接计算机与 PLC 之间的通信电缆。开启 PLC 电源,PLC 电源指示灯亮。

② 单击菜单命令"在线→PLC 写入",弹出图 2-12 所示对话框。通信正常的情况下,选择需要写入的内容,一般选择"程序"。单击"执行"按钮,进行写入操作。等待写入完成,单击"关闭"按钮。

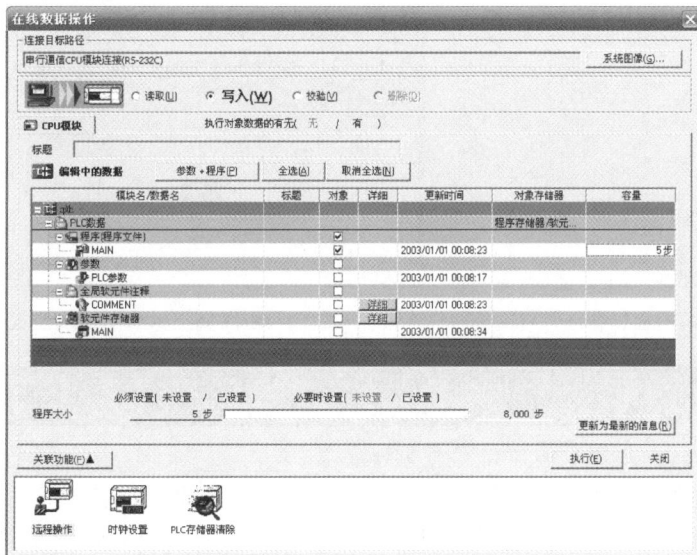

图 2-12　PLC 程序的写入

源程序
程序控制指令

仿真实验
电动机控制组态仿真

动画
点餐系统

动画
往返式平台

③ 外部输入/输出接线如图 2-13(a)所示。接线时断开电源。

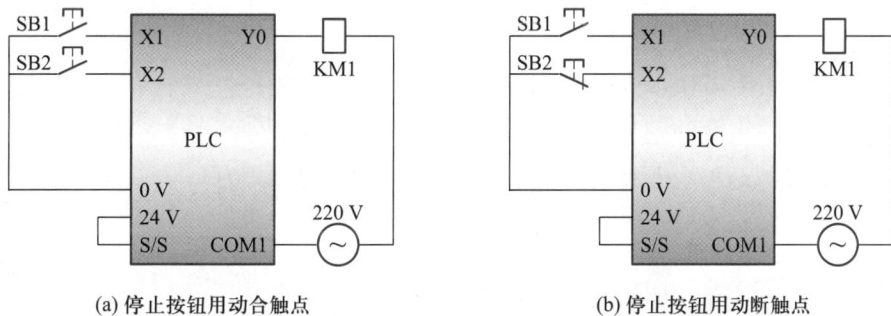

(a) 停止按钮用动合触点　　(b) 停止按钮用动断触点

图 2-13　连续运转控制接线图

提示
两者是因果关系,不是等同关系,要注意理解。

如果外部接线如图 2-13(b)所示,则需要把 PLC 程序中的 X002 动断触点改为动合触点。也就是要求,不按停止按钮时,程序中对应触点是接通的,按下时断开。外接按钮的状态,决定程序中对应输入继电器的状态。

④ 打开电源,进行在线调试,查看系统运行情况。首先要让 PLC 处于"RUN"状态,即 PLC 面板上的"RUN"指示灯要亮。通过硬件的"RUN/STOP"开关或通过菜单命令"在线→远程操作",在弹出的对话框中通过单击实现 PLC 运行状态的切换,如图 2-14 所示。

再选择工具栏中的"监视开始"命令,进行监控,在梯形图上可以看到各触点的状态。梯形图中触点上有深蓝色块的表示触点接通,线圈上有深蓝色块的表示线圈得

电。如图 2-15 所示，X001 动合触点接通后，Y000 线圈得电，Y000 动合触点闭合。操作按钮可以看到对应触点的通断变化，可以监视程序的输出结果。在线监视是调试程序重要的手段。当程序执行结果不正确时，可通过监视来查看问题所在。当工程较复杂时，调试是一个不断修改程序、完善程序的过程，通过写入→执行→监视→修改→写入→执行→监视→修改……的顺序反复进行，直到满足控制要求。

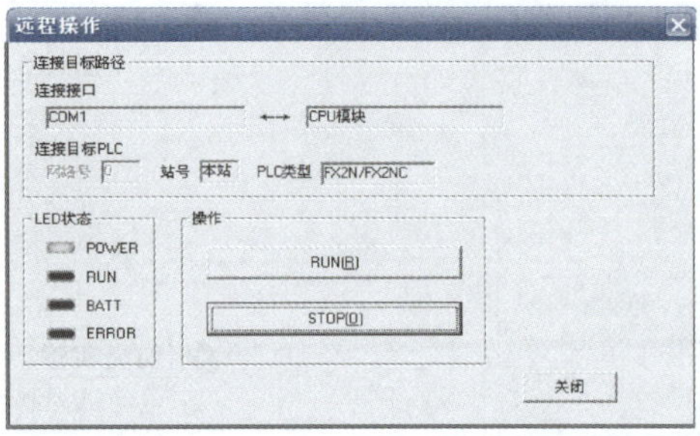

图 2-14　PLC 运行状态切换的远程操作

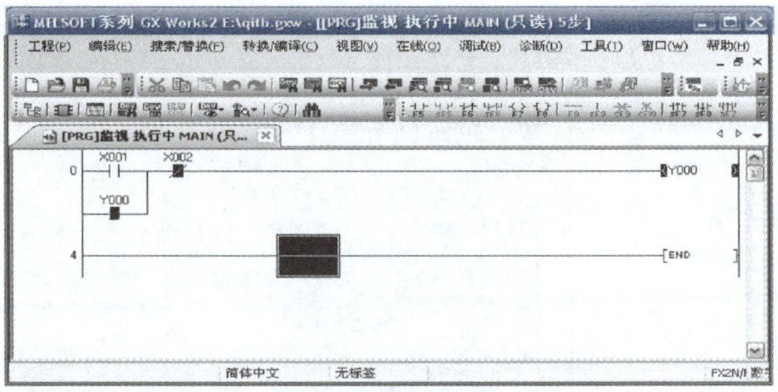

图 2-15　梯形图在线监视

思考与练习

1. 为适应不同负载需要，各类 PLC 的输出都有 3 种方式：_____、_____、_____。输出接口本身都不带电源，在考虑外驱动电源时，需要考虑输出器件的类型，_____型的输出接口可用于交流和直流两种电源，_____型的输出接口只适用于直流驱动的场合，而_____型的输出接口只适用于交流驱动的场合。

参考答案

2. PLC 的工作状态有_____和_____。PLC 的工作方式采用_____。

3. PLC 通电后，CPU 在程序的监督控制下先_____。在执行用户程序之前还应完成_____与_____。

4. 在 FX 系列 PLC 中，主要元件表示如下：X 表示_____，Y 表示_____，T 表示_____，C 表示_____，M 表示_____，S 表示_____，D 表示_____。

5. PLC 的输入/输出继电器采用_____进制进行编号，其他所有软元件都采用_____进制进行编号。

6. PLC 输入方式有两种类型：一种是_____，另一种是_____。

7. 简述 PLC 循环扫描工作方式的基本原理，并指出其与继电器控制系统的异同。

8. 为什么 PLC 中的触点使用可以无次数限制？

9. 什么情况下，在编写 PLC 程序时需要加自锁？

10. 外部电器按钮的动合、动断触点与 PLC 程序中的动合、动断触点有什么关系？

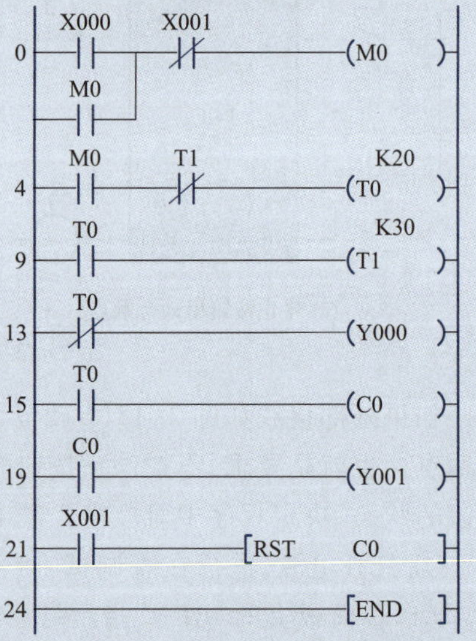

图 2-16　梯形图的运行与调试

11. 在 GX Works2 编程环境中输入图 2-16 所示梯形图，转换、模拟运行、调试。分析图中 Y001 输出的延迟时间（按动 X000 后，过多长时间 Y001 得电）。

任务 2.2　设计电动机正/反转联锁控制电路

本任务是编写 PLC 程序,进行硬件接线和调试。

【重点知识与关键能力】

重点知识

了解三相异步电动机实现正/反转的工作原理,掌握联锁控制电路原理。

熟悉 PLC 内部组件 M。

掌握基本指令 LD、LDI、OUT、AND、ANI、OR、ORI 的使用方法。

关键能力

会在编程环境中输入梯形图程序,会上传、下载程序,会在线监控,离线仿真。

能正确、规范地完成外部接线。

基本素质

了解光电旋转编码器的技术进步,掌握高精度控制电动机的应用,加深对智能制造的理解。

任务描述

有一台三相异步电动机,按下正转启动按钮 SB1,电动机连续正转,此时反转启动按钮 SB2 不起作用(互锁);按下停止按钮 SB3,电动机断开电源;按下反转启动按钮 SB2,电动机连续反转,正转启动按钮 SB1 不起作用。完成电动机正/反转联锁运行控制。

【任务要求】

● 在梯形图编程环境下编写电动机正/反转联锁控制电路。

● 正确完成程序的模拟仿真。

● 正确连接编程电缆,下载程序到 PLC。

● 正确连接输入按钮和外部负载。

● 在线监控,完成软、硬件调试。

【任务环境】

● 两人一组,根据工作任务进行合理分工。

● 每组配套 FX 系列 PLC 主机 1 台。

● 每组配套按钮 3 个,电动机(指示灯)1 台。

● 每组配套若干导线、工具等。

相关知识

2.2.1　辅助继电器(M)

PLC 内有很多辅助继电器,其线圈与输出继电器一样,由 PLC 内各软元件的触点驱动。其作用相当于继电器控制系统中的中间继电器,用于状态暂存、辅助一位运算及特殊功能等。辅助继电器没有向外的任何联系,只供内部编程使用。它的电子动合、动断触点使用次数不受限制。但是,这些触点不能直接驱动外部负载,外部负载的驱动必须通过输出继电器来实现。

辅助继电器的地址编号采用十进制,共分为 3 类:通用型辅助继电器、断电保持型辅助继电器和特殊功能辅助继电器。其中,通用型(M000 ~ M499)共 500 点;断电保持型分为可修改和专用,可修改(M500 ~ M1023)共 524 点,专用(M1024 ~ M7679)共6656 点;特殊功能型(M8000 ~ M8511)共 512 点。

1. 通用型辅助继电器(M000 ~ M499)

共有 500 点通用型辅助继电器用作状态暂存、中间过渡等。其特点是线圈通电,触点动作,线圈断电,触点复位,没有断电保持功能。如果在 PLC 运行时突然断电,这些继电器将全部变为 OFF 状态。再次通电之后,除了因外部输入信号而变为 ON 状态以外,其余的仍将保持为 OFF 状态。

2. 断电保持型辅助继电器(M500 ~ M7679)

不少控制系统要求继电器能够保持断电瞬间的状态,断电保持型辅助继电器就是用于这种场合的,断电保持由 PLC 内装锂电池支持。FX3U 系列有 M500 ~ M1023 共524 个断电保持型可修改辅助继电器。当 PLC 断电并再次通电之后,这些继电器会保持断电之前的状态。其他特性与通用型辅助继电器完全相同。

另外,还有 M1024 ~ M7679 共 6656 个断电保持型专用辅助继电器,它与断电保持型可修改辅助继电器的区别是断电保持型辅助继电器可用参数来设定或变更非断电保持区域,而断电保持型专用辅助继电器的断电保持特性无法用参数来改变。

3. 特殊功能辅助继电器(M8000 ~ M8511)

M8000 ~ M8511 这 512 个辅助继电器区间是不连续的,也就是说有一些辅助继电器是根本不存在的,对这些没有定义的辅助继电器无法进行有意义的操作。

2.2.2　LD、LDI、OUT 指令

LD(load)取指令:用于将动合触点接到母线上。另外,与后述的 ANB、ORB 指令组合,在分支起点处也可使用。

LDI(load inverse)取反指令:与 LD 的用法相同,只是 LDI 用于动断触点。

OUT(out)输出指令:也称为线圈驱动指令,是对输出继电器、辅助继电器、状态继电器、定时器、计数器的线圈驱动,对于输入继电器不能使用。OUT 指令用于并行输出,在梯形图中相当于线圈是并联的。OUT 指令能连续使用多次,不能串联使用。

图 2-17 所示为上述 3 条指令的使用。

2.2.3　AND、ANI 指令

AND(and)与指令:用于单个动合触点的串联。

ANI(and inverse)与非指令:用于单个动断触点的串联。

如图 2-18 所示,当使用 OUT 指令驱动线圈 Y001 后,通过触点 X004 驱动线圈 Y002,可重复使用 OUT 指令,实现纵接输出。

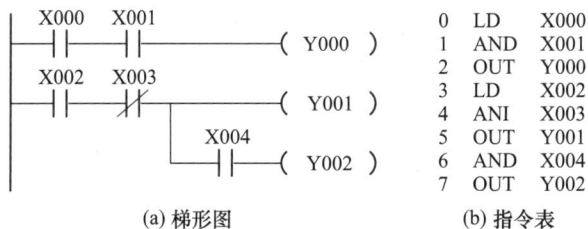

0	LD　X000
1	OUT　Y000
2	LDI　X001
3	OUT　M0
4	OUT　T0
	K18
7	LD　T0
8	OUT　Y001

(a) 梯形图　　　(b) 指令表

图 2-17　LD、LDI、OUT 指令的使用

但是如果驱动顺序换成图 2-19 所示的形式,则必须用 MPS 指令。这时程序步增多,所以不推荐使用。

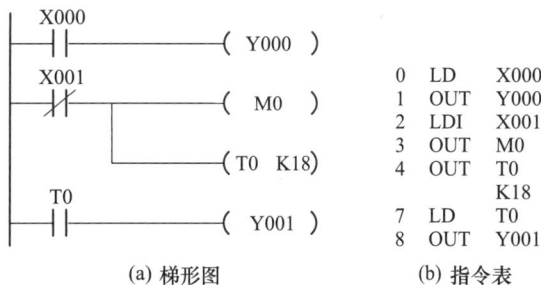

(a) 梯形图　　　(b) 指令表

图 2-18　AND、ANI 指令的使用

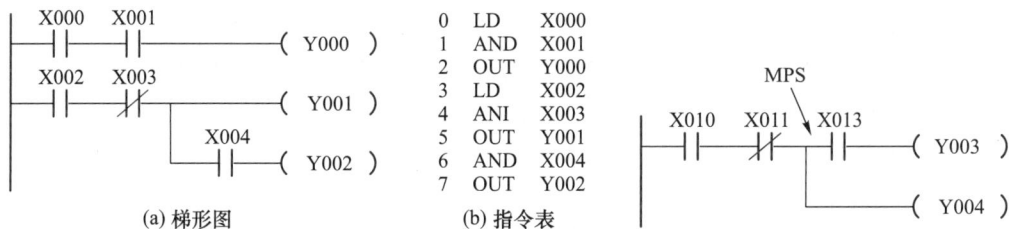

图 2-19　不推荐使用的形式

如果有两个以上的触点并联连接,并将这种并联回路与其他回路串联连接时,要采用后述的 ANB 指令。

2.2.4　OR、ORI 指令

OR(or)或指令:用于单个动合触点的并联。

ORI(or inverse)或非指令:用于单个动断触点的并联。

OR、ORI 指令的使用如图 2-20 所示。

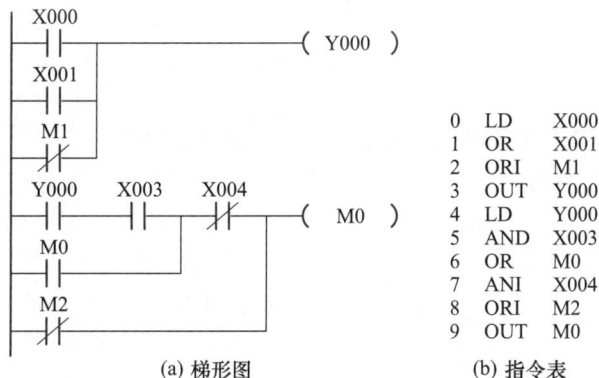

0	LD　X000
1	OR　X001
2	ORI　M1
3	OUT　Y000
4	LD　Y000
5	AND　X003
6	OR　M0
7	ANI　X004
8	ORI　M2
9	OUT　M0

(a) 梯形图　　　(b) 指令表

图 2-20　OR、ORI 指令的使用

如果有两个以上的触点串联连接,并将这种串联回路与其他回路并联连接时,要采用后述的 ORB 指令。

2.2.5 NOP、END 指令

NOP 空操作指令:空一条指令(或用于删除一条指令)。在普通的指令中加入 NOP 指令,对程序执行结果没有影响。

END 程序结束指令:输入/输出处理以及返回到 0 步。

在程序的最后写入 END 指令,则 END 以后的程序不再执行。如果程序结束不用 END,在程序执行时会扫描整个用户存储器,延长程序的执行时间,有时 PLC 会提示程序 出错,程序不能运行。在程序调试阶段,在各程序段插入 END 指令,可依次检查各程序段 的动作,确认前面的程序动作无误后,依次删去 END 指令,有助于程序的调试。

2.2.6 ORB、ANB 指令

ORB 串联电路块或:将两个或两个以上串联电路块并联连接的指令。

ANB 并联电路块与:将并联电路块的始端与前面电路串联连接的指令。

两个或两个以上的触点串联连接的电路称为串联电路块,如图 2-21 所示。串联 电路块并联连接时,分支开始用 LD、LDI 指令,分支结束后用 ORB 指令。ORB 指令不 带操作元件,其后不跟任何软元件编号。如果有多个串联电路块按顺序与前面的电路 并联,对每个电路块使用 ORB 指令,如图 2-21(b) 所示,对并联的回路个数没有限制。 如果集中使用 ORB 指令并联连接多个串联电路块,如图 2-21(c) 所示,因为 LD、LDI 指令的重复次数限制在 8 次以下,所以这种电路块并联的个数限制在 8 个以下。一般 不推荐集中使用 ORB 指令的方式。

动画
楼道灯控制

```
0  LD    X000        0  LD    X000
1  ANI   X001        1  ANI   X001
2  LD    X002        2  LD    X002
3  AND   X003        3  AND   X003
4  ORB                4  LDI   X004
5  LDI   X004        5  AND   X005
6  AND   X005        6  ORB
7  ORB                7  ORB
8  OUT   Y000        8  OUT   Y000
```

(a) 梯形图   (b) 推荐程序   (c) 不推荐程序

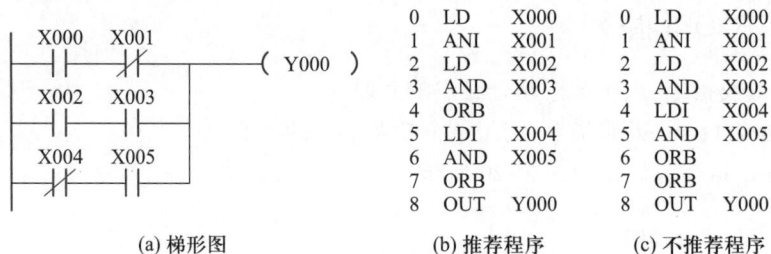

图 2-21   ORB 指令的使用

两个或两个以上的触点并联连接的电路称为并联电路块。并联电路块串联连接 时,分支开始用 LD、LDI 指令,分支结束后用 ANB 指令与前面电路串联。ANB 指令不 带操作元件,其后不跟任何软元件编号。如果 有多个并联电路块按顺序与前面的电路串联, 对每个电路块使用 ANB 指令,对串联的回路个 数没有限制。而如果成批、集中使用 ANB 指令 串联连接多个并联电路块,因为 LD、LDI 指令的 重复次数限制在 8 次以下,所以这种电路块串联 的个数限制在 8 个以下。ANB 指令的使用如图 2-22 所示。

```
0   LD    X000
1   OR    X001
2   LD    X002
3   AND   X003
4   LDI   X004
5   AND   X005
6   ORB
7   OR    X006
8   ANB
9   OR    X007
10  OUT   Y001
```

(a) 梯形图   (b) 指令表

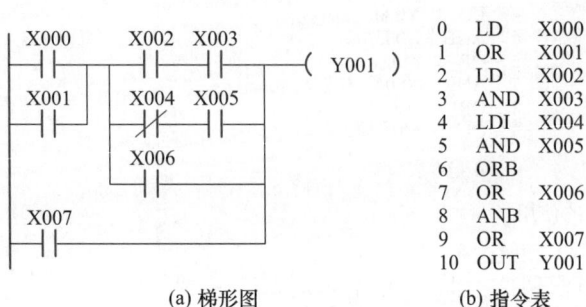

图 2-22   ANB 指令的使用

任务实施

2.2.7　I/O 分配

电动机正/反转联锁控制 I/O 分配表见表 2-4。

表 2-4　电动机正/反转联锁控制 I/O 分配表

输入		输出	
名称	输入点	名称	输出点
正转启动按钮　SB1	X001	正转交流接触器　KM1	Y001
反转启动按钮　SB2	X002	反转交流接触器　KM2	Y002
停止按钮　SB3	X003		

2.2.8　控制程序编写

电动机正/反转联锁控制程序梯形图如图 2-23 所示。

在梯形图编程环境的写入模式下,完成程序的输入、转换,并保存。

GX Works2 具有模拟仿真的功能,就是在没有硬件 PLC 的情况下,也可以检查程序的执行效果。单击工具栏中的"模拟开始/停止"命令,程序模拟写入,如图 2-24 所示。等待"写入"完成,单击"PLC 写入"对话框中的"关闭"按钮,仿真自动运行。梯形图就像在线监视一样,会有深蓝块表示通过或得电。

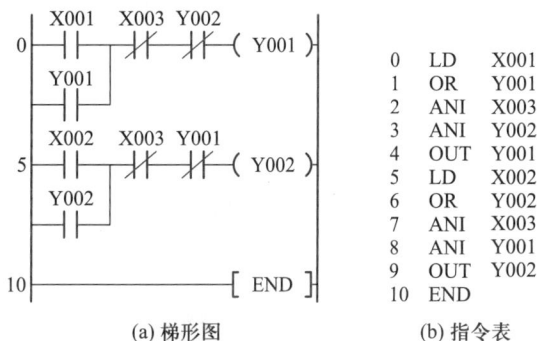

图 2-23　电动机正/反转联锁控制程序梯形图

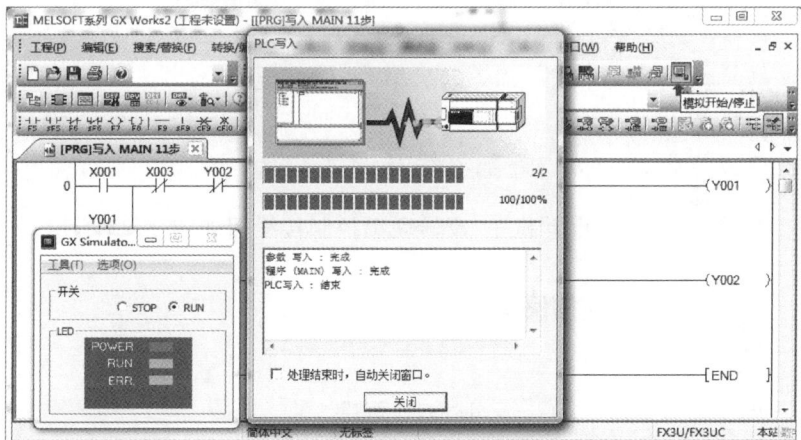

图 2-24　程序写入仿真器

如图 2-25 所示,图中对应的动断触点是接通的。将光标移到需要操作的触点上,

单击工具栏中的"当前值更改"命令,弹出"当前值更改"对话框,如图 2-26 所示,更改 X001 值为"ON",程序运行结果随之变化,Y001 得电。通过更改不同的输入信号来查看运行结果,实现离线模拟调试。

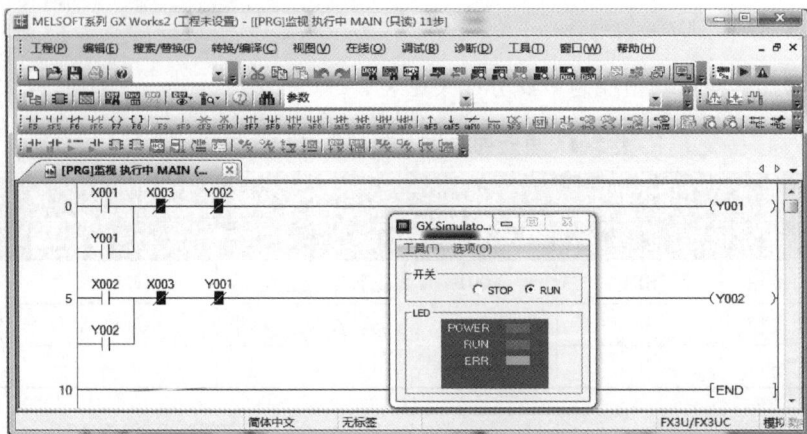

图 2-25   执行模拟调试

案例
自锁、互锁控制

提示
互锁指的是几个回路之间,利用某一回路的辅助触点,去控制对方的线圈回路,进行状态保持或功能限制。一般控制对象是其他回路。

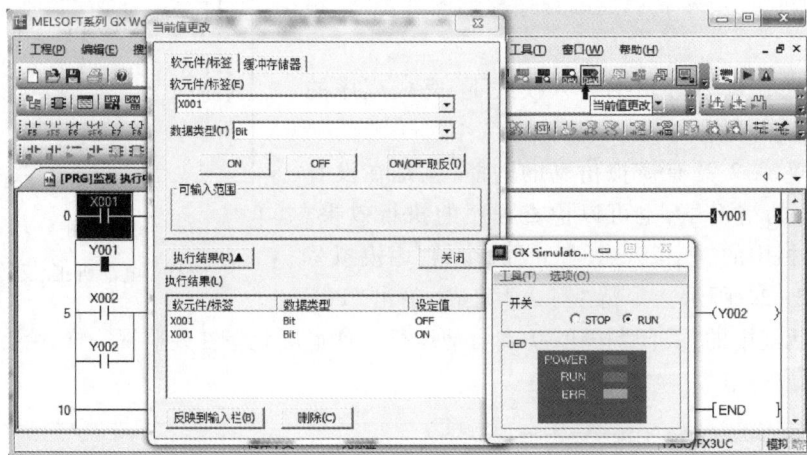

图 2-26   当前值更改

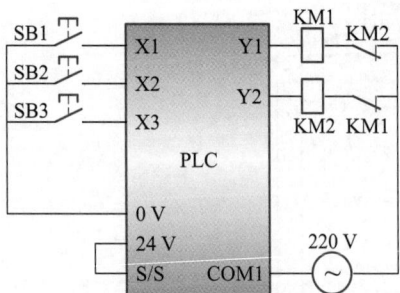

图 2-27   电动机正/反转
联锁控制接线图

2.2.9   外部接线及调试

电动机正/反转联锁控制接线图如图 2-27 所示。

延伸阅读

2.2.10   互锁控制原理

"互锁"是电气控制或机械操作机构用语。例如,控制同一个电动机的"开"和"关"的两个点动按钮应实现互锁控制,即按下其中一个按钮

时,另一个按钮必须自动开路,这样可以有效防止两个按钮同时通电而造成机械故障或人身伤害事故。机械行业的某些场合也会用到类似的互锁控制机构,如互锁在电动机上的应用——双重互锁正/反转电路(接触器互锁正/反转电路和按钮互锁正/反转电路)。

思考与练习

1. 说明下列指令的含义。

LD＿＿＿＿＿＿　　OUT＿＿＿＿＿＿　　OR＿＿＿＿＿＿

ANI＿＿＿＿＿＿　　ANB＿＿＿＿＿＿　　ORB＿＿＿＿＿＿

参考答案

2. PLC 的输出指令 OUT 是对继电器的＿＿＿＿＿＿进行驱动的指令,但它不能用于＿＿＿＿＿＿。

3. ＿＿＿＿＿＿是空操作指令,是一条无动作、无目标元件、占一个程序步的指令。

4. 在 PLC 控制系统中,要实现多地启动,要采用＿＿＿＿＿＿连接方式,对应的指令是＿＿＿＿＿＿。要实现多地停止,要采用＿＿＿＿＿＿连接方式,对应的指令是＿＿＿＿＿＿。

5. 在成批使用时,连续使用 ANB 指令的次数不得超过＿＿＿＿＿＿次,连续使用 ORB 指令的次数不得超过＿＿＿＿＿＿次。

6. FX 系列 PLC 有哪几条基本指令,哪几条逻辑运算指令?

7. 为什么要进行联锁(互锁)? 控制程序中和外部硬件接线是怎么实现联锁的?

8. 通用型辅助继电器和断电保持型辅助继电器有什么不同? 分别在什么情况下使用?

9. 程序中,怎么选择采用动合还是动断触点?

10. 在实际的控制中,还有哪些地方一定要用到互锁? 通过因特网了解被控对象。

11. 图 2-28 所示为在检票栏旁的交通灯控制信号。一辆车接近检票栏前,触发一个接近开关,是 PX1 还是 PX2,这取决于车来的方向,当 PX1 或 PX2 被触发时,输入 X001 或 X002 有信号,每个输入触发一个输出 Y001 或 Y002。被驱动的输出使交通指示灯接通,允许车通过,也就是说一盏灯

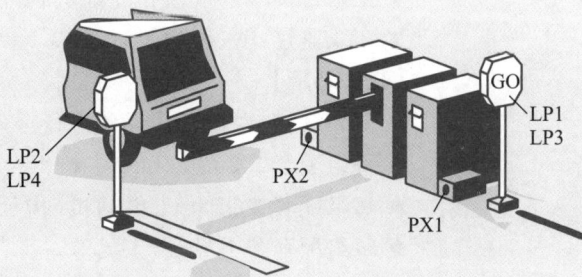

图 2-28　检票栏交通灯控制模拟图

指示 GO,而另一方向的灯(由同一输出信号控制)指示 STOP,同一时刻只允许一辆车通过。试编写控制程序。

任务 2.3　设计电动机延时启停电路

本任务是学习如何选择和正确使用 PLC 内部定时器。

【重点知识与关键能力】

重点知识

掌握定时器(T)的选用、定时时间设定;灵活应用定时器。

掌握延时启停电路原理。

关键能力

会选择定时器的驱动条件,正确选择定时器触点进行编程,使用定时器的复位。

正确使用定时器(T)。

基本素质

掌握自动化设备的精确定时,让生产更流畅,更高效;把控时间,守时守信,形成良好的生产和生活规律。

任务描述

SB1 为三相异步电动机的正转启动按钮,SB2 为电动机的反转启动按钮,SB3 为电动机停止按钮。要改为相反方向运转时,必须先停止,且停止后满 5 s 才能启动相反方向的运行,相同方向则不用等待。完成电动机正/反转联锁运行控制。

【任务要求】

● 进行 I/O 分配。

● 在梯形图编程环境下编写延时启停控制电路。

● 正确连接输入按钮和外部负载。

● 在线监控,软、硬件调试。

【任务环境】

● 两人一组,根据工作任务进行合理分工。

● 每组配套 FX 系列 PLC 主机 1 台。

● 每组配套按钮 3 个,电动机(指示灯)1 台。

● 每组配套若干导线、工具等。

相关知识

2.3.1　定时器(T)

定时器相当于继电器系统中的时间继电器,可在程序中用于延时控制。PLC 中的定时器都是通电延时型。定时器工作是将 PLC 内的 1 ms、10 ms、100 ms 等时钟脉冲相加。当它的当前值等于设定值时,定时器的输出触点(动合或动断)动作,即动合触点接通,动断触点断开。定时器触点使用次数不限。定时器的设定值可由常数(K)或数据寄存器(D)中的数值设定。使用数据寄存器设定定时器设定值时,一般使用具有掉电保持功能的数据寄存器,这样在断电时不会丢失数据。定时器按工作方式不同可分为普通定时器和积算定时器两类。

PPT课件
设计电动机延时启停电路

动画
定时器工作原理

定时器的地址号及设定时间范围如下。

100 ms 普通定时器 T0 ~ T199,共 200 点,设定值:0.1 ~ 3 276.7 s。

10 ms 普通定时器 T200 ~ T245,共 46 点,设定值:0.01 ~ 327.67 s。

1 ms 积算定时器 T246 ~ T249,共 4 点,执行中断保持,设定值:0.001 ~ 32.767 s。

100 ms 积算定时器 T250 ~ T255,共 6 点,定时中断保持,设定值:0.1 ~ 3 276.7 s。

1 ms 普通定时器 T256 ~ T511,共 256 点,设定值:0.001 ~ 32.767 s。

教学视频
定时器监控演示

1. 普通定时器(T0 ~ T245)

普通定时器在梯形图中的使用和动作时序如图 2-29(a)所示。当 X000 接通时,T0 线圈被驱动,T0 的当前值计数器对 100 ms 的时钟脉冲进行累积计数,当前值与设定值 K12 相等时,定时器的输出触点动作,即输出触点是在驱动线圈后的 1.2 s (100 ms×12 = 1.2 s)时才动作,当 T0 触点吸合后,Y000 就有输出。当输入端 X000 断开或断电时,定时器就复位,输出触点也复位。

微课
三菱 PLC 定时器的
使用

2. 积算定时器(T246 ~ T255)

积算定时器在梯形图中的使用和动作时序如图 2-29(b)所示。定时器线圈 T250 的驱动输入 X001 接通时,T250 的当前值计数器对 100 ms 的时钟脉冲进行累积计数,当这个值与设定值 K345 相等时,定时器的输出触点动作。计数中途即使 X001 断开或断电,T250 线圈失电,当前值也能保持。输入 X001 再次接通或复电时,计数继续进行,直到累计延时到 34.5 s(100 ms×345 = 34.5 s)时触点动作。任何时刻只要复位输入 X002 接通,定时器就复位,输出触点也复位。一般情况下,从定时条件采样输入到定时器延时输出控制,其延时最大误差为 $2T_c$。T_c 为一个程序扫描周期。

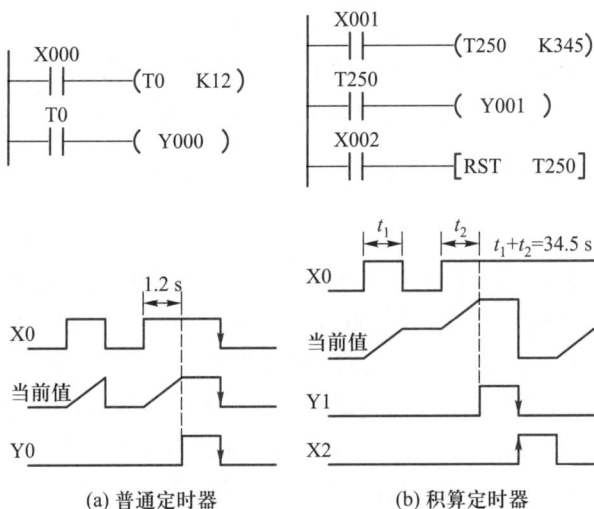

图 2-29　定时器的使用和动作时序

2.3.2　SET、RST 指令

置位指令 SET:使动作保持。

复位指令 RST:消除动作保持,当前值及寄存器清 0。

SET 指令的操作目标元件为 Y、M、S，而 RST 指令的操作元件为 Y、M、S、T、C、D、V、Z。这两条指令是 1～3 程序步。

SET 和 RST 指令的使用没有顺序限制，也可以多次使用，而且在 SET 和 RST 之间可以插入别的程序，但最后执行一条有效的。SET、RST 指令的使用如图 2-30 所示。

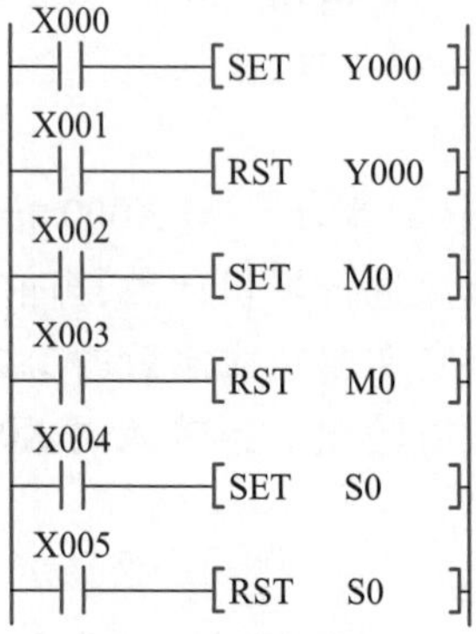

(a) 梯形图

0	LD	X000
1	SET	Y000
2	LD	X001
3	RST	Y000
4	LD	X002
5	SET	M0
6	LD	X003
7	RST	M0
8	LD	X004
9	SET	S0
11	LD	X005
12	RST	S0

(b) 指令表

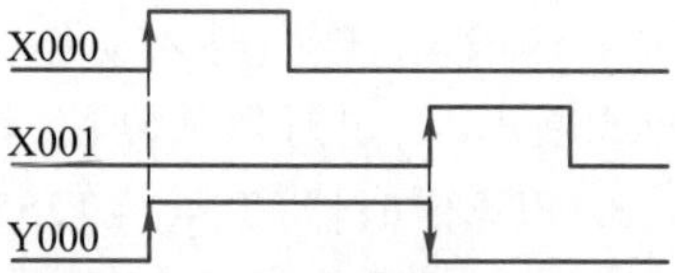

(c) 时序图

图 2-30 SET、RST 指令的使用

RST 指令的操作元件除了有与 SET 指令相同的 Y、M、S 外，还有 T、C、D 元件。即对数据寄存器（D）和变址寄存器（V、Z）的清 0 操作，以及对定时器（T，包括累计定时器）和计数器（C）的复位操作，使它们的当前计时值和计数值清 0。如图 2-31 所示，C0 对 X001 的上升沿次数进行增计数，当达到设定值 K10 时，输出触点 C0 动作。此后，X001 即使再有上升沿的变化，计数器的当前值不变，输出触点仍保持动作。为了将此清除，让 X000 接通，对计数器复位，使输出触点复位。

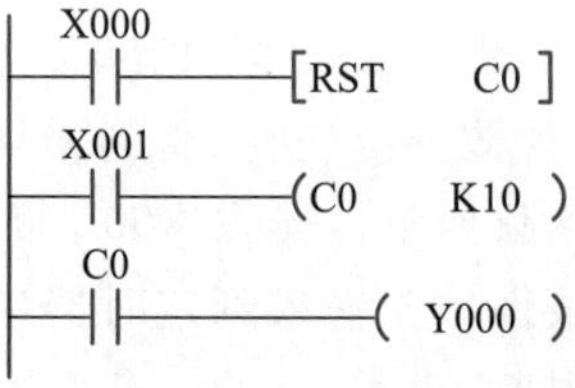

图 2-31 对计数器的复位使用

动画
人行横道交通灯

2.3.3 PLS、PLF 指令

上升沿微分指令 PLS：在输入信号上升沿产生一个扫描周期的脉冲输出。

下降沿微分指令 PLF：在输入信号下降沿产生一个扫描周期的脉冲输出。

在图 2-32 中，PLS 在输入信号 X000 的上升沿产生一个扫描周期的脉冲输出；PLF 在输入信号 X001 的下降沿产生一个扫描周期的脉冲输出。当按下按钮 X000 时，M0 闭合一个扫描周期，通过 SET 指令让 Y000 通电，Y000 灯亮，即使松开 X000，因为 SET 的置位作用，Y000 仍然亮；当按下按钮 X001 时，辅助继电器 M1 并不通电。只有松开按钮 X001，此时 PLF 指令使 M1 闭合一个扫描周期，M1 的动合触点闭合，通过 RST 指令对 Y000 复位，Y000 灯熄灭。

2.3.4 ALT 指令

交替输出指令 ALT：输入为 ON 时，使位软元件状态翻转用的指令。

如图 2-33 所示，第一次按下 X000，Y000 得电，第二次按下 X000，Y000 失电。因为交替输出指令在执行中，每个扫描周期其输出状态都要翻转一次，所以采用脉冲执

行方式,即加上指令后缀 P。这样,只在指令执行条件满足后的第一个扫描周期执行一次指令。

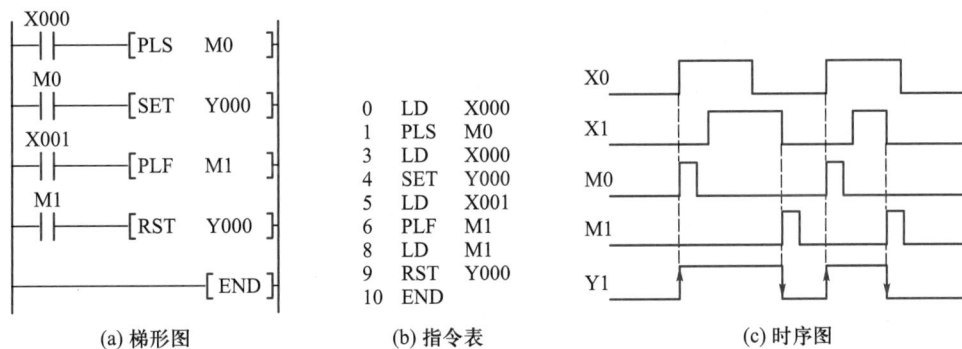

0	LD	X000
1	PLS	M0
3	LD	X000
4	SET	Y000
5	LD	X001
6	PLF	M1
8	LD	M1
9	RST	Y000
10	END	

(a) 梯形图　　　　(b) 指令表　　　　(c) 时序图

图 2-32　PLS、PLF 指令的使用

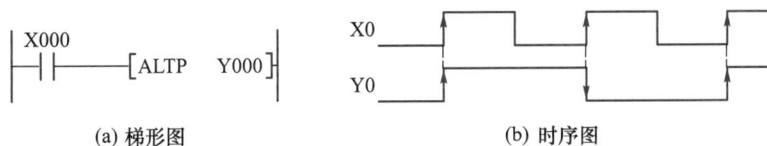

(a) 梯形图　　　　(b) 时序图

图 2-33　ALT 指令的使用

2.3.5　LDP、LDF、ANDP、ANDF、ORP、ORF 指令

取脉冲上升沿指令 LDP:上升沿检测,在输入信号的上升沿接通一个扫描周期。

取脉冲下降沿指令 LDF:下降沿检测,在输入信号的下降沿接通一个扫描周期。

与脉冲上升沿指令 ANDP:上升沿检测。

与脉冲下降沿指令 ANDF:下降沿检测。

或脉冲上升沿指令 ORP:上升沿检测。

或脉冲下降沿指令 ORF:下降沿检测。

这是一组与 LD、AND、OR 指令相对应的脉冲式触点指令。指令中 P 对应上升沿脉冲,F 对应下降沿脉冲。指令中的触点仅在操作元件有上升沿/下降沿时导通一个扫描周期。LDP、LDF 指令的使用如图 2-34 所示。使用 LDP 指令,Y000 仅在 X000 的上升沿时接通一个扫描周期。使用 LDF 指令,Y001 仅在 X001 的下降沿时接通一个扫描周期。

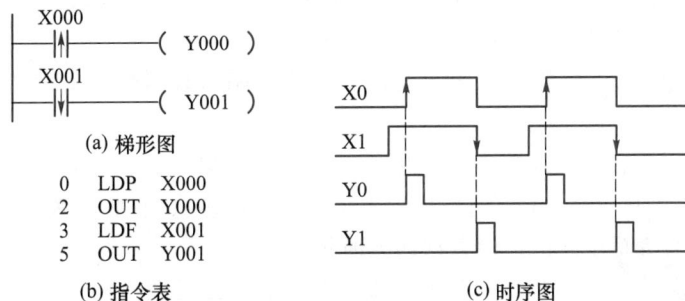

(a) 梯形图

0	LDP	X000
2	OUT	Y000
3	LDF	X001
5	OUT	Y001

(b) 指令表　　　　(c) 时序图

图 2-34　LDP、LDF 指令的使用

ANDP、ANDF 指令的使用如图 2-35 所示。使用 ANDP 指令,在 X002 接通后,M0 仅在 X003 的上升沿时接通一个扫描周期。使用 ANDF 指令,在 X004 接通后,Y002 仅在 X005 的下降沿时接通一个扫描周期。

ORP、ORF 指令的使用如图 2-36 所示。使用 ORP 指令,M1 仅在 X010 或 X011 的上升沿时接通一个扫描周期。使用 ORF 指令,Y003 仅在 X012 或 X013 的下降沿时接通一个扫描周期。

动画
自动钻孔机

(a) 梯形图

```
0   LD    X002
1   ANDP  X003
3   OUT   M0
4   LD    X4
5   ANDF  X5
7   OUT   Y2
```

(b) 指令表　　　　　(c) 时序图

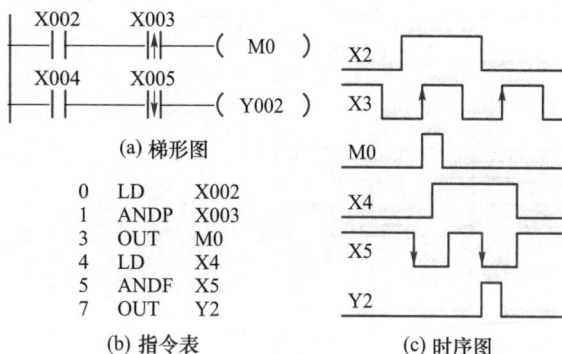

图 2-35　ANDP、ANDF 指令的使用

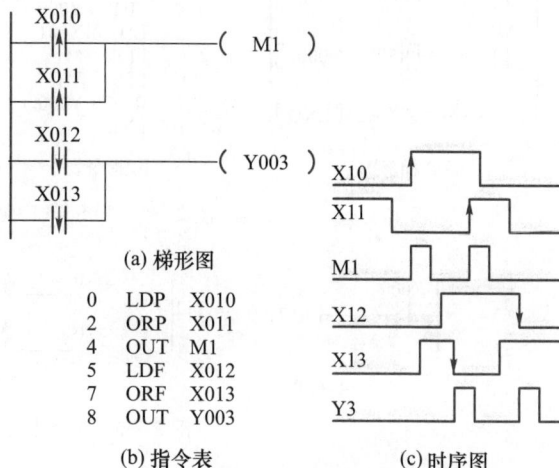

(a) 梯形图

```
0   LDP   X010
2   ORP   X011
4   OUT   M1
5   LDF   X012
7   ORF   X013
8   OUT   Y003
```

(b) 指令表　　　　　(c) 时序图

图 2-36　ORP、ORF 指令的使用

2.3.6　MPS、MRD、MPP 指令

MPS(push):进栈指令。

MRD(read):读栈指令。

MPP(pop):出栈指令。

这 3 条指令都是无目标元件指令,都是一个程序步长,这组指令多用于多输出电路。

PLC 中有 11 个存储中间运算结果的存储区域,被称为栈存储器。栈存储器采用先进后出的数据存取方式,如图 2-37 所示。

使用一次 MPS 指令就将此时的运算结果送入栈存储器的第一层进行存储。再使用一次 MPS 指令,又将新的运算结果送入栈存储器的第一层进行存储,而将原先存入的数据依次移到栈存储器的下一层。

MRD 指令是读出最上层所存的最新数据的专用指令。读出时,栈内数据不发生移动,仍然保持在栈内的位置不变。

使用 MPP 指令,各层数据依次向上移动。最上端的数据被读出后,这个数据就从栈存储器中消失。

MPS 指令用于存储电路中有分支处的逻辑运算结果。MPS、MPP 指令必须成对使用,连续使用的次数应小于或等于 11。MRD 指令可以多次使用,但最终输出回路必须采用 MPP 指令,从而在读出存储数据的同时将它复位。

图 2-38 所示为一层堆栈梯形图,图 2-39 所示为二层堆栈梯形图。图 2-40 所示为四层堆栈梯形图,如改为图 2-41 所示的情况,则不必使用 MPS 指令,编程也方便。

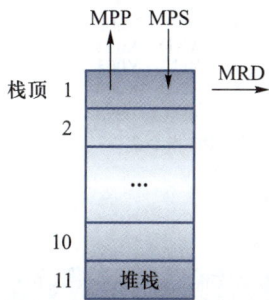

图 2-37 栈存储器操作示意图

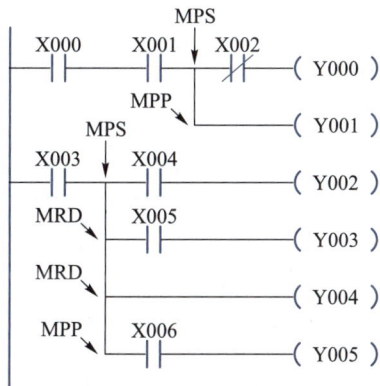

图 2-38 一层堆栈梯形图

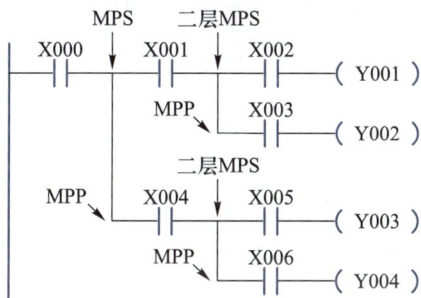

0	LD	X000
1	AND	X001
2	MPS	
3	ANI	X002
4	OUT	Y000
5	MPP	
6	OUT	Y001
7	LD	X003
8	MPS	
9	AND	X004
10	OUT	Y002
11	MRD	
12	AND	X005
13	OUT	Y003
14	MRD	
15	OUT	Y004
16	MPP	
17	AND	X006
18	OUT	Y005

(a) 梯形图   (b) 指令表

(a) 梯形图   (b) 指令表

图 2-39 二层堆栈梯形图

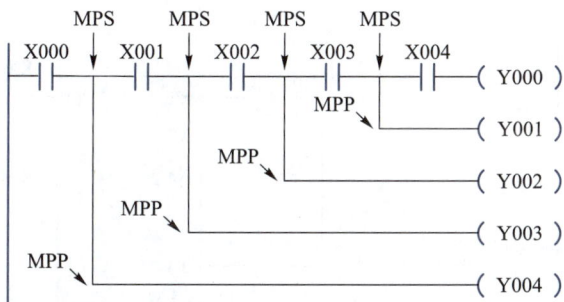

(a) 梯形图   (b) 指令表

图 2-40 四层堆栈梯形图

任务实施

2.3.7 I/O 分配

电动机正/反转延时联锁控制 I/O 分配表见表 2-5。

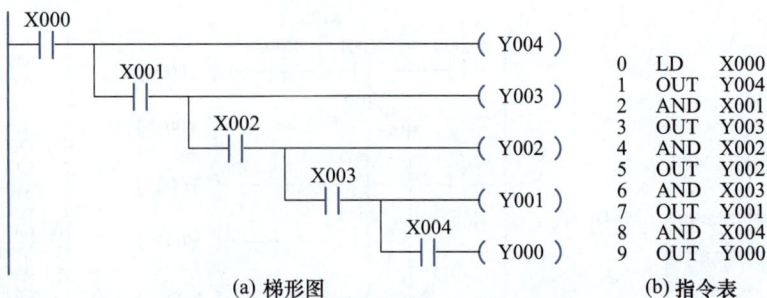

0	LD	X000
1	OUT	Y004
2	AND	X001
3	OUT	Y003
4	AND	X002
5	OUT	Y002
6	AND	X003
7	OUT	Y001
8	AND	X004
9	OUT	Y000

(a) 梯形图　　　　　　　　(b) 指令表

图 2-41　不用 MPS 指令的等效梯形图

表 2-5　电动机正/反转延时联锁控制 I/O 分配表

输入			输出		
名称	输入点		名称	输出点	
正转启动按钮	SB1	X001	正转交流接触器	KM1	Y001
反转启动按钮	SB2	X002	反转交流接触器	KM2	Y002
停止按钮	SB3	X003			

2.3.8　控制程序编写

电动机正/反转延时联锁控制程序梯形图如图 2-42 所示。

2.3.9　外部接线及调试

电动机正/反转延时联锁控制接线图如图 2-43 所示。

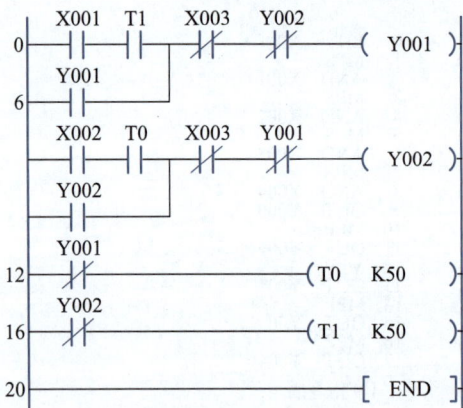

图 2-42　电动机正/反转延时联锁控制程序梯形图

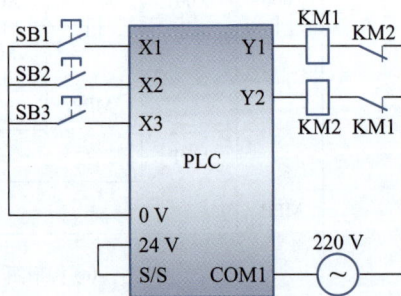

图 2-43　电动机正/反转延时联锁控制接线图

任务拓展

2.3.10　定时器接力电路

每个定时器有一定的定时范围。在实际使用中有些场合需要长延时(如 5 000 s)，

可以采用定时器接力电路,也称为定时器串联电路。定时器接力程序如图 2-44 所示。如图 2-44(a)所示,使用两个定时器,并利用 T0 的动合触点控制 T1 定时器的启动,输出线圈 Y000 的启动时间由两个定时器的设定值决定,从而实现长延时,即开关 X000 闭合后,延时(3+5)s=8 s,输出线圈 Y000 才得电,其时序图如图 2-44(b)所示。

📱 微课
低频信号发生电路
程序设计

2.3.11　占空比可设定脉冲发生电路

将图 2-45 所示程序输入并调试。熟悉由两个定时器产生指定占空比的脉冲信号的方法。

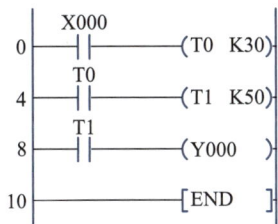
(a) 梯形图

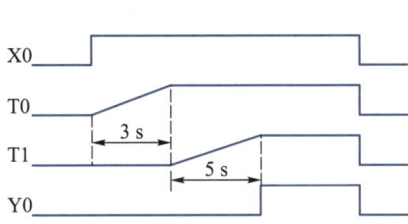
(b) 时序图

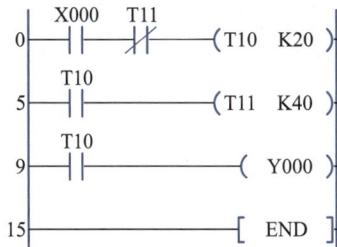

图 2-44　定时器接力程序　　　　　图 2-45　占空比可设定脉冲发生电路梯形图

思考与练习

1. PLS、PLF 指令都是实现在程序循环扫描过程中某些只需执行一次的指令,不同之处是_____。

2. SET 指令可以对_____操作,RST 指令可以对_____操作。使元件自保持 ON 状态,用_____指令;使元件自保持 OFF 状态,用_____指令,

3. 定时器可以对 PLC 内_____、_____、_____的时钟脉冲进行加法计算。

4. PLC 软件和硬件定时器比较,定时范围长的是_____,精度高的是_____。

5. 定时器的线圈_____时开始定时,定时时间到时,其动合触点_____,动断触点_____。通用定时器_____时被复位,复位后其动合触点_____,动断触点_____,当前值为_____。

6. 在 FX 系列 PLC 的定时器中,最长的定时时间是_____。

7. 采用 FX 系列 PLC 对多重输出电路编程时,要采用进栈、读栈和出栈指令,其指令助记符分别为_____,其中_____和_____指令必须成对出现,而且连续使用应少于_____次。

8. 为什么要反转延时? 延时时间 T0 和 T1 怎么选取?

9. 试修改定时器的时间设定值,观察电动机运行情况。

10. 自己设计一种电动机顺序运行的方式,然后编程,并上机实验。

11. FX 系列 PLC 共有几种类型的定时器? 各有什么特点?

12. 定时器线圈的驱动信号应为长信号,如果外部设备是按钮(如图 2-29 中的 X000 按钮),该怎么处理?

13. 采用 PLS 指令实现单按钮启停控制。第一次按下按钮 X000,M0 闭合一个扫描周期,Y000 通电自锁,Y000 灯亮;第二次按下按钮 X000,M0 再闭合一个扫描周期,此时 M1 线圈通电,M1 的

动断触点断开,Y000 失电,Y000 灯灭。对外部输入信号 X000 来说,Y000 的输出脉冲信号是其二分频,所以又把这样的电路称作二分频电路。试编程实现二分频电路。

14. ALT 指令练习:(1) 通过一个输入启动/停止两个不同的输出。按下按钮 X000,启动输出 Y001,同时停止输出 Y000,再按一次 X000,启动输出 Y0,同时停止输出 Y1,反复循环。(2) 输出闪烁动作。输入 X006 为 ON 时,定时器 T2 每隔 5 s 使输出 Y7 交替为 ON/OFF。

15. 将 3 个指示灯接在输出端,要求按下 SB0、SB1、SB2 任意一个按钮时,灯 HL0 亮;按下任意两个按钮时,灯 HL1 亮;同时按下 3 个按钮时,灯 HL2 亮;没有按钮被按下时,所有灯都不亮。试用 PLC 实现上述控制要求。

16. 实现三相异步电动机丫/△转换控制,具体要求如下:(1) 按下启动按钮 SB1,电动机丫启动(KM1 和 KM丫接通);2 s 后电动机变为 △ 运行状态(KM丫断开、KM△接通)。(2) 按下停止按钮 SB2,电动机停止运行。

参考答案

任务 2.4   设计电动机报警指示电路

本任务中采用定时器产生低频闪烁信号。

【重点知识与关键能力】

微课
电动机丫-△降压
启动控制

重点知识
采用定时器(T)产生脉冲信号的编程方法,计数器的使用。
关键能力
正确灵活使用定时器(T)产生需要的脉冲信号。
基本素质
了解生产、生活中报警的形式,了解安全生产的举措,培养安全意识。
通过紧急情况处理训练,养成认真、务实、高效的工作作风。

任务描述

微课
三菱 PLC 的计数器
指令

当按下启动按钮后,过 10 s,X005 仍没有信号,则报警灯闪烁,蜂鸣器响 6 s。报警灯闪烁 13 次后,系统复位停止。

闪烁要求:(1)0.5 s 亮,0.5 s 灭;(2)1.5 s 亮,0.8 s 灭。

【任务要求】
● 进行 I/O 分配。
● 在梯形图编程环境下编写电动机报警指示电路。
● 正确连接输入按钮和外部负载。
● 在线监控,软、硬件调试。

【任务环境】
● 两人一组,根据工作任务进行合理分工。

- 每组配套 FX 系列 PLC 主机 1 台。
- 每组配套按钮 1 个,报警灯 1 个。
- 每组配套若干导线、工具等。

相关知识

动画
计数器

2.4.1　16 位增计数器

FX3U 系列 PLC 中的 16 位增计数器是 16 位二进制加法计数器。它是在计数信号的上升沿进行计数的,计数设定值为 K1 ~ K32 767,设定值 K0 和 K1 的含义相同,都在第一次计数时,其输出触点就动作。计数器又分通用型和断电保持型,其中 C0 ~ C99 共 100 点是通用型 16 位加法计数器,C100 ~ C199 共 100 点是断电保持型 16 位加法计数器。当切断 PLC 的电源时,普通型计数器当前值自动清除,而断电保持型计数器则可存储停电前的计数器数值,当再次通电时,计数器可按上一次数值累积计数。图 2-46 所示为增计数器的动作过程。

提示
　　计 数 器 C100 ~ C199,即使发生停电,当前值与输出触点的动作状态或复位状态也能保持。

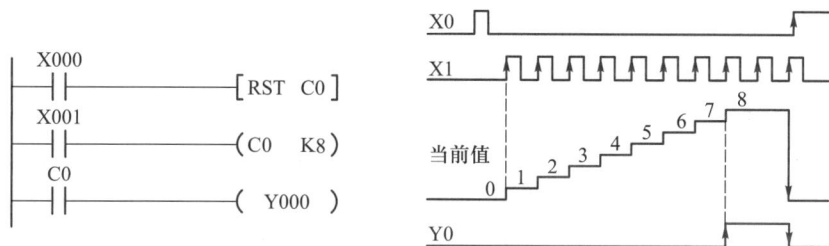

图 2-46　增计数器的动作过程

X001 是计数器输入信号。每接通一次,计数器 C0 当前值加 1,当前值与设定值相等,即当前值为 8 时,计数器输出触点动作,即动合触点接通,动断触点断开。当 C0 触点吸合后,Y000 就有输出。之后即使 X001 再接通,计数器的当前值保持不变。当复位输入 X000 接通时,执行 RST 复位指令,计数器 C0 复位,当前值变为 0,输出触点断开。

计数器的设定值除了用常数(K)设定外,也可由数据寄存器(D)来指定。

2.4.2　计数器的分类

计数器在程序中用作计数控制,FX3U 系列 PLC 提供了 256 个计数器。当计数器的当前值和设定值相等时,触点动作。计数器的触点可以无限次使用。计数器根据计数方式和工作特点可分为内部计数器和高速计数器。

内部计数器编号见表 2-6。

高速计数器的类型可分为以下几种。

① 单相无启动/复位高速计数器 C235 ~ C240。

② 单相带启动/复位高速计数器 C241 ~ C245。

③ 单相 2 输入(双向)高速计数器 C246 ~ C250。

④ 双相输入（A-B 相型）高速计数器 C251 ~ C255。

表 2-6   内部计数器编号

类型	16 位增计数器 0 ~ 32 767 计数		32 位增/减双向计数器 -2 147 483 648 ~ +2 147 483 647	
用途	一般用	停电保持用（电池保持）	一般用	停电保持用（电池保持）
编号	C0 ~ C99	C100 ~ C199	C200 ~ C219	C220 ~ C234
数量/点	100	100	20	15

高速计数器的选择并不是任意的，它取决于所需高速计数器的类型及高速输入端。

2.4.3 内部计数器的使用

在执行扫描操作时，对内部器件 X、Y、M、S、T、C 的信号（通/断）进行计数。其接通时间和断开时间应比 PLC 的扫描周期稍长。内部计数器按工作方式可分为 16 位增计数器和 32 位增/减双向计数器。

32 位增/减双向计数器的计数设定值为 -2 147 483 648 ~ +2 147 483 647。32 位增/减双向计数器也有两种类型，即通用型 C200 ~ C219 共 20 点，断电保持型 C220 ~ C234 共 15 点。增/减计数由特殊功能辅助继电器 M8200 ~ M8234 设定。对应的特殊功能辅助继电器接通（ON）时，为减计数；反之为加计数。

与 16 位增计数器一样，可直接用常数（K）或间接用数据寄存器（D）的内容作为设定值，设定值可正、可负。间接设定时，数据寄存器将连号的内容变为一对，作为 32 位增/减双向计数器的设定值。如用 D0 时，则 32 位数据寄存器 D1、D0 中的数作为设定值。

图 2-47 所示为 32 位增/减双向计数器的动作过程。其中，X012 为计数方向设定信号，X013 为计数器复位信号，X014 为计数器输入信号。在计数器的当前值由 -4 到 -3 增加时，输出触点接通（置 ON）；由 -3 到 -4 减小时，输出触点断开（复位）。当复位输入 X013 接通时，计数器的当前值就为 0，输出触点也复位。如果从 +2 147 483 647 起再进行加计数，当前值就变成 -2 147 483 648。同样，从 -2 147 483 648 起再进行减计数，当前值就变成 +2 147 483 647，称为循环计数。

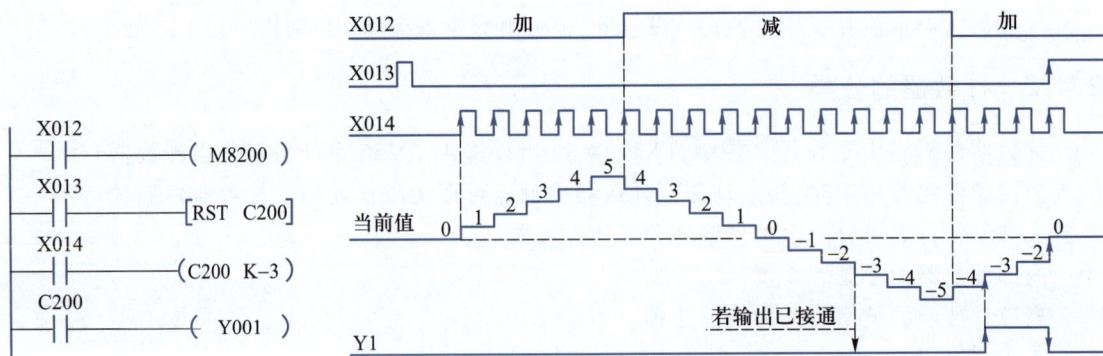

图 2-47   32 位增/减双向计数器的动作过程

任务实施

2.4.4　组合使用定时器与计数器

　　将图 2-48 所示程序输入并调试,熟悉定时器和计数器的使用方法。由单个定时器产生指定周期的脉冲信号。

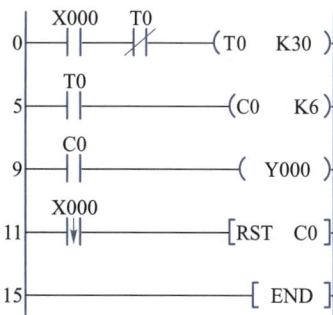

图 2-48　定时器与计数器的应用

2.4.5　报警灯闪烁电路的设计

1. I/O 分配

　　报警灯闪烁的控制 I/O 分配表见表 2-7。

表 2-7　报警灯闪烁的控制 I/O 分配表

输入			输出		
名称		输入点	名称		输出点
启动按钮	SB1	X000	报警灯	L	Y000
被检测信号	SB2	X005	蜂鸣器	B	Y001

2. 控制程序编写

　　报警灯闪烁的控制程序梯形图如图 2-49 所示。

3. 外部接线及调试

　　报警灯闪烁的控制接线图如图 2-50 所示。

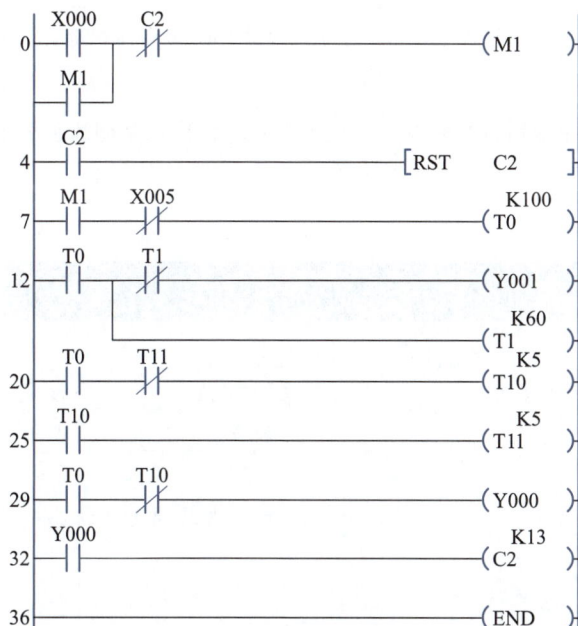

图 2-49　报警灯闪烁的控制程序梯形图

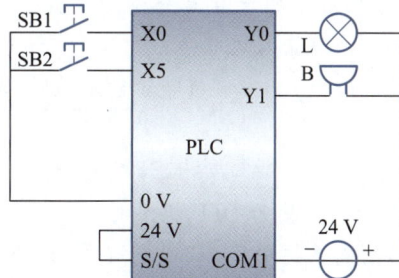

图 2-50　报警灯闪烁的控制接线图

案例
计数控制案例

PPT课件
设计电动机运行和报警指示灯

动画
传送带

动画
交通灯

延伸阅读

2.4.6　PLC 控制系统相对于继电器控制系统的优越性

PLC 控制系统相对于继电器控制系统的优越性见表 2-8。

表 2-8　PLC 控制系统相对于继电器控制系统的优越性

项目	控制系统	
	PLC 控制系统	继电器控制系统
功能	利用程序,可灵活实现复杂控制。除了原本的顺序控制,还能实现与数据处理相关的模拟、定位、通信等各种功能	对于采用大量继电器的复杂控制,很难实现经济性和可靠性;基本上仅可 ON/OFF 控制
经济性	继电器超过 10 个的系统中,一般采用 PLC 来控制更经济	必须是小规模的系统,否则很难实现经济性
灵活性	通过程序变更可实现控制内容的灵活变更	除了变更接线,没有别的办法
可靠性	基本上全部采用半导体,可靠性高,寿命更长	因为使用的是继电器触点,长期使用会产生接触不良,很难实现长寿命
维护性	通过外围软件可以监控故障状况;零件更换可采用组件更换方式,简单方便	继电器发生故障时,原因调查和更换作业都很麻烦
设备大小	即使针对复杂的控制,设备体积基本上也不会增大	系统规模增大时,设备体积也会大大增加
系统的开发周期	即便是复杂的控制,与继电器控制系统相比,也更容易设计和制作	从时间和人工上来讲很难扩大规模

思考与练习

1. FX 系列 PLC 中的计数器分为三大类:＿＿＿＿＿＿、＿＿＿＿＿＿、＿＿＿＿＿＿。

2. 计数器的复位输入电路＿＿＿＿＿＿,计数输入电路＿＿＿＿＿＿,如果当前值＿＿＿＿＿＿设定值,计数器的当前值加 1。当前值等于设定值时,其动合触点＿＿＿＿＿＿,动断触点＿＿＿＿＿＿,当前值＿＿＿＿＿＿。

3. C200 是一个＿＿＿＿＿＿位计数器,计数方向由＿＿＿＿＿＿的状态决定。当其为 ON 状态时为＿＿＿＿＿＿计数,当其为 OFF 状态时为＿＿＿＿＿＿计数。

4. 继电器控制系统中＿＿＿＿＿＿(有/没有)计数器。

5. 定时器和计数器各有哪些使用要素?如果梯形图线圈前的触点是工作条件,定时器和计数

器的工作条件有什么不同?

6. 计数器在实际应用中有哪些用途?

7. 报警灯在工业生产现场有什么作用? 它一般使用哪几种颜色的光? 分别表达什么报警信息?

8. 在复杂的电气控制中,PLC 控制相比于传统的继电器控制有哪些优越性?

9. 简述计数器的分类、用途。计数器的计数范围是多少?

10. 怎么将 C200~C255 设置为加计数器或减计数器?

11. 试编写一长亮一短亮的灯光信号:开关闭合,长亮(2.54 s)→灭(0.8 s)→短亮(1.2 s)→灭(0.8 s)→长亮(2.54 s),如此循环。开关断开,灯熄灭。

12. 某控制系统有一盏绿灯,当开关 K1 合上后,绿灯亮 1 s 灭 1 s,累计亮灭 30 s 后自行关闭。试编写控制程序。

13. 按下按钮 X000 后 Y000 变为 ON 并自锁,T0 计时 7 s 后,用 C0 对 X001 输入的脉冲计数,计满 4 个脉冲后 Y000 变为 OFF,同时 C0 和 T0 被复位,在 PLC 刚开始执行用户程序时,C0 也被复位,设计出梯形图。

参考答案

项目 3

竞赛抢答器

　　竞赛抢答器（简称抢答器）是在竞赛、文体娱乐活动（抢答活动）中，能准确、公正、直观地判断出抢答者的设备。例如，在一些知识竞赛活动中，会考察选手的快速反应能力，需要选手在规定的时间内解答问题，并赶在其他选手之前抢答。抢答器一定要稳定、准确显示第一抢答的选手编号，同时屏蔽后续的抢答信号。

　　本项目以指示灯、数码管为 PLC 控制对象，通过编程、接线、调试，实现抢答器的指示灯显示、数码显示和警示显示，从而指示出第一抢答者。通过实践熟悉功能指令的一般表达形式，MOV、SEGD 等指令的含义，数据寄存器的使用，互锁控制的编程及辅助继电器的应用。通过完成本项目，学会使用三菱 PLC 功能指令编制程序，完成七段译码程序的编写及调试。

思维导图

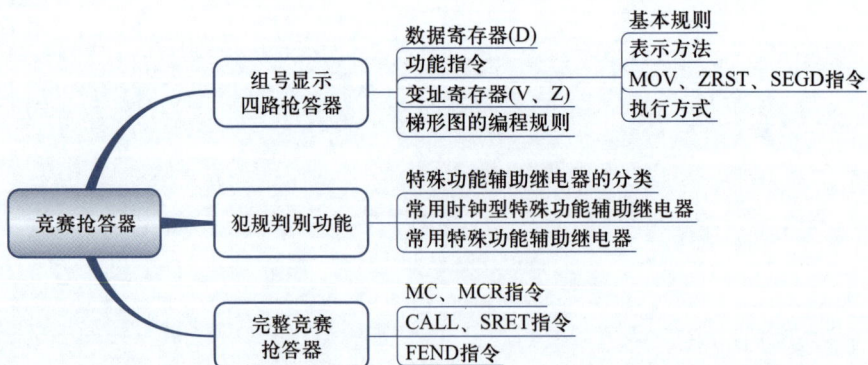

任务 3.1　设计组号显示四路抢答器

本任务将熟悉功能指令的一般表达形式,掌握数据寄存器的使用方法,学习如何用功能指令编写 PLC 程序,进行硬件接线和调试。

【重点知识与关键能力】

重点知识

功能指令的一般表达形式;PLC 功能指令 MOV、SEGD、ZRST 等的特点与应用;七段译码程序的编写;数据寄存器的使用。

关键能力

会在编程环境中编写功能指令程序,会在线监控、调试。

基本素质

人生如赛场。积极作为,勇创佳绩,做新时代的奋斗者。

任务描述

现有一台 4 路抢答器,由 4 个选手抢答按钮 SB1～SB4、1 个主持人答题按钮 SB5、1 个主持人复位按钮 SB6、工作指示灯 HL1、数码管显示器等组成。主持人按下答题按钮 SB5 之后,当其中一个选手按下抢答按钮时,工作指示灯 HL1 亮,同时数码管上显示这个选手的编号,之后其他选手再按抢答按钮时不再显示其相应编号。主持人按下复位按钮 SB6 时,系统复位,重新开始抢答。完成 PLC 程序的编写与调试、硬件的接线与调试。

【任务要求】
- 在梯形图编程环境下编写功能指令程序。
- 正确连接编程电缆,下载程序到 PLC。
- 正确连接输入按钮和外部负载(指示灯)。
- 在线监控,软、硬件调试。

【任务环境】
- 两人一组,根据工作任务进行合理分工。
- 每组配套 FX 系列 PLC 主机 1 台。
- 每组配套按钮 6 个,指示灯 1 个,数码管 1 个。
- 每组配套若干导线、工具等。

思政学习
没有规矩不成方圆

相关知识

3.1.1　数据寄存器(D)

数据寄存器是计算机必不可少的元件,用于存放各种数据。FX3U 中每一个数据

寄存器都是 16 位(最高位为正、负符号位),也可用两个数据寄存器合并起来存储 32 位数据(最高位为正、负符号位)。

1. 通用数据寄存器

PPT课件
数据寄存器

通道分配:D0~D199,共 200 点。

只要不写入其他数据,已写入的数据不会变化。但是,由 RUN→STOP 时,全部数据都清 0(如果特殊辅助继电器 M8033 已被驱动,则数据不被清 0。)

2. 停电保持用寄存器

通道分配:D200~D511,共 312 点。

其功能基本与通用数据寄存器相同。除非改写,否则原有数据不会丢失,无论电源接通与否,PLC 运行与否,其内容也不变化。然而,在两台 PLC 进行点对点的通信时,D490~D509 被用于通信操作。

3. 停电保持专用寄存器

通道分配:D512~D7999,共 7488 点。

关于停电保持的特性不能通过参数进行变更。根据设定的参数,可以将 D1000 以后的数据寄存器以 500 点为单位作为文件寄存器,驱动特殊辅助继电器 M8074。因为采用扫描功能被禁止,上述数据寄存器可作为文件寄存器处理,用 BMOV 指令传送数据(写入或读出)。

4. 文件寄存器

通道分配:D1000 以后,最大 7000 点。

文件寄存器是用户程序存储器(RAM、E2PROM、EPROM)内的一个存储区,以 500 点为一个单位,作为文件寄存器,用外部设备口进行写入操作。在 PLC 运行时,可用 BMOV 指令写入通用数据寄存器中,但是不能用指令将数据写入文件寄存器。用 BM-OV 指令将数据写入 RAM 后,再从 RAM 中读出。将数据写入 E^{2}PROM 存储器,需要花费一定的时间,务必注意。

5. 特殊用寄存器

通道分配:D8000~D8511,共 512 点。

特殊用寄存器是指写入特定目的的数据,或已事先写入特定内容的数据寄存器,其内容在电源接通时被置于初始值(一般先清 0,然后由系统 ROM 写入)。

3.1.2　功能指令的基本规则

PPT课件
功能指令的基本
规则

PLC 的基本指令是基于继电器、定时器、计数器等软元件,主要用于逻辑处理的指令。作为工业控制计算机,PLC 仅有基本指令是远远不够的。现代工业控制在许多场合需要数据处理,所以 PLC 制造商在 PLC 中引入了应用指令,也称为功能指令。

FX3U 系列 PLC 除了基本指令、步进指令外,还有 200 多条功能指令,可分为程序流向控制、数据传送与比较、算术与逻辑运算、数据移位与循环、数据处理、高速处理、方便指令、外部设备通信(I/O 模块、功能模块)、浮点运算、定位运算、时钟运算、触点比较等几大类。功能指令实际上就是许多功能不同的子程序。

FX3U 系列 PLC 的功能指令编号为 FNC00~FNC246,各指令有表示其内容的助记符符号。有些功能指令仅有功能编号,但更多情况下是将功能编号与操作数组合在一

起使用。功能指令格式采用梯形图和指令助记符相结合的形式，如图 3-1 所示。

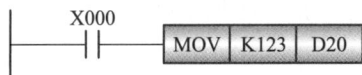

图 3-1　功能指令格式

图 3-1 所示程序的含义是：当 X000 为 ON 时，把常数 K123 送到数据寄存器 D20 中去。其中，X000 是执行条件；MOV 是传送功能指令；K123 是源操作数；D20 是目标操作数。

3.1.3　功能指令的表示方法

功能指令由指令助记符、指令代码、操作数等组成。在简易编程器中，输入功能指令时以功能号输入功能指令；在编程软件中，输入功能指令时以指令助记符输入功能指令。功能指令的表示形式见表 3-1。

表 3-1　功能指令的表示形式

指令名称	助记符	指令代码	操作数			程序步
			S	D	n	
平均值指令	MEAN	FNC45	KnX、KnY、KnS、KnM、T、C、D	KnX、KnY、KnS、KnM、T、C、D、V、Z	K、H n = 1 ~ 64	MEAN MEAN(P) 等 7 步

说明：

① 每一条功能指令有一个指令代码和一个助记符，两者严格对应。由表 3-1 可见，助记符 MEAN 对应的功能号为 FNC45。

② 操作数（或称操作元件）。有些功能指令只有助记符而无操作数，但大多数功能指令在助记符之后还必须有 1 ~ 5 个操作数。组成部分有：[S] 表示源操作数，如果使用变址寄存器，表示为 [S·]，多个源操作数用 [S1][S2]… 或者 [S1·][S2·]… 表示；[D] 表示目标操作数，如果使用变址寄存器，表示为 [D·]，多个目标操作数用 [D1][D2]…或者 [D1·][D2·]… 表示；n 表示其他操作数，常用于表示常数或对 [S] 和 [D] 的补充说明，有多个时用 n1，n2，… 表示，表示常数时，K 表示十进制数，H 表示十六进制数。

③ 程序步。在程序中，每条功能指令占用一定的程序步数，功能号和助记符占 1 步，每个操作数占 2 步或 4 步（16 位操作数是 2 步，32 位操作数是 4 步）。

④ 功能指令助记符前加 [D]，表示处理 32 位数据；指令前不加 [D]，表示处理 16 位数据。

3.1.4　功能指令的执行方式

功能指令执行方式有连续执行和脉冲执行两种方式。如图 3-2 所示，在指令的助记符后加符号"（P）"表示脉冲执行方式；助记符后不加"（P）"，则为连续执行方式。脉冲执行方式下，当 X000 从 OFF→ON 变化时，这个指令执行一次；连续执行方式下，当执行条件 X000 为 ON 时，每个扫描周期都要执行一次。

对某些功能指令，如 INC、DEC 等，用连续执行方式在实用中可能会带来问题。图 3-3 所示是一条 INC 指令，用于对目标组件 D10 进行加 1 的操作。假设这个指令以连续方式工作，那么只要 X000 接通，则每个扫描周期都会对目标组件加 1，而这在许多实际的控制中是不允许的。为了解决这类问题，在指令助记符的后面加符号"（P）"，

设置了指令的脉冲执行方式。

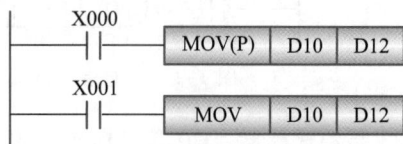

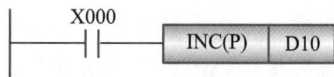

图 3-2   指令执行方式   图 3-3   脉冲执行方式的 INC 指令

INC(P)指令的含义:每当 X000 从断开变为接通时,目标组件就被加 1 一次。也就是说,每当 X000 来了一个上升沿,才会执行加 1。而在其他情况下,即使 X000 始终是接通的,都不会执行加 1 指令。

由此可见,在不需要每个扫描周期都执行指令时,可以采用脉冲执行方式的指令,这样还能缩短程序的执行时间。

3.1.5   变址寄存器(V、Z)

变址寄存器(V、Z)是两个 16 位的寄存器,除了和通用数据寄存器一样用作数值数据读、写之外,主要还用于运算操作数地址的修改,在传送、比较等指令中用来改变操作对象的组件地址。变址方法是将 V、Z 放在各种寄存器的后面,充当操作数地址的偏移量。操作数的实际地址就是寄存器的当前值与 V 或 Z 内容相加后的和。

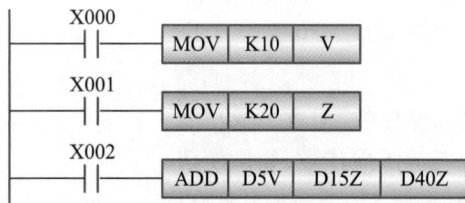

图 3-4   变址操作

变址操作如图 3-4 所示。当各逻辑行满足条件时,K10 送到 V,K20 送到 Z,所以 V、Z 的内容分别为 10、20。当执行 ADD 加法指令,即执行(D5V)+(D15Z)→(D40Z)时,此时 D5V→D(5+10)= D15,D15Z→D(15+20)= D35,D40Z→D(40+20)= D60。也就是说,执行的是(D15)+(D35)→(D60),即 D15 内容和 D35 的内容相加,结果送到 D60 中去。

前面提及过,当源或目标寄存器用[S·]或[D·]表示时,就能进行变址操作。当进行 32 位数据操作时,要将 V、Z 组合成 32 位(V、Z)来使用,这时 Z 为低 16 位,而 V 充当高 16 位。可以用变址寄存器进行变址的软组件是 X、Y、M、S、P、T、C、D、K、H、KnX、KnY、KnM、KnS。利用 V、Z 可以使编程简化。

3.1.6   MOV 指令

微课
MOV 指令应用

传送指令 MOV 的助记符、指令代码、操作数及程序步见表 3-2。

表 3-2   MOV 传送指令

指令名称	助记符	指令代码	操作数		程序步
			S(可变址)	D(可变址)	
传送指令	MOV	FNC12	K、H、KnX、KnY、KnS、KnM、T、C、D、V、Z	KnY、KnS、KnM、T、C、D、V、Z	MOV、MOV(P)等 5 步、(D)MOV、(D)MOV(P)等 9 步

MOV 指令是将数据按原样传送的指令,梯形图如图 3-5 所示。当 X000 为 ON 时,源操作数[S]中的数据 K100 传送到目标操作数 D10 中,并自动转换为二进制数。当 X000 为 OFF 时,指令不执行,数据保持不变。

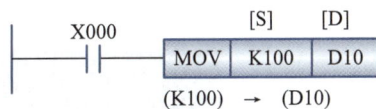

图 3-5　MOV 指令梯形图

MOV 指令有 32 位操作方式,使用前缀"(D)"。MOV 指令也可以有脉冲执行方式,使用后缀"(P)"。只有在驱动条件由 OFF→ON 时,进行一次传送。

动画

比较传送指令

3.1.7　ZRST 指令

区间复位指令 ZRST 的助记符、指令代码、操作数及程序步见表 3-3。

表 3-3　区间复位指令

指令名称	助记符	指令代码	操作数		程序步
			D1(可变址)	D2(可变址)	
区间复位指令	ZRST	FNC40	Y、S、M、T、C、D D1 元件号≤D2 元件号		ZRST、ZRST(P)等 5 步

ZRST 指令可将 D1 和 D2 指定的元件号范围内的同类元件成批复位,目标操作数可以取字元件(T、C、D)或位元件(Y、M、S)。D1 和 D2 指定的应为同一类元件。D1 的元件号应小于或等于 D2 的元件号。如果 D1 的元件号大于 D2 的元件号,则只有 D1 指定的元件被复位。单个位元件和字元件可以用 RST 指令复位。ZRST 指令一般只进行 16 位处理,但可以对 32 位的计数器复位,此时必须两个操作数都是 32 位的计数器。ZRST 指令使用如图 3-6 所示。如果 M8002 接通,则将执行区间复位操作,即将 M0 ~ M499 辅

图 3-6　ZRST 指令使用

助继电器全部复位为零状态。

3.1.8　SEGD 指令

七段解码指令 SEGD 的助记符、指令代码、操作数及程序步见表 3-4。

表 3-4　七段解码指令

指令名称	助记符	指令代码	操作数		程序步
			S	D	
七段解码指令	SEGD	FNC73	K、H、KnX、KnY、KnS、KnM、T、C、D、V、Z	KnY、KnS、KnM、T、C、D、V、Z	SEGD、SEGD(P)等 5 步

SEGD 指令可将源操作数[S]的低 4 位指定的十六进制数(0 ~ F)经解码译成七段显示的数据格式存于[D]中,驱动七段显示器。[D]中的高 8 位不变。七段解码表见表 3-5。B0 表示位元件的首位或字元件的最低位。

表 3-5　七段解码表

[S]		7 段码构成	[D]								显示数据
十六进制	二进制		B7	B6	B5	B4	B3	B2	B1	B0	
0	0000		0	0	1	1	1	1	1	1	0
1	0001		0	0	0	0	0	1	1	0	1
2	0010		0	1	0	1	1	0	1	1	2
3	0011		0	1	0	0	1	1	1	1	3
4	0100		0	1	1	0	0	1	1	0	4
5	0101		0	1	1	0	1	1	0	1	5
6	0110		0	1	1	1	1	1	0	1	6
7	0111		0	0	0	0	0	1	1	1	7
8	1000		0	1	1	1	1	1	1	1	8
9	1001		0	1	1	0	1	1	1	1	9
A	1010		0	1	1	1	0	1	1	1	A
B	1011		0	1	1	1	1	1	0	0	b
C	1100		0	0	1	1	1	0	0	1	C
D	1101		0	1	0	1	1	1	1	0	d
E	1110		0	1	1	1	1	0	0	1	E
F	1111		0	1	1	1	0	0	0	1	F

（7 段码构成示意：B0 上段，B5 左上、B1 右上，B6 中段，B4 左下、B2 右下，B3 下段）

微课
七段解码指令
SEGD

SEGD 指令使用如图 3-7 所示。当 X000 接通，将寄存器 D0 中的低 4 位解码成七段显示数据，并送到 Y007 ~ Y000。

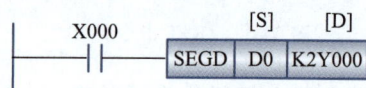

图 3-7　SEGD 指令使用

3.1.9　梯形图的编程规则

用梯形图编写程序时，基本规则如下。

① 用梯形图编写程序时，应按照从上到下、从左到右的顺序编写。

② 梯形图的每一行（阶梯）都是始于左母线，终于右母线（右母线可以省略不画）。由动合、动断触点或其组合构成执行逻辑条件与左母线相连，线圈作为输出与右母线相连。

提示
　线圈与右母线之间不可以有接点。所以，图 3-8（a）是错误的，应改成图 3-8（b）。

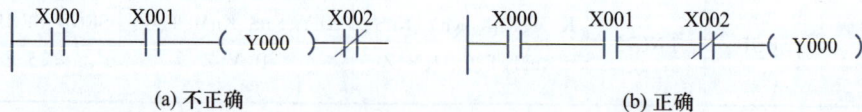

(a) 不正确　　　　　　　　　(b) 正确

图 3-8　线圈与右母线之间不可以有接点

③ 线圈不能直接与左母线相连接。如果需要无条件执行，可以通过一个没有使用到的编程元件的常闭接点或者特殊辅助继电器 M8000（运行常 ON，PLC 运行时一直闭

合)来连接,如图 3-9 所示。

④ 梯形图中的接点可以任意地进行串联或并联,但线圈不能串联输出。

⑤ 梯形图中同一编号的接点可以使用无限次。但同一编号的输出线圈如果在一个程序中使用两次或两次以上,就构成双线圈输出,如图 3-10(a)所示。双线圈输出时,只有最后一次才有效,容易引起误操作,一般不宜使用双线圈输出。在特殊情况下,如在含有跳转指令或步进指令的梯形图中,双线圈输出是允许的。另外,不同编号的线圈可以并行输出,如图 3-10(b)所示。

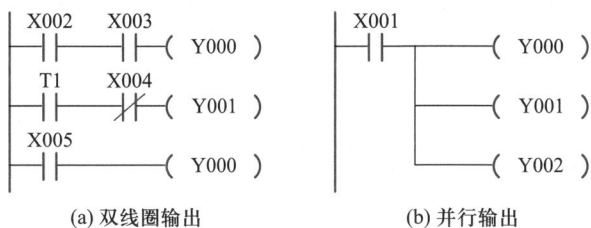

(a) 不正确　　　　　(b) 正确

图 3-9　线圈不能直接与左母线相连接

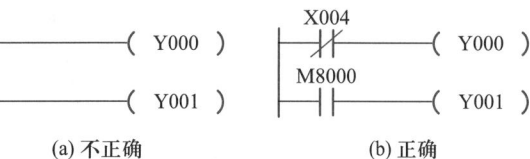

(a) 双线圈输出　　　　(b) 并行输出

图 3-10　双线圈输出和并行输出

⑥ 梯形图中接点要画在水平线上,不可画在垂直线上。如图 3-11(a)中接点 X004 在垂直线上,这个桥式电路不能直接编程,需进行等效变换,将其转换为连接关系明确的电路,才能进行编程。等效变换后的电路如图 3-11(b)所示。

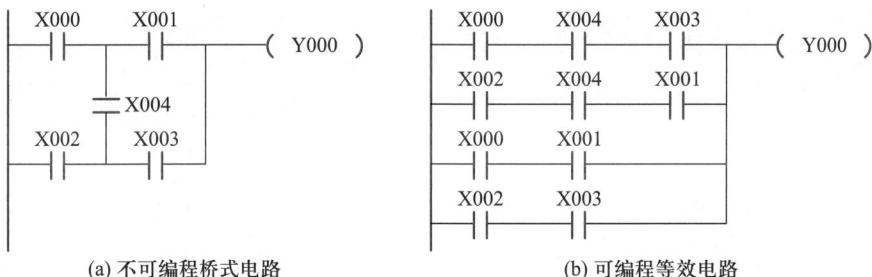

(a) 不可编程桥式电路　　　　(b) 可编程等效电路

图 3-11　桥式电路及其等效电路

⑦ 梯形图编程时应遵循"上重下轻""左重右轻"的原则,即串联多的支路应尽可能放在上部,并联多的支路应尽可能放在左边靠近左母线。这样做,既可以简化程序,又可以减少指令。通过对图 3-12(a)(b)、图 3-13(a)(b)分别比较就可一目了然。

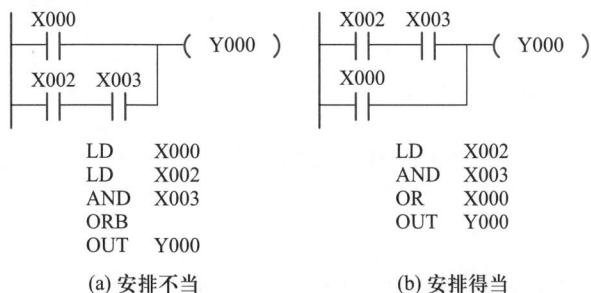

```
LD    X000          LD    X002
LD    X002          AND   X003
AND   X003          OR    X000
ORB                 OUT   Y000
OUT   Y000
```

(a) 安排不当　　　　　(b) 安排得当

图 3-12　"上重下轻"原则

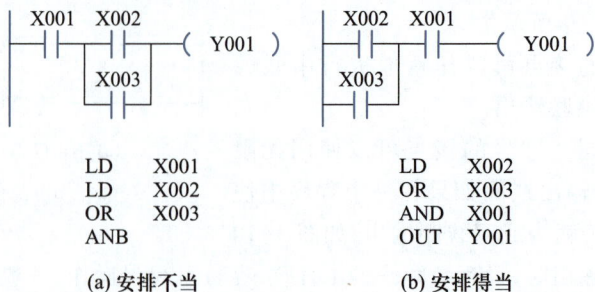

```
X001  X002        ( Y001 )         X002  X001        ( Y001 )
─┤├──┤├─                          ─┤├──┤├─
    X003                              X003
    ─┤├─                              ─┤├─

LD    X001                        LD    X002
LD    X002                        OR    X003
OR    X003                        AND   X001
ANB                               OUT   Y001

(a) 安排不当                        (b) 安排得当
```

图 3-13　"左重右轻"原则

⑧ 每个程序结束后都应该有程序结束指令 END。

任务实施

3.1.10　I/O 分配

抢答器组号显示 I/O 分配表见表 3-6。

表 3-6　抢答器组号显示 I/O 分配表

输入		输出		
名称	输入点	名称		输出点
选手抢答按钮 SB1	X0	工作指示灯	HL1	Y0
选手抢答按钮 SB2	X1		A 段	Y10
选手抢答按钮 SB3	X2		B 段	Y11
选手抢答按钮 SB4	X3		C 段	Y12
主持人答题按钮 SB5	X4	数码管	D 段	Y13
主持人复位按钮 SB6	X5		E 段	Y14
			F 段	Y15
			G 段	Y16

3.1.11　控制程序编写

抢答器组号显示控制程序梯形图如图 3-14 所示。

3.1.12　外部接线与调试

抢答器组号显示控制外部接线图如图 3-15 所示。

*抢答部分

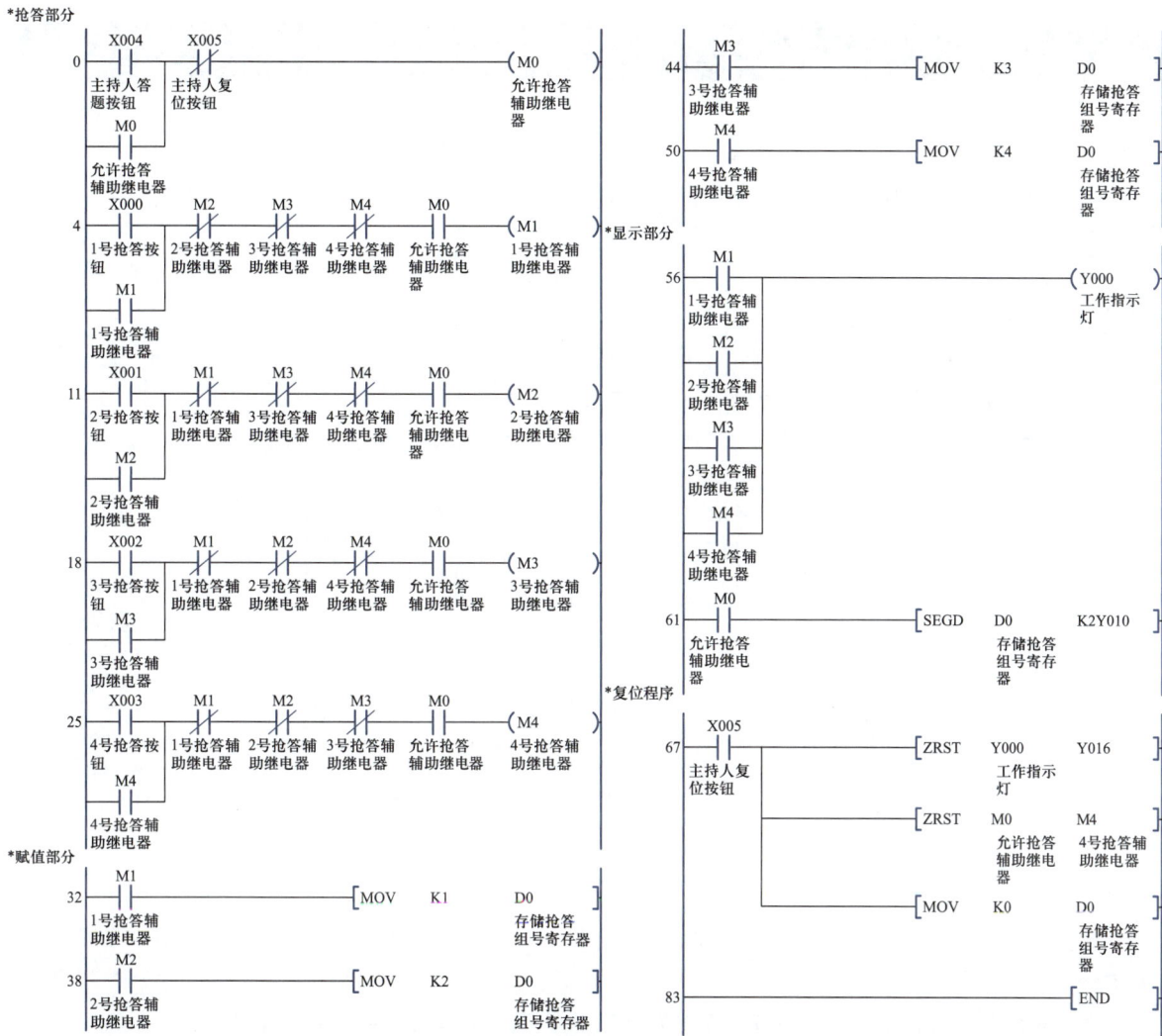

图 3-14　抢答器组号显示控制程序梯形图

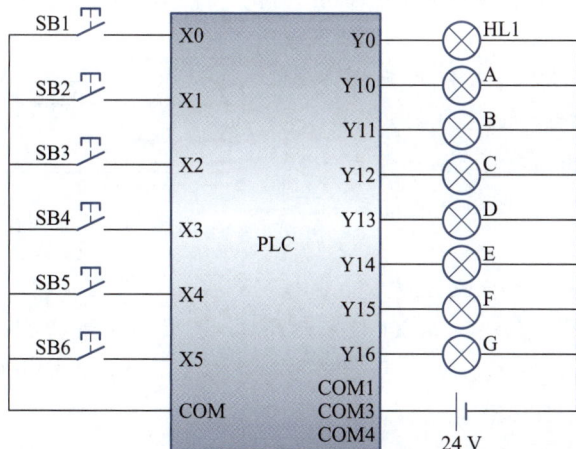

图 3-15　抢答器组号显示控制外部接线图

源程序
组号显示四路抢答器源程序

仿真实验
抢答器组态仿真

思考与练习

1. PLC 对用户程序(梯形图)按_____、_____的步序扫描执行。

2. 串联触点多的电路应尽量放在_____,并联触点多的电路应尽量靠近_____。

3. 功能指令可处理_____位和_____位的数据,分别用_____和_____指令进行数值传送。

4. 变址寄存器元件符号为_____,进行 32 位数据操作时指定_____为低 16 位数据,_____为高 16 位数据。

5. 功能指令执行方式有_____执行和_____执行。

6. 功能指令组成要素有几个? 其操作数有几类?

7. 按编程规则比较图 3-16 所示的 4 个梯形图,哪些较合理? 说明原因。

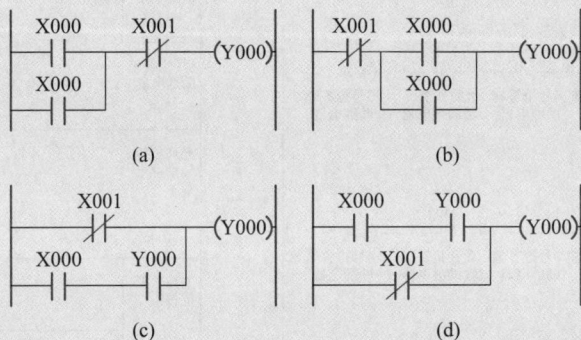

图 3-16

案例
数码管循环
显示数字

8. 如果有两个选手或多个选手同时抢答会显示哪个组号? 根据 PLC 工作原理分析,并调试验证。

9. 如果每个抢答组有两个队员,两个队员同时抢答才有效,应该怎样修改程序?

10. 查阅手册自学 SEGL 指令。它与 SEGD 指令有何异同?

11. 小车往复运动系统由右行启动按钮 SB1(X0)、左行启动按钮 SB2(X1),右限位开关 ST1(X3)、左限位开关 ST2(X4)、停止按钮 SB3(X2)、右行接触器 KM1(Y0)、左行接触器 KM2(Y1)构成。如图 3-17 所示,送料小车碰到限位开关 X4 后,开始右行,行至限位开关 X3 处开始左行,不停地在左右限位开关之间往复运动,直到按下停止按钮。试编写控制程序。

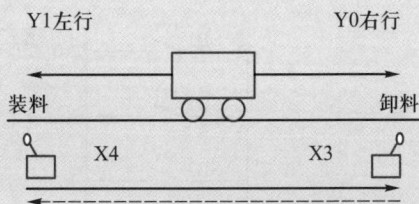

图 3-17　小车往复运动示意图

12. 用接在 X0 输入端的光电开关检测传送带上通过的产品。有产品通过时 X0 为 ON,如果 10 s 内没有产品通过,由 Y0 发出报警信号,用 X1 输入端外接的开关解除报警信号。

13. 开关 SB12 闭合时,数码管循环显示 0~9,每个数字显示 1 s。SB12 断开时,无显示或显示 0。(查阅手册自学 CMP、INC 指令。)

参考答案

任务 3.2　实现抢答器犯规判别功能

本任务将熟悉特殊功能辅助继电器,学习如何利用 M8013 编写闪烁程序。

微课
实现抢答器犯规判别功能

【重点知识与关键能力】

重点知识

特殊功能辅助继电器的分类;特殊功能辅助继电器 M8013;闪烁信号的编程。

关键能力

会灵活应用三菱功能指令编制控制程序,会在编程环境中编写功能指令程序,会在线监控、调试。

基本素质

开展团队竞赛,队员密切配合、努力拼搏,为团队创造佳绩。

任务描述

现有 1 个 4 路抢答器,配有 4 个选手抢答按钮 SB1～SB4、1 个主持人答题按钮 SB5、1 个主持人复位按钮 SB6、工作指示灯 HL1、犯规指示灯 HL2 及数码管显示器等。

① 在答题过程中,当主持人按下答题按钮 SB5 后,4 位选手开始抢答,抢先按下按钮的选手号码应该在显示屏上显示出来,同时工作指示灯 HL1 亮,其他选手的抢答按钮不起作用。

② 如果主持人未按下答题按钮就有选手抢先按下抢答按钮,则认为犯规,犯规选手的号码也应该闪烁显示(闪烁周期为 1 s),同时犯规指示灯 HL2 闪烁(周期与显示屏相同)。

③ 当主持人按下复位按钮时,系统进行复位,重新开始抢答。

完成 PLC 程序的编写与调试、硬件的接线与调试。

【任务要求】

● 在梯形图编程环境下编写犯规报警程序。
● 正确连接编程电缆,下载程序到 PLC。
● 正确连接输入按钮和外部负载(指示灯、数码管)。
● 在线监控,软、硬件调试。

【任务环境】

● 两人一组,根据工作任务进行合理分工。
● 每组配套 FX 系列 PLC 主机 1 台。
● 每组配套按钮 6 个,指示灯 2 个,数码管 1 个。
● 每组配套若干导线、工具等。

相关知识

3.2.1   特殊功能辅助继电器的分类

有定义的特殊功能辅助继电器可分为触点利用型和线圈驱动型。

1. 触点利用型

PPT课件
特殊功能辅助继
电器

这类辅助继电器用来反映 PLC 的工作状态,接点的通或断的状态直接由 PLC 自动驱动。在编制用户程序时,用户只能使用其接点,不能对其驱动。

M8000:为运行监控用,PLC 运行时,M8000 始终被接通。这样在运行过程中,其动合触点始终闭合,动断触点始终断开。用户在编制用户程序时,可以根据不同的需要,使用 M8000 的动合触点或动断触点。

M8002:仅在 PLC 开始运行的瞬间接通一个扫描周期的初始化脉冲。

M8013:每秒发出一个脉冲信号,即自动地每秒为 ON 一次。

M8020:加减运算结果为零时状态为 ON,否则为 OFF。

M8060:F0 地址出错时,置位(ON),如对不存在的 X 或 Y 进行操作。

2. 线圈驱动型

这类辅助继电器是可控制的特殊功能辅助继电器。驱动这些继电器之后,PLC 将进行一些特定的操作。

M8034:状态为 ON 时禁止所有输出。

M8030:状态为 ON 时熄灭电池欠电压指示灯。

M8050:状态为 ON 时禁止 I0×× 中断。

3.2.2   常用时钟型特殊功能辅助继电器

常用时钟型辅助继电器的功能应用见表 3-7。

表 3-7   常用时钟型辅助继电器的功能应用

继电器	内容	继电器	内容
M8010	—	M8015	时间设置
M8011	10 ms 时钟	M8016	寄存器数据保存
M8012	100 ms 时钟	M8017	±30 s 修正
M8013	1 s 时钟	M8018	时钟有效
M8014	1 min 时钟	M8019	设置错

3.2.3   常用特殊用途型特殊功能辅助继电器

FX3U 系列 PLC 常用特殊用途型特殊功能辅助继电器的功能应用见表 3-8 至表 3-13。

表 3-8　PLC 状态（M8000 ~ M8009）

继电器	内容	继电器	内容
M8000	RUN 监控（动合触点）	M8005	电池电压低
M8001	RUN 监控（动断触点）	M8006	电池电压过低锁存
M8002	初始脉冲（动合触点）	M8007	电源瞬停检出
M8003	初始脉冲（动断触点）	M8008	停电检出
M8004	出错	M8009	DC 24 V 关断

表 3-9　标志（M8020 ~ M8029）

继电器	内容	继电器	内容
M8020	零标记	M8025	HSC 模式
M8021	借位标记	M8026	RAMP 模式
M8022	进位标记	M8027	PR 模式
M8023	—	M8028	在执行 FROM/TO 指令过程中中断允许
M8024	BMOV 方向指定	M8029	完成标记

表 3-10　PLC 方式（M8030 ~ M8039）

继电器	内容	继电器	内容
M8030	电池欠电压 LED 灯灭	M8035	强制 RUN 方式
M8031	全清非保持存储器	M8036	强制 RUN 信号
M8032	全清保持存储器	M8037	强制 STOP 信号
M8033	存储器保持	M8038	通信参数设定标记
M8034	禁止所有输出	M8039	定时扫描

表 3-11　步进顺序控制（M8040 ~ M8049）

继电器	内容	继电器	内容
M8040	M8040 置 ON 时禁止状态转移	M8045	在模式切换时，所有输出复位禁止
M8041	状态转移开始	M8046	STL 状态置 ON
M8042	启动脉冲	M8047	STL 状态监控有效
M8043	回原点完成	M8048	信号报警器动作
M8044	检出机械原点时动作	M8049	信号报警器有效

任务实施

PPT课件
实现抢答器犯规
判别功能

3.2.4　I/O 分配

犯规功能抢答器控制 I/O 分配表见表 3-14。

表 3-12　中断禁止（M8050 ~ M8059）

继电器	内容
M8050	
M8051	
M8052	
M8053	执行 EI 指令后，及时中断许可，但是当此 M 动作时，对应的输入中断和定时器将无法单独动作
M8054	
M8055	
M8056	
M8057	
M8058	
M8059	禁止来自 I010 ~ I060 的中断

表 3-13　错误检测（M8060 ~ M8069）

继电器	内容
M8060	I/O 构成错误
M8061	PLC 硬件错误
M8062	PLC/PP 通信错误
M8063	并联连接出错，RS-232 通信错误
M8064	参数错误
M8065	语法错误
M8066	回路错误
M8067	运算错误
M8068	运算错误锁存
M8069	I/O 总线检测

表 3-14　犯规功能抢答器控制 I/O 分配表

输入			输出		
名称	符号	输入点	名称	符号	输出点
选手抢答按钮	SB1	X0	工作指示灯	HL1	Y0
选手抢答按钮	SB2	X1	犯规指示灯	HL2	Y1
选手抢答按钮	SB3	X2	数码管	A 段	Y10
选手抢答按钮	SB4	X3		B 段	Y11
主持人答题按钮	SB5	X4		C 段	Y12
主持人复位按钮	SB6	X5		D 段	Y13
				E 段	Y14
				F 段	Y15
				G 段	Y16

3.2.5　控制程序编写

犯规功能抢答器控制程序梯形图如图 3-18 所示。

图 3-18 所示梯形图中，从正常答题（M1 ~ M4）和犯规答题（M5 ~ M8）两方面进行编程。注意两种情况都要显示，正常答题显示编号，而犯规答题情况下在显示编号以后才能通过 M8013 控制数字闪烁。

3.2.6　外部接线与调试

图 3-19 所示为犯规功能抢答器控制外部接线图。

源程序
实现抢答器犯规判别功能源程序

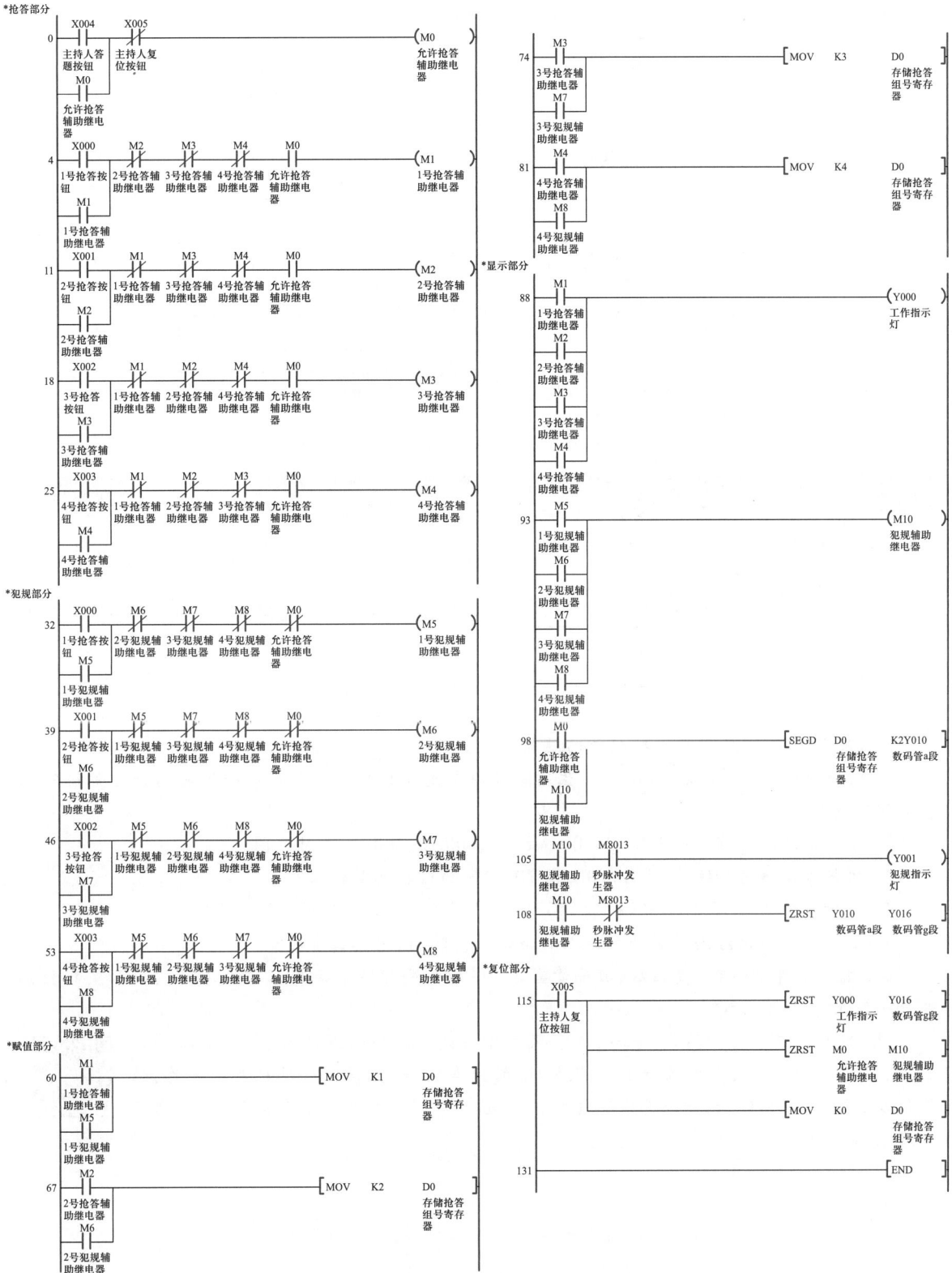

图 3-18　犯规功能抢答器控制程序梯形图

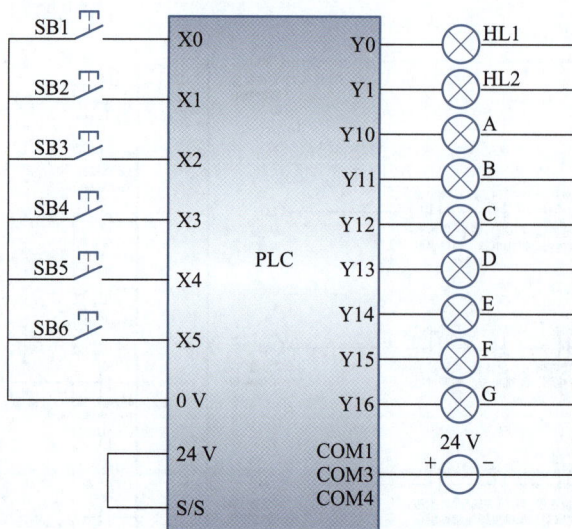

图 3-19   犯规功能抢答器控制外部接线图

思考与练习

1. 在 FX 系列 PLC 中,辅助继电器分为 3 类:_____辅助继电器、_____辅助继电器、_____辅助继电器。

2. _____是初始化脉冲。在_____时,它接通一个扫描周期。当 PLC 处于 RUN 状态时,M8000 一直为_____。

3. M8013 是_____继电器。它的脉冲输出周期是_____,脉冲占空比是_____。M8034 有_____功能。

4. FX2N 系列 PLC 的特殊功能辅助继电器可分为_____和_____两大类。

5. 特殊功能辅助继电器 M8013 产生的脉冲信号是怎么样的? 与用两个定时器产生的脉冲信号有何不同?

6. 画出特殊功能辅助继电器 M8000、M8002、M8012、M8013 的时序图。

7. 执行指令语句"MOV K5 K1Y0"后,Y0 ~ Y3 的位状态是什么?

8. 执行指令语句"DMOV H5AA55 D0"后,D0、D1 中存储的数据各是多少?

9. 如果犯规指示灯闪烁周期不是 1 s,而是任意时间,该怎么实现?

10. 抢答结束,主持人复位后,数码管显示"0"和数码管不显示内容分别怎样实现? 实践验证并分析结果。

11. 对风机工况进行监视。如果 3 台风机中有两台及以上在工作,信号灯持续发亮;如果只有一台风机工作,信号灯以 0.5 Hz 的频率闪烁;如果 3 台风机都不工作,信号灯以 2 Hz 的频率闪烁;如果选择运转装置不运行,信号灯熄灭。(可以用按钮状态代替风机工况。)

参考答案

任务 3.3   设计完整竞赛抢答器

本任务将熟练使用定时器编程,用功能指令编制较复杂的控制程序。

【重点知识与关键能力】

PPT课件
设计完整竞赛抢答器

重点知识

PLC 控制系统的整体设计方法;使用定时器编程。

关键能力

能用功能指令编制较复杂的控制程序;会在编程环境中编写功能指令程序,会在线监控、调试。

基本素质

在抢答任务的实施过程中,从整体控制要求出发,分功能规划实施,提升全局意识,能从复杂的任务中认清主线。

在编程和调试的过程中,认真操作,一丝不苟,团队成员之间沟通协作。

任务描述

现有 1 个 4 路抢答器,配有 4 个选手抢答按钮 SB1 ~ SB4、1 个主持人答题按钮 SB5、1 个主持人复位按钮 SB6、数码管显示器以及工作指示灯 HL1、犯规指示灯 HL2、超时指示灯 HL3 等。

① 在答题过程中,当主持人按下答题按钮 SB5 后,4 位选手开始抢答,抢先按下按钮的选手号码应该在显示屏上显示出来,同时工作指示灯 HL1 亮,其他选手的抢答按钮不起作用。

② 如果主持人未按下答题按钮就有选手抢先按下抢答按钮,则认为犯规,犯规选手的号码也应该闪烁显示(闪烁周期为 1 s),同时犯规指示灯 HL2 闪烁(周期与显示屏相同)。

③ 当主持人按下答题按钮,超过 10 s 仍无选手抢答时,系统超时指示灯 HL3 亮,此后不允许再有选手抢答此题。

④ 当主持人按下复位按钮时,系统进行复位,重新开始抢答。

完成 PLC 程序的编写与调试、硬件的接线与调试。

【任务要求】

● 在梯形图编程环境下编写限时抢答程序及整体程序。

● 正确连接编程电缆,下载程序到 PLC。

● 正确连接输入按钮和外部负载(指示灯、数码管)。

● 在线监控,软、硬件调试。

【任务环境】

● 两人一组,根据工作任务进行合理分工。

● 每组配套 FX 系列 PLC 主机 1 台。

● 每组配套按钮 6 个,指示灯 3 个,数码管 1 个。

● 每组配套若干导线、工具等。

相关知识

3.3.1　MC、MCR 指令

在编程时,经常会遇到多个线圈同时受一个或一组触点控制的情况,如果在每一个线圈的控制电路中都串入同样的触点,将多占用存储单元,应用主控指令可以很好地解决此问题。使用主控指令的触点为主控触点,它在梯形图中与一般的触点垂直,是与母线相连的动合触点,相当于控制一组电路的总开关。

MC:主控指令,用于公共串联接点的连接。

MCR:主控复位指令,即 MC 的复位指令。

MC、MCR 指令的操作元件为 Y、M,但不允许使用特殊功能辅助继电器(M)。

MC、MCR 指令说明见表 3-15。

表 3-15　MC、MCR 指令说明

符号	名称	功能	梯形图及操作元件	程序步
MC	主控	主控电路块起点	MC N Y,M　　N:嵌套级数,特殊功能辅助继电器不能用主控指令	3
MCR	主控复位	主控电路块终点	MCR N	3

图 3-20 所示为 MC、MCR 指令的使用。当 X1 接通时,执行 MC、MCR 之间的指令;当输入条件断开时,不执行 MC、MCR 之间的指令。在使用时,普通定时器、用 OUT 指令驱动的元件线圈复位;积算定时器、计数器及用 SET/RST 指令驱动的元件保持当前的状态。使用 MC 指令后,母线移到主控触点的后面,MCR 使母线回到原来的位置。MC、MCR 必须成对使用。

在 GX Works2 软件中输入图 3-20 所示梯形图后,切换成读取模式,如图 3-21 所示。

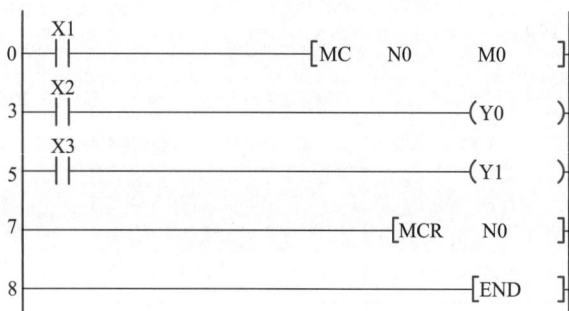

图 3-20　MC、MCR 指令使用

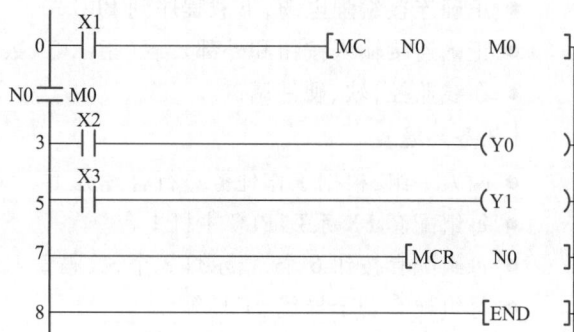

图 3-21　MC、MCR 指令读取模式下的位置

3.3.2　CALL、SRET 指令

CALL 子程序调用指令：在顺序控制程序中，对想要共同处理的程序进行调用的指令。

SRET 子程序返回指令：从子程序返回到主程序的指令。

CALL、SRET 指令说明见表 3-16。

表 3-16　CALL、SRET 指令说明

符号	名称	功能	梯形图及操作元件	程序步
CALL	子程序调用指令	调用子程序	⊣├─[ ]指针P	3
SRET	子程序返回指令	子程序返回	无对象软元件	1

如图 3-22 所示，如果 X000 为 ON，则转到指针 P10 处去执行子程序。当执行 SRET 指令时，返回 CALL 指令的下一行，继续往下执行。

CALL 指令的操作数为 P0 ~ P127。SRET 指令无操作数。

使用 CALL 指令时应注意以下几点。

① 指针称为标号、标签，它包括分支和子程序用的指针 P 和中断用的指针 I。在梯形图中指针放在左母线的左边。指针（P/I）是在程序执行到内部时用来改变执行流向的元件。分支指针有 P0 ~ P127，它们可用来指定条件跳转、子程序调用等，其中 P63 表示跳转结束。转移标号不能重复，也不可与跳转指令 CJ 的标号重复。

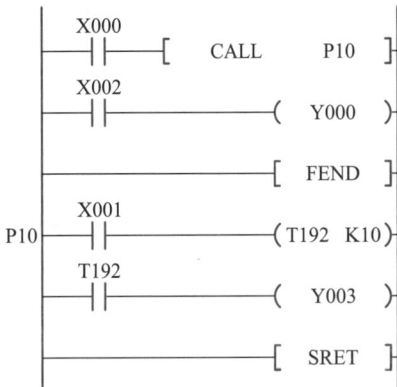

图 3-22　CALL、SRET 指令的使用

② 子程序编写在 FEND 指令后面，以标号 P 开头，以 SRET 指令结束。不同位置的 CALL 指令可以调用相同标号的子程序，但同一标号的指针只能使用一次。

③ 子程序可以调用下一级子程序，成为子程序嵌套，最多可 5 级嵌套。

④ 在子程序中，可采用 T192 ~ T199 或 T246 ~ T249 作为定时器。

3.3.3　FEND 指令

FEND 主程序结束指令：表示主程序结束。

FEND 指令说明见表 3-17。

表 3-17　FEND 指令说明

符号	名称	功能	梯形图及操作元件	程序步
FEND	主程序结束指令	主程序结束	无对象软元件	1

当执行到 FEND 指令时,PLC 进行 I/O 处理,监视定时器刷新,完成后,返回起始步。END 指令是指整个程序(包括主程序和子程序)结束。一个完整的程序可以没有子程序,但一定要有主程序。

任务实施

3.3.4 I/O 分配

抢答器整体设计 I/O 分配表见表 3-18。

表 3-18 抢答器整体设计 I/O 分配表

输入点		输出点	
名称	编号	名称	编号
选手抢答按钮 SB1	X0	工作指示灯 HL1	Y0
选手抢答按钮 SB2	X1	犯规指示灯 HL2	Y1
选手抢答按钮 SB3	X2	系统超时指示灯 HL3	Y2
选手抢答按钮 SB4	X3	A 段	Y10
主持人答题按钮 SB5	X4	B 段	Y11
主持人复位按钮 SB6	X5	C 段	Y12
		D 段	Y13
		E 段	Y14
		F 段	Y15
		G 段	Y16

数码管(对应 A段~G段)

3.3.5 控制程序编写

抢答器整体设计程序梯形图如图 3-23 所示。

在图 3-23 所示梯形图中,主持人按下答题按钮 X004 后,按钮 X000 ~ X003 中第一个按下的按钮对应的输出辅助继电器 M0 ~ M3 中的一个线圈得电,在动合触点闭合自锁的同时,串在其他回路中的动断触点断开,从而使其他选手不能抢答。本程序实现了抢答器互锁控制及显示功能,复位按钮 X005 按下时,M0 失电,断开各个回路,实现复位。

源程序
完整竞赛抢答器源程序

3.3.6 外部接线与调试

抢答器整体设计外部接线图如图 3-24 所示。

*抢答信号输入

```
        X000      X005      M1       M2       T0       M3                              (M0
0    ┤ A组按钮 ├┤ 复位按钮├┤ B组抢到├┤ C组抢到├┤ 抢答时间├┤ D组抢到├                        A组抢到
        M0                                                              [MOV  K1    D0
     ┤ A组抢到├                                                                      数码管显
                                                                                    示组号
        X001      X005      M0       M2       T0       M3                              (M1
13   ┤ B组按钮 ├┤ 复位按钮├┤ A组抢到├┤ C组抢到├┤ 抢答时间├┤ D组抢到├                        B组抢到
        M1                                                              [MOV  K2    D0
     ┤ B组抢到├                                                                      数码管显
                                                                                    示组号
        X002      X005      M0       M1       T0       M3                              (M2
26   ┤ C组按钮 ├┤ 复位按钮├┤ A组抢到├┤ B组抢到├┤ 抢答时间├┤ D组抢到├                        C组抢到
        M2                                                              [MOV  K3    D0
     ┤ C组抢到├                                                                      数码管显
                                                                                    示组号
        X003      X005      M0       M1       T0       M2                              (M3
39   ┤ D组按钮 ├┤ 复位按钮├┤ A组抢到├┤ B组抢到├┤ 抢答时间├┤ C组抢到├                        D组抢到
        M3                                                              [MOV  K4    D0
     ┤ D组抢到├                                                                      数码管显
                                                                                    示组号
        M0                                                                             (M11
52   ┤ A组抢到├                                                                         有人抢答
        M1
     ┤ B组抢到├
        M2
     ┤ C组抢到├
        M3
     ┤ D组抢到├
```

*抢答开始计时

```
        X004      M11      X005                                                        (M10
57   ┤ 开始抢答├┤ 有人抢答├┤ 复位按钮├                                                     抢答开始
                  继电器                                                                继电器
        M10                        M11                                             K100
     ┤ 抢答开始├                  ┤ 有人抢答├                                            (T0
        继电器                      继电器                                               抢答时间
```

```
        T0                                                                             (Y002
66   ┤ 抢答时间├                                                                         超时指示
                                                                                        灯
```

*抢答条件判断

```
        M11      M10                                                     [CALL  P0
68   ┤ 有人抢答├┤ 抢答开始├
        继电器     继电器
                  M10                                                     [CALL  P1
                ┤ 抢答开始├
                  继电器
        X005                                                [ZRST  Y000    Y020
79   ┤ 复位按钮├                                                    工作指示
                                                                      灯
                                                                         [FEND
85
```

*正常抢答子程序

```
P0      M8000                                            [SEGD  D0    K2Y010
86   ┤ ├                                                            数码管显
                                                                     示组号
                                                                         (Y000
                                                                          工作指示
                                                                            灯
94                                                                       [SRET
```

*违规抢答子程序

```
P1      M8000     M8013                                   [SEGD  D0    K2Y010
95   ┤ ├┤ 秒振荡├                                                     数码管显
                                                                     示组号
                                                                         (Y001
                                                                          违规指示
                                                                            灯
        M8013                                             [MOV  K0     K2Y010
     ┤ 秒振荡├
112                                                                      [SRET
113                                                                      [END
```

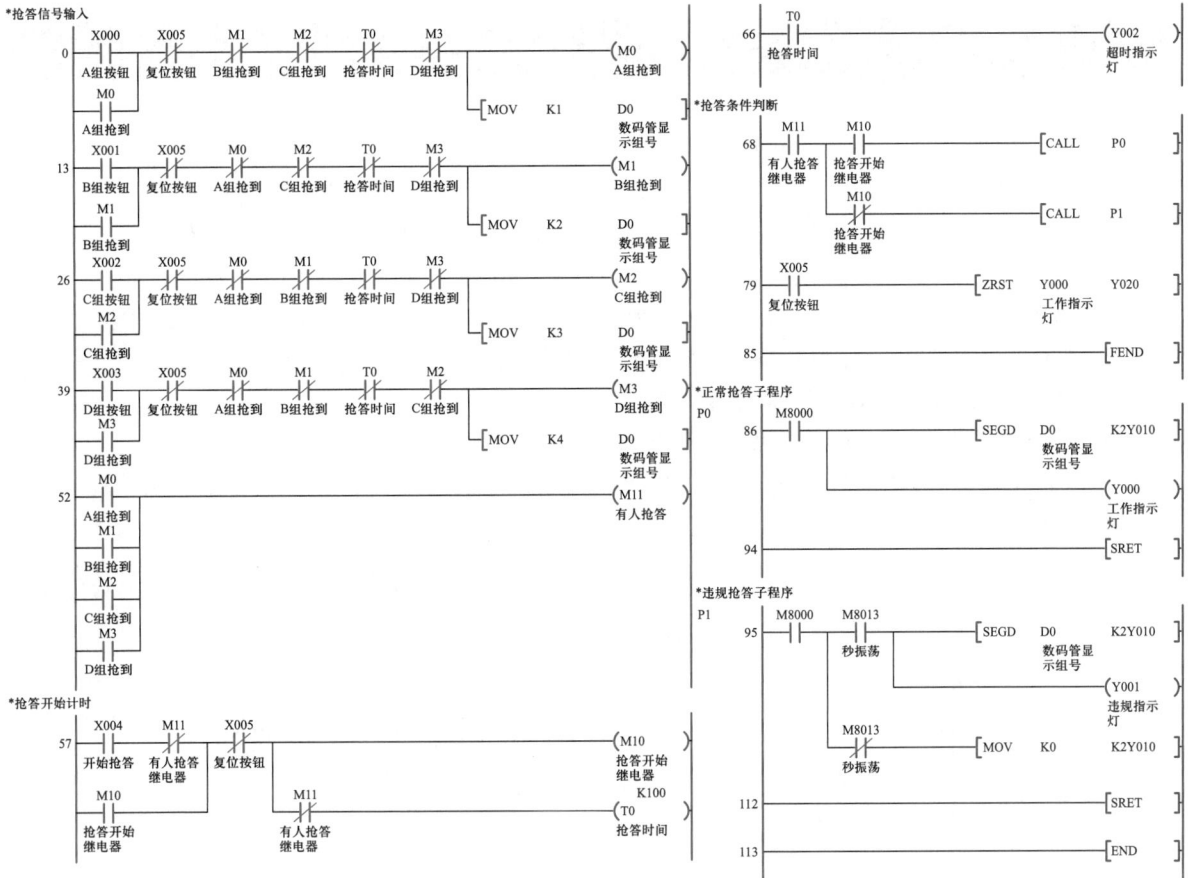

图 3-23　抢答器整体设计程序梯形图

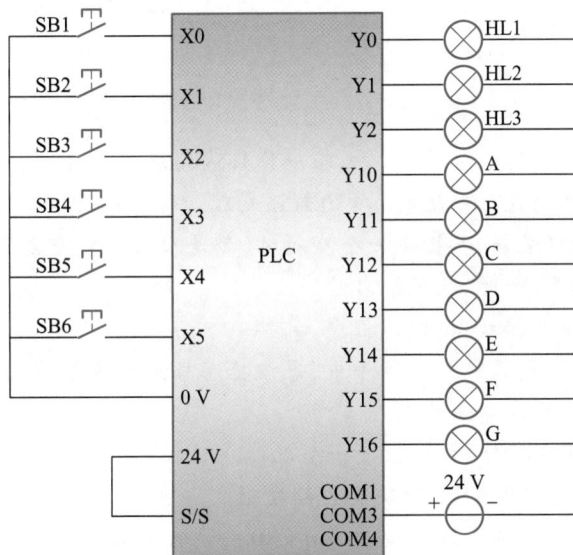

图 3-24　抢答器整体设计外部接线图

思考与练习

1. 与主控触点下端相连的动断触点应使用_____指令。

2. MC 为_____指令,MCR 为_____指令。

3. 子程序调用指令是_____,子程序返回指令是_____,主程序结束指令是_____。

4. _____指令在状态内不能使用。在 MC 指令内嵌套使用时嵌套级最大可为_____级。

5. 子程序以_____开头,以_____结束,子程序编写在_____指令后面。

6. 分析图 3-25 中各线圈在什么条件下能得电。

7. SRET 和 RET 指令能相互替代吗？它们有何异同？

8. 查阅手册,比较 CALL 和 CJ 指令有何异同。

9. 如何记录每个选手的抢答次数？试编程实现。

10. 某包装机中,当光电开关检测到空包装箱放在指定位置时,若按一下启动按钮,包装机按下面的动作顺序开始运行。

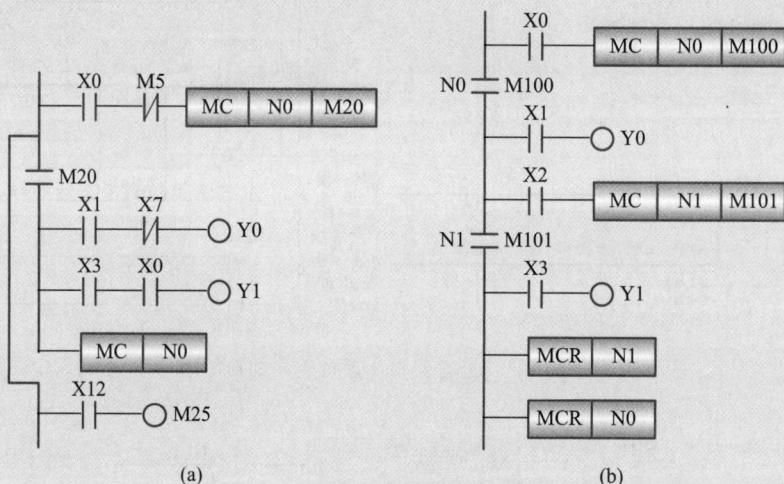

案例
某种包装机
控制系统

案例
送料小车

图 3-25

(1) 料斗开关打开,物料落进包装箱。当箱中物料达到规定重量时,重量检测开关动作,使料斗开关关闭,并启动封箱机对包装箱进行 5 s 的封箱处理。封箱机用单线圈的电磁阀控制。

(2) 当搬走处理好的包装箱,再搬上一个空箱时(都是人工搬),重复上述过程。

(3) 当成品包装箱满 50 个时,包装机自动停止运行。

试写出 I/O 分配表,画出接线图,编写程序。

11. 如图 3-18 所示,在抢答部分的程序中,每组抢答辅助继电器线圈前都串联了 M0 动合触点。试用 MC、MCR 指令改写这部分程序。

12. 应用 CALL、SRET、FEND 指令,设计一个既能点动控制又能自锁控制的电动机控制程序。设 X0=ON 时实现点动控制,X0=OFF 时实现自锁控制。

13. 小车往复运动系统由右行启动按钮 SB1(X0)、左行启动按钮 SB2(X1),右限位开关 ST1(X3)、左限位开关 ST2(X4)、卸料运走按钮 SB4(X5)、停止按钮 SB3(X2)、右行接触器 KM1(Y0)、左行接触器 KM2(Y1)、装料电磁阀(Y2)、卸料电磁阀(Y3)构成。

（1）送料小车在限位开关 X4 处装料，10 s 后结束然后右行，碰到限位开关 X3 后停下来卸料，15 s 后左行，碰到 X4 后，又停下来装料，这样循环工作，如图 3-17 所示。

（2）小车每卸料一次就计数一次，在数码管上显示，工作指示灯 HL1 亮，当计数次数到 10 时，数码管显示归"0"，同时指示灯 HL1 闪烁，提醒运走卸料，运走按钮按下时，开始新一轮的装卸料。

（3）直到按下停止按钮，系统复位。

试写出 I/O 分配表，画出接线图，编写程序。

项目 4

霓虹灯

霓虹灯是城市的"美容师"。每当夜幕降临，华灯初上，五颜六色的霓虹灯就把城市装扮得格外美丽。通常采用不同颜色的灯光和常亮、闪烁、循环等形式定义霓虹灯不同的工作状态，实现艺术轮廓照明与广告照明。

本项目以霓虹灯为 PLC 控制对象，通过编程、接线、调试，完成霓虹灯的流水闪烁、显示字母闪烁、多种形式切换循环闪烁等功能。通过实践，熟悉 PLC 的移位指令、循环移位指令等功能指令，巩固梯形图编程能力，理解 PLC 软元件中位元件与字元件的含义。通过完成本项目，掌握霓虹灯控制系统的设计与调试。

思维导图

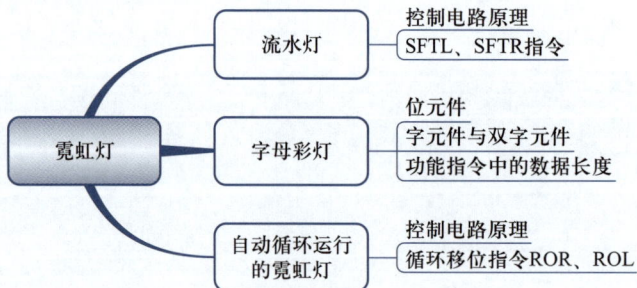

任务 4.1　设计流水灯

本任务是应用移位指令编写流水灯控制程序,并进行硬件接线和调试。

【重点知识与关键能力】

重点知识

掌握功能指令 SFTR、SFTL 的含义及应用。

掌握流水灯控制电路原理。

关键能力

会应用移位指令编写流水灯控制程序,在编程环境中输入梯形图程序,会运行和调试。

具备正确、安全操作设备的能力。

基本素质

了解灯具产品设计的安全规范,有安全意识。

在安全、规范的要求下完成接线、调试,积极参与实践,热爱劳动,认真严谨。

任务描述

有 10 个彩灯 L0～L9,要求按下启动按钮后,彩灯 L0～L9 每隔 1 s 依次轮流点亮一次,即 L0 先亮 1 s,然后 L1 亮 1 s,接下来 L2 亮 1 s……最后 L9 亮 1 s,如此完成一次运行。每按一次启动按钮可以执行一次。完成 PLC 程序的编写与调试、硬件的接线与调试。

【任务要求】

- 在梯形图编程环境编写流水灯电路程序。
- 正确连接编程电缆,下载程序到 PLC。
- 正确连接输入按钮和外部负载(指示灯)。
- 在线监控,并进行软、硬件调试。

【任务环境】

- 两人一组,根据工作任务进行合理分工。
- 每组配套 FX 系列 PLC 主机 1 台。
- 每组配套按钮 1 个,指示灯 10 个。
- 每组配套若干导线、工具等。

仿真实验
流水灯

思政学习
万物有理,
四时有序

相关知识

4.1.1　移位指令

1. 位右移指令 SFTR

SFTR 指令的助记符、指令代码、操作数及程序步见表 4-1。

表 4-1 位右移指令

指令名称	助记符	指令代码	操作数				程序步
			S	D	n_1	n_2	
位右移指令	SFTR	FNC34	X、Y、S、M	Y、S、M	$K、H$ $n_2 \leqslant n_1 \leqslant 1024$		SFTR、SFTR（P）等 9 步

SFTR 指令是将源操作数的低位向目标操作数的高位移入，目标操作数向右移 n_2 位，源操作数中的数据保持不变。源操作数和目标操作数都是位组件，n_1 是目标位组件个数。也就是说，位右移指令执行后 n_2 个源位组件的数被传送到了目标位组件的高 n_2 位中，目标位组件的低 n_2 位数从其低端溢出。

案例
喷泉控制

SFTR 指令的使用说明如图 4-1 所示。程序中的 K16 表示有 16 个位元件，即 M0 ~ M15；K4 表示每次移动 4 位。当 X010 接通，X000 ~ X003 的 4 个位组件的状态移入 M0 ~ M15 的高端，低端自动溢出，M3 ~ M0→溢出；M7 ~ M4→M3 ~ M0；M11 ~ M8→M7 ~ M4；M15 ~ M12→M11 ~ M8；X003 ~ X000→M15 ~ M12。如果采用连续执行，在 X010 接通期间，每个扫描周期都要移位，所以一般采用脉冲执行方式，即 SFTR（P）。

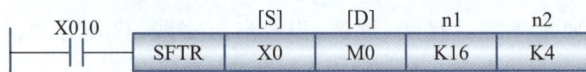

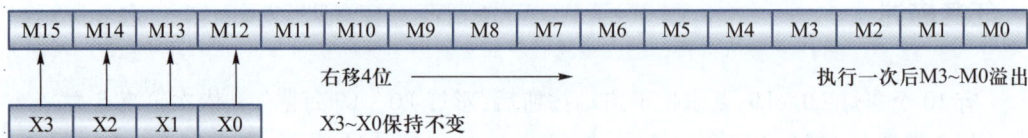

图 4-1 SFTR 指令的使用说明

2. 位左移指令 SFTL

SFTL 指令的助记符、指令代码、操作数及程序步见表 4-2。

表 4-2 位左移指令

指令名称	助记符	指令代码	操作数				程序步
			S	D	n_1	n_2	
位左移指令	SFTL	FNC35	X、Y、S、M	Y、S、M	$K、H$ $n_2 \leqslant n_1 \leqslant 1024$		SFTL、SFTRL（P）等 9 步

SFTL 指令是将源操作数的高位向目标操作数的低位移入，目标操作数向左移 n_2 位，源操作数中的数据保持不变。源操作数和目标操作数都是位组件，n_1 是目标位组件个数。也就是说，位左移指令执行后 n_2 个源位组件的数被传送到了目标位组件的低 n_2 位中，目标位组件的高 n_2 位数从其高端溢出。

SFTL 指令的使用说明如图 4-2 所示。程序中的 K16 表示有 16 个位元件，即 M0 ~ M15；K4 表示每次移动 4 位。当 X010 接通，X000 ~ X003 的 4 个位组件的状态移入 M0 ~ M15 的低端，高端自动溢出，M15 ~ M12→溢出；M11 ~ M8→M15 ~ M12；

M7 ~ M4→M11 ~ M8；M3 ~ M0→M7 ~ M4；X003 ~ X000→M3 ~ M0。如果采用连续执行，在 X010 接通期间，每个扫描周期都要移位，所以一般采用脉冲执行方式，即 SFTL(P)。

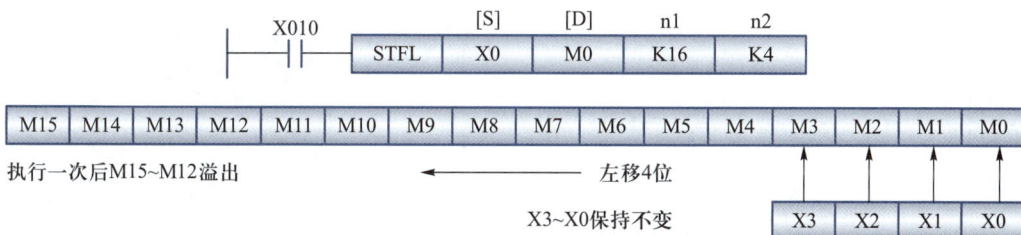

图 4-2　SFTL 指令的使用说明

任务实施

4.1.2　I/O 分配

流水灯控制 I/O 分配表见表 4-3。

表 4-3　流水灯控制 I/O 分配表

输入			输出		
名称	符号	输入点	名称	符号	输出点
启动按钮	SB1	X001	彩灯	L0	Y000
			彩灯	L1	Y001
			彩灯	L2	Y002
			彩灯	L3	Y003
			彩灯	L4	Y004
			彩灯	L5	Y005
			彩灯	L6	Y006
			彩灯	L7	Y007
			彩灯	L8	Y010
			彩灯	L9	Y011

4.1.3　控制程序编写

流水灯控制程序梯形图如图 4-3 所示。

因为是从 L0 向 L9 点亮，是由低位移向高位，所以应使用位左移指令 SFTL。n_1 = K10，n_2 = K1；按下启动按钮，Y000 为 ON，L0 先被点亮，因为每次只亮一个灯，所以开始从低位传入一个"1"后，就应该传送一个"0"进去，这样才能保证只有一个灯亮。当这个"1"从高位溢出后，点亮一次结束。再次按下启动按钮，可重复执行一次，达到控制要求。

PPT课件
设计流水灯

4.1.4　外部接线与调试

流水灯控制的外部接线图如图 4-4 所示。完成接线后,下载程序并调试。

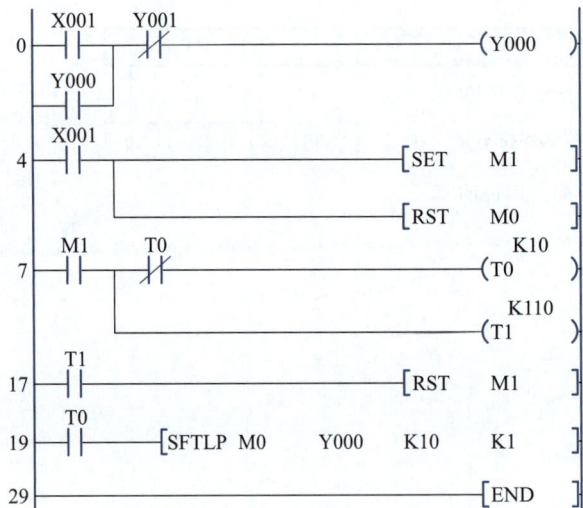

图 4-3　流水灯控制程序梯形图

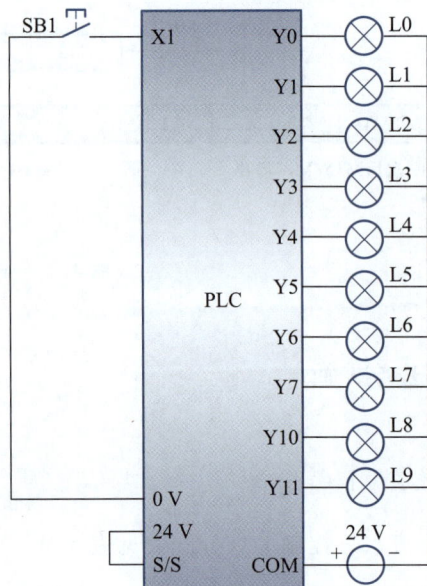

图 4-4　流水灯控制的外部接线图

思考与练习

1. SFTR 是什么指令?

2. SFTL 是什么指令?

3. 在 PLC 程序中使用 SFTL 指令时,什么时候需要加后缀 P,即指令为 SFTL(P)?

4. 图 4-5 所示程序的含义是什么?

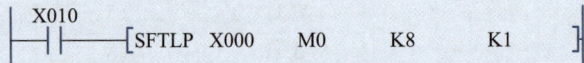

图 4-5

5. 图 4-6 所示程序的含义是什么?

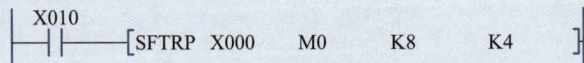

图 4-6

6. 设 M8~M0 的初始状态为 111110000,X002~X000 的位状态为 000,执行 1 次"SFTRP X000 M0 K9 K3"指令后,求 M8~M0 位状态的变化。

7. 设 M8~M0 的初始状态为 111110000,X002~X000 的位状态为 000,执行 1 次"SFTLP X000 M0 K9 K3"指令后,求 M8~M0 位状态的变化。

8. 设 Y017 ～ Y000 的初始状态都是 0，X003 ～ X000 的位状态为 1001，则执行 2 次"SFTLP X0 Y0 K16 K4"指令后，求 Y017 ～ Y000 位状态的变化。

9. 按图 4-7 所示梯形图输入程序并接线，拨动 X000（ON、OFF 变换）一次，然后拨动 X001 八次，会观察到什么现象？

10. 用移位指令编四灯移位程序，要求四个彩灯为一组，L0 ～ L3、L4 ～ L7、L8 ～ L11、L12 ～ L15、L16 ～ L19 按时间顺序依次亮 5 s。

11. 使用 SFTR、SFTL 指令实现如下控制功能：有 9 个彩灯 L0 ～ L8，要求按下启动按钮后，彩灯 L0 ～ L2 先亮 2 s，然后 L3 ～ L5 亮 2 s，最后 L6 ～ L8 亮 2 s，如此完成一次运行。每按一次启动按钮可以执行一次。

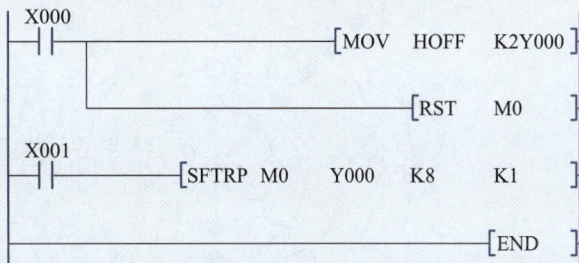

图 4-7

参考答案

源程序
四灯移位

任务 4.2 设计字母彩灯

本任务是将 PLC 内部位软元件组合起来进行数字处理，编写字母彩灯控制程序，并进行硬件接线和调试。

【重点知识与关键能力】

重点知识
掌握 PLC 内部字元件、位元件的关系；功能指令中的数据长度。
掌握字母灯控制电路原理。

关键能力
能使用 MOV 指令做位元件的驱动，会编写用彩灯显示字母的控制程序，在编程环境中输入梯形图程序，并会运行和调试。

基本素质
了解灯具行业的质量标准，认识质量标准在行业中的重要性。
设计的程序小组间进行对比，优化改进，精益求精。

任务描述

现有一套字母彩灯控制系统。字母彩灯由 5 条环形灯圈 R1 ～ R5、8 条线形灯柱 L1 ～ L8 以及圆心 Q 组成，结构示意图如图 4-8 所示。每条环形灯圈以及每条线形灯柱都可单独控制。当按下按钮 SB1 时，字母彩灯显示字母"Y"，按下停止按钮 SB5 时，字母彩灯不显示。同理，分别按下按钮 SB2、SB3、SB4 时，字母彩灯显示字母"X""K""L"。按下停止按钮时，字母彩灯不显示。完成 PLC 程序的编写以及硬件的接线与调试。

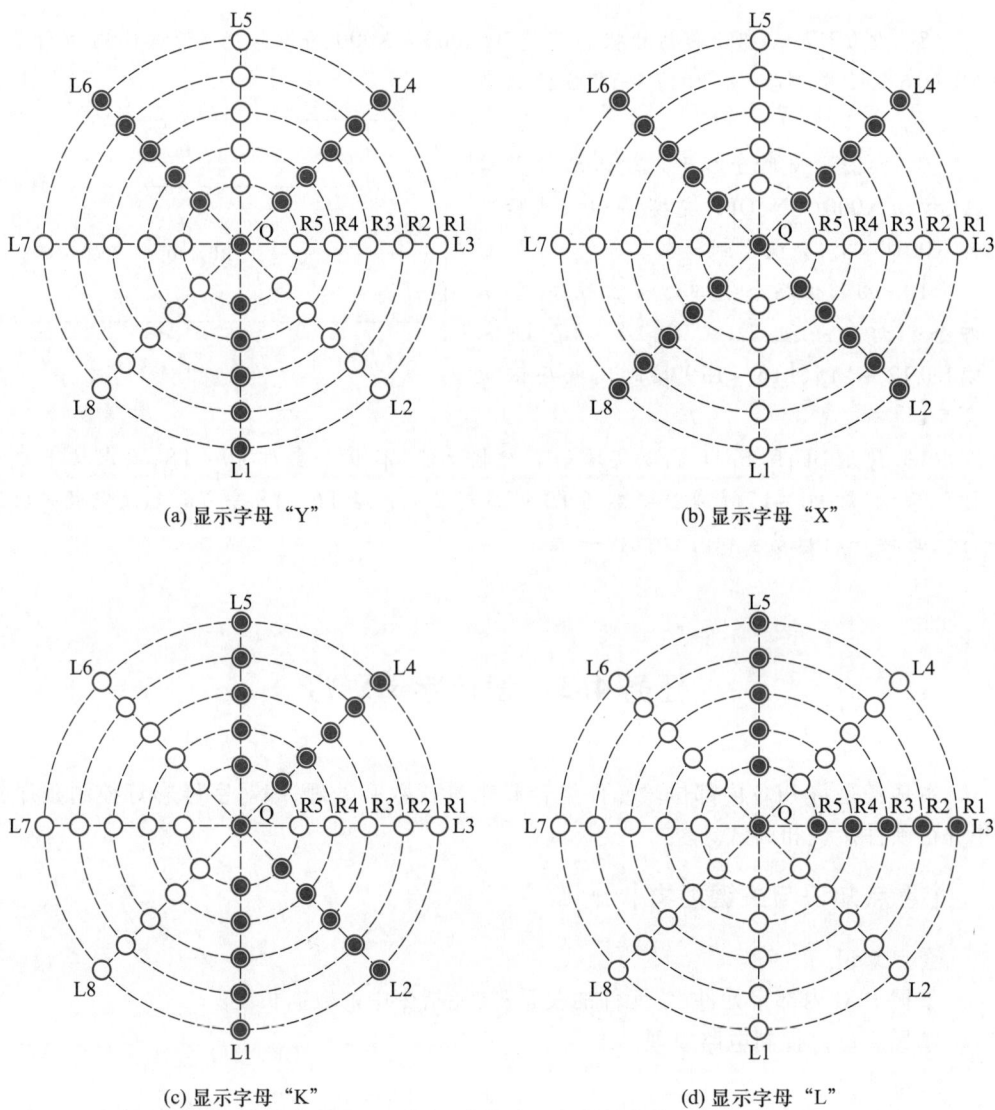

(a) 显示字母"Y"

(b) 显示字母"X"

(c) 显示字母"K"

(d) 显示字母"L"

图 4-8   字母彩灯结构示意图

【任务要求】

● 用梯形图编程软件编写字母彩灯控制程序。

● 正确连接编程电缆,下载程序到 PLC。

● 正确连接输入按钮和外部负载(指示灯)。

● 在线监控,软、硬件调试。

【任务环境】

● 两人一组,根据工作任务进行合理分工。

● 每组配套 FX 系列 PLC 主机 1 台。

● 每组配套按钮 5 个、霓虹灯 1 套。

● 每组配套若干导线、工具等。

相关知识

4.2.1 位元件

用一个二进制位表达,只处理 ON、OFF 两种状态的元件称为位元件。X、Y、M、S 都是位元件。位元件可以组合起来进行数字处理。将多个位元件按 4 位一组的原则来组合,即用 4 位 BCD 码来表示 1 位十进制数,这样就能在程序中使用十进制数据了。

组合方法的助记符是:Kn+最低位的位元件号。如 KnX、KnY、KnM 即是位元件的组合。其中,K 表示后面跟的是十进制数,n 表示 4 位一组的组数,16 位数据用 K1 ~ K4,32 位数据用 K1 ~ K8。数据中的最高位是符号位。例如,K2M0 表示由 M0 ~ M3 和 M4 ~ M7 两位位元件组成一个 8 位数据,其中 M7 是最高位,M0 是最低位。同样,K4M10 表示由 M10 ~ M25 组成一个 16 位数据,其中 M25 是最高位,M10 是最低位。

当一个 16 位数据传送到目标组件 K1M0 ~ K3M0 时,因为目标组件不到 16 位,所以将只传送 16 位数据中的相应低位数据,相应高位数据将不传送。32 位数据传送也一样。

在做 16 位数据操作时,参与操作的位元件由 K1 ~ K4 指定。如果仅有 K1 ~ K3,不足 16 位的高位都作 0 处理。这样最高位的符号位必然是 0,也就是说只能是正数(符号位的判别是:正数为 0,负数为 1)。如执行图 4-9 所示指令,数据源只有 12 位,而目标寄存器 D20 是 16 位的,传送结果是 D20 的高 4 位自动清 0,如图 4-10 所示。

被组合的位元件最低位的位元件号习惯上以 0 结尾,如 K2X0、K4Y10、K3M0。

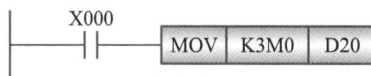

```
   X000
───┤├───────────┤ MOV │ K3M0 │ D20 │
```

图 4-9 源数据不足 16 位

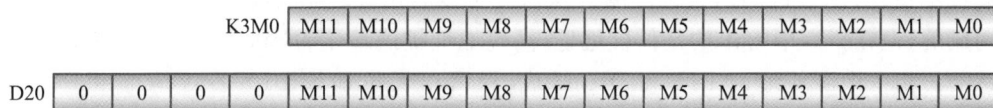

K3M0	M11	M10	M9	M8	M7	M6	M5	M4	M3	M2	M1	M0

D20	0	0	0	0	M11	M10	M9	M8	M7	M6	M5	M4	M3	M2	M1	M0

图 4-10 D20 的高 4 位自动清 0

4.2.2 字元件与双字元件

1. 字元件

处理数据的元件称为字元件,如 T、C、D。字元件是 FX2 系列 PLC 数据类组件的基本结构,1 个字元件由 16 位的存储单元构成,其最高位(第 15 位)为符号位,第 0 ~ 14 位为数值位。符号位的判别是:正数为 0,负数为 1。图 4-11 所示的字元件为 16 位数据寄存器 D0。

2. 双字元件

可以使用两个字元件组成双字元件,从而组成 32 位数据操作数。双字元件由相邻的寄存器组成,如图 4-12 中的双字元件由 D11 和 D10 组成。

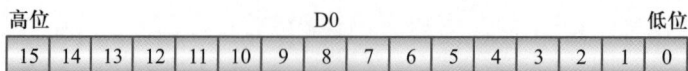

图 4-11   字元件

图 4-12   双字元件

提示

虽然取奇数或偶数地址作为双字元件的低位是任意的,但为了减少组件安排上的错误,建议用偶数作为双字元件的地址。

由图 4-12 可见,低位组件 D10 中存储了 32 位数据的低 16 位,高位字元件 D11 中存储了高 16 位。也就是说,存放原则是"低对低,高对高"。双字元件中第 31 位为符号位,第 0~30 位为数值位。在指令中使用双字元件时,一般只用其低位字元件的地址表示这个组件,但高位组件也将同时被指令使用。功能指令中的操作数是指操作数本身或操作数的地址。

4.2.3   功能指令中的数据长度

因为几乎所有寄存器的二进制位数都是 16 位,所以功能指令中 16 位的数据都是以默认形式给出的。图 4-13 所示为一条 16 位 MOV 指令。

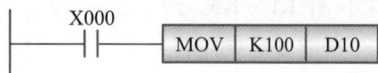

图 4-13   16 位 MOV 指令

案例

天塔之光

提示

32 位计数器 C200~C234 不能用作 16 位指令的操作数。

上述指令含义为:当 X000 接通时,将十进制数 100 传送到 16 位的数据寄存器 D10 中。当 X000 断开时,这个指令被跳过不执行,源操作数和目的操作数中的内容都不变。

功能指令可以处理 16 位数据,也可以处理 32 位数据。只要在助记符前加字母"D",如在传送指令 MOV 前加"D",就表示这个指令处理 32 位数据,如图 4-14 所示。这个指令的含义为:当 X000 接通时,将由 D11 和 D10 组成的 32 位源数据传送到由 D13 和 D12 组成的目标地址中去。当 X000 为断开时,这个指令被跳过不执行,源和目的内容都不变。从这里可以看出,32 位数据是由两个相邻寄存器构成的,但在指令中写出的是低位地址,高位地址被隐藏了,源和目的内容都是这样表达的。指令中源地址由 D11 和 D10 组成,只写出低位地址 D10;目标地址由 D13 和 D12 组成,只写出低位地址 D12。所以,使用 32 位数据指令时应避免出现如图 4-15 所示的错误。建议 32 位双字元件的首地址都用偶地址就是这个原因。

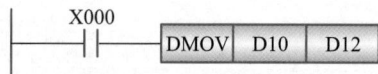

图 4-14   32 位 MOV 指令

图 4-15   32 位 MOV 指令的错误使用

任务实施

4.2.4   I/O 分配

字母彩灯控制 I/O 分配表见表 4-4。

4.2.5　控制程序编写

表 4-4　字母彩灯控制 I/O 分配表

输入			输出		
名称	符号	输入点	名称	符号	输出点
"Y"启动按钮	SB1	X001	圆心	Q	Y000
"X"启动按钮	SB2	X002		L1	Y010
"K"启动按钮	SB3	X003		L2	Y011
"L"启动按钮	SB4	X004		L3	Y012
停止按钮	SB5	X005	线形灯柱	L4	Y013
				L5	Y014
				L6	Y015
				L7	Y016
				L8	Y017

字母彩灯控制程序梯形图如图 4-16 所示。

当按下按钮 SB1,显示字母"Y"时,圆心 Q 和线形灯柱 L1、L4、L6 亮,对应的输出 Y000、Y010、Y013、Y015 为 1,其余输出为 0,即 Y017、Y016…Y000 对应二进制数 0010、1001、0000 0001,十六进制数为 H2901,如图 4-17 所示。按下按钮 SB2,霓虹灯显示字母"X"时,圆心 Q 和线形灯柱 L2、L4、L6、L8 亮,对应的输出 Y000、Y011、Y013、Y015、Y017 为 1,其余输出为 0,如图 4-18 所示。按下按钮 SB3,霓虹灯显示字母"K"时,圆心 Q 和线形灯

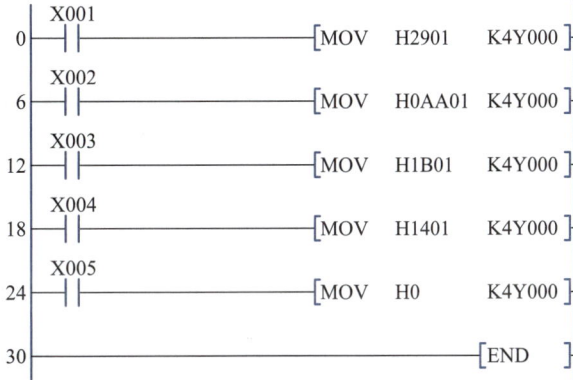

```
     X001
0   ─┤├──────────────────────[MOV  H2901   K4Y000]
     X002
6   ─┤├──────────────────────[MOV  H0AA01  K4Y000]
     X003
12  ─┤├──────────────────────[MOV  H1B01   K4Y000]
     X004
18  ─┤├──────────────────────[MOV  H1401   K4Y000]
     X005
24  ─┤├──────────────────────[MOV  H0      K4Y000]

30  ──────────────────────────────────────[END]
```

图 4-16　字母彩灯控制程序梯形图

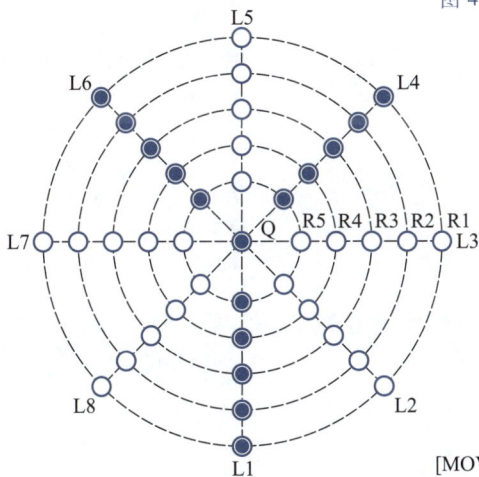

教学视频
字母灯效果

[MOV H2901 K4Y0]

Y17	Y16	Y15	Y14	Y13	Y12	Y11	Y10	Y7	Y6	Y5	Y4	Y3	Y2	Y1	Y0
0	0	1	0	1	0	0	1	0	0	0	0	0	0	0	1

图 4-17　显示字母"Y"

柱 L1、L2、L4、L5 亮，对应的输出 Y000、Y010、Y011、Y013、Y014 为 1，其余输出为 0，如图 4-19 所示。按下按钮 SB4，霓虹灯显示字母"L"时，圆心 Q 和线形灯柱 L3、L5 亮，对应的输出 Y000、Y012、Y014 为 1，其余输出为 0，如图 4-20 所示。按下停止按钮 SB5 时，输出复位。

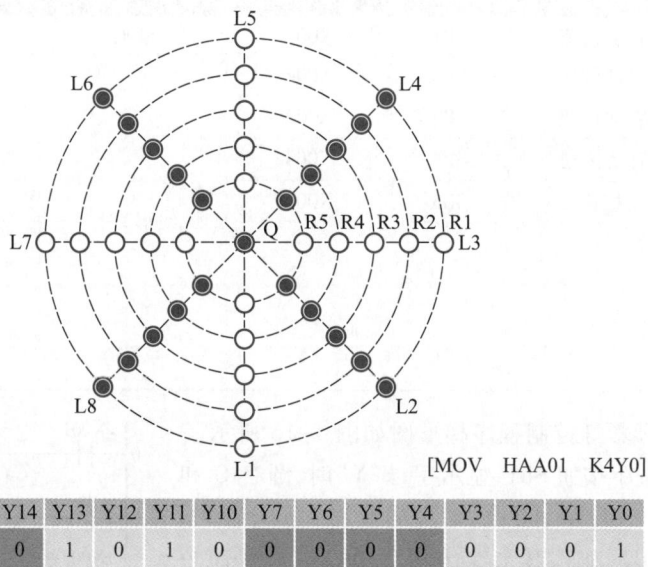

[MOV HAA01 K4Y0]

Y17	Y16	Y15	Y14	Y13	Y12	Y11	Y10	Y7	Y6	Y5	Y4	Y3	Y2	Y1	Y0
1	0	1	0	1	0	1	0	0	0	0	0	0	0	0	1

图 4-18　显示字母"X"

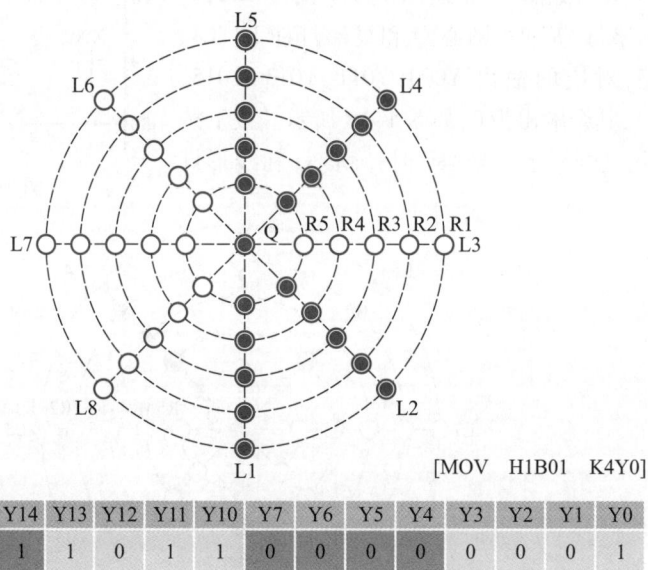

[MOV H1B01 K4Y0]

Y17	Y16	Y15	Y14	Y13	Y12	Y11	Y10	Y7	Y6	Y5	Y4	Y3	Y2	Y1	Y0
0	0	0	1	1	0	1	1	0	0	0	0	0	0	0	1

图 4-19　显示字母"K"

4.2.6　外部接线与调试

字母彩灯控制的外部接线图如图 4-21 所示。完成接线后，下载程序并调试。

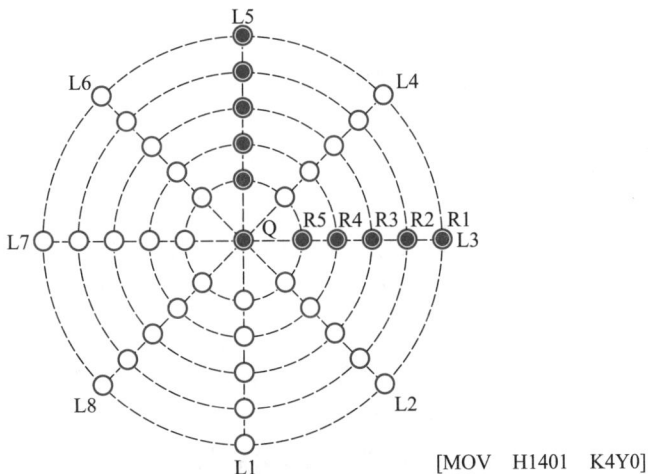

[MOV　H1401　K4Y0]

Y17	Y16	Y15	Y14	Y13	Y12	Y11	Y10	Y7	Y6	Y5	Y4	Y3	Y2	Y1	Y0
0	0	0	1	0	1	0	0	0	0	0	0	0	0	0	1

图 4-20　显示字母"L"

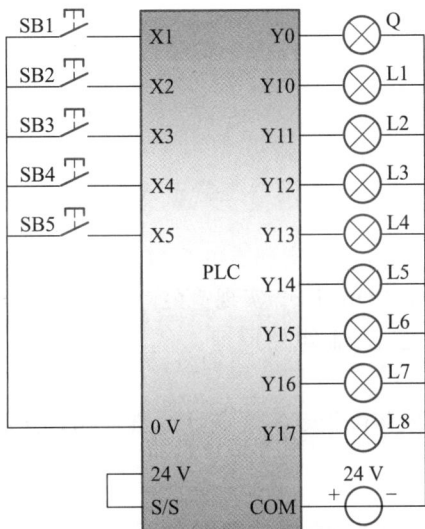

图 4-21　字母彩灯控制的外部接线图

思考与练习

1. 什么是三菱 PLC 的位元件和字元件？

2. 怎么把位元件组合起来进行数字处理？

3. 有 4 位连续的位元件 X000 ~ X003,组合成位元件后可表示成什么形式？

4. 有 16 位连续的位元件 M0 ~ M15,组合成位元件后可表示成什么形式？

5. 操作数 K2X010 表示_____组位元件,即由_____组成的位数据。

6. 操作数 K4M0 表示_____组位元件,即由_____组成的位数据。

参考答案

7. 回答下列元件是什么类型的软元件，由几位组成。

X001、D20、T20、K4Y000、Y010、K2M10、M100

源程序

霓虹灯显示字符
"十""米"

8. MOV 指令传送 16 位数据与 32 位数据有什么区别，怎么写指令？

9. 使用传送指令，使得按下 X000 时，Y000～Y027 所有的灯都亮；按下 X001 时，Y000～Y027 所有的灯都灭。

10. 有一套霓虹灯控制系统，由 5 条环形灯圈 R1～R5、8 条线形灯柱 L1～L8 以及圆心 Q 组成，结构示意图如图 4-8 所示。按下启动按钮 SB1 时，霓虹灯显示字符"木"；按下停止按钮 SB2 时，霓虹灯不亮。设计出梯形图程序。

11. 如图 4-8 所示的一套字母彩灯控制系统中，按下按钮 SB1 时，字母彩灯显示"十"字；按下停止按钮时，字母彩灯不显示。同理，按下按钮 SB2 时，字母彩灯显示"米"字；按下停止按钮 SB3 时，字母彩灯不显示。完成 PLC 程序的编写，以及硬件的接线与调试。

任务 4.3　设计自动循环运行的霓虹灯

本任务是使用移位指令、循环移位指令实现霓虹灯自动循环运行，编写控制程序，并进行硬件接线和调试。

【重点知识与关键能力】

重点知识
掌握使用移位指令 SFTR、SFTL 实现霓虹灯自动循环运行。
掌握使用循环移位指令 ROR、ROL 实现霓虹灯自动循环运行。
掌握霓虹灯自动循环运行控制电路原理。

关键能力
能使用移位指令和循环移位指令实现霓虹灯自动循环运行，在编程环境下输入程序，会运行和调试。

基本素质
霓虹灯是城市亮丽的风景线，给人以"美"的感受。发现生活中的美，大美中国需要大家一起来建设。

自主编写控制程序，展现美丽的灯光效果，敢于创新，追求卓越。

任务描述

教学视频

霓虹灯

现有一套霓虹灯控制系统，由 5 条环形灯圈 R1～R5、8 条线形灯柱 L1～L8 以及圆心 Q 组成，结构示意图如图 4-8 所示。现分别实现如下功能。

① 当按下灯圈启动按钮 SB1 时，圆心 Q 及环形灯圈 R1～R5 依次间隔 2 s 循环变化，即圆心 Q 亮 2 s 后灭，接着灯圈 R1～R5 依次亮 2 s 后灭，接着圆心 Q 又亮 2 s 灭，如此循环。当按下停止按钮 SB3，霓虹灯不亮。

② 当按下灯柱启动按钮 SB2 时,8 条线形灯柱以正、反顺序每隔 0.1 s 轮流点亮,即正序 L1 ~ L8 依次亮 0.1 s,然后反序 L8 ~ L1 依次亮 0.1 s,接下来又正、反顺序轮流点亮,如此循环。当按下停止按钮 SB3,霓虹灯不亮。

完成 PLC 程序的编写与调试,以及硬件的接线与调试。

【任务要求】
● 应用移位指令、循环移位指令编写霓虹灯自动循环运行控制的梯形图。
● 正确连接输入按钮和外部负载(指示灯)。
● 在线监控,并进行软、硬件调试。

【任务环境】
● 两人一组,根据工作任务进行合理分工。
● 每组配套 FX 系列 PLC 主机 1 台。
● 每组配套按钮 3 个、霓虹灯 1 套。
● 每组配套若干导线、工具等。

相关知识

4.3.1 ROR、ROL 指令

1. ROR 指令

ROR 指令为右循环移位指令。执行这条指令时,各位数据向右循环移动 n 位。ROR 指令的助记符、指令代码、操作数及程序步见表 4-5。

微课
循环移位指令

表 4-5 右循坏移位指令

指令名称	助记符	指令代码	操作数		程序步
			D	n	
右循环移位指令	ROR	FNC30	KnY、KnM、KnS、T、C、D、V、Z	K、H	ROR ROR(P) 等 5 步

对于 ROR 指令,16 位指令和 32 位指令中 n 应小于 16 和 32,最后一次移出来的那一位同时进入进位标志 M8022。ROR 指令的使用说明如图 4-22 所示,在具体执行时采用脉冲执行方式,否则每个扫描周期都要循环一次。如果在目标元件中指定元件组的组数,只有 K4(16 位指令)和 K8(32 位指令)有效,如 K4Y000、K8M0。

2. ROL 指令

左循环移位指令 ROL 与 ROR 指令类似,执行这个指令时,各位数据向左循环移动 n 位。ROL 指令的助记符、指令代码、操作数及程序步见表 4-6。

对于 ROL 指令,16 位指令和 32 位指令中 n 应小于 16 和 32,最后一次移出来的那一位同时进入进位标志 M8022。ROL 指令的使用说明如图 4-23 所示。与 ROR 指令一样,如果在目标元件中指定元件组的组数,只有 K4(16 位指令)和 K8(32 位指令)有效,如 K4Y000、K8M0。

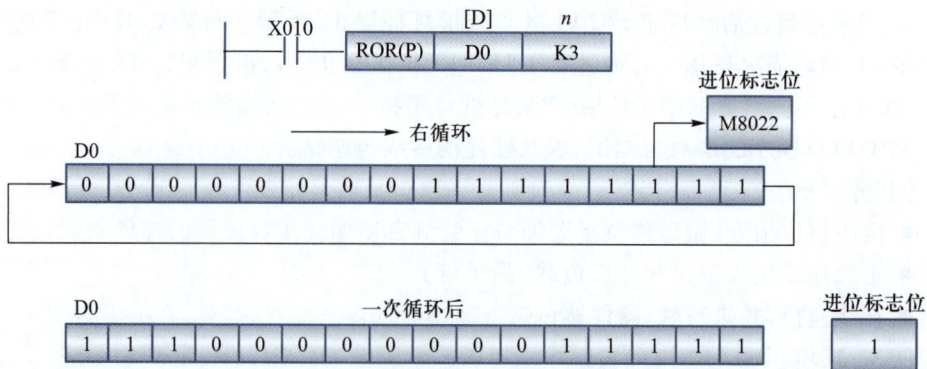

图 4-22　ROR 指令的使用说明

表 4-6　左循环移位指令

指令名称	助记符	指令代码	操作数		程序步
			D	n	
左循环移位指令	ROL	FNC31	KnY、KnM、KnS、T、C、D、V、Z	K、H	ROL ROL（P） 等 5 步

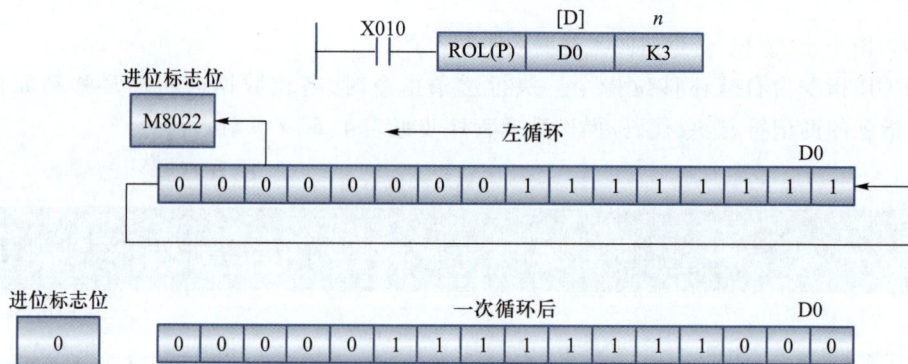

图 4-23　ROL 指令的使用说明

任务实施

4.3.2　I/O 分配

霓虹灯自动循环运行控制 I/O 分配表见表 4-7。

表 4-7　霓虹灯自动循环运行控制 I/O 分配表

输入			输出		
名称	符号	输入点	名称	符号	输出点
灯圈启动按钮	SB1	X001	圆心	Q	Y000

续表

输入			输出		
名称	符号	输入点	名称	符号	输出点
灯柱启动按钮	SB2	X002	环形灯圈	R1	Y001
停止按钮	SB3	X003		R2	Y002
				R3	Y003
				R4	Y004
				R5	Y005
			线形灯柱	L1	Y010
				L2	Y011
				L3	Y012
				L4	Y013
				L5	Y014
				L6	Y015
				L7	Y016
				L8	Y017

微课
霓虹灯设计

案例
选择点亮彩灯

4.3.3　控制程序编写

PPT课件
设计自动循环运行
的霓虹灯

用位左移指令 SFTL 实现环形灯圈自动循环运行的控制程序梯形图如图 4-24 所示。

当按下灯圈启动按钮 SB1，圆心 Q 对应的输出 Y000 为 1，使用位左移指令 SFTL，每隔 2 s 移位一次，所以开始从低位传入一个"1"后，就应该传送一个"0"进去。当这个"1"从高位溢出后，又从低位传入一个"1"进去。如此循环，就能达到控制要求，当按下停止按钮 SB3 时，所有输出复位，霓虹灯不亮。

用循环移位指令 ROL、ROR 实现线形灯柱正反顺序循环运行的控制程序梯形图如图 4-25所示。因为在循环移位指令中位元件必须是 16 位或 32 位，所以输出位元件用

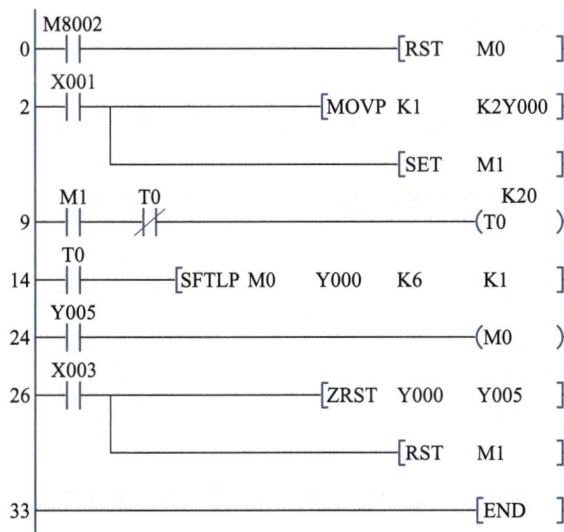

图 4-24　环形灯圈自动循环运行的控制程序梯形图

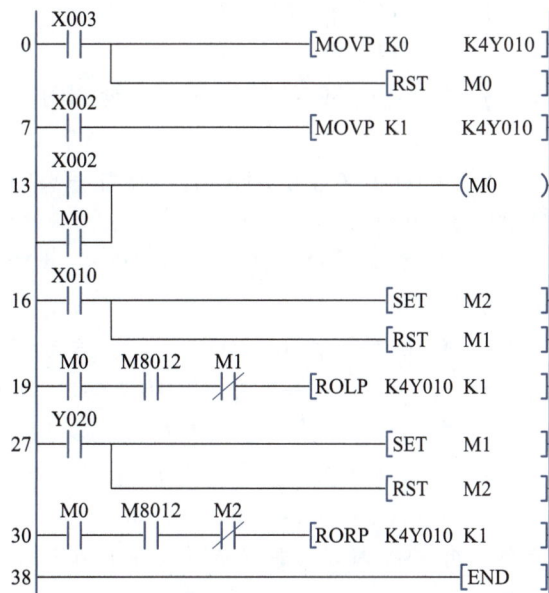

图 4-25　线形灯柱正反序循环运行的控制程序梯形图

K4Y010,多用了 8 个输出端口。按下灯柱启动按钮 SB2,首先赋初值给 K4Y010,使 Y010=1。因为只在第一个扫描周期给 Y010 置 1,所以用脉冲执行方式,在 MOV 指令后面加 P。步 19 是每隔 0.1 s 向左移动一位,形成正序移动。当最后一根灯柱 Y017 点亮 0.1 s 后移位到 Y020,使 Y020=1。步 27 用 Y020 将 M1 置位,切断正序移位,同时复位 M2,接通反序移位。步 30 使 Y020 中的"1"又回到 Y017 中,形成反序点亮,即每隔 0.1 s 向右移动一位。当按下停止按钮 SB3 时,所有输出复位,霓虹灯不亮。

4.3.4　外部接线与调试

霓虹灯自动循环运行控制的外部接线图如图 4-26 所示。完成接线后,下载程序并调试。

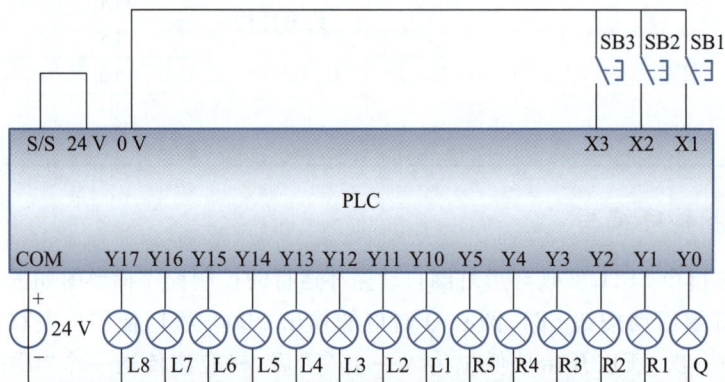

源程序
霓虹灯控制

图 4-26　霓虹灯自动循环运行控制的外部接线图

思考与练习

1. 三菱 PLC 中 ROL 是什么指令?

2. 三菱 PLC 中 ROR 是什么指令?

3. 移位指令 SFTL 与循环移位指令 ROL 使用时有什么区别?

4. 在使用循环移位指令时为什么通常要用脉冲执行方式?

5. 设 D0 循环前为 H1A2B,则执行一次"RORP D0 K4"指令后,D0 数据是多少,进位标志位 M8022 是多少?

6. 设 D0 循环前为 H1A2B,则执行一次"ROLP D0 K4"指令后,D0 数据是多少,进位标志位 M8022 是多少?

7. 有 16 个彩灯 Y000~Y017,按下启动按钮后,每隔 1 s 轮流点亮 1 个灯,循环运行,直到按下停止按钮。用左循环移位指令 ROL 来实现,设计出梯形图程序。

8. 有 16 个彩灯 Y000~Y017,按下启动按钮后,每隔 2 s 轮流点亮 2 个灯,循环运行,直到按下停止按钮。用右循环移位指令 ROR 来实现,设计出梯形图程序。

9. 用 X000 控制接在 Y000~Y007 上的 8 个彩灯是否移位,每 1 s 移 1 位,用 X001 控制左移或右移。用 MOV 指令将彩灯的初值设定为十六进制数 H0F(仅 Y000~Y003 为 1),设计出梯形图程序。

10. 现有一套霓虹灯控制系统,由 5 条环形灯圈 R1～R5 和 8 条线形灯柱 L1～L8 以及圆心 Q 组成,结构示意图如图 4-8 所示。当按下启动按钮 SB1 时,字符 K、L、Y、X 四个字符开始以 1 s 的周期依次变化,即字符 K 显示 1 s 后灭,然后字符 L 显示 1 s 后灭,然后是字符 Y 和字符 X。当按下停止按钮 SB2,霓虹灯不亮。设计出梯形图程序。

参考答案

项目 5

交通信号灯

　　城市道路交通自动控制系统的发展是以城市交通信号控制技术为前提的。交通信号灯控制系统是典型的时序控制系统，PLC 编程设计交通信号灯控制系统可以用许多控制方法。

　　本项目以十字路口交通信号灯为 PLC 控制对象，根据由简单到复杂的控制要求来编程和调试，完成十字路口交通灯信号功能。在完成本项目的过程中，应通过实践熟悉各种编程方法，认真领会多种编程思路。

思维导图

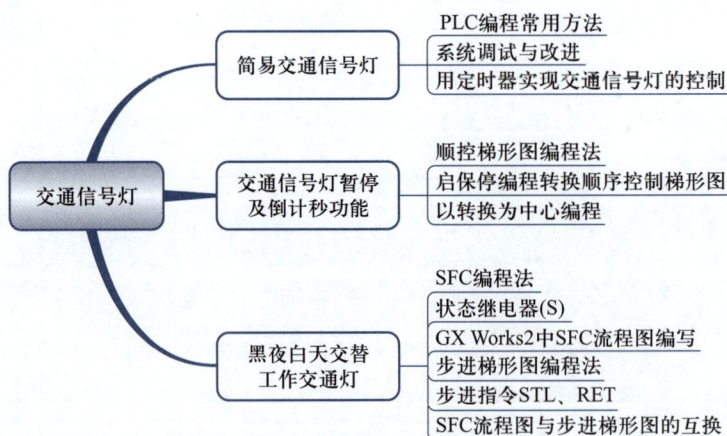

任务 5.1 控制简易交通信号灯

【重点知识与关键能力】

重点知识

熟悉 PLC 程序设计的常用方法；掌握定时器循环控制电路的应用。

关键能力

会用定时器循环控制，完成简易交通信号灯的控制。

基本素质

交通安全无小事，安全与畅通是交通系统的重中之重。遵守交通法规，人人有责。

用多种编程思路编写控制程序，举一反三，锻炼创新思维，做智能控制的创新设计者。

任务描述

简易交通信号灯示意图如图 5-1 所示。

系统控制要求：

① PLC 上电，按下启动按钮，东西方向绿灯亮，并维持 15 s，同时南北方向红灯亮，并维持 20 s。等 15 s 到后，东西绿灯闪亮，闪亮 3 s 后熄灭，在东西绿灯熄灭时，东西黄灯亮，并维持 2 s。到 2 s 时东西黄灯熄灭，东西红灯亮，同时，南北红灯熄灭，绿灯亮。东西红灯亮，维持 15 s，南北绿灯亮维持 10 s，然后闪亮 3 s 后熄灭。同时南北黄灯亮，维持 2 s 后熄灭，这时南北红灯亮，东西绿灯亮，周而复始。

② 按下停止按钮，系统停止。

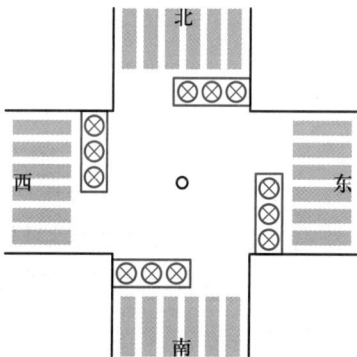

图 5-1 简易交通信号灯示意图

【任务要求】

● 在梯形图编程环境下编写梯形图程序。
● 应用定时器的不同控制方式来完成简单交通灯的控制。
● 在线监控，并进行软、硬件调试。

【任务环境】

● 两人一组，根据工作任务进行合理分工。
● 每组配套 FX 系列 PLC 主机 1 台。
● 每组配套十字路口交通灯控制模块。
● 每组配套若干导线、工具等。

相关知识

5.1.1 PLC 编程常用方法

1. PLC 程序的内容

PLC 控制系统的功能是通过程序来实现的。PLC 程序的内容通常包括初始化程序,检测、故障诊断和显示程序,保护和联锁程序。初始化程序的主要内容包括将某些数据区和计数器清 0,使某些数据区恢复所需数据,对某些输出量置位或复位以及显示某些初始状态等。应用程序一般都设有检测、故障诊断、显示程序等内容。保护和联锁程序用来杜绝因为非法操作而引起的控制逻辑混乱,保证系统的运行更加安全、可靠。

2. PLC 编程的要求

选用同一机型的 PLC 实现同一控制要求时,如果采用不同的设计方法,程序的结构也不同。尽管不同程序可以实现同一控制功能,但程序质量可能差别很大。程序的质量可以由以下方面来衡量:一是程序的正确性,所谓正确的程序必须能经得起系统运行实践的考验;二是程序的可靠性,应用程序要保证系统在正常和非正常工作条件下都能安全可靠地运行,也能保证在出现非规范操作(如按动或误触动了不该动作的按钮)等情况下不至于出现系统控制失误;三是参数的调整性,容易通过修改程序或参数而改变系统的某些功能;四是程序的简练性,编写的程序简练,减少程序的语句,一般可以减少程序扫描时间,提高 PLC 对输入信号的响应速度;五是程序的可读性,程序不仅仅给设计者自己看,系统的维护人员也会看。

3. PLC 编程的常用方法

(1)经验法编程

经验法编程就是根据工艺流程和控制要求,运用自己或者别人的经验进行程序设计。通常在设计前先选择与自己控制要求相近的程序,再结合自己工程的实际情况,对程序进行修改,使之符合自己工程的要求。

对简单的控制系统来说,采用经验法进行设计是比较有效的,可以快速地完成软件设计。但是对于比较复杂的控制系统,则很少采用经验法。

(2)图解法编程

图解法是靠画图来进行 PLC 程序设计,常见的主要有梯形图法、逻辑流程图法、时序流程图法、步进顺控法和 SFC 图法。

① 梯形图法:梯形图法是用梯形图语言去编写 PLC 程序。这是一种模仿继电器控制系统的编程方法。其图形及元件名称都与继电器控制电路十分相近。这种方法很容易就可以把原继电器控制电路移植成 PLC 的梯形图语言。

② 逻辑流程图法:逻辑流程图法是用逻辑框图来表示 PLC 程序的执行过程,反应输入与输出的关系。逻辑流程图法是把系统的工艺流程用逻辑框图表示出来。这种方法类似于高级语言的编程方法(先画程序流程图,然后再编程)。因为这种方法详细描述了控制系统的控制过程,所以便于分析控制程序、查找故障点、调试和维护程序。

③ 时序流程图法:时序流程图法是首先画出控制系统的时序图(即到某一个时间应该进行哪一项控制的控制时序图),再根据时序关系画出对应的控制任务的程序框图,最后把程序框图转换成 PLC 程序。时序流程图法很适用于以时间为基准的控制系统的编程。

④ 步进顺控法:步进顺控法是在顺控指令的配合下设计复杂的控制程序。复杂的程序一般都可以分成若干个功能比较简单的程序段,一个程序段可以看成整个控制过程中的一步。从总体上看,一个复杂系统的控制过程是由这样若干个环节组成的。控制系统的任务实际上可以认为在不同时刻或者在不同进程中去完成对各个环节的控制。为此,不少 PLC 生产厂家在自己的 PLC 中增加了步进顺控指令。在画完各个步进的状态流程图之后,可以利用步进顺控指令方便地编写控制程序。

⑤ SFC 图法:顺序功能图(sequeential function chart,SFC)是一种新颖的,按照工艺流程图进行编程的图形编程语言。在程序调试中可以很直观地看到设备动作顺序。在设备出现故障时,能够很容易地查出故障所处的位置,不需要复杂的互锁电路,更容易设计和维护控制系统。

5.1.2 系统调试与改进

PLC 系统的调试分为硬件调试和程序调试。通常这两部分是紧密相关的。硬件调试主要是测试 PLC 控制系统的接线是否正确,PLC 控制器及其模块是否正常工作。外部接线一定要正确,特别是要注意电源线短路这种情况,因为电源短路将会烧坏系统元器件,甚至烧坏 PLC。如果接线正确,则可以通电查看 PLC 系统的运行情况,这主要依赖 PLC 本身的报错指示灯,一般报错指示灯亮,表明系统有错误,当然这有可能是 PLC 程序及配置参数出错,也有可能是 PLC 本身硬件出错。可根据系统的实际情况来判断,找出故障并及时修复。

PLC 系统的程序调试可以分为模拟调试和现场调试两个过程。

1. 程序的模拟调试

用户程序一般先在实验室模拟调试。将设计好的程序写入 PLC,用开关和按钮来模拟实际的输入信号,各输出量的通断状态用 PLC 上有关的 LED 来显示,一般不用 PLC 与实际的负载(如接触器、电磁阀等)连接。可以根据功能表图,在适当时用开关或按钮来模拟实际的反馈信号,如限位开关触点的接通和断开。

在调试时应充分考虑各种可能的情况,对系统各种不同的工作方式、各种可能的进展路线,都应逐一检查,不能遗漏。发现问题后应及时修改梯形图和 PLC 中的程序,直到在各种可能的情况下输入量与输出量之间的关系完全符合要求。

2. 程序的现场调试

完成上述的工作后,将 PLC 安装在控制现场进行联机总调试,在调试过程中将暴露出系统中可能存在的传感器、执行器和接线等方面的问题,以及 PLC 的外部接线图和梯形图程序设计中的问题,应对出现的问题及时加以解决。如果调试达不到指标要求,则对相应硬件和软件部分做适当调整,通常只需要修改程序就可能达到调整的目的。全部调试通过后,经过一段时间的考验,系统就可以投入实际的运行了。

任务实施

5.1.3　I/O 分配

简易交通信号灯控制 I/O 分配表见表 5-1。

表 5-1　简易交通信号灯控制 I/O 分配表

输入			输出		
名称	符号	输入点	名称	符号	输出点
启动按钮	SB1	X000	东西向绿灯	HL1	Y000
停止按钮	SB2	X001	东西向黄灯	HL2	Y001
			东西向红灯	HL3	Y002
			南北向绿灯	HL4	Y003
			南北向黄灯	HL5	Y004
			南北向红灯	HL6	Y005

微课

交通灯经验法编程

任务描述

分析控制要求

选择控制方案

设计程序

调试和完善程序

5.1.4　外部接线

简易交通信号灯的 PLC 外部接线图如图 5-2 所示。

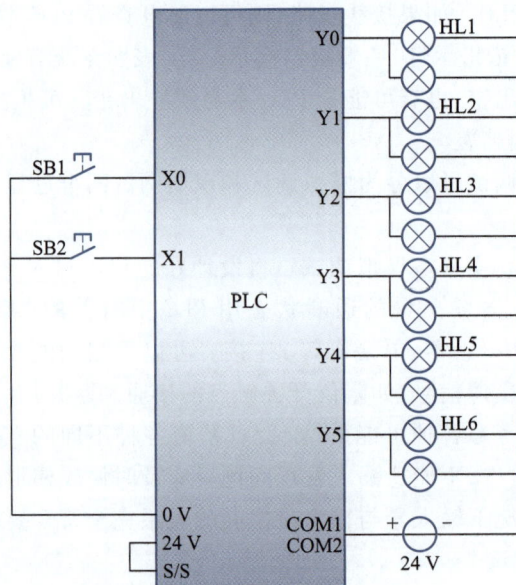

图 5-2　简易交通信号灯的 PLC 外部接线图

5.1.5　简易交通信号灯程序设计

交通灯信号控制是以时间为基准的控制系统。可以运用时序流程图法,应用定时器进行梯形图程序编写。

根据控制要求分析信号灯的变化规律,简易交通信号灯控制变化规律见表 5-2。

表 5-2　简易交通信号灯控制变化规律

<table>
<tr><td rowspan="2">东西
方向</td><td>信号灯</td><td>绿灯 Y000 亮</td><td>绿灯 Y000 闪</td><td>黄灯 Y001 亮</td><td colspan="4">红灯 Y002 亮</td></tr>
<tr><td>时间</td><td>15 s</td><td>3 s,3 次</td><td>2 s</td><td colspan="4">15 s</td></tr>
<tr><td rowspan="2">南北
方向</td><td>信号灯</td><td colspan="3">红灯 Y005 亮</td><td>绿灯 Y003 亮</td><td>绿灯 Y003 闪</td><td>黄灯 Y004 亮</td></tr>
<tr><td>时间</td><td colspan="3">20 s</td><td>10 s</td><td>3 s</td><td>2 s</td></tr>
</table>

根据设计思路不同可以画出不同的时序图。

1. 统一计时

系统启动后统一计时。如图 5-3 所示为简易交通信号灯控制系统统一计时的时序图,其定时器的应用见表 5-3。

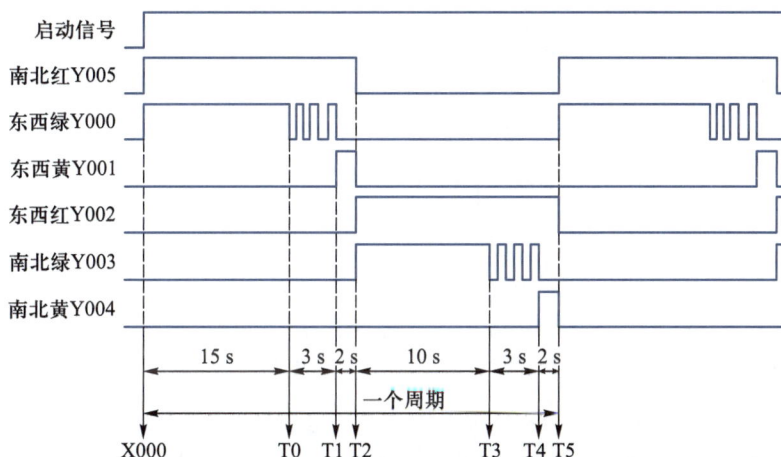

图 5-3　简易交通信号灯控制系统统一计时的时序图

表 5-3　简易交通信号灯控制系统统一计时定时器的应用

定时器	T0	T1	T2	T3	T4	T5
时间/s	15	18	20	30	33	35

对应的梯形图程序如图 5-4 所示。

① 系统启动,停止控制程序段:M100 为系统启动辅助继电器,在按下启动按钮后到按下停止按钮前,M100 为 ON 状态。

② 信号灯时间设置程序段:系统启动后,定时器 T0～T5 同时开始计时,当定时器 T5 计时完毕时,定时器 T0～T5 又开始循环计时。

③ 信号灯输出程序段:根据时间段分析输出信号灯输出。对照时序图编写控制信号灯的程序。

2. 分方向计时

系统启动后,分东西和南北两个方向计时,两个方向上信号灯是同时工作的。另外,每个方向上可分解成几个独立的控制动作(灯亮),且这些动作严格按照一定的先

后顺序执行,定时器的应用见表5-4,时序图如图5-5所示。

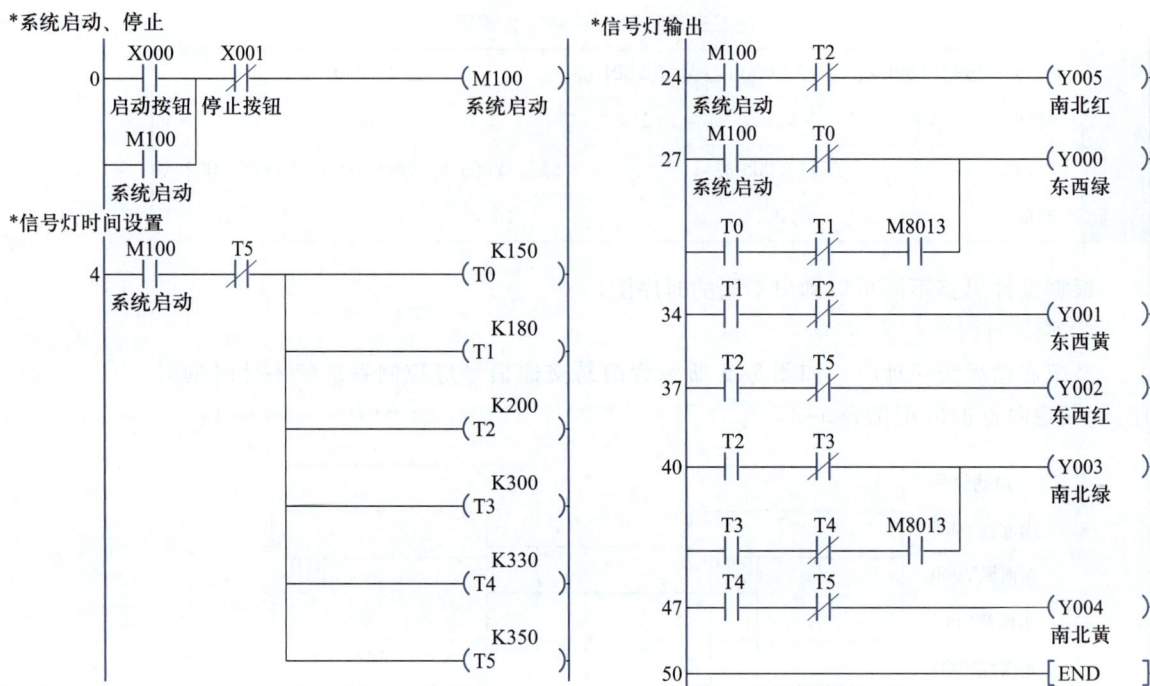

图 5-4 简易交通信号灯控制系统统一计时梯形图程序

表 5-4 简易交通信号灯控制系统分方向计时定时器的应用

东西方向	定时器	T0	T1	T2	T3
	时间/s	15	3	2	15
南北方向	定时器	T10	T11	T12	T13
	时间/s	20	10	3	2

源程序
交通灯经验法编程——分方向计时

仿真实验
交通灯

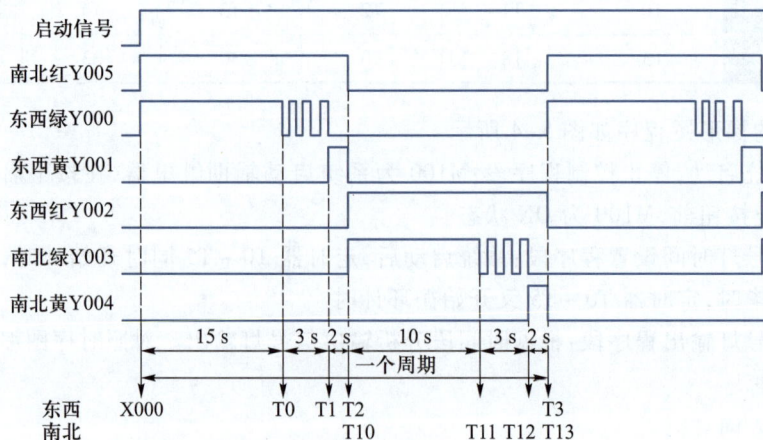

图 5-5 简易交通信号灯控制系统分方向计时时序图

对应的梯形图程序如图 5-6 所示。

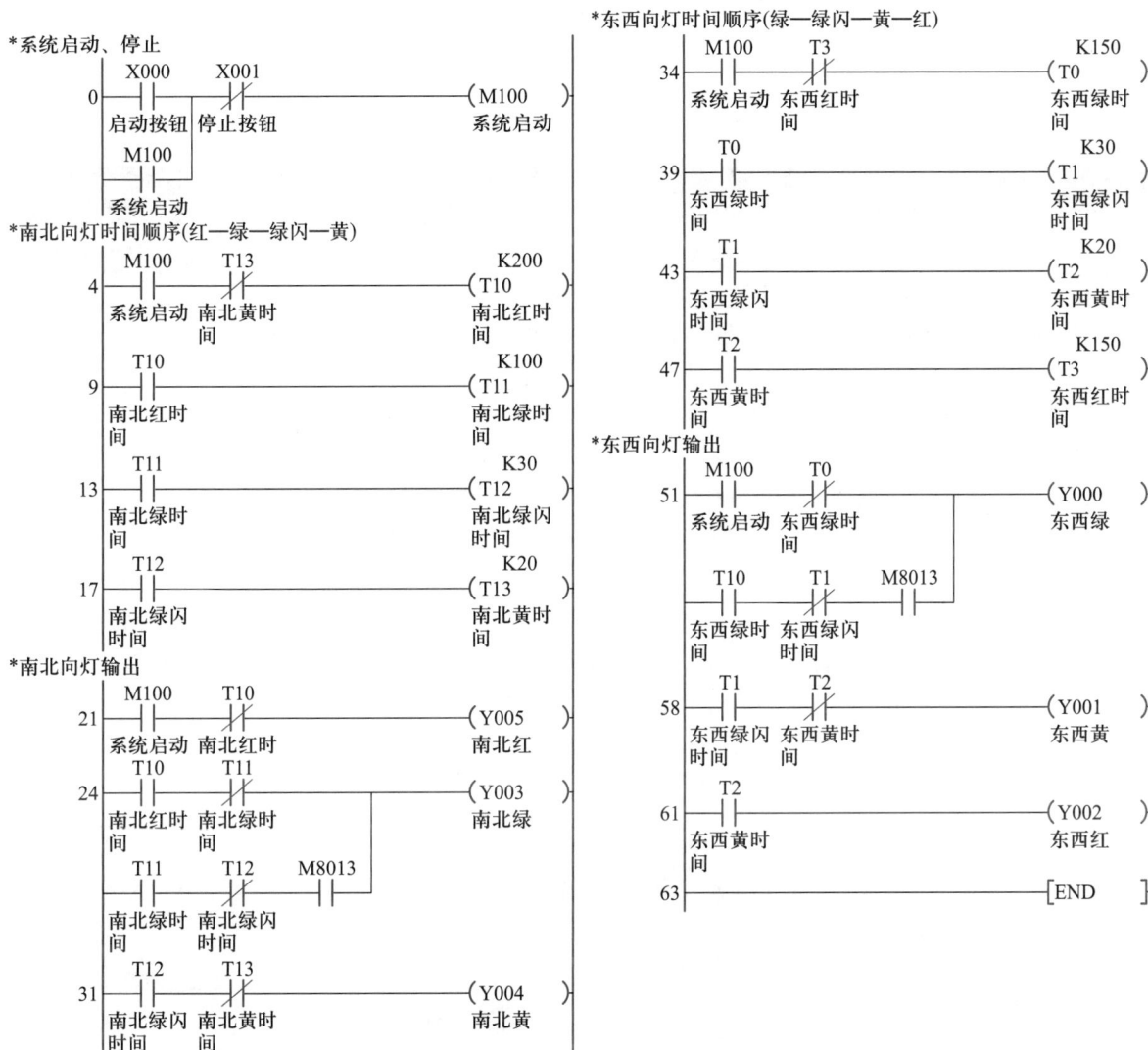

*系统启动、停止
```
        X000    X001                          (M100 )
0       启动按钮  停止按钮                        系统启动
        M100
        系统启动
```

*南北向灯时间顺序(红—绿—绿闪—黄)
```
        M100    T13                      K200
4       ├──┤────┤／├──────────────────────(T10 )
        系统启动  南北黄时                      南北红时
                间                          间
        T10                               K100
9       ├──┤──────────────────────────────(T11 )
        南北红时                            南北绿时
        间                                 间
        T11                               K30
13      ├──┤──────────────────────────────(T12 )
        南北绿时                            南北绿闪
        间                                 时间
        T12                               K20
17      ├──┤──────────────────────────────(T13 )
        南北绿闪                            南北黄时
        时间                               间
```

*南北向灯输出
```
        M100    T10
21      ├──┤────┤／├──────────────────────(Y005 )
        系统启动  南北红时                      南北红
        T10     T11
24      ├──┤────┤／├──────────────────────(Y003 )
        南北红时  南北绿时                      南北绿
        间       间
        T11     T12     M8013
        ├──┤────┤／├────┤├─┤
        南北绿时  南北绿闪
        间       时间
        T12     T13
31      ├──┤────┤／├──────────────────────(Y004 )
        南北绿闪  南北黄时                      南北黄
        时间      间
```

*东西向灯时间顺序(绿—绿闪—黄—红)
```
        M100    T3                       K150
34      ├──┤────┤／├──────────────────────(T0 )
        系统启动  东西红时                      东西绿时
                间                          间
        T0                                K30
39      ├──┤──────────────────────────────(T1 )
        东西绿时                            东西绿闪
        间                                 时间
        T1                                K20
43      ├──┤──────────────────────────────(T2 )
        东西绿闪                            东西黄时
        时间                               间
        T2                                K150
47      ├──┤──────────────────────────────(T3 )
        东西黄时                            东西红时
        间                                 间
```

*东西向灯输出
```
        M100    T0
51      ├──┤────┤／├──────────────────────(Y000 )
        系统启动  东西绿时                      东西绿
                间
        T10     T1      M8013
        ├──┤────┤／├────┤├─┤
        东西绿时  东西绿闪
        间       时间
        T1      T2
58      ├──┤────┤／├──────────────────────(Y001 )
        东西绿闪  东西黄时                      东西黄
        时间      间
        T2
61      ├──┤──────────────────────────────(Y002 )
        东西黄时                            东西红
        间
63      ──────────────────────────────────[END ]
```

图 5-6　简易交通信号灯控制系统分方向计时的梯形图程序

（1）系统启动、停止控制程序段

M100 为系统启动辅助继电器，在按下启动按钮后到按下停止按钮前，M100 为 ON 状态。

（2）信号灯时间设置程序段

① 系统启动后，南北方向，定时器 T10（南北红灯亮时间）计时 20 s，T10 计时完毕后驱动定时器 T11（南北绿灯亮时间）计时 10 s，T11 计时完毕后驱动定时器 T12（南北绿灯闪时间）计时 3 s，T12 计时完毕后驱动定时器 T13（南北黄灯亮时间）计时 2 s。当定时器 T13 计时完毕后，定时器 T10 ~ T13 又开始循环计时。

② 系统启动后，东西方向，定时器 T0（东西绿灯亮时间）计时 15 s，T0 计时完毕后

驱动定时器 T1(东西绿灯闪时间)计时 3 s,T1 计时完毕后驱动定时器 T2(东西黄灯亮时间)计时 2 s,T2 计时完毕后驱动定时器 T3(东西红灯亮时间)计时 15 s。当定时器 T3 计时完毕后定时器 T0～T3 又开始循环计时。

（3）信号灯输出程序段

根据时间段分析输出信号灯输出。对照时序图编写控制信号灯的程序。

思考与练习

1. 设计一个彩灯控制系统,要求接上电源后,按下按钮 SB1,红、绿、黄 3 种彩灯依次循环点亮,每种彩灯点亮和熄灭的时间间隔为 0.5s。按下按钮 SB2,系统停止。

2. 设计喷泉电路。要求:喷泉有 A、B、C 三组喷头。启动后,A 组先喷 5 s,后 B、C 同时喷,5 s 后 B 停,再过 5 s 后 C 停,而 A、B 又喷,再过 2 s,C 也喷,持续 5 s 后全部停,再过 3 s 重复上述过程。说明:A(Y000),B(Y001),C(Y002),启动信号 X000,停止信号 X001。

3. 试用 PLC 控制发射型天塔。发射型天塔有 L1～L9 九个指示灯,按下启动按钮后,九个指示灯从 L1 每隔 2s 依次点亮,并不断循环下去。编写 PLC 程序。

4. 某一生产线的末端有一台三级皮带运输机,分别由 M1、M2、M3 三台电动机传动。皮带运输机的启动和停止分别由启动按钮(SB1)和停止按钮(SB2)来控制。启动时要求按 5 s 的时间间隔,并按 M1→M2→M3 的顺序启动;停止时按 6 s 的时间间隔,并按 M1→M2→M3 的顺序停止。试编写 PLC 程序。

5. 现提出一种按钮控制式交通灯控制方案。按钮控制式交通灯控制及路口示意图如图 5-7 所示。平时,车道方向始终亮绿灯,人行道方向始终亮红灯。当有行人要通过时,先按下"通过按钮",经 30s 延时,车道方向亮黄灯,再经延时 10s 后,车道方向亮红灯,再经延时 5s,人行道方向亮绿灯,控制时序如图 5-8 所示。

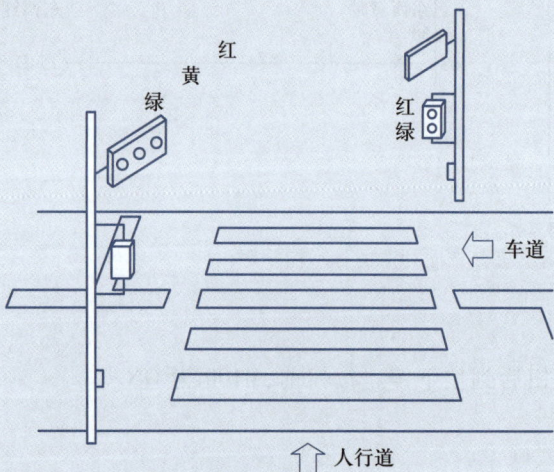

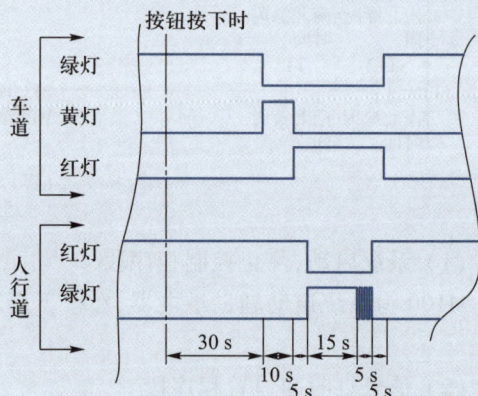

图 5-7　按钮控制式交通灯控制及路口示意图　　　图 5-8　按钮控制式交通灯控制时序

根据上述方案,系统所需车道方向(东西方向)红、绿、黄各 2 路信号灯,人行道方向(南北方向)红、绿各 2 路信号灯,人行道两侧各需 1 个按钮。

参考答案

任务 5.2 实现交通信号灯暂停及倒计秒功能

本任务中交通信号灯控制系统添加了暂停与倒计时功能。本任务还将运用顺序控制编程思路编写 PLC 程序,并进行硬件接线和调试。

【重点知识与关键能力】

重点知识

顺序控制编程思路的应用。

关键能力

会用多种方法编程,完成交通信号灯的控制。

基本素质

交通是智慧城市的"命脉",交通控制系统自动化是智慧城市建设的重要一环。学习智能控制,充分融入未来生活。

关键设备需要有资源冗余和安全备份。使用安全控制器,要有安全规划,做到稳定可靠、质量至上。

任务描述

系统控制要求:

① PLC 上电,按下启动按钮,进入正常工作状态。东西方向绿灯亮,并维持 15 s,同时南北方向红灯亮,并维持 20 s。等 15 s 到后,东西绿灯闪亮,闪亮 3 s 后熄灭,在东西绿灯熄灭时,东西黄灯亮,并维持 2 s。到 2 s 时东西黄灯熄灭,东西红灯亮,同时,南北红灯熄灭,绿灯亮。东西红灯亮,维持 15 s,南北绿灯亮维持 10 s,然后闪亮 3 s 后熄灭。同时南北黄灯亮,维持 2 s 后熄灭,这时南北红灯亮,东西绿灯亮,周而复始。

② 当东西方向通行时,最后 10 s 南北方向红灯能进行红色数码倒计时。当南北方向通行时,最后 10 s 东西方向红灯能进行红色数码倒计时。

③ 按下停止按钮,系统停止,所有灯熄灭。

④ 某方向绿灯亮时,按暂停按钮,维持该方向的绿灯和另一方向的红灯;再按暂停按钮,系统继续运行。

【任务要求】

- 在梯形图编程环境下编写梯形图程序。
- 应用顺序控制梯形图编程法来完成简单交通信号灯的控制。
- 在线监控,并进行软、硬件调试。

【任务环境】

- 两人一组,根据工作任务进行合理分工。
- 每组配套 FX 系统 PLC 主机 1 台。
- 每组配套交通信号灯控制模块。
- 每组配套若干导线、工具等。

教学视频
交通灯实验演示

相关知识

5.2.1　顺序控制梯形图编程法

微课
PLC 系统控制程序
设计方法

在可编程控制器的应用中,PLC 的应用程序通常有一些典型控制环节的编程方法。熟悉这些典型控制环节的编程方法,可以使程序的设计事半功倍。在编程中对于一个复杂的控制系统,尤其是顺序控制系统,因为内部的联锁、互动关系极其复杂,其梯形图往往长达数百行,编制的难度较大,而且这类程序的可读性也大大降低。

顺序控制设计法是针对以往在设计顺序控制程序时采用经验法的诸多不足而产生的。使用顺序控制设计法编程的一种有力的工具是顺序功能图,也称为状态转移图或功能图。它是编程辅助工具,一般需要用梯形图或指令表将其转化成 PLC 可执行的程序。

根据系统的状态转移图设计出梯形图的方法通常有两种:使用启保停电路的编程方法和以转换为中心的编程方法。

顺序状态转移图主要由"工步""状态转移""状态输出""有向线段"等元素组成,下面介绍状态转移图设计方法的一般步骤。

（1）确定顺序控制状态转移图的工步

每一个工步都是描述控制系统中对应的一个相对稳定的状态。在整个控制过程中,执行元件的状态变化决定了工步数。工步的符号如图 5-9 所示。

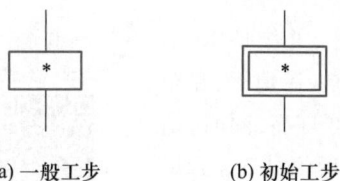

初始工步对应于初始状态,是控制系统运行的起点。一个控制系统至少有一个初始工步。一般工步指控制系统正常运行时的某个状态。

（2）设置状态输出

确定好顺序控制状态转移图的工步后,即可设置每一工步的状态输出,也就是明确每个状态的负载驱动和功能。状态输出符号写在对应工步的右边,假设此时对应的状态输出用 Y001 表示,如图 5-10 所示。

（a）一般工步　（b）初始工步

图 5-9　工步的符号
*—序号

（3）设置状态转移

状态转移说明了从一个工步到另一个工步的变化。转移符号如图 5-11 所示,即用有向线段加一段横线表示。

微课
顺控状态转移图
绘制

转移需要满足转移条件,可以用文字或逻辑表达式把转移条件表示在转移符号旁。

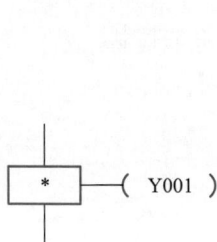

图 5-10　状态输出符号　　图 5-11　转移符号

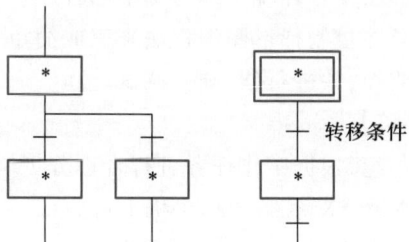

（4）顺序功能图的分类

根据生产工艺和系统复杂程序的不同，顺序功能图的基本结构可分为单序列、选择序列和并行序列 3 种基本序列，如图 5-12 所示。

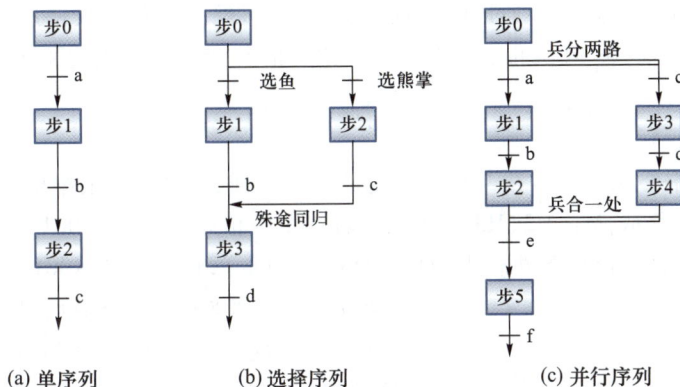

（a）单序列　　　（b）选择序列　　　（c）并行序列

图 5-12　顺序功能图的分类

5.2.2　使用启保停电路的顺序控制梯形图编程法

如图 5-13 所示，辅助继电器 M1、M2、M3 表示状态转移图中顺序相连的 3 个工步，X001 是 M2 之前的转化条件。当 M1 为活动步，即 M1 为 ON，转换条件 X001 满足时，X001 的动合触点就闭合。此时可以认为 M1 和 X001 的动合触点组成的串联电路作为转换实现的两个条件，使后续工步 M2 变为活动步，即 M2 为 ON，同时使 M1 变为不活动步，即 M1 为 OFF。

X002 是 M2 之后的转换条件，为了使工步 M2 为 ON 后能保持到转换条件 X002 满足，就必须有保持功能或有记忆功能的电路来控制代表工步的辅助继电器，启保停电路就是典型的有记忆功能的电路。

利用启保停电路的状态转移图画梯形图时，通常要从以下两方面考虑。

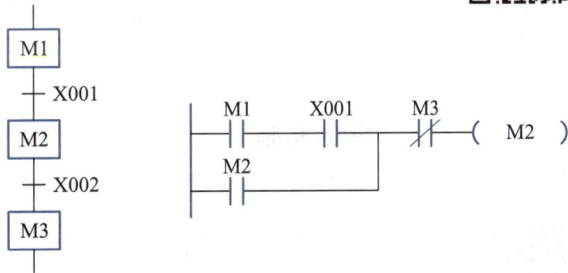

图 5-13　启保停电路编程

（1）工步的处理

在启保停电路中，用辅助继电器来代表工步，当某一工步为活动步时，对应的辅助继电器为"ON"状态。当某一转换实现时，这个转换的后续步变为活动步，前级步就变为不活动步。

在设计启保停电路时，关键是找出启动条件和停止条件。转换实现的条件是它的前级步为活动步，而且满足相应的转换条件。图 5-13 中，用 M1 和 X001 动合触点组成的串联电路，作为控制线圈 M2 的启动条件。当 M3 为活动步时，M2 应为不活动步，所以可以将 M3＝1 作为使 M2 变为 OFF 的条件，即用 M3 的动断触点和 M2 的线圈串联，作为启保停电路的停止条件。

（2）输出电路

如果某一输出量仅在某一步中为 ON 时，可以将它们的线圈分别和对应的辅助继

电器的动合触点串联,也可以将它们的线圈和对应的辅助继电器的线圈并联。

如果某一输出继电器在几步中都是 ON 时,应将各辅助继电器的动合触点并联后,驱动这个输出继电器的线圈。

提示
使用时注意输出线圈不要出现双线圈输出。

启保停电路编程是一种通用的编程方法,因为启保停电路仅仅使用与触点和线圈有关的指令,任何一种 PLC 的指令系统都有这类指令,所以它适用于任何型号的 PLC。

5.2.3　以转换为中心的顺序控制梯形图编程法

以转换为中心的编程方法与启保停电路编程一样,也是用辅助继电器 M 代表各工步。如图 5-14 所示,M1、M2、M3 表示状态转移图中相连的 3 步,X001、X002 分别是工步 M1 和 M2 之后的转移条件。当 M1 为 ON(活动步),转换条件 X001 也为 ON 时,可以认为 M1 和 X001 的动合触点组成的串联电路作为转换实现的两个条件,使后续工步 M2 变为 ON,同时使前级步 M1 变为 OFF(不活动步)。同样,当 M2 为 ON,转换条件 X002 也为 ON 时,可以认为 M1 和 X002 的动合触点组成的串联电路作为转换实现的两个条件,使后续工步 M3 变为 ON,同时使前级步 M2 变为 OFF。在梯形图中,用"SET"指令将转换的后续步置位为活动步,用"RST"指令使转换的前级步复位为不活动步。

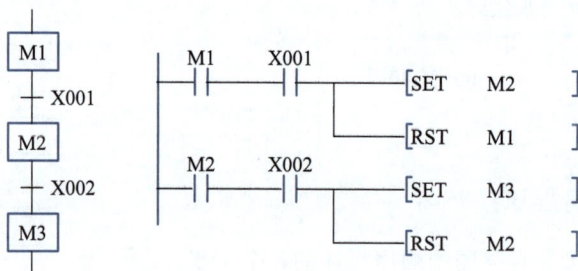

图 5-14　状态转换的编程方法

提示
输出电路处理与使用启保停电路的顺控梯形图编程法一样。

由图 5-14 可知,每一个转换对应一个置位和复位的电路块,有几个转换就对应几个这样的电路块,所以这种编写方法比较有规律,不容易出错,在设计较复杂的状态转移图和梯形图时非常有用。

微课
以转换为中心设计法

任务实施

5.2.4　I/O 分配

具有暂停及倒计秒功能的交通信号灯控制系统 I/O 分配表见表 5-5。

表 5-5　具有暂停及倒计秒功能的交通信号灯控制系统 I/O 分配表

输入			输出		
名称	符号	输入点	名称	符号	输出点
启动按钮	SB1	X000	东西向绿灯	HL1	Y000
停止按钮	SB2	X001	东西向黄灯	HL2	Y001
暂停按钮	SB4	X003	东西向红灯	HL3	Y002
			南北向绿灯	HL4	Y003
			南北向黄灯	HL5	Y004
			南北向红灯	HL6	Y005

5.2.5　外部接线

具有暂停及倒计秒功能的交通信号灯控制系统的 PLC 外部接线图如图 5-15 所示。

5.2.6　控制程序编写

（1）单序列顺序控制梯形图编程

顺序控制梯形图编程法分析：根据上一个任务分析的时序图，将系统分成不同的时间段，分成不同的工步，流程图如图 5-16 所示。工序分析见表 5-6。

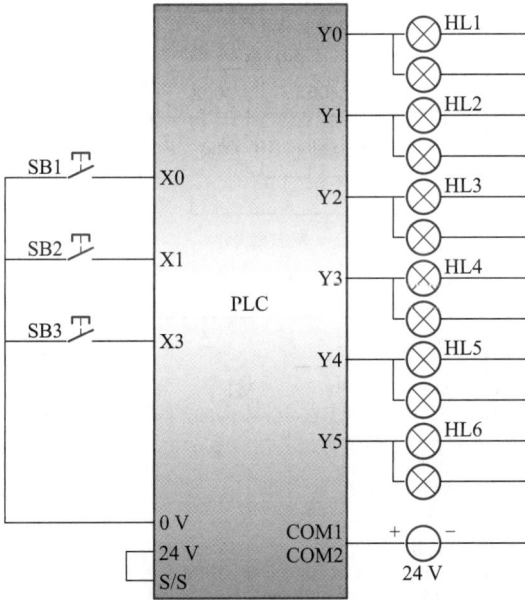

图 5-15　PLC 外部接线图

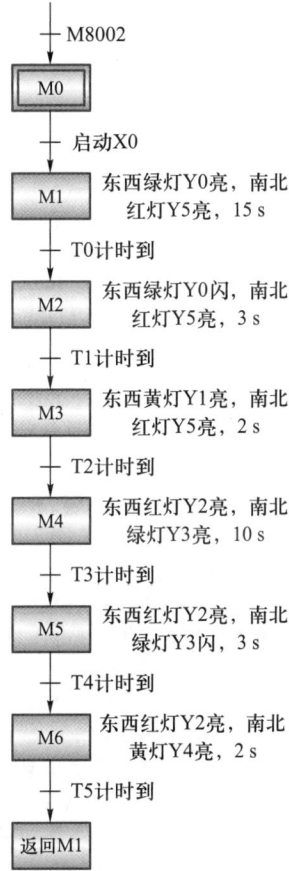

图 5-16　流程图

源程序
交通灯顺序控制编程——启保停（单序列）

源程序
交通灯顺序控制编程——以转换为中心（单序列）

表 5-6　交通信号灯控制系统单序列的工序分析

状态		初始状态 M0	M1	M2	M3	M4	M5	M6
东西方向	信号灯	所有灯全灭	绿灯 Y000 亮	绿灯 Y000 闪	黄灯 Y001 亮	红灯 Y002 亮		
	时间		15 s	3 s	2 s	15 s		
南北方向	信号灯		红灯 Y005 亮			绿灯 Y003 亮	绿灯 Y003 闪	黄灯 Y004 亮
	时间		20 s			10 s	3 s	2 s

根据顺控流程用启保停方法编写状态转移控制程序,如图5-17所示。停止、输出控制及暂停功能程序如图5-18所示。程序中,暂停按钮X3控制M10的通断。当M10得电,阻断状态从M1跳转到M2,即可延长两个方向上的绿灯时间。D100为南北向红灯倒计秒寄存器,D102为东西向红灯倒计秒寄存器。定时器T10、T12为秒脉冲信号,作为绿灯闪烁控制信号,比采用特殊功能辅助继电器M8013效果更好。

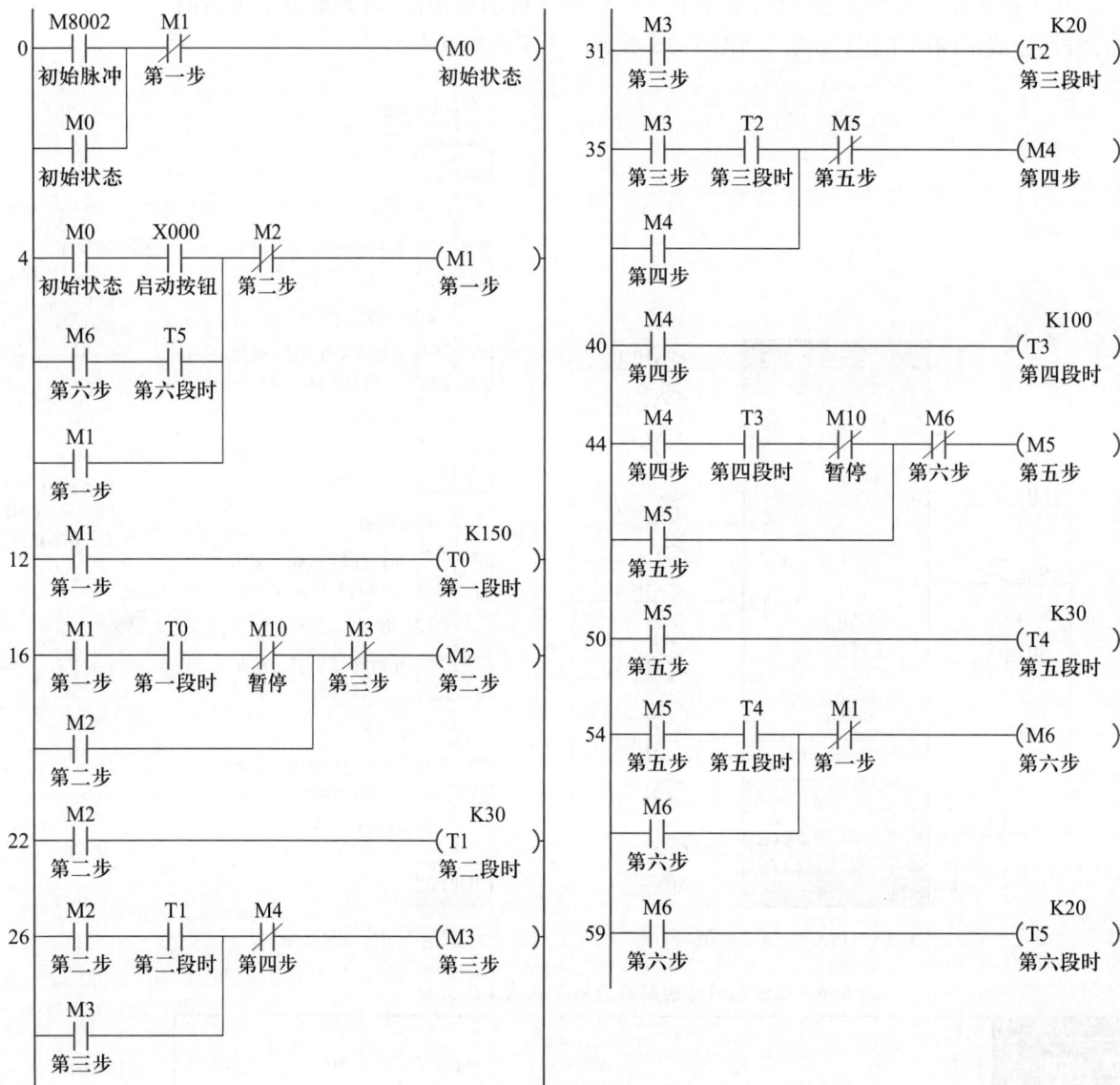

图5-17　状态转移控制程序

（2）并行序列顺序控制梯形图编程

顺序控制梯形图编程法分析:根据上一个分东西与南北两个方向任务分析的时序图,将系统工序分成东西与南北两个方向。工序分析见表5-7,顺序控制流程图如图5-19所示。顺序控制梯形图程序参考程序源进行编写。

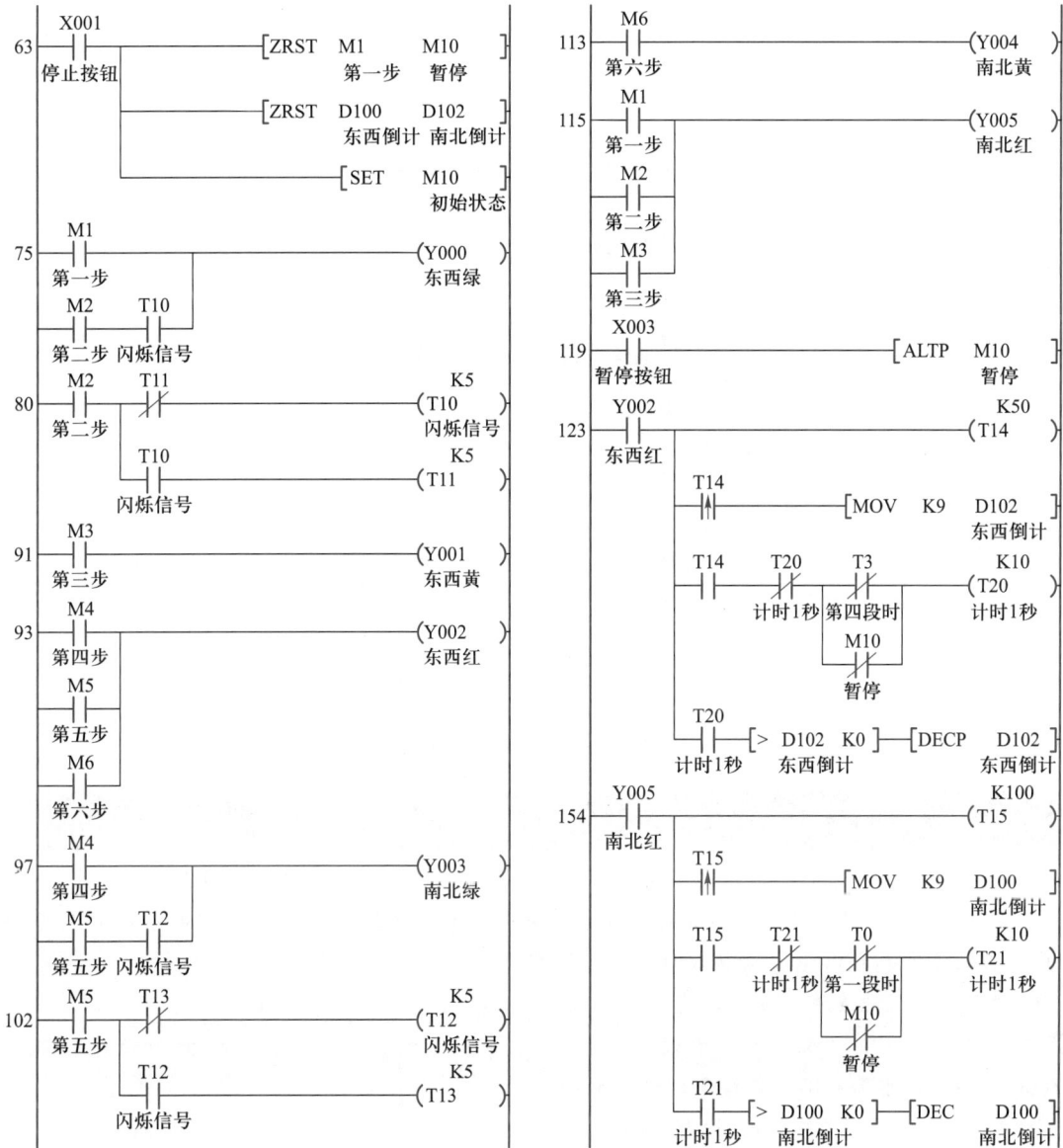

图 5-18　停止、输出控制及暂停功能程序

表 5-7　交通信号灯控制系统并行序列的工序分析

状态		初始状态 M0	M1	M2	M3	M4		
东西方向	信号灯	所有灯全灭	绿灯 Y000 亮	绿灯 Y000 闪	黄灯 Y001 亮	红灯 Y002 亮		
	时间		15 s	3 s	2 s	15 s		
状态			M10		M11	M12	M13	
南北方向	信号灯		红灯 Y005 亮		绿灯 Y003 亮	绿灯 Y003 闪	黄灯 Y004 亮	
	时间		20 s		10 s	3 s	2 s	

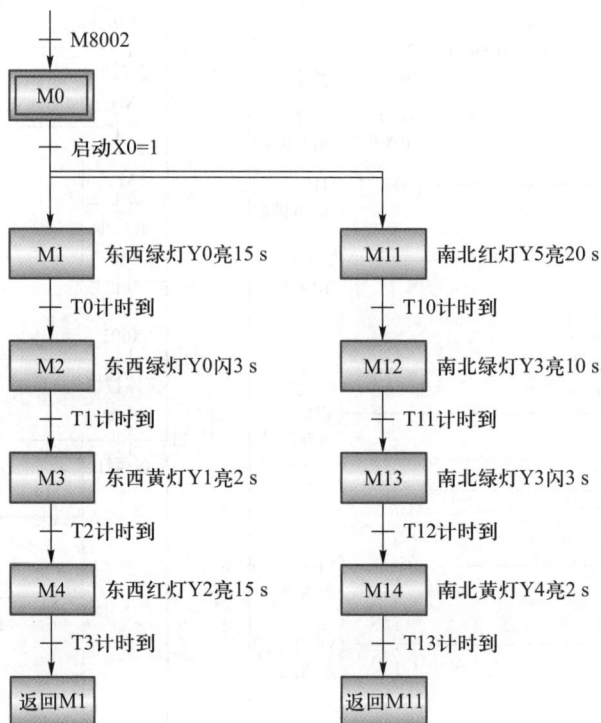

图 5-19　并行序列顺序控制流程图

源程序
交通信号灯顺序控
制编程——以转换
为中心（并行序列）

思考与练习

1. 按下启动按钮 X000，某加热炉送料系统控制 Y000～Y003，依次完成开炉门、推料、推料机返回和关炉门几个动作。X001～X004 分别是各动作结束的限位开关。画出控制系统的顺序功能图，并用启保停方式和以转换为中心两种方法编程。

2. 洗手间小便池在有人使用时光电开关使 X000 为 ON，冲水控制系统在使用者使用 3 s 后令 Y000 为 ON，冲水 2 s，使用者离开后冲水 3 s，用启保停方式和以转换为中心两种方法编程。

3. 某自动门控制系统的工作示意图如图 5-20 所示。

当传感器检测到有人接近自动门时，传感器检测信号 X000 为 ON，Y000 驱动电动机快速开门，碰到开门减速开关 X001 为 ON 时变为慢速开门，Y001 为 ON，碰到开门极限开关 X002 为 ON 时电动机停转，并延时 5 s。如果 5 s 后，

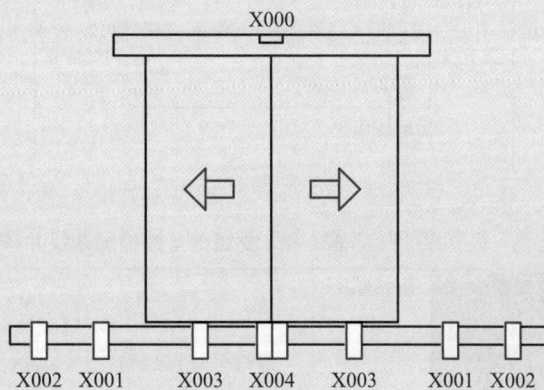

图 5-20　自动门控制系统的工作示意图

传感器检测到无人，Y002 为 ON，启动电动机快速关门，碰到关门减速开关 X003 为 ON 时改为慢速关门，Y003 为 ON，碰到关门极限开关 X4 时电动机停转。在关门期间，如果传感器检测到有人时，马上停止关门，并延时 0.5 s 后自动转换为快速开门。设计自动门控制系统的状态转移图。

4. 设计一个控制洗衣机清洗的程序。

（1）功能要求

① 按下启动按钮 SB1 后，控制洗衣机清洗的电动机先正转 3 s，停 3 s。

② 然后电动机变为反转 3 s，停 3 s。

③ 重复 5 次，自动停止清洗。

（2）I/O 分配

I/O 分配表见表 5-8。

表 5-8　控制洗衣机清洗的 I/O 分配表

输入			输出		
名称	符号	输入点	名称	符号	输出点
启动按钮	SB1	X001	正转接触器	KM1	Y001
			反转接触器	KM2	Y002

5. 自动送料装车系统的控制。

（1）初始状态，红灯 L2 灭，绿灯 L1 亮，表示允许汽车进来装料。料斗 K2，电动机 M1、M2、M3 皆为 OFF。当汽车到来时（用 S2 开关接通表示），L2 亮，L1 灭，M3 运行，电动机 M2 在 M3 接通 2 s 后运行，电动机 M1 在 M2 启动 2 s 后运行，延时 2 s 后，料斗 K2 打开出料。当汽车装满后，（用 S2 断开表示），料斗 K2 关闭，电动机 M1 延时 2 s 后停止，M2 在 M1 停 2 s 后停止，M3 在 M2 停 2 s 后停止。L1 亮，L2 灭，表示汽车可以开走。

（2）S1 是料斗中料位检测开关，其闭合表示料满，K2 可以打开，S1 分断时，表示料斗内未满，K1 打开，K2 不打开。

自动送料装车系统模拟图如图 5-21 所示。自动送料装车系统 I/O 分配表见表 5-9。用启保停和以转换为中心两种方法编程。

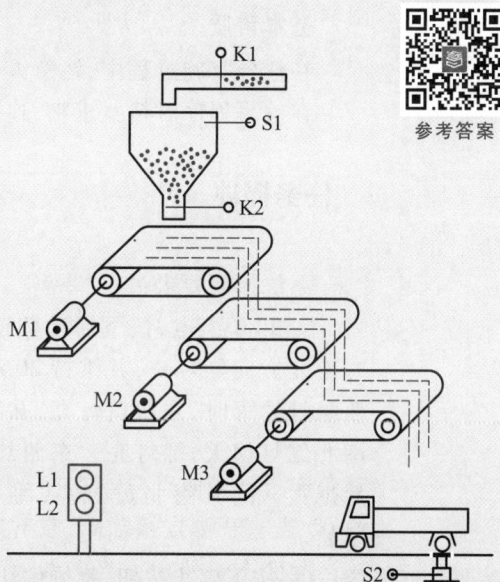

参考答案

图 5-21　自动送料装车系统模拟图

表 5-9　自动送料装车系统 I/O 分配表

输入			输出		
名称	符号	输入点	名称	符号	输出点
料位检测	S1	X000	料斗进料	K1	Y000
汽车到/装满	S2	X001	料斗放料	K2	Y001
			电动机	M1	Y002
			电动机	M2	Y003
			电动机	M3	Y004
			绿灯	L1	Y005
			红灯	L2	Y006

任务 5.3   设计黑夜白天交替工作交通信号灯

本任务为设计黑夜白天交替工作交通灯控制,运用 SFC 图编写 PLC 程序,并进行硬件接线和调试。

【重点知识与关键能力】

重点知识

SFC 流程图编程方法应用。

关键能力

会用 SFC 流程图编程方法,完成交通信号灯的控制。

基本素质

在任务实施过程中,注意人身安全和设备安全。

在编写程序时精益求精,追求更优、更快、更可靠。

任务描述

系统控制要求:

① PLC 上电,按下启动按钮,正常工作状态。东西方向绿灯亮,并维持 15 s,同时南北方向红灯亮,并维持 20 s。等 15 s 到后,东西绿灯闪亮,闪亮 3 s 后熄灭,在东西绿灯熄灭时,东西黄灯亮,并维持 2 s。到 2 s 时东西黄灯熄灭,东西红灯亮,同时,南北红灯熄灭,绿灯亮。东西红灯亮,维持 15 s,南北绿灯亮维持 10 s,然后闪亮 3 s 后熄灭。同时南北黄灯亮,维持 2 s 后熄灭,这时南北红灯亮,东西绿灯亮,周而复始。

② 按下停止按钮,系统停止,所有的灯全部熄灭。

③ 按下夜间行驶按钮,系统东、南、西、北 4 个黄灯全部闪亮,其余灯全部熄灭,黄灯闪亮按亮 0.4 s、暗 0.6 s 的规律反复循环。

【任务要求】

● 在 SFC 编程环境下编写 SFC 程序。

● 应用 SFC 编程设计方式来完成简单交通信号灯的控制。

● 在线监控,软、硬件调试。

【任务环境】

● 两人一组,根据工作任务进行合理分工。

● 每组配套 FX 系列 PLC 主机 1 台。

● 每组配套十字路口交通信号灯控制模块。

● 每组配套若干导线、工具等。

相关知识

5.3.1　SFC 编程法

在 FX 系列 PLC 中,可以使用 SFC 图实现顺序控制。在 SFC 程序中可以用便于理解的方式表现基于机械动作的各工序的作用和整个控制流程,顺序控制的设计也变得简单。

1. SFC 编程法的步骤

(1) 分析流程,确定程序流程结构

程序流程结构可分为单序列结构、选择结构和并行结构,也可以是这 3 种结构的组合。采用 SFC 编程时,第一步要确定是哪一种流程结构。例如,单个对象连续通过前后顺序步骤完成操作,一般是单序列结构;有多个产品加工选项,各选项参数不同,且不能同时加工的,则应确定为选择结构;多个机械装置联合运行却又相对独立的,则为并行结构。

(2) 确定工序步和对应转换条件,得出流程草图

确定了流程结构后,分析系统控制要求确定工序步和转换条件。根据系统控制流程画出流程的草图。

(3) 在 GX Works2 编程软件中选择 SFC 语言编程

在 GX Works2 编程软件中新建工程,有两种编程语言:梯形图语言和 SFC 语言。梯形图语言可以编写任意梯形图程序;SFC 语言有自己的编程界面和编程规则,一个完整的 SFC 程序一般包含两个程序块。一个是初始梯形图块,用于使初始状态置位为 ON 的程序。这个程序块必须有且必须置于 SFC 程序块前,使用 PLC 从 STOP 切换到 RUN 时瞬间动作的特殊辅助继电器 M8002。在这个程序块中也可加入一些处理通用功能的梯形图程序。一个是 SFC 块,在 SFC 编程界面,依据流程图搭建 SFC 状态转移图。

一个完整的 SFC 程序如图 5-22 所示。

(4) 编写转换条件内置梯形图和状态内置梯形图

在搭建的 SFC 顺序功能图中,根据系统控制要求,编写转换条件内置梯形图和状态内置梯形图,在 SFC 编程界面中选择转换条件或状态,即可调出相应的内置梯形图编程界面。注意,在编写完内置梯形图程序后,应"转换"后才可以再编写下一个内置梯形图程序。

2. SFC 的状态继电器 S

状态继电器是构成 SFC 状态转移图的重要器件。FX3U 系列 PLC 中状态继电器 S 的地址号和点数见表 5-10。

3. SFC 编程常用的特殊辅助继电器

为了能够更有效地编制 SFC 程序,常需要使用特殊辅助继电器,主要内容见表 5-11。

对于不属于SFC的回路，则使用继电器梯形图写入梯形图块

| 梯形图块 |⊢ M8002 ⊣| SET | S0 | 用于使初始状态置ON程序

将SFC程序写入SFC块

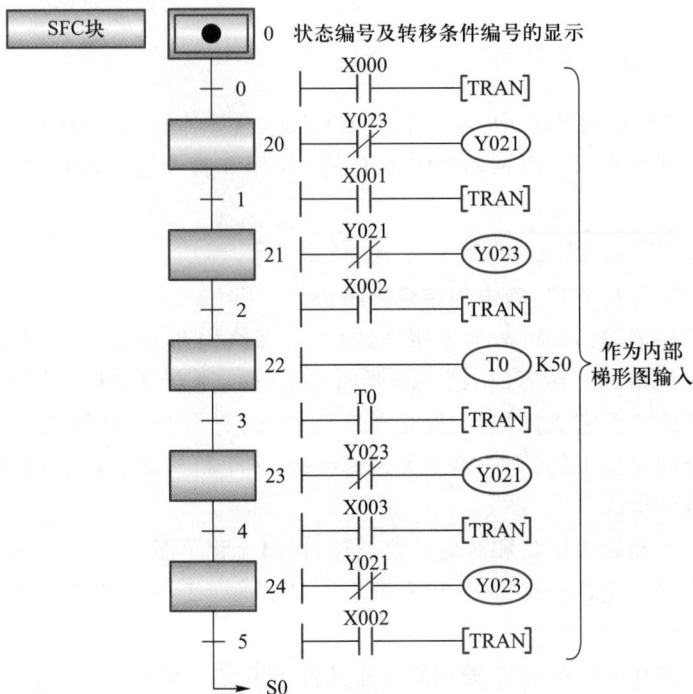

| SFC块 | ⬤ 0 状态编号及转移条件编号的显示

```
          0 ⊣ X000 ⊢——————[TRAN]
       ┌──────┐
       │  20  │   ⊣/ Y023 ——————( Y021 )
       └──────┘
          1 ⊣ X001 ⊢——————[TRAN]
       ┌──────┐
       │  21  │   ⊣/ Y021 ——————( Y023 )
       └──────┘
          2 ⊣ X002 ⊢——————[TRAN]
       ┌──────┐
       │  22  │   ——————( T0 )K50
       └──────┘
          3 ⊣ T0 ⊢——————[TRAN]
       ┌──────┐
       │  23  │   ⊣/ Y023 ——————( Y021 )
       └──────┘
          4 ⊣ X003 ⊢——————[TRAN]
       ┌──────┐
       │  24  │   ⊣/ Y021 ——————( Y023 )
       └──────┘
          5 ⊣ X002 ⊢——————[TRAN]
     └──→ S0
```

作为内部梯形图输入

图 5-22 一个完整的 SFC 程序

表 5-10 FX3U 系列 PLC 中状态继电器 S 的地址号和点数

类型	地址号	点数
初始状态器	S0 ~ S9	10
回零状态器	S10 ~ S19	10
通用状态器	S20 ~ S499	480
停电保持状态器	S500 ~ S899	400
信号报警用状态器	S900 ~ S999	100
停电保持专用状态器	S1000 ~ S4095	3 096

表 5-11 SFC 编程常用的特殊辅助继电器

软元件号	名称	功能
M8000	RUN 监视	可编程控制器在运行过程中,需要一直接通的继电器。可作为驱动的程序的输入条件或作为可编程控制器运行状态的显示来使用
M8002	初始脉冲	在可编程控制器由 STOP→RUN 时,仅在瞬间(一个扫描周期)接通的继电器,用于程序的初始设定或初始状态的复位
M8040	禁止转移	驱动这个继电器,则禁止在所有状态之间转移。然而,即使在禁止状态转移下,因为状态内的程序仍然动作,所以输出线圈等不会自动断开

续表

软元件号	名称	功能
M8046	STL 动作	任意一个状态接通时,M8046 自动接通,用于避免与其他流程同时启动或用作工序的动作标志
M8047	STL 监视有效	驱动这个继电器,则编程功能可自动读出正在动作中的状态并加以显示,详细事项参考各外围设备的手册

4. 可在状态内处理的逻辑指令

在编写状态内置梯形图程序中,有些指令是不可以使用的。指令可使用或不可使用的情况见表 5-12。

表 5-12　**FX3U 系列 PLC 内置梯形图程序中指令可使用或不可使用的情况**

状态		指令		
		LD/LDI/LDP/LDF,AND/ANI/ANDP/ANDF,OR/ORI/ORP/ORF,INV,OUT,SET/RST,PLS/PLF	ANB/ORB MPS/MRD/MPP	MC/MCR
初始状态/一般状态		可使用	可使用	不可使用
分支,汇合状态	输出处理	可使用	可使用	不可使用
	转移处理	可使用	不可使用	不可使用

5.3.2　GX Works2 编程软件中 SFC 流程图的编写

启动 GX Works2 编程软件,新建工程,在"新建工程"对话框的"程序语言"中选择 SFC,如图 5-23 所示。

单击"确定"按钮,系统弹出"块信息设置"对话框。在"标题"文本框中可以填入相应的块标题(也可以不填),0 号块一般作为初始程序块,所以选择块类型为"梯形图块",单击"执行"按钮,如图 5-24 所示。

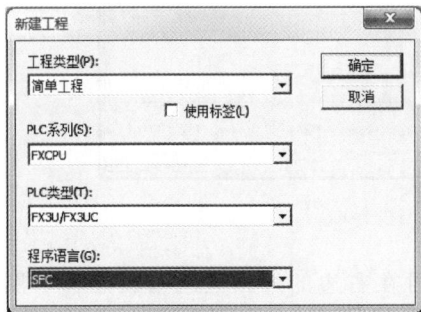

教学视频
SFC 编程过程

延伸阅读
GX Works2 编程软件中 SFC 流程图的编写

图 5-23　"新建工程"对话框　　　　图 5-24　"块信息设置"对话框

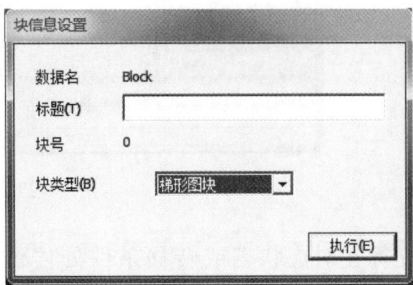

系统弹出梯形图编辑窗口。在右边梯形图编辑窗口中输入启动初始状态的梯形图,输入完成后进行梯形图的变换。

编辑好 0 号块的初始梯形图程序后,编辑 1 号块 SFC 程序,右击工程数据列表窗口中的"程序"命令,在弹出的右键菜单中选择"MAIN→新建数据"命令,系统弹出"新建数据"对话框,如图 5-25 所示。

单击"确定"按钮,系统弹出"块信息设置"对话框。在"块类型"中选择"SFC 块",如图 5-26 所示。

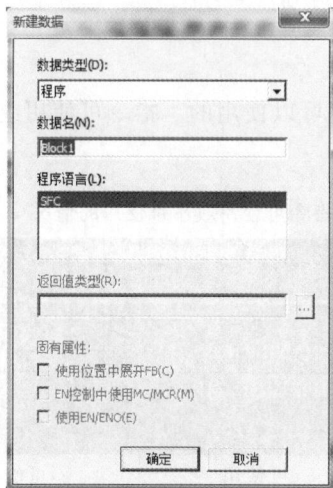

图 5-25　"新建数据"对话框　　　　　图 5-26　选择"SFC 块"

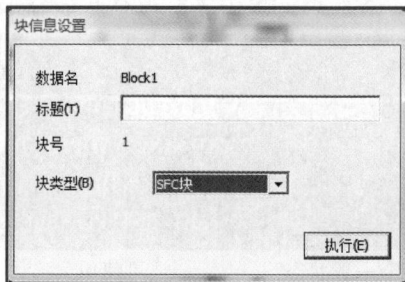

单击"执行"按钮,进入 1 号块 SFC 编程界面,如图 5-27 所示。

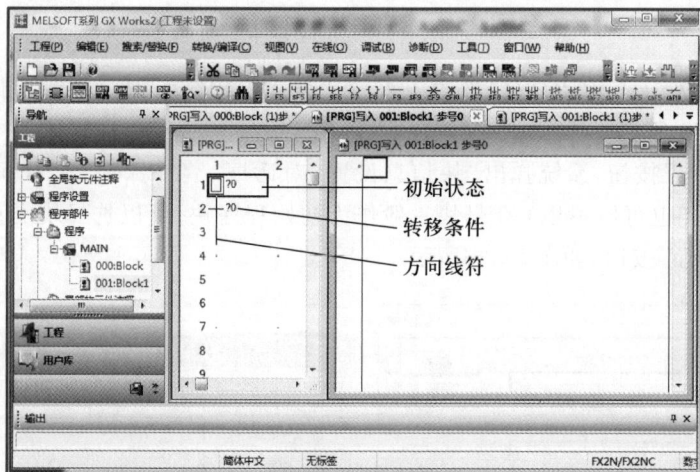

图 5-27　SFC 编程界面

光标在对应状态或转移条件处停留,即可在右边的编辑区编写状态梯形图。在 SFC 程序中,每一个状态或转移条件都以 SFC 符号的形式出现在程序中,每一种 SFC 符号都对应有图标和图标号。

对编好的程序可以在线调试,也可以离线仿真调试。

5.3.3　步进指令梯形图编程法

PLC 有专门用于编制顺序控制程序的步进指令梯形图编程。步进状态转移图与梯形图的转换,需要有步进指令和状态继电器 S。

STL 和 RET 是一对步进指令。STL 是步进开始指令,后面的操作元件只能是状态组件 S,在梯形图中直接与母线相连,表示每一步的开始。RET 是步进结束指令,后面没有操作数,是指状态流程结束,用于返回主程序(母线)。步进指令说明见表 5–13。

表 5–13　步进指令说明

符号	名称	梯形图表示及操作元件	程序步
STL	步进开始	STL　对象软件S	1
RET	步进结束	RET	1

STL 只能与状态组件 S 配合时才具有步进功能。步进梯形图与 SFC 程序互换如图 5–28 所示。

从图 5–28 中可以看出状态转移图与梯形图之间的关系。在梯形图中引入步进接点和步进返回指令后,就可以从状态转移图转换成相应的步进梯形图或指令表。状态组件代表状态转移图各步,每一步都具有 3 种功能:负载的驱动处理、指定转换条件和指定转换目标。

STL 指令的执行过程:当步 S20 为活动步时,S20 的 STL 触点接通,负载 Y021 有输出。如果转换条件 X001 满足,后续步 S21 被置位变成活动步,同时前级步 S20 自动断开变成不活动步,输出 Y021 断开。

STL 指令的使用特点如下。

① 使用 STL 指令使新的状态置位,前一状态自动复位。当 STL 触点接通后,与此相连的电路被执行;当 STL 触点断开时,与此相连的电路停止执行。如果要保持普通线圈的输出,可使用具有自保持功能的 SET 和 RST 指令。

② STL 触点与左母线相连,与 STL 触点右侧相连的触点要使用 LD、LDI 指令。也就是说,步进指令 STL 有建立子母线的功能,当某个状态被激活时,步进梯形图上的母线就移到子母线上,所有操作都在子母线上进行。

③ 使用 RET 指令使 LD、LDI 点返回左母线。

④ 同一状态组件的 STL 触点只能使用一次(单流程状态转移)。

⑤ 梯形图中同一元件的线圈可以被不同的 STL 触点驱动,也就是说使用 STL 指令时允许双线圈输出。

⑥ STL 触点可以直接驱动或通过别的触点驱动 Y、M、S、T 等元件的线圈和功能指令。

⑦ STL 指令后不能直接使用入栈(MPS)指令。在 STL 和 RET 指令之间不能使用 MC、MCR 指令。

教学视频
SFC 程序转换为步进梯形图

微课
顺序控制编程——步进指令梯形图编程

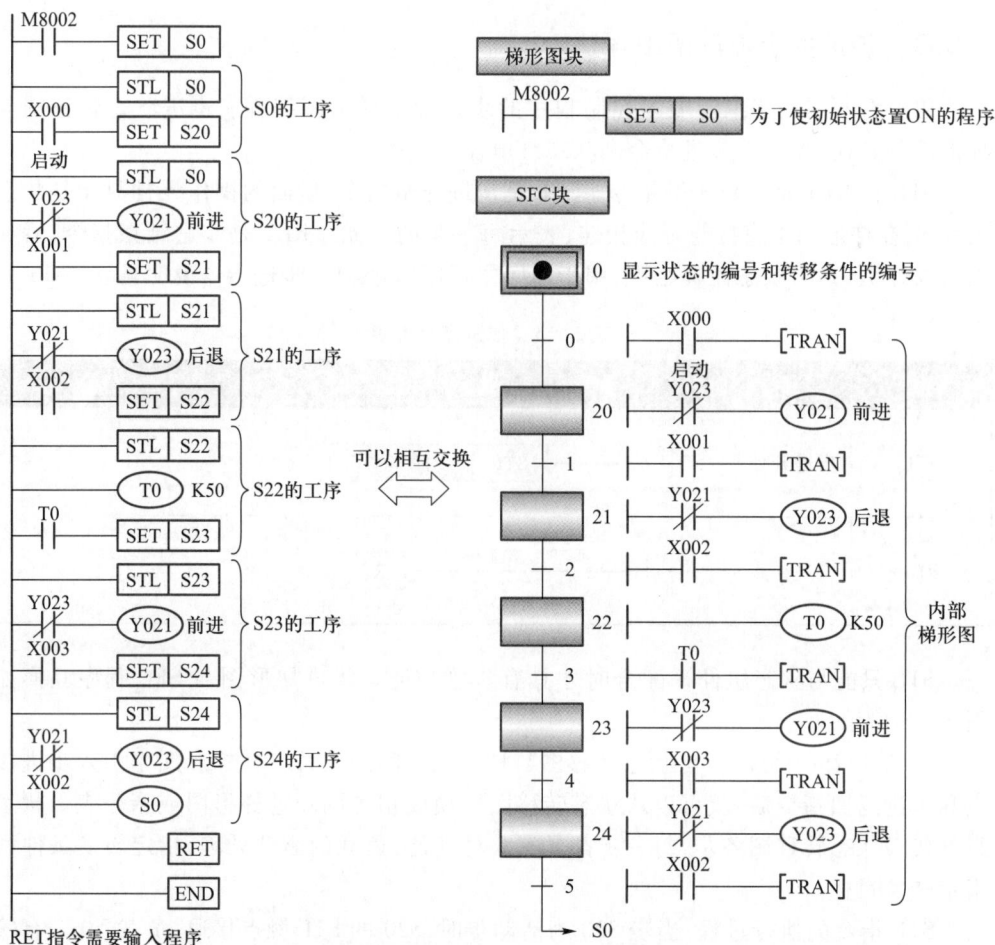

图 5-28　步进梯形图与 SFC 程序互换

⑧ STL 指令仅对状态组件有效,当状态组件不作为 STL 指令的目标元件时,就具有一般辅助继电器的功能。

⑨ 在中断程序与子程序内,不能使用 STL 指令。

⑩ 在 STL 指令内不禁止使用跳转指令,但其动作复杂,建议不要使用。

5.3.4　GX Works2 编程软件中 SFC 流程图与步进梯形图的转换

GX Works2 编程软件中 SFC 流程图与步进梯形图可以转换。在编写完 SFC 流程图后,将程序全部转换,然后选择"工程→工程类型更改"菜单命令,出现如图 5-29 所示对话框。单击"确定"按钮,可以更改程序语言类型,实现转换。

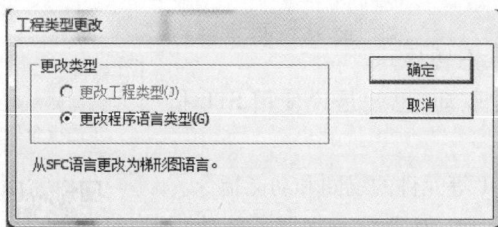

图 5-29　"工程类型更改"对话框

5.3.5　各种编程方式的比较

1. 编程方式通用性的比较

启保停编程方式仅使用触点和线圈,以转换为中

心的编程方式使用置位和复位指令,各种型号的 PLC 的指令系统都有与触点和线圈有关的指令;所以这两种编程方式的通用性最强,可以用于任意一种型号的 PLC。

SFC 编程,是一类专门为顺序控制设计的编程方式,只能用于 PLC 厂家的某些产品。

2. 电路结构及其他方面的比较

在启保停编程方式中,以表示步的编程元件为中心,用一个电路来实现对这些编程元件的置位和复位。

以转换为中心的编程方式充分体现了转换实现的基本规则,无论是对单序列、选择序列还是并行序列,控制代表步的辅助继电器的置位、复位电路的设计方法都是相同的。这种编程方式的思路很清楚,容易理解和掌握,用它设计复杂系统的梯形图程序特别方便。

SFC 编程方式就是根据机械的动作流程设计顺控的方式,能够非常直观地了解顺序控制的流程,即使对第三方人员也能轻易传达机械的动作,所以能够编制出便于维护以及应对规格变更和故障发生的更有效的程序。

任务实施

5.3.6　I/O 分配

黑夜白天交替工作交通信号灯控制 I/O 分配表见表 5-14。

表 5-14　黑夜白天交替工作交通信号灯控制 I/O 分配表

输入			输出		
名称	符号	输入点	名称	符号	输出点
启动按钮	SB1	X000	东西向绿灯	HL1	Y000
夜间行驶按钮	SB2	X001	东西向黄灯	HL2	Y001
停止按钮	SB3	X002	东西向红灯	HL3	Y002
			南北向绿灯	HL4	Y003
			南北向黄灯	HL5	Y004
			南北向红灯	HL6	Y005

5.3.7　外部接线

黑夜白天交替工作交通信号灯控制的 PLC 外部接线图同图 5-15。

5.3.8　控制程序编写

1. 单序列 SFC 编程

单序列 SFC 编程分析:根据任务分析控制系统的状态图,将系统不分方向根据时

间的顺序分析工步,见表 5-15。SFC 编程初始程序块内置梯形图如图 5-30 所示,SFC
流程图及内置梯形图如图 5-31 所示。

表 5-15　黑夜白天交替工作交通信号灯控制单序列工序分析

状态		初始状态 S0	S20	S21	S22	S23	S24	S25
东西方向	信号灯	所有灯全灭	绿灯 Y000 亮	绿灯 Y000 闪	黄灯 Y001 亮	红灯 Y002 亮		
	时间		15 s	3 s	2 s	15 s		
南北方向	信号灯		红灯 Y005 亮			绿灯 Y003 亮	绿灯 Y003 闪	黄灯 Y004 亮
	时间		20 s			10 s	3 s	2 s

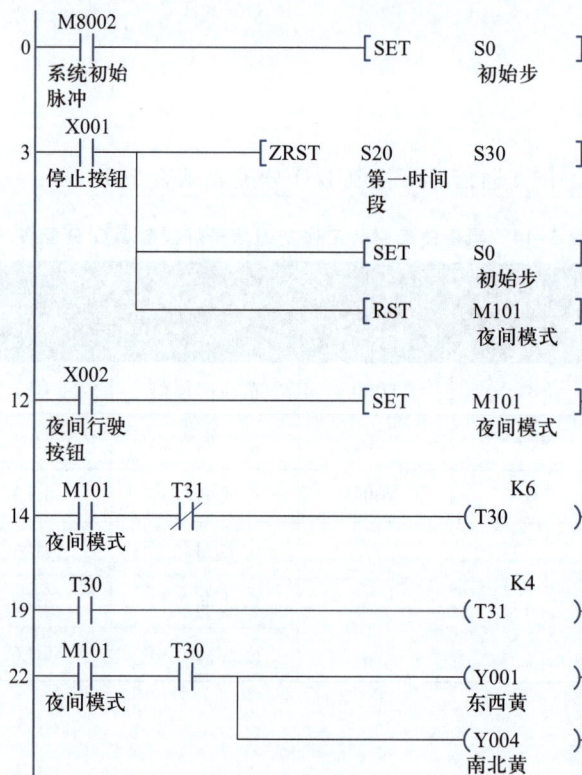

图 5-30　黑夜白天交替工作交通信号灯单序列 SFC 编程初始程序块内置梯形图

SFC 程序转换为步进梯形图程序如图 5-32 所示。

2. 并行序列 SFC 编程

SFC 并行编程思路:根据任务分析控制系统的状态图,将系统分成东西和南北两

个方向来分析工步。黑夜白天交替工作交通信号灯并行序列的控制工序分析见表5-16。

源程序
交通灯控制系统
——SFC 编程（单序列）

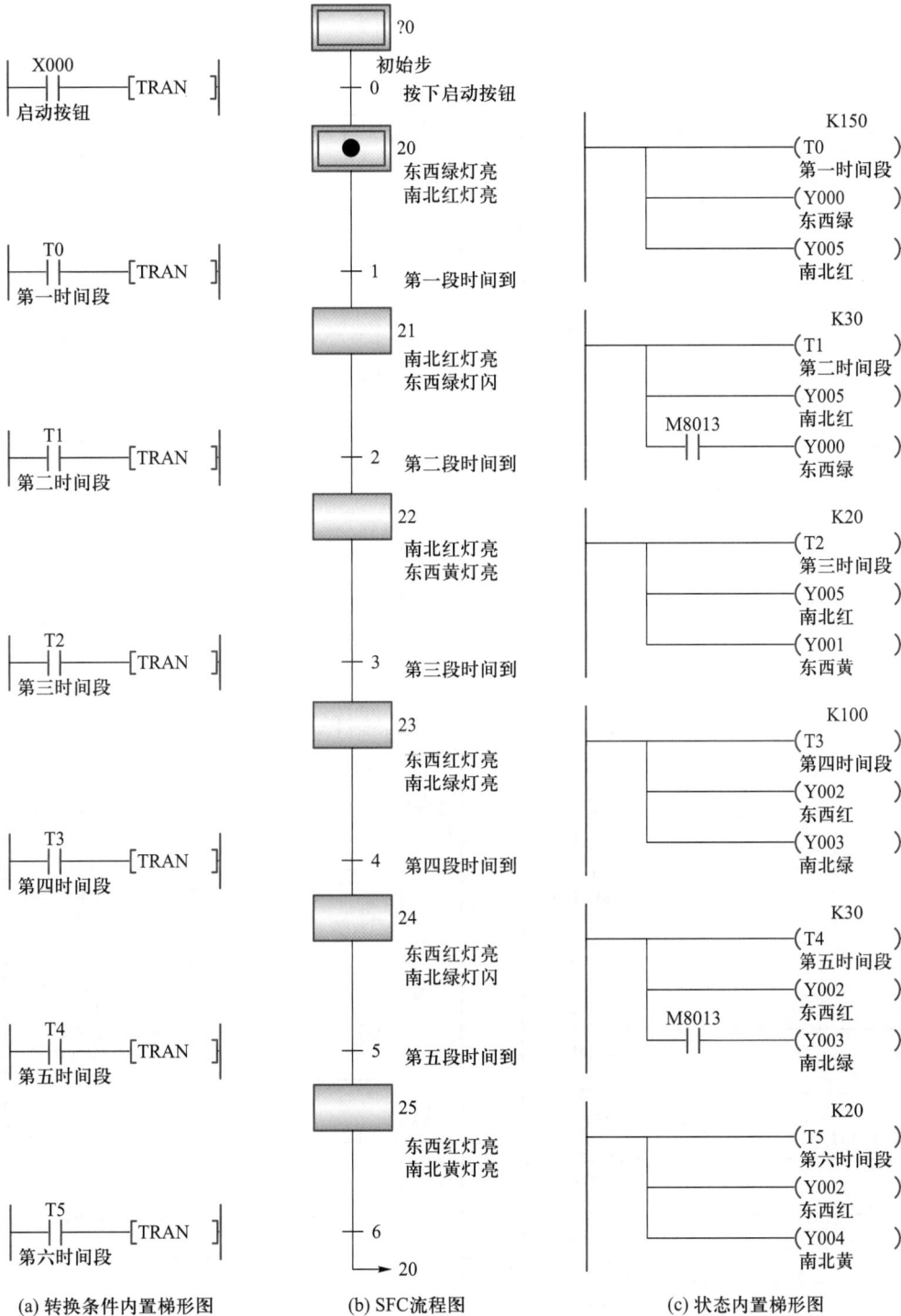

图 5-31　黑夜白天交替工作交通信号灯单序列 SFC 流程图及内置梯形图

(a) 转换条件内置梯形图　　　(b) SFC流程图　　　(c) 状态内置梯形图

```
0    M8002                              ─[SET   S0
     系统初始                                   初始步
     脉冲

3    X001                     ─[ZRST  S20    S30
     停止按钮                          第一时间
                              ─[SET   S0
                                      初始步
                              ─[RST   M101
                                      夜间模式

12   X002                     ─[SET   M101
     夜间行驶                          夜间模式
     按钮

14   M101      T31                            (T30 )  K6
     夜间模式                                  第一时间

19   T30                                      (T31 )  K4

23   M101      T30                            (Y001)
     夜间模式                                  东西黄
                                              (Y004)
                                              南北黄

27                            ─[STL   S0
                                      初始步

28   X000                     ─[SET   S20
     启动按钮                          第一时间
                                      段

31                            ─[STL   S20
                                      第一时间
                                      段

32                                            (T0  )  K150
                                              第一时间
                                              段
                                              (Y000)
                                              东西绿
                                              (Y005)
                                              南北红

37   T0                       ─[SET   S21
     第一时间                          第二时间
     段                                段

40                            ─[STL   S21
                                      第二时间
                                      段

41                                            (T1  )  K30
                                              第二时间
                                              段
                                              (Y005)
                                              南北红
          M8013                               (Y000)
                                              东西绿

47   T1                       ─[SET   S22
     第二时间                          第三时间
     段                                段

50                            ─[STL   S22
                                      第三时间
                                      段

51                                            (T2  )  K20
                                              第三时间
                                              段
                                              (Y005)
                                              南北红
                                              (Y001)
                                              东西黄

56   T2                       ─[SET   S23
     第三时间                          第四时间
     段                                段

59                            ─[STL   S23
                                      第四时间
                                      段

60                                            (T3  )  K100
                                              第四时间
                                              段
                                              (Y002)
                                              东西红
                                              (Y003)
                                              南北绿

65   T3                       ─[SET   S24
     第四时间                          第五时间
     段                                段

68                            ─[STL   S24
                                      第五时间
                                      段

69                                            (T4  )  K30
                                              第五时间
                                              段
                                              (Y002)
                                              东西红
          M8013                               (Y003)
                                              南北绿

75   T4                       ─[SET   S25
     第五时间                          第六时间
     段                                段

78                            ─[STL   S25
                                      第六时间
                                      段

79                                            (T5  )  K20
                                              第六时间
                                              段
                                              (Y002)
                                              东西红
                                              (Y004)
                                              南北黄

84   T5                                       (S20 )
     第六时间                                  第一时间
     段                                        段

87                            ─[RET

88                            ─[END
```

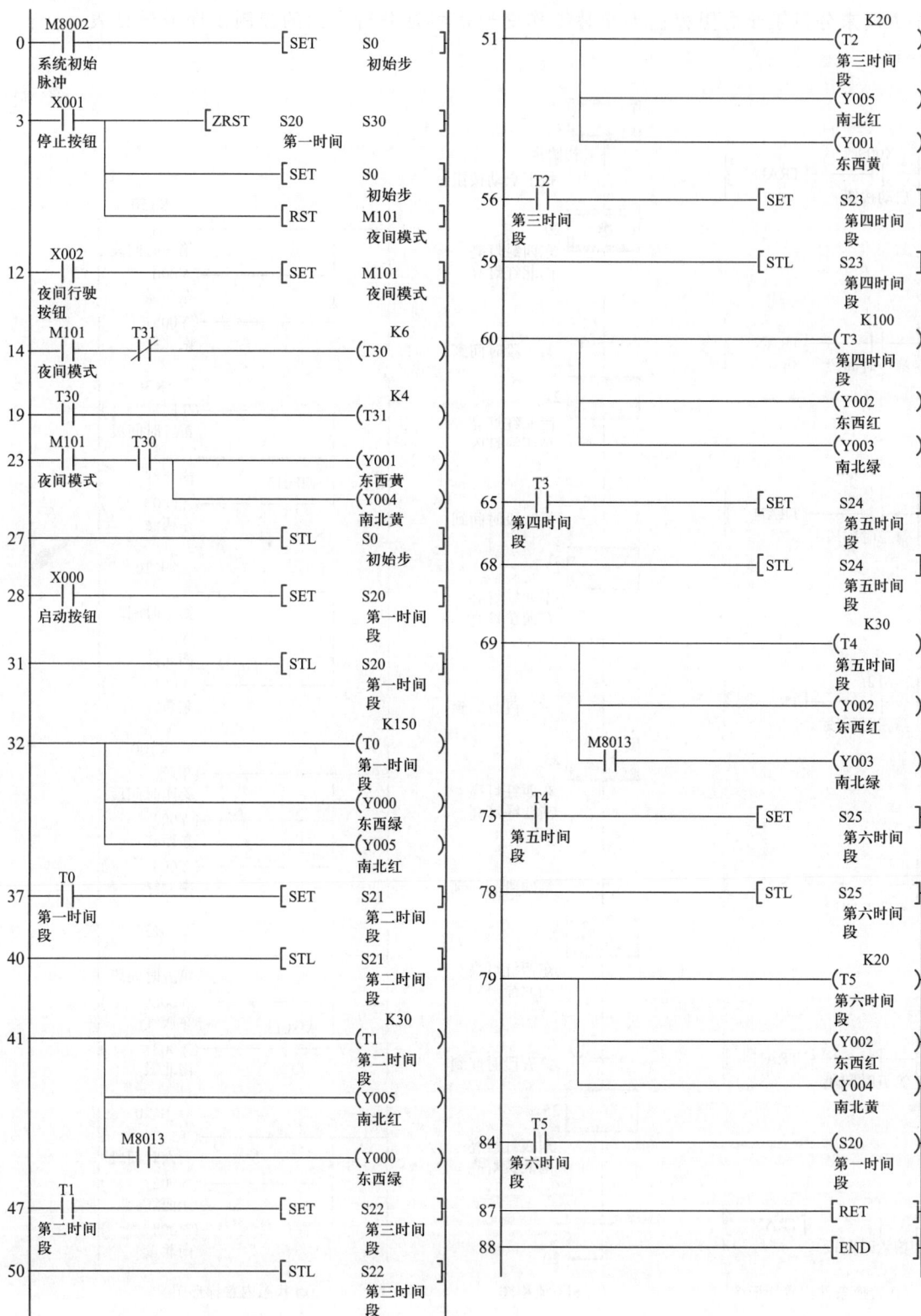

图 5-32　黑夜白天交替工作交通信号灯单序列步进梯形图程序

表 5-16　黑夜白天交替工作交通信号灯并行序列的控制工序分析

状态	初始状态 S0	S20	S21	S22	S23		
东西方向	信号灯	所有灯全灭	绿灯 Y000 亮	绿灯 Y000 闪	黄灯 Y001 亮	红灯 Y002 亮		
	时间		15 s	3 s	2 s	15 s		
状态			S30	S31	S32	S33	
南北方向	信号灯		红灯 Y005 亮	绿灯 Y003 亮	绿灯 Y003 闪	黄灯 Y004 亮	
	时间		20 s	10 s	3 s	2 s	

源程序
交通灯控制系
统 ——SFC 编
程(并行序列)

SFC 编程初始程序块内置梯形图如图 5-33 所示。

SFC 流程图如图 5-34 所示。自行编写转换条件内置梯形图和状态内置梯形图，完成整体程序设计。

SFC 程序转换为步进梯形图程序如图 5-35 所示。

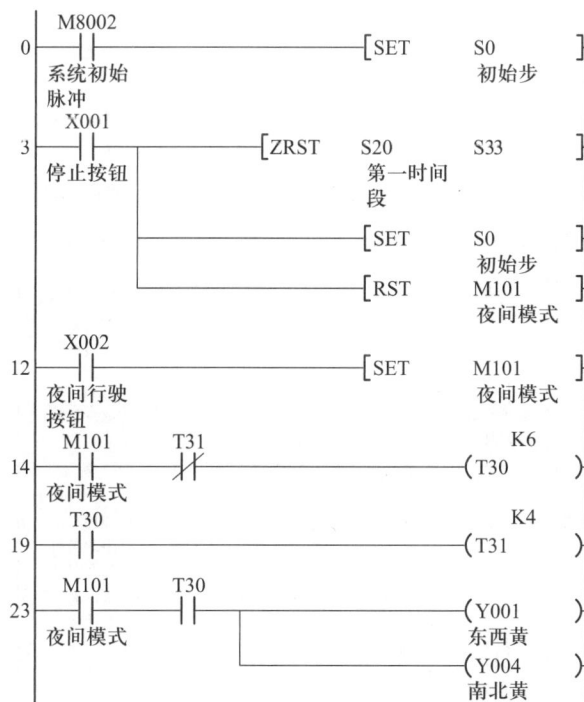

图 5-33　黑夜白天交替工作交通信号灯并行序列的
SFC 编程初始程序块内置梯形图

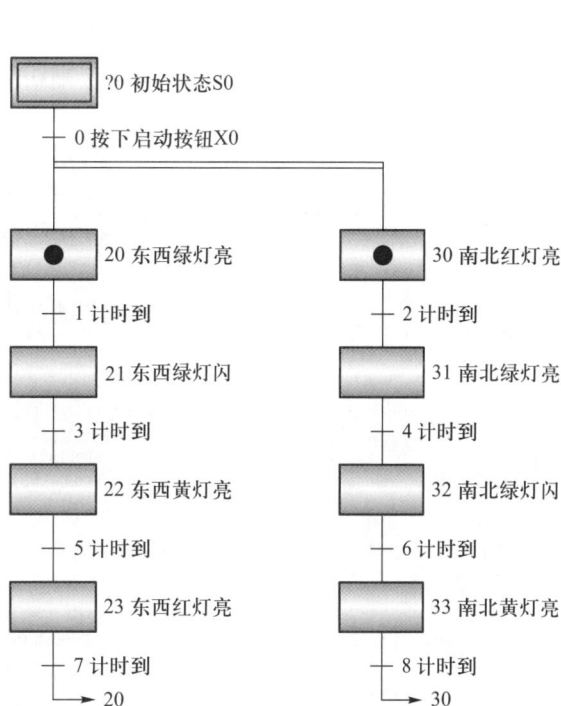

图 5-34　黑夜白天交替工作交通信号灯并行序列的
SFC 流程图

```
 0    M8002                              ┌ SET      S0   ┐         55   T1                          ┌ SET    S22   ┐
      ├─┤├─                             └          初始步┘               ├─┤├─                      └        第三时间段┘
      系统初始                                                        58                              ┌ STL    S31   ┐
      脉冲                                                                                           └        第六时间段┘
 3    X001                ┌ ZRST   S20     S30  ┐        59                                            ────────(T11  )
      ├─┤├─               └        第一时间段    ┘                                                              K100
      停止按钮                                                                                         南北绿灯
                                         ┌ SET      S0   ┐                                            亮的时间
                                         └          初始步┘                                           ────────(Y003 )
                                         ┌ RST     M101 ┐                                              南北绿
                                         └          夜间模式┘       63   T11                         ┌ SET    S32   ┐
12    X002                              ┌ SET     M101 ┐               ├─┤├─                      └        第七时间段┘
      ├─┤├─                             └          夜间模式┘           南北绿灯
      夜间行驶                                                        亮的时间
      按钮                                                          66                              ┌ STL    S22   ┐
14    M101      T31                                   K6                                            └        第三时间段┘
      ├─┤├─────┤/├──                         ────────(T30  )       67                                ────────(T2   )
      夜间模式                                                                                                  K20
19    T30                                            K4                                             东西黄灯
      ├─┤├─                                  ────────(T31  )                                        亮的时间
23    M101      T30                                                                                 ────────(Y001 )
      ├─┤├─────┤├──                          ────────(Y001 )                                         东西黄
      夜间模式                                        东西黄            71   T2                      ┌ SET    S23   ┐
                                             ────────(Y004 )              ├─┤├─                   └        第四时间段┘
                                                    南北黄              东西黄灯
27                                       ┌ STL      S0   ┐               亮的时间
                                         └          初始步┘           74                              ┌ STL    S32   ┐
28    X000                              ┌ SET      S20  ┐        75                                ────────(T12  )
      ├─┤├─                             └          第一时间段┘                                              K30
      启动按钮                                                                                       南北绿灯
                                         ┌ SET      S30  ┐                                          闪的时间
                                         └          第五时间段┘           M8013                      ────────(Y003 )
33                                       ┌ STL      S20  ┐               ├─┤├─                       南北绿
                                         └          第一时间段┘       80   T12                      ┌ SET    S33   ┐
34                                       ────────(T0   )               ├─┤├─                   └        第八时间段┘
                                                    K150               南北绿灯
                                         东西绿灯                      闪的时间
                                         亮的时间                     83                              ┌ STL    S23   ┐
                                         ────────(Y000 )                                            └        第四时间段┘
                                                    东西绿            84                              ────────(T3   )
38    T0                                 ┌ SET      S21  ┐                                                    K150
      ├─┤├─                             └          第二时间段┘                                       东西红灯
      东西绿灯                                                                                       亮的时间
      亮的时间                                                                                       ────────(Y002 )
41                                       ┌ STL      S30  ┐                                            东西红
42                                       ────────(T10  )         88   T3                           ────────(S20  )
                                                    K200               ├─┤├─                              第一时间段
                                         南北红灯                      东西红灯
                                         亮的时间                     亮的时间
                                         ────────(Y005 )             91                              ┌ STL    S33   ┐
                                                    南北红          92                              ────────(T13  )
46    T0                                 ┌ SET      S31  ┐                                                    K20
      ├─┤├─                             └          第六时间段┘                                       南北黄灯
      南北红灯                                                                                       亮的时间
      亮的时间                                                                                       ────────(Y004 )
49                                       ┌ STL      S21  ┐                                            南北黄
50                                       ────────(T1   )         96   T13                          ────────(S30  )
                                                    K30               ├─┤├─                              第五时间段
                                         东西绿灯                     南北黄灯
                                         闪的时间                    亮的时间
           M8013                                                   99                              ┌ RET   ┐
           ├─┤├─                          ────────(Y000 )         100                             ┌ END   ┐
                                                    东西绿
```

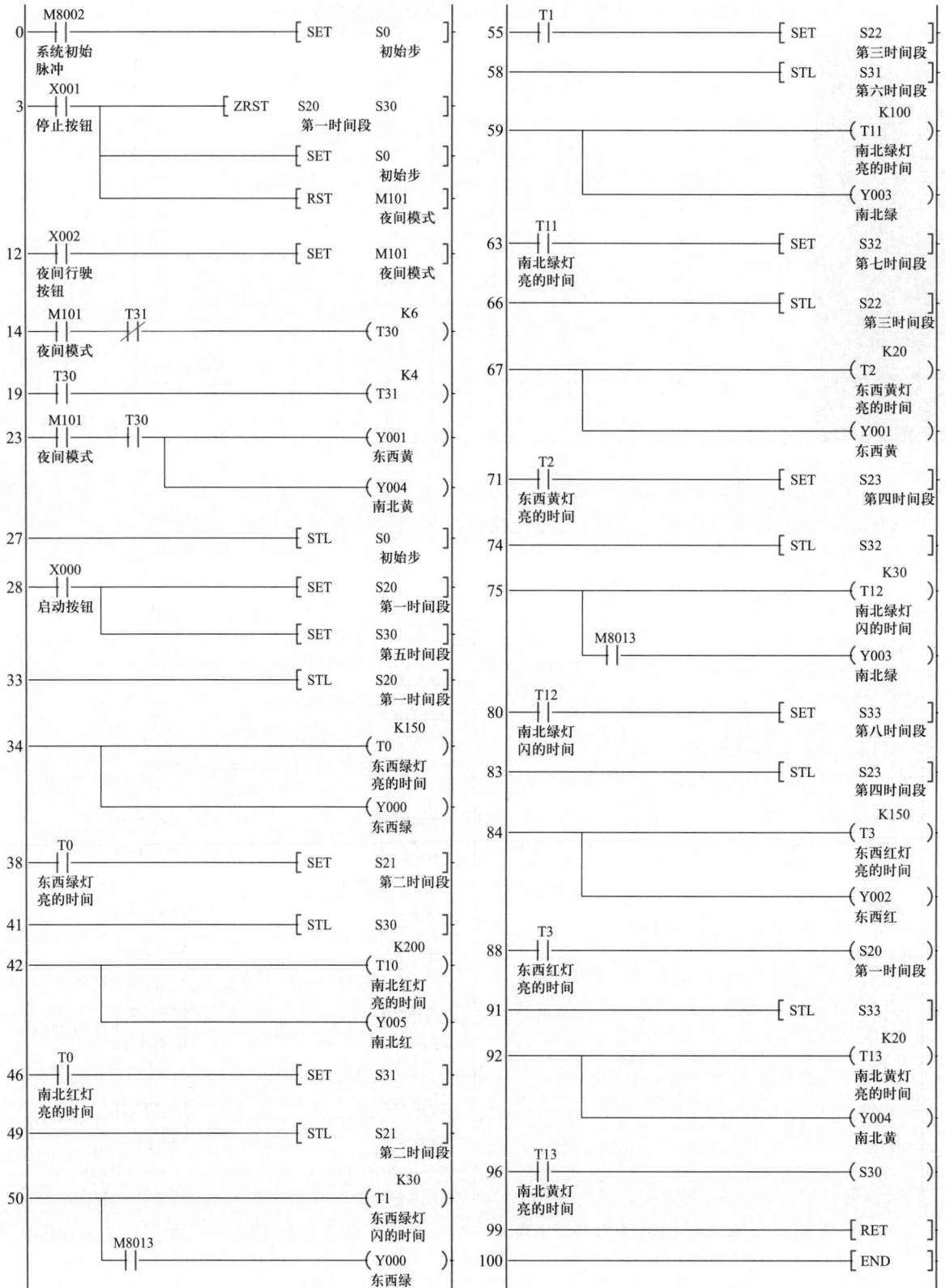

图 5-35   黑夜白天交替工作交通信号灯并行序列步进梯形图程序

思考与练习

1. 小车在初始位置时中间的限位开关 X000 为"1"状态。按下启动按钮 X003,小车运行顺序如图 5-36 所示,最后返回并停在初始位置,画出 SFC 流程图和步进梯形图。

2. 设计一个长延时定时电路,在 X002 的动合触点接通 810000S 后将 Y006 的线圈接通。

3. 初始状态时,图 5-37 中的压钳和剪刀在上限位置;X000 和 X001 为"1"状态。按下启动按钮 X001,工作过程如下:首先板料右行(Y000 为"1"状态)至限位开关 X003 为"1"状态,然后压钳下行(Y001 为"1"状态并保持)。压紧板料后,压力继电器 X004 为"1"状态,压钳保持压紧。剪刀开始下行(Y2 为"1"状态)。剪断板料后,X002 变为"1"状态,压钳和剪刀同时上行(Y003 和 Y004 为"1"状态,Y001 和 Y002 为"0"状态),它们分别碰到限位开关 X000 和 X001 后,分别停止上行,停止后,又开始下一周期工作,剪完 5 块料后停止工作并停在初始状态。画出顺序功能图,设计出梯形图。

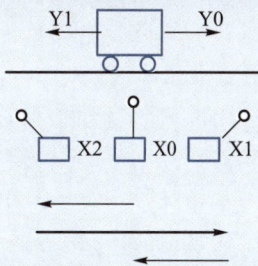

图 5-36　小车运行示意图

4. 某钻床控制系统的控制过程如下:用钻床来加工盘状零件上的孔,放好工件后,按下启动按钮 X000,Y000 为 ON,工件被加紧,加紧后压力继电器 X001 为 ON,甲、乙两个钻头同时向下给进 Y001、Y003 为 ON。甲钻头到限位开关 X002 设定的深度时,Y002 为 ON,甲钻头上升;乙钻头钻到限位开关 X004 设定的深度时,Y004 为 ON,乙钻头上升。X003、X005 为甲、乙两个钻头的上限位开关,两个都到位后,Y000 为 OFF,使工件松开,松开到位后,限位开关 X006 为 ON,系统返回到初始状态。钻床甲、乙两个钻头的工作示意图如图 5-38 所示,画出这个控制系统的状态流程图。

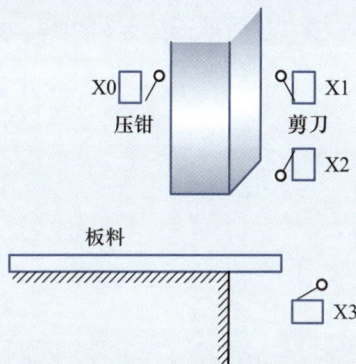

图 5-37　压板机示意图

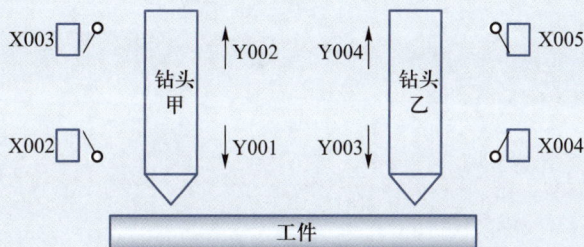

图 5-38　钻床钻头的工作示意图

5. 用 SFC 编程法完成任务 5.2 中思考与练习第 3 题。

6. 结合任务 5.2 和任务 5.3 来根据下列控制要求设计程序。

(1) 启动按钮后,当拨码器设定为 1 时,代表路口切换时间为 1 个基本周期(16 s)。

① 十字路口的东西向红绿黄灯的控制如下。

东西向的红灯亮 8 s,接着绿灯亮 4 s 后闪烁 2 s 灭(闪烁周期为 1 s),黄灯亮 2 s 后,如此循环。对应南北向的红绿黄灯的控制如下。

南北向绿灯亮 4 s 后闪 2 s 灭（闪烁周期为 1 s），黄灯亮 2 s 后灭，红灯亮 8 s，依次循环。

② 当十字路口南北向车辆检测传感器 SQ1 检测单位时间内（32 s）这个路口的通行车辆数量是东西路口通行车辆数量的 2 倍以上（包括 2 倍）时，在这个路口的下一个执行周期，路口的绿信比将会调整如下。

南北向的红灯亮 4 s，接着绿灯亮 8 s 后闪烁 2 s（闪烁周期为 1 s），黄灯亮 2 s 后灭，依次循环。

东西绿灯亮 2 s 后闪 1 s 灭（闪烁周期为 1 s），黄灯亮 2 s 灭，红灯亮 12 s，如此循环。

同理，当东西向路口的通行车辆数量是南北向路口通行车辆数量的 2 倍以上（包括 2 倍）时，路口的绿信比将会颠倒，即东西向通行时间为 12 s，南北向通行时间为 4 s。

③ 当通过拨码器手动改变信号周期时，路口信号的通行时间都同比例变化，即假设拨码器调整信号切换时间为 2 个基本周期时，在第一个十字路口中南北向的红灯亮 16 s，接着绿灯亮 12 s 后闪烁 2 s 灭（闪烁周期为 1 s），黄灯亮 2 s 后灭，依次循环。

调整后的周期将在再次按下启动按钮 SB1 并执行完成当前信号周期后执行。

（2）按下夜间运行按钮 SB2 时，所有路口仅黄灯闪烁（周期为 1 s）。

（3）按下停止按钮 SB3 时，路口所有的交通灯都不亮。

参考答案

项目 **6**

数字踩雷游戏机

　　PLC 除了可用于逻辑控制外，还可做常规的四则逻辑运算处理，主要包括计数、累加、累减及加减乘除等运算处理。

　　本项目以数字踩雷游戏机的设计为项目载体，需要根据功能要求进行编程、接线、调试，实现一款具有布雷、踩雷、踩中提示等功能的游戏机。通过实践熟悉 PLC 控制系统的结构，掌握 PLC 输入/输出外部接线和编程软件的使用方法，掌握四则运算指令及比较等指令的功能及应用，熟悉 PLC 系统的设计步骤及调试方法。

思维导图

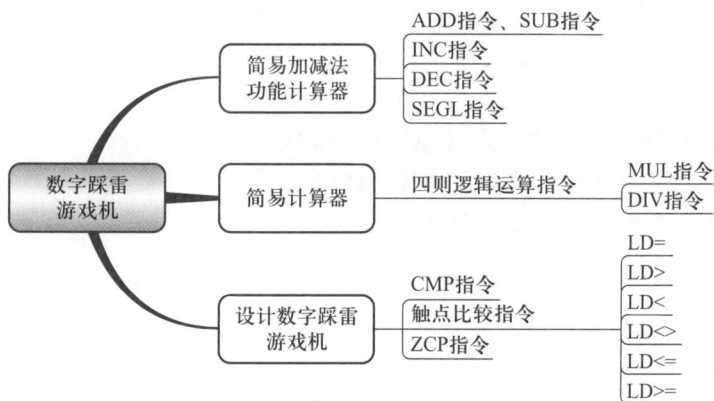

任务 6.1　设计简易加减法功能计算器

本任务是应用 ADD 指令、SUB 指令编写 PLC 程序,进行硬件接线和调试。

【重点知识与关键能力】

重点知识

ADD、SUB 指令的应用格式及功能。

关键能力

会根据控制要求选择合适的四则逻辑运算指令进行编程,并能调试出结果。

基本素质

认识到计算的本质是获得信息的一种过程,严谨是保证信息准确的第一条件。严谨细致做设计,精益求精做开发。

任务描述

微课
简易加减法计算器
功能演示

有一加减法计算器,由 SB0 ~ SB4 五个按钮、加减法切换开关 SA 和一个数码管组成。按钮 SB1 ~ SB4 分别对应数值 1 ~ 4,加减法切换开关 SA 可选择"加法"挡和"减法"挡。选择"加法"挡时,按下对应按钮后,数码管上显示实时累加后的值;选择"减法"挡时,按下对应按钮后,数码管上显示完成减法计算后的值,且如果被减数小于减数,则按下按钮后无效;按下清 0 按钮 SB0,可对计算器进行清 0 操作,数码管显示数值清 0。完成 PLC 程序的编写与调试,硬件的接线与调试。

【任务要求】

● 根据工作任务进行程序设计。

● 在 PLC 编程环境下编写程序。

● 正确连接编程电缆,下载程序到 PLC。

● 正确连接输入按钮和外部负载。

● 在线监控,软、硬件调试。

思政学习
健康生活与节制游
戏

【任务环境】

● 两人一组,根据工作任务进行合理分工。

● 每组配套 FX 系列 PLC 主机 1 台。

● 每组配套按钮 5 个,加减法切换开关(或带自锁的按钮)1 个,带锁存且内置 BCD 译码器的 4 位数 7 段数码管 1 个。

● 每组配套若干导线、工具等。

相关知识

6.1.1 ADD 指令

微课
ADD 指令的应用

BIN 加法运算指令 ADD 是将两个值进行加法运算（A+B=C）后得出结果的指令。

ADD（16 位）指令梯形图如图 6-1 所示。当 X000 为 ON 时，源操作数［S1］中的数据 K100 加上源操作数［S2］中的数据 K50 后，传送到目标操作数 D10 中，并自动转换为二进制数。当 X000 为 OFF 时，指令不执行，数据保持不变。

ADD 指令有 32 位操作方式，使用前缀"D"。

ADD 指令也可以有脉冲操作方式，使用后缀"P"，只有在驱动条件由 OFF 变为 ON 时进行一次运算。

6.1.2 SUB 指令

微课
SUB 指令的应用

BIN 减法运算指令 SUB 是将 2 个值进行减法运算（A−B=C）后得出结果的指令。

SUB（16 位）指令梯形图如图 6-2 所示。当 X000 为 ON 时，源操作数［S1］中的数据 K100 减去源操作数［S2］中的数据 K50 后，传送到目标操作数 D10 中，并自动转换为二进制数。当 X000 为 OFF 时，指令不执行，数据保持不变。

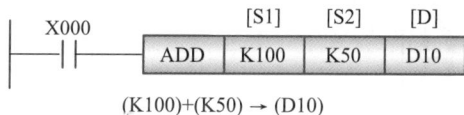

微课
INC 指令的应用

X000		[S1]	[S2]	[D]
	ADD	K100	K50	D10

(K100)+(K50) → (D10)

图 6-1 ADD（16 位）指令梯形图

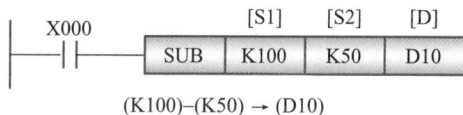

X000		[S1]	[S2]	[D]
	SUB	K100	K50	D10

(K100)−(K50) → (D10)

图 6-2 SUB（16 位）指令梯形图

SUB 指令有 32 位操作方式，使用前缀"D"。

SUB 指令也可以有脉冲操作方式，使用后缀"P"，只有在驱动条件由 OFF 变为 ON 时进行一次运算。

6.1.3 INC 指令

BIN 加一指令 INC 是指定的软元件数据中加"1"（+1 加法）的指令。

INC 指令梯形图如图 6-3 所示。当 X000 为 ON 时，将目标操作数 D10 中的内容进行加一运算后，传送到 D10 中。

INC 指令同样有 32 位操作方式，使用前缀"D"；也有脉冲操作方式，使用后缀"P"。

微课
DEC 指令的应用

6.1.4 DEC 指令

BIN 减一指令 DEC 是指定的软元件数据中减"1"（−1 加法）的指令。

DEC 指令梯形图如图 6-4 所示。当 X000 为 ON 时，将目标操作数 D10 中的内容进行减一运算后，传送到 D10 中。

X000		[D]
	INCP	D10

图 6-3 INC 指令梯形图

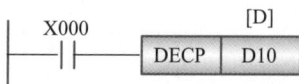

X000		[D]
	DECP	D10

图 6-4 DEC 指令梯形图

DEC 指令同样有 32 位操作方式,使用前缀"D";也有脉冲操作方式,使用后缀"P"。

6.1.5 SEGL 指令

7SEG 码时分显示指令 SEGL 是控制 1 组或 2 组数码管显示的指令。

SEGL 指令梯形图如图 6-5 所示。当 X000 为 ON 时,源操作数[S]中的数据 K2590 的 4 位数值从 BIN 转换成 BCD 数据后,采用时分方式,从 Y10 ~ Y13 依次将每 1 位数输出。另外,选通信号输出 Y14 ~ Y17 也以分时方式输出,锁定在第 1 组数码管中。其中数据输入信号和选通信号输出 Y10 ~ Y17 都是负逻辑(漏型)。SEGL 指令输出接线图如图 6-6 所示。

SEGL 指令只有 16 位连续执行型操作方式。

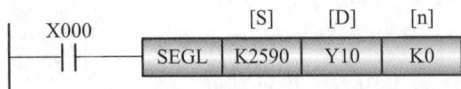

图 6-5 SEGL 指令梯形图

动画
停车库

微课
SEGL 七段码时分
显示指令的应用

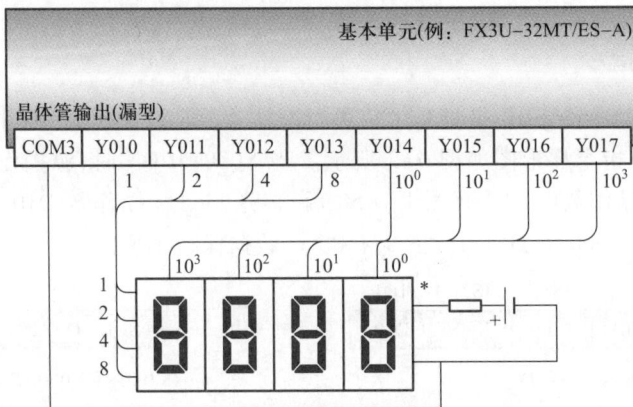

图 6-6 SEGL 指令输出接线图

任务实施

6.1.6 I/O 分配

根据任务要求,PLC 的输入信号由计算器的按钮 SB0 ~ SB4 输入,简易加减法计算器 I/O 分配表见表 6-1。

表 6-1 简易加减法计算器 I/O 分配表

输入			输出		
名称	符号	输入点	名称	符号	输出点
清 0 按钮	SB0	X000		1	Y010
1 按钮	SB1	X001		2	Y011
2 按钮	SB2	X002		4	Y012
3 按钮	SB3	X003	4 位数带锁存	8	Y013
4 按钮	SB4	X004	7 段数码管	10^0	Y014
加减法切换开关	SA	X005		10^1	Y015
				10^2	Y016
				10^3	Y017

6.1.7 外部接线

图 6-7 所示为简易加减法计算器接线图,输入部分的所有信号都采用动合输入,即按钮按下时,输入信号为 ON。输出部分选用的是晶体管漏型输出型 PLC 和数码管。

教学视频
简易加减计算器仿真演示

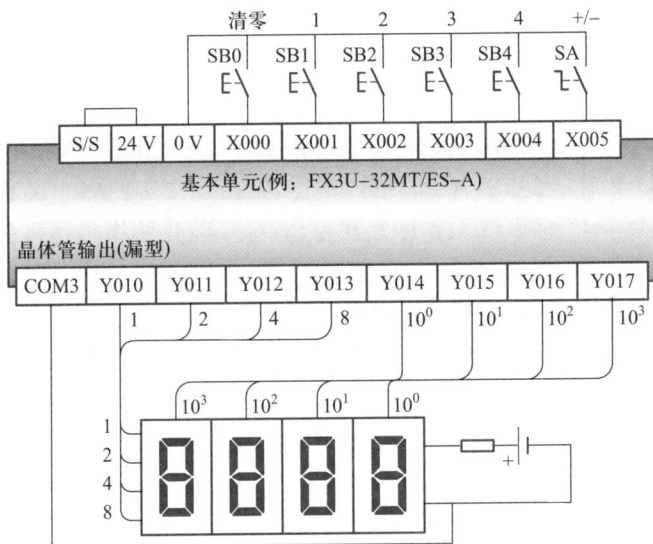

图 6-7　简易加减法计算器接线图

6.1.8 控制程序编写

简易加减法计算器程序梯形图如图 6-8 所示。

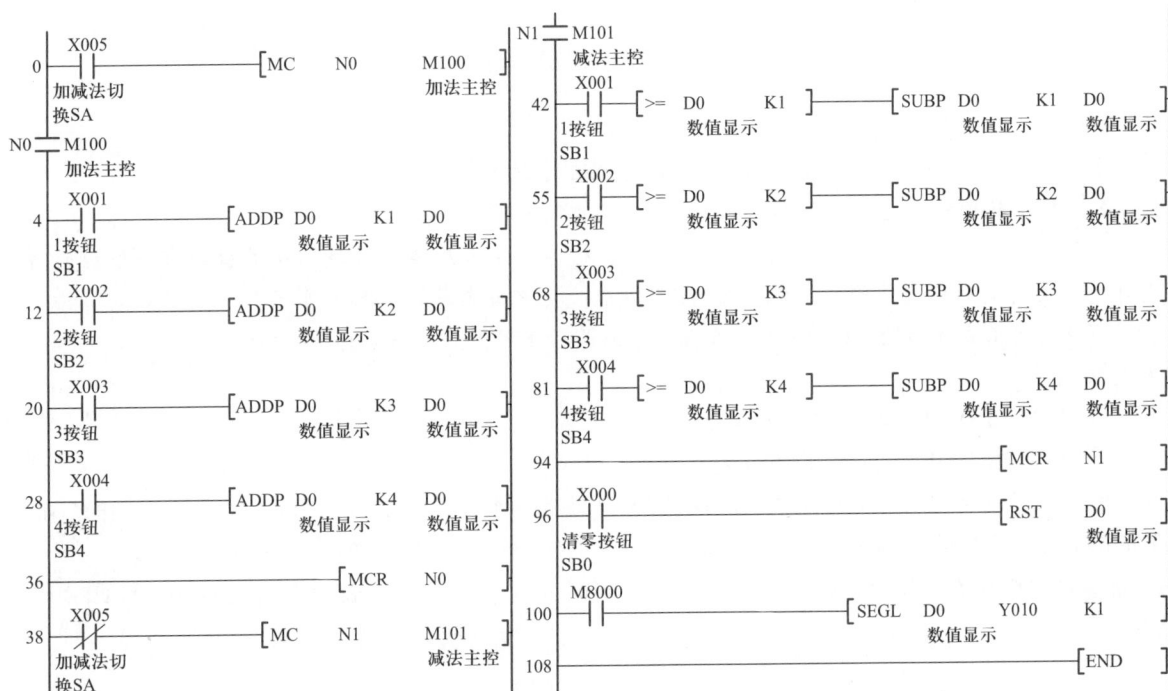

图 6-8　简易加减法计算器程序梯形图

　　程序整体由 MC 主控指令分为两部分,分别由加减法切换开关 SA 对应的输入信号 X005 的动断触点和动合触点分别接通 N0 段加法程序和 N1 段减法程序。在不同的 SA 挡位下,按下 SB1～SB4,X001～X004 的动合触点接通,执行对应的逻辑加法或减法指令,分别将 D0 与整数 1～4 相加或相减,再把结果存入 D0。因为控制任务中有"如果被减数小于减数,则按下按钮后无效"一项,所以在每段减法指令之前使用触点比较指令,做减法是否有效的条件限制。另外,当按下 SB0 按钮时,X000 的动合触点闭合,D0 清 0。

思考与练习

　　1. 三菱 FX 系列 PLC 的加法 16 位连续执行指令为＿＿＿＿＿,32 位脉冲执行指令为＿＿＿＿＿,减法 16 位脉冲执行指令为＿＿＿＿＿,32 位连续执行指令为＿＿＿＿＿。

　　2. 三菱 FX 系列 PLC 的加法 16 位脉冲执行指令为＿＿＿＿＿,32 位连续执行指令为＿＿＿＿＿,减法 16 位连续执行指令为＿＿＿＿＿,32 位脉冲执行指令为＿＿＿＿＿。

　　3. 三菱 FX 系列 PLC 的加一 16 位脉冲执行指令为＿＿＿＿＿,32 位连续执行指令为＿＿＿＿＿,减一 16 位脉冲执行指令为＿＿＿＿＿,32 位连续执行指令为＿＿＿＿＿。

　　4. 三菱 FX 系列 PLC 的加一 16 位连续执行指令为＿＿＿＿＿,32 位脉冲执行指令为＿＿＿＿＿,减一 16 位连续执行指令为＿＿＿＿＿,32 位脉冲执行指令为＿＿＿＿＿。

　　5. 使用加法指令完成下列算式的计算,并体会其在指令应用上的差别。

3+5 =

12 000+24 000 =

35 000+5 000 =

　　6. 使用减法指令完成下列算式的计算,并体会其在指令应用上的差别。

15-5 =

36 345-22 345 =

22 345-36 345 =

　　7. 使用 ADD 指令完成一条与 INC 指令功能相同的程序。

　　8. 使用 SUB 指令完成一条与 DEC 指令功能相同的程序。

　　9. 某停车场在进口和出口处分别装有两个传感器用于车库停车计数。在进口处有一红绿灯作为车库是否停满的标志。已知车库容量为 50 辆车。要求当车库内空余停车位数量大于或等于 6 时亮绿灯,小于或等于 5 并大于或等于 1 时红灯开始闪烁,为 0 时红灯常亮。

提示
"+""-""确定"按键分别对应 PLC 输入 X000、X001、X002,蜂鸣器对应 PLC 输出 Y000。

　　① 使用 ADD、SUB 指令完成车库指示程序。

　　② 使用 INC、DEC 指令完成车库指示程序。

　　10. 设计一款定时器,有"+""-""确定"3 个按键。按下"+"键时,定时器时间加 1 min;按下"-"键时,定时器时间减 1 min;按下"确定"键时,定时器开始计时,计时时间到后启动蜂鸣器做提示,再按"确定"键,蜂鸣器停止发声并将定时器设定值清 0,可再次设定开启。

参考答案

任务 6.2　设计简易计算器

本任务是应用 MUL、DIV 指令编写 PLC 程序,进行硬件接线和调试。

【重点知识与关键能力】

重点知识
MUL、DIV 指令的应用格式及功能。

关键能力
会根据控制要求选择合适的四则逻辑运算指令进行编程,并能调试出结果。

基本素质
了解计算器背后的程序实现,学会透过现象看本质,学习项目分析、团队管理、团队协作。

任务描述

有一简易计算器,由 SB0～SB16 17 个按钮和 1 个数码管显示器组成。按钮 SB0～SB9 分别对应数值 0～9,SB10～SB16 分别为"+""−""×""÷""=""←""C"功能键。操作方式与普通计算器相同,即通过 0～9 数字键输入第一数,之后按"+""−""×""÷"选择运算符号,再通过数字键输入第二数,按"="键后显示器显示最终计算结果。完成 PLC 程序的编写与调试,硬件的接线与调试。

【任务要求】
- 根据工作任务进行程序设计。
- 在 PLC 编程环境下编写程序。
- 正确连接编程电缆,下载程序到 PLC。
- 正确连接输入按钮和外部负载(数码管)。
- 在线监控,软、硬件调试。

【任务环境】
- 两人一组,根据工作任务进行合理分工。
- 每组配套 FX 系列 PLC 主机 1 台。
- 每组配套按钮 17 个,数码管 1 个。
- 每组配套若干导线、工具等。

相关知识

6.2.1　MUL 指令

BIN 乘法运算指令 MUL 是两个值进行乘法运算($A×B=C$)后得出结果的指令。

MUL(16 位)指令梯形图如图 6-9 所示。当 X000 为 ON 时,源操作数[S1]中的数据 K8 乘以源操作数[S2]中的数据 K15 后,传送到目标操作数 D10(32 位双字,占 D11,D10)中。当 X000 为 OFF 时,指令不执行,数据保持不变。

MUL 指令有 32 位操作方式,使用前缀"D"。

MUL 指令也可以有脉冲操作方式,使用后缀"P",只有在驱动条件由 OFF 变为 ON 时进行一次运算。

6.2.2　DIV 指令

BIN 除法运算指令 DIV 是两个值进行除法运算[A÷B=C…(余数)]后得出结果的指令。

DIV(16 位)指令梯形图如图 6-10 所示。当 X000 为 ON 时,源操作数[S1]中的数据 K20 除以源操作数[S2]中的数据 K6 后,把商传送到目标操作数 D10(16 位)中,把余数传送到目标操作数+1 号即 D11(16 位)中。当 X000 为 OFF 时,指令不执行,数据保持不变。

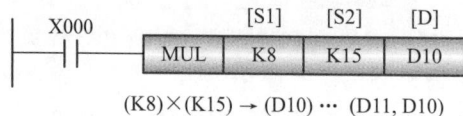

图 6-9　MUL(16 位)指令梯形图　　　　图 6-10　DIV(16 位)指令梯形图

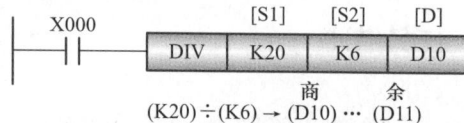

DIV 指令有 32 位操作方式,使用前缀"D"。

DIV 指令也可以有脉冲操作方式,使用后缀"P",只有在驱动条件由 OFF 变为 ON 时进行一次运算。

任务实施

动画
四则运算

教学视频
简易计算器演示

6.2.3　I/O 分配

由任务可知,SB0～SB16 按键信号都输入 PLC,PLC 输出连接数码管。简易计算器 I/O 分配表见表 6-2。

6.2.4　外部接线

图 6-11 所示为简易计算器 I/O 接线图,输入部分所有信号都采用动合输入,即按钮按下时,输入信号为 ON。输出部分适用于漏型接线的场合,使用带锁存且内置 BCD 译码器的 4 位数 7 段数码管。

6.2.5　控制程序编写

程序按照功能大致可分为数据输入、计算功能记录、计算结果、清 0、数码显示五部分。

表 6-2　简易计算器 I/O 分配表

输入			输出		
名称	符号	输入点	名称	符号	输出点
0	SB0	X000		1	Y010
1	SB1	X001		2	Y011
2	SB2	X002		4	Y012
3	SB3	X003	4 位数带锁存 7 段数码管	8	Y013
4	SB4	X004		10^0	Y014
5	SB5	X005		10^1	Y015
6	SB6	X006		10^2	Y016
7	SB7	X007		10^3	Y017
8	SB8	X010			
9	SB9	X011			
+	SB10	X012			
−	SB11	X013			
×	SB12	X014			
÷	SB13	X015			
=	SB14	X016			
←	SB15	X017			
C	SB16	X020			

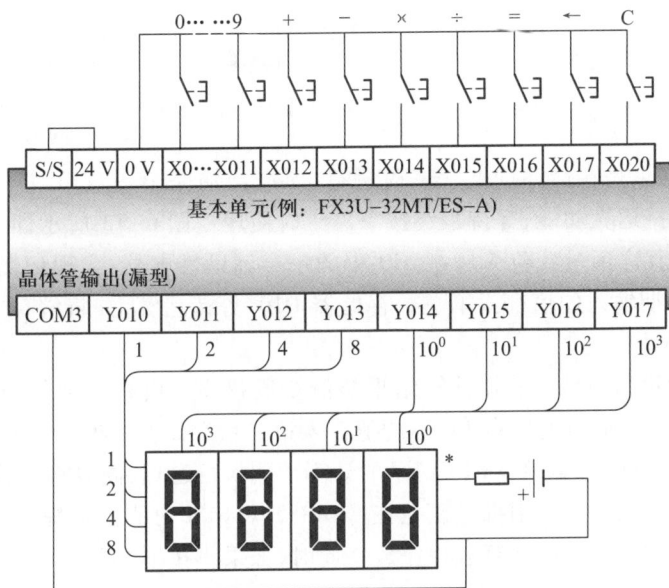

图 6-11　简易计算器 I/O 接线图

图 6-12 所示为简易计算器数值输入段程序。根据使用计算器输入数据的习惯，依次由高位到低位输入数值，当按下某数字按钮时，输入数值放至个位，原显示数据都

向高位移动一位(即乘以 10)。由此编写数据输入程序,当按下某按钮,对应的输入信号为 ON 时,依次执行 MUL 指令和 ADD 指令,即将原有 D0 数据乘十后再加上当前按键输入值,并再次存入缓存 D0。

源程序
简易计算器

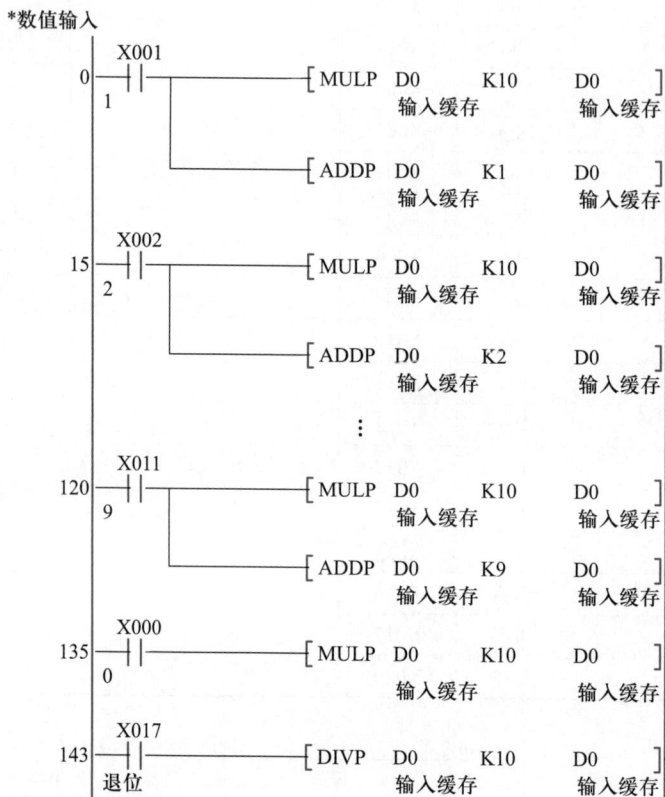

图 6-12　简易计算器数值输入段程序

因为计算结果是在最终按下“=”时进行,所以当输完第一数后,按下任意一个运算符号时,需保持运算功能,等待最终按下“=”时使用。图 6-13 所示即为计算功能记录段程序,这段程序通过置位 M10～M13 中的一个辅助继电器,实现记忆功能。同时,将缓存 D0 中前期输入的值存入第一数存储器 D10,等待运算,并将缓存 D0 清 0,等待第二次数值输入。

图 6-14 所示为简易计算器计算结果及清 0 段程序。由程序梯形图可知,当按下“=”按键时,程序将此时的缓存 D0 中的值存入第二数存储器 D20 中,再根据之前由计算功能记录辅助继电器 M10～M13 记录的计算功能执行运算,同时将运算结果存入 D0 作显示,并在计算完成后使用批量复位指令 ZRST 对计算功能记录辅助继电器 M10～M13 执行复位。至此,整个计算过程完成。此时,如果再按下“+”“-”“×”“÷”键,将重复之前的运算操作。

当按下“C”键时,程序 238 步处 X020 闭合,清除所有使用的数据寄存器中的值,使系统复位。

使用 SEGL 指令实现简易计算器的数显功能。

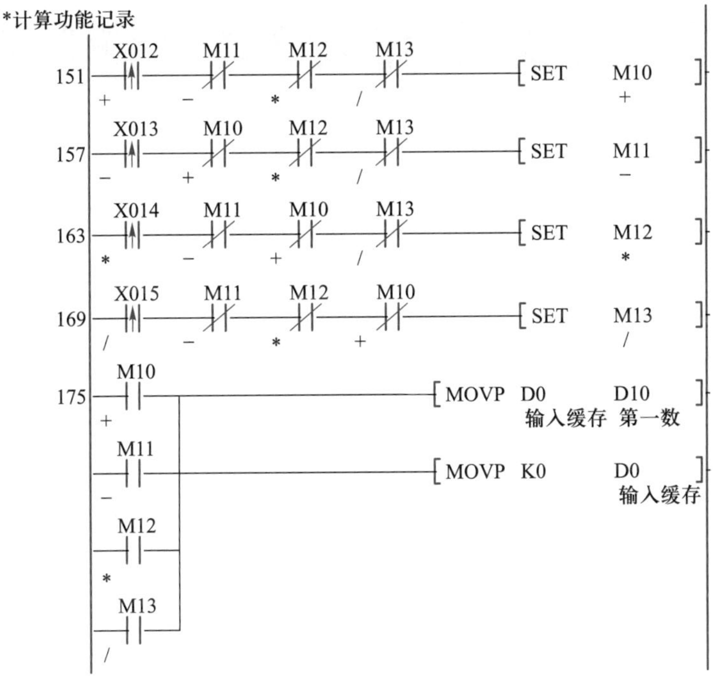

*计算功能记录

```
        X012    M11     M12     M13
151 ────┤↑├────┤↓├────┤↓├────┤↓├──────────[ SET    M10  ]
         +       −       *       /                  +

        X013    M10     M12     M13
157 ────┤↑├────┤↓├────┤↓├────┤↓├──────────[ SET    M11  ]
         −       +       *       /                  −

        X014    M11     M10     M13
163 ────┤↑├────┤↓├────┤↓├────┤↓├──────────[ SET    M12  ]
         *       −       +       /                  *

        X015    M11     M12     M10
169 ────┤↑├────┤↓├────┤↓├────┤↓├──────────[ SET    M13  ]
         /       −       *       +                  /

        M10
175 ────┤├──────────┬─────────────[ MOVP  D0      D10  ]
         +          │                    输入缓存  第一数
        M11         │
    ────┤├──────────┤             [ MOVP  K0      D0   ]
         −          │                    输入缓存
        M12         │
    ────┤├──────────┤
         *          │
        M13         │
    ────┤├──────────┘
         /
```

图 6-13 计算功能记录段程序

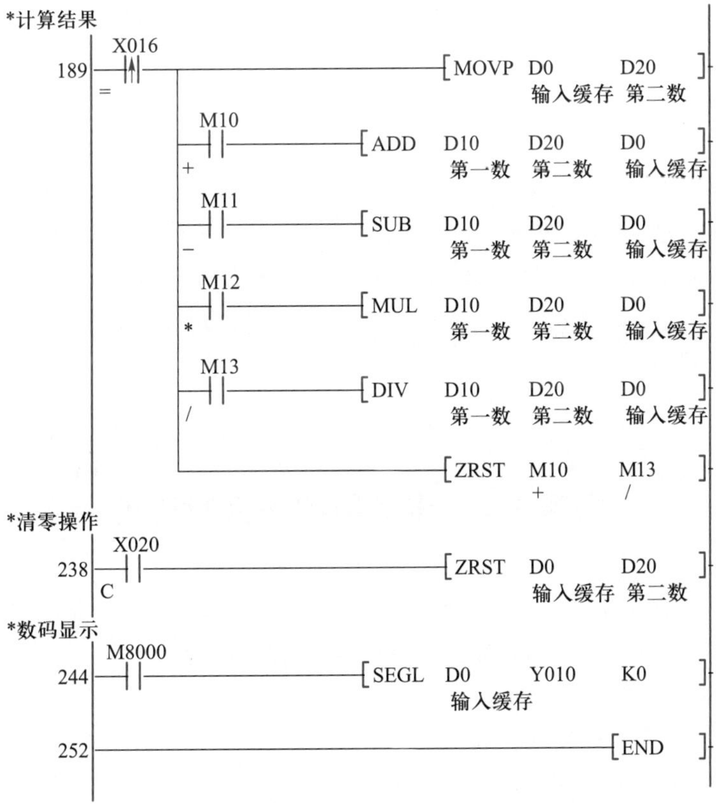

*计算结果

```
        X016
189 ────┤↑├──────────────────────[ MOVP  D0      D20  ]
         =                              输入缓存  第二数
              M10
        ┌─────┤├──────────[ ADD   D10     D20     D0   ]
        │      +                  第一数   第二数   输入缓存
        │     M11
        ├─────┤├──────────[ SUB   D10     D20     D0   ]
        │      −                  第一数   第二数   输入缓存
        │     M12
        ├─────┤├──────────[ MUL   D10     D20     D0   ]
        │      *                  第一数   第二数   输入缓存
        │     M13
        ├─────┤├──────────[ DIV   D10     D20     D0   ]
        │      /                  第一数   第二数   输入缓存
        │
        └─────────────────[ ZRST  M10     M13  ]
                                   +       /
```

*清零操作

```
        X020
238 ────┤├──────────────────────[ ZRST  D0      D20  ]
         C                              输入缓存  第二数
```

*数码显示

```
        M8000
244 ────┤├──────────────────────[ SEGL  D0      Y010    K0  ]
                                        输入缓存

252 ────────────────────────────────────────────[ END  ]
```

图 6-14 简易计算器计算结果及清 0 段程序

思考与练习

1. 三菱 FX 系列 PLC 的乘法 16 位连续执行指令为_____,32 位脉冲执行指令为_____,除法 16 位脉冲执行指令为_____,32 位连续执行指令为_____。

2. 三菱 FX 系列 PLC 的乘法 16 位脉冲执行指令为_____,32 位连续执行指令为_____,除法 16 位连续执行指令为_____,32 位脉冲执行指令为_____。

3. 指令[MUL D0 D10 D20]中,D0 为_____位数据寄存器,D10 为_____位数据寄存器,D20 为_____位数据寄存器。

4. 指令[DDIV D0 D10 D20]中,D0 为_____位数据寄存器,D10 为_____位数据寄存器,D20 为_____位数据寄存器。

5. 使用乘法指令完成下列算式的计算,并体会其在指令应用上的差别。

6×8 =

12 000×20 =

35 000×40 =

6. 使用除法指令完成下列算式的计算,并体会其在指令应用上的差别。

15÷5 =

35 420÷500 =

24 500÷1 200 =

7. 使用 MUL 指令完成 2 的 5 次方计算。

8. 某温度传感器检测温度范围为 0~100 ℃,使用 AD 模块读入 PLC,对应温度数据存储在 D0 中,当温度在 0~100 ℃变化时,对应温度的数据寄存器 D0 的值在 0~1 000 范围内变化。现需将温度实时显示在触摸屏上。

① 触摸屏温度显示对应地址为数据寄存器 D10,单位为℃。

② 添加温控功能,即通过触摸屏设置加热温度,当温度低于设定值超过 5 ℃时,自动开始加热;当温度到达设定温度时,加热自动停止。触摸屏温度设置地址为 D20,加热输出为 Y0。

试设计程序。

参考答案

任务 6.3　设计数字踩雷游戏机

本任务是应用 CMP 比较指令、触点比较指令以及 ZCP 区间比较指令编写 PLC 程序,进行硬件接线和调试。通过完成本任务,将掌握以下内容。

● 进一步熟悉 PLC 编程环境。

● 掌握 CMP 指令的格式。

● 掌握 CMP 的对象软元件。

● 掌握 CMP 指令的功能和动作状况。

● 进一步熟练 CMP、MOV 指令的应用。

● 熟悉触点比较指令以及 ZCP 指令。

【重点知识与关键能力】

重点知识

CMP 指令的功能和使用。

关键能力

会根据控制要求使用 CMP 指令进行编程,并能调试出结果。

基本素质

自觉遵守标准,让产品更优秀,助力产业发展。

任务描述

有一数字踩雷游戏机,上有数字按键 1～9、开始按键、确认按键及一个 4 位数码管和红、绿、黄 3 盏指示灯。游戏规则如下。

① 游戏开始,先按下开始按键,系统自动生成一个 0～100 的随机数,作为数字地雷,数显不显示。

② 接下来由玩家通过数字按键输入数字(实时显示在数码管上),按确认按键表示输入完毕,即为踩雷。

③ 当一个数字输入完成并确认后,即由 3 种颜色的指示灯显示不同的结果。绿灯亮代表输入值大于数字雷,黄灯亮代表输入值小于数字雷,红灯亮代表触雷。

④ 由玩家轮流踩雷,谁先触雷谁输,按开始按键可重玩游戏。

⑤ 玩家踩雷必须在雷区范围内。例如,当首位玩家踩雷数为 50 并亮黄灯(显示踩雷位置小于数字雷)后,雷区即调整为 50～100,第二位玩家踩雷区域必须选择在 51～100 之间,否则报违规,红灯闪烁,代表出局。

⑥ 当有人违规或者踩雷则代表出局,再次按下开始按键将重新开始,其余玩家可继续游戏,直至剩最后一人。

要求完成 PLC 程序的编写与调试,硬件的接线与调试。

【任务要求】

● 根据工作任务进行程序设计。

● 在 PLC 编程环境下编写程序。

● 正确连接编程电缆,下载程序到 PLC。

● 正确连接输入按钮和外部负载(数码管)。

● 在线监控,软、硬件调试。

【任务环境】

● 两人一组,根据工作任务进行合理分工。

● 每组配套 FX 系列 PLC 主机 1 台。

- 每组配套按钮 12 个,数码管 1 个,红、绿、黄指示灯各 1 个。
- 每组配套若干导线、工具等。

相关知识

教学视频
数字踩雷游戏

6.3.1　CMP 指令

比较指令 CMP 是比较两个值,将其结果(大、一致、小)输出到位元件中(3 点)。

CMP(16 位)指令梯形图如图 6-15 所示。当 X000 为 ON 时,源操作数[S1]中的数据 K20 和源操作数[S2]中的数据 D0 进行比较,根据其结果(大、一致、小),使 M10、M11、M12 其中一个为 ON。当 X000 为 OFF 时,指令不执行,M 的状态保持。

```
        X000              [S1]   [S2]   [D]
    ┤├────────────┤ CMP │ K20 │ D0  │ M10 │

    K20 > D0   M10 → ON
    K20 = D0   M11 → ON
    K20 < D0   M12 → ON
```

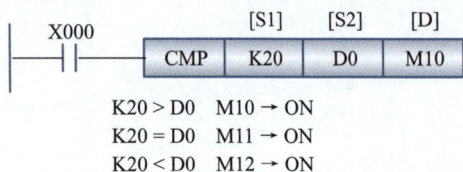

图 6-15　CMP(16 位)指令梯形图

CMP 指令有 32 位操作方式,使用前缀“D”。CMP 指令也可以有脉冲操作方式,使用后缀“P”,只有在驱动条件由 OFF 变为 ON 时进行一次比较。

6.3.2　LD=、LD>、LD<、LD<>、LD<=、LD>=指令

触点比较指令执行数值的比较,当条件满足时使触点置 ON。对源操作数 S1、S2 的内容进行 BIN 比较,根据其结果来控制触点的导通或不导通。触点比较指令导通情况见表 6-3。

表 6-3　触点比较指令导通情况

FUC NO.	16 位指令	32 位指令	导通条件	不导通条件
224	LD=	LD(D)=	S1 = S2	S1 ≠ S2
225	LD>	LD(D)>	S1 > S2	S1 ≤ S2
226	LD<	LD(D)<	S1 < S2	S1 ≥ S2
228	LD<>	LD(D)<>	S1 ≠ S2	S1 = S2
229	LD<=	LD(D)<=	S1 ≤ S2	S1 > S2
230	LD>=	LD(D)>=	S1 ≥ S2	S1 < S2

LD=(16 位)指令梯形图如图 6-16 所示。将源操作数[S1]中的数据 D10 与源操作数[S2]中的数据 K200(十进制数 200)做比较。当 D10 中数值等于 200 时,这个触点导通,Y0 线圈得电。当 D10 中数值不等于 200 时,这个触点不导通,Y0 线圈不得电。

6.3.3　ZCP 指令

区间比较指令 ZCP 针对两个值(区间),将与比较源的值比较得出的结果[小于、

等于(区域内)、大于]输出到位元件(3 点)中。

　　ZCP(16 位)指令梯形图如图 6-17 所示。当 X000 为 ON 时,16 位运算(ZCP、ZCPP)将源操作数[S]中的数据 D0 与下比较值[S1]和上比较值[S2]中的数据进行比较,根据其结果(小于、区域内、大于),使目标操作数[D]、[D]+1、[D]+2 即 M10、M11、M12 中一个为 ON。当 X000 为 OFF 时,指令不执行,M 的状态保持。

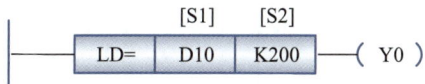

图 6-16　LD=(16 位)指令梯形图　　　图 6-17　ZCP(16 位)指令梯形图

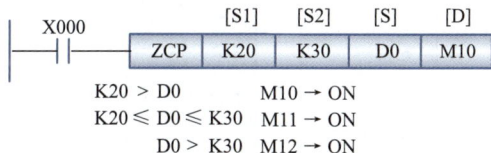

　　ZCP 指令有 32 位操作方式,使用前缀"D"。CMP 指令也可以有脉冲操作方式,使用后缀"P",只有在驱动条件由 OFF 变为 ON 时进行一次比较。

任务实施

6.3.4　I/O 分配

　　数字踩雷游戏机 I/O 分配表见表 6-4。

表 6-4　数字踩雷游戏机 I/O 分配表

输入			输出		
名称	符号	输入点	名称	符号	输出点
0	SB0	X000	红灯	R	Y000
1	SB1	X001	绿灯	G	Y001
2	SB2	X002	黄灯	Y	Y002
3	SB3	X003		1	Y010
4	SB4	X004		2	Y011
5	SB5	X005		4	Y012
6	SB6	X006	4 位数带锁存的 7 段数码管	8	Y013
7	SB7	X007		10^0	Y014
8	SB8	X010		10^1	Y015
9	SB9	X011		10^2	Y016
开始	SB10	X012		10^3	Y017
确认	SB11	X013			

6.3.5　外部接线

　　图 6-18 所示为数字踩雷游戏机 I/O 接线图,输入部分所有信号都采用动合输入,即按钮按下时,输入信号为 ON。输出部分适用于漏型接线的场合,使用数码管。

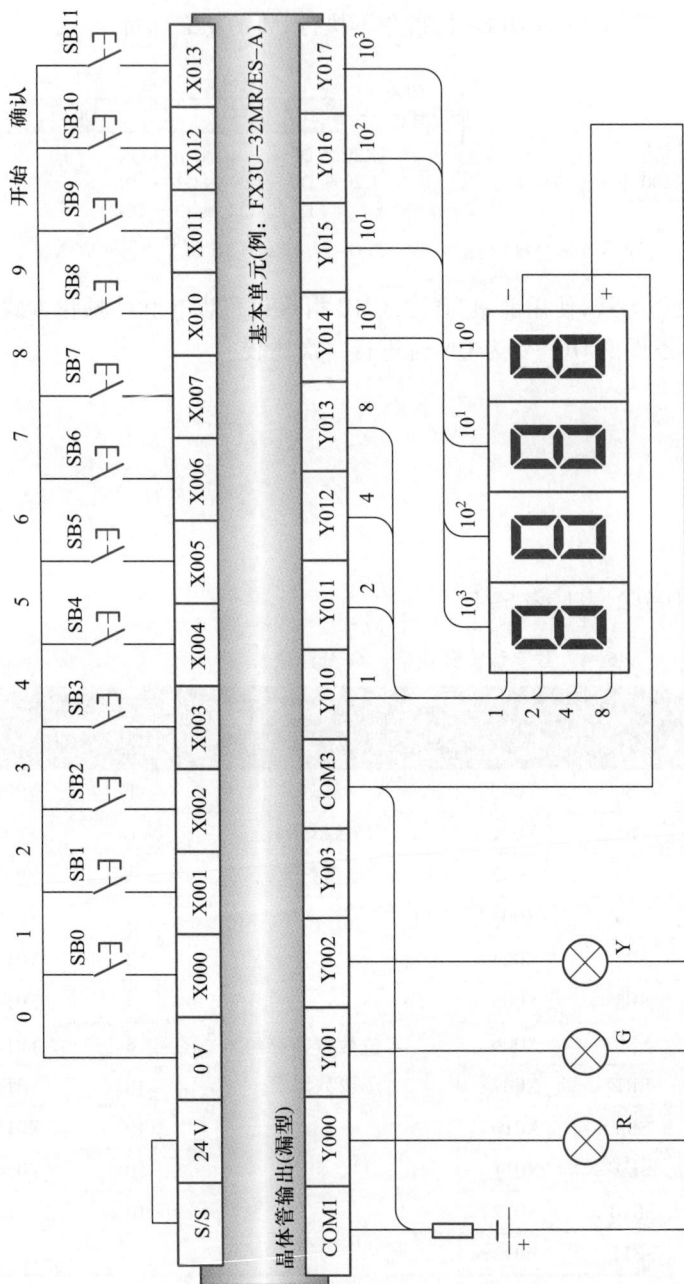

图 6-18 数字踩雷游戏机 I/O 接线图

6.3.6 控制程序编写

数字踩雷游戏机程序梯形图如图 6-19 所示。

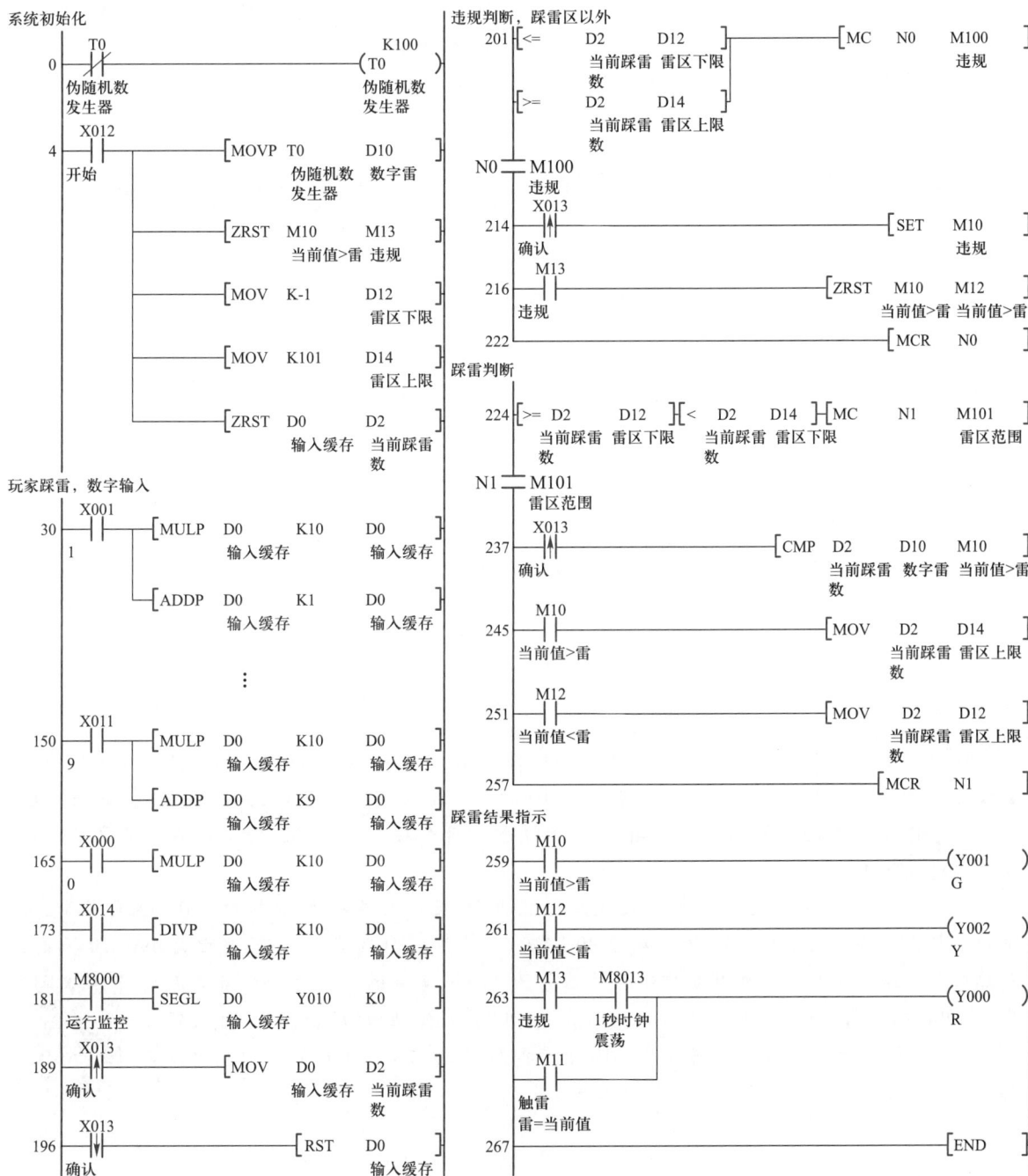

图 6-19 数字踩雷游戏机程序梯形图

如图 6-19 所示,使用 1 ms 定时器产生伪随机数,存入 D10 作为数字雷。数字输入段程序同任务 6.2 简易计算器程序,使用触点比较指令区分违规和正常踩雷,当判

断踩在雷区时,使用比较指令判断,更新雷区范围并点亮相应指示灯。

思考与练习

1. 三菱 FX 系列 PLC 的比较指令 16 位连续执行指令为_____,16 位脉冲执行指令为_____,32 位连续执行指令为_____,32 位脉冲执行指令为_____。

2. 将图 6-20 中的程序改用触点比较指令重新设计。

3. 将图 6-21 中的程序改用触点比较指令重新设计。

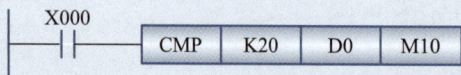
图 6-20   程序图

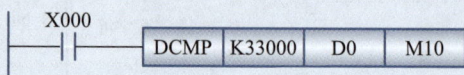
图 6-21   程序图

4. 将图 6-22 中的程序改用比较指令重新设计。

5. 将图 6-23 中的程序改用比较指令重新设计。

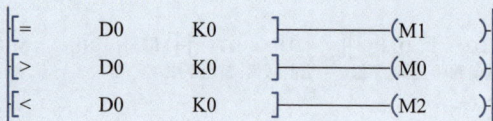
图 6-22   程序图

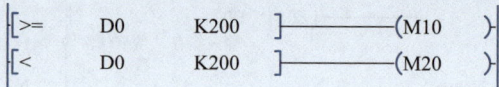
图 6-23   程序图

6. 将图 6-24 中的程序改用触点比较指令重新设计。

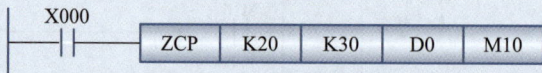
图 6-24   程序图

7. 某产品包装线功能如下。按下开始按键,绿灯亮,产品线运行。同时,位于产品线末端的计数装置对送来的产品进行计数,当计数值到达 10 时,停止产品线并亮红灯,提示操作人员进行整理打包。操作人员将 10 件产品取走装箱后,需再次按下开始按键,红灯灭,绿灯亮且产品线继续传动。试设计程序。

8. 某加热炉由 PLC 控制,当炉温比设定值低 30 ℃及以上温差时,加热炉 100% 满负荷工作;当炉温与设定值的温差大于 10 ℃并小于 30 ℃时,加热炉以 50% 负荷工作;当温差小于 10 ℃时,加热炉负荷降低至 10%。加热炉控制开关信号为 X0;采集到的炉温为 D0(采集温度在 0~200 ℃范围变化时,D0 中对应的值为 0~2 000);设定值由 D2 进行设置(设定值的单位为"℃");加热炉驱动百分比由 D10 进行控制(D10 在 0~100 内变化时,对应工作负荷变化范围为 0~100%)。试设计程序。

参考答案

第二篇

综合实践

项目 7

4 层电梯控制

厢式电梯是垂直方向的运输设备,是高层建筑中不可缺少的交通运输设备。 它靠电力传动一个可以载人或物的轿厢,在建筑的井道内导轨上做垂直升降运动,在人们的生活中起着举足轻重的作用。 电梯的输入信号较多,控制逻辑比较复杂,楼层数越多则控制程序越复杂。

通过本项目学习 PLC 控制系统的设计方法;学习逻辑控制设计法,编写逻辑功能较复杂的程序;锻炼逻辑思维能力和综合设计能力。 同时,安全与快捷是电梯控制的主要目标,应勇于探索,崇尚科学,努力掌握关键控制技术。

思维导图

```
                    ┌ PLC控制系统设计的原则与步骤
        4层电梯控制 ─┤ PLC选型原则
                    └ 逻辑控制设计法
```

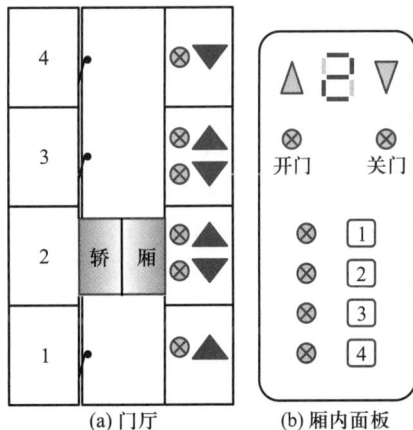

图 7-1　4 层电梯模拟图

设计要求

4 层电梯模拟图如图 7-1 所示。

要求电梯运行符合以下原则。

① 接收并登记电梯在楼层以外的所有指令信号、呼梯信号,给予登记并输出登记信号。

② 根据最早的登记信号,自动判断电梯是上行还是下行,这种逻辑判断称为电梯的定向。电梯的定向根据最早登记信号的性质可分为两种。一种是指令定向,是把指令指出的目的地与当前电梯位置比较得出"上行"或"下行"的结论。如果电梯在第 2 层,指令为第 1 层则向下行,指令为第 4 层则向上行。另一种是呼梯定向,是根据呼梯信号的来源位置与当前电梯位置比较得出"上行"或"下行"的结论。例如,电梯在第 2 层,第 3 层乘客要向下,则按 AX3,此时电梯的运行应该是向上到第 3 层接这个乘客,所以电梯应向上。

③ 电梯接收到多个信号时,采用首个信号定向,同向信号先执行,一个方向任务全部执行完后再换向。例如,电梯在第 3 层,依次输入第 2 层指令信号、第 4 层指令信号、第 1 层指令信号。如用信号排队方式,则为电梯下行至第 2 层→上行至第 4 层→下行至第 1 层。如用同向先执行方式,则为电梯下行至第 2 层→下行至第 1 层→上行至第 4 层。显然,第二种方式往返路程更短,所以效率更高。

④ 具有同向截车功能。例如,电梯在第 1 层,指令为第 4 层则上行,上行中第 3 层有呼梯信号,如果这个呼梯信号为呼梯向上(K5),则当电梯到达第 3 层时停站顺路载客;如果呼梯信号为呼梯向下(K4),则不能停站,而是先到第 4 层后再返回到第 3 层停站。

⑤ 一个方向的任务执行完要换向时,依据最远站换向原则。例如,电梯在第 1 层根据第 2 层指令向上,此时第 3 层、第 4 层分别有呼梯向下信号。电梯到达第 2 层停站,下客后继续向上。如果到第 3 层停站换向,则第 4 层的要求不能兼顾,如果到第 4 层停站换向,则到第 3 层可顺向截车。

动画
4 层电梯动画

思政学习
安全与快捷

知识基础

7.1 PLC 控制系统设计的原则和步骤

微课
4 层电梯控制

1. PLC 控制系统设计的原则

一个实际的 PLC 控制系统是以 PLC 为核心组成的电气控制系统,实现对生产设备和工业过程的自动控制,以提高生产效率和产品质量。在设计 PLC 控制系统时,应遵循以下基本原则。

（1）最大限度地满足被控对象的控制要求

充分发挥 PLC 的功能,最大限度地满足被控对象的控制要求,是设计 PLC 控制系统的最基本和最重要的要求,也是设计中最重要的一条原则。这就要求设计人员在设计前就要深入现场进行调查研究,收集控制现场的资料和国内外相关的先进资料。同时要注意和现场的工程管理人员、工程技术人员、现场操作人员紧密配合,拟定控制方案,共同解决设计中的重点问题和疑难问题。

（2）确保 PLC 控制系统的安全可靠

保证 PLC 控制系统能够长期安全、可靠、稳定地运行,是设计 PLC 控制系统的重要原则。这就要求设计者在系统设计、元器件选择和软件编程上全面考虑,以确保 PLC 控制系统安全可靠。

（3）力求 PLC 控制系统简单、经济、使用及维修方便

在满足控制要求和保证可靠工作的前提下,应力求 PLC 控制系统结构简单。只有结构简单的 PLC 控制系统才具有经济性、实用性的特点,才能做到使用方便和维护容易。这就要求设计者不仅应该使 PLC 控制系统简单、经济,而且要使 PLC 控制系统的使用和维护方便、成本低,不宜盲目追求自动化和高指标。

（4）适应发展的需要

技术的不断发展使得 PLC 控制系统的要求也不断提高。设计时要适当考虑今后 PLC 控制系统发展和完善的需要。这就要求在选择 PLC、I/O 模块、I/O 点数和内存容量时,要适当留有余量,以满足今后生产的发展和工艺的改进。

2. PLC 控制系统设计的步骤

（1）分析被控对象并提出控制要求

详细分析被控对象的工艺过程、工作特点,PLC 控制系统的控制过程、控制规律、功能和特点,了解被控对象机、电、液之间的配合,提出被控对象对 PLC 控制系统的控制要求,确定控制方案,包括控制的基本方式、所需完成的功能、必要的保护和报警等。

详细了解被控对象的全部功能,如各部件的动作过程、动作条件、与各仪表的接口、是否与 PLC 或计算机或其他智能设备相连等。还要详细了解 I/O 信号的性质,是开关量还是模拟量等,并在以上工作的基础上清楚地查询到接入 PLC 信号的数量,以便选择合适的 PLC。

（2）确定 I/O 设备

根据系统的控制要求,确定系统所需的全部输入设备(如按钮、位置开关、转换开关、各种传感器)和输出设备(如接触器、电磁阀、信号指示灯、其他执行器),从而确定与 PLC 有关的 I/O 设备,以确定 PLC 的 I/O 点数。

（3）选择合适的 PLC

PLC 的选择包括对 PLC 的机型、容量、开关输入量的点数、输入电压、开关输出量的点数、输出功率、模拟量 I/O 的点数、通信网络、电源等的选择。

（4）I/O 点分配

分配 PLC 的 I/O 点,画出 PLC 的 I/O 端与 I/O 设备的连接图或分配表。在连接图或分配表中,必须指定每个 I/O 对应的模块编号、端子编号、I/O 地址、对应的 I/O

提示

　　尤其是在以提高产品数量和质量、保证生产安全为目标的应用场合,必须将可靠性放在首位。

设备等。

（5）设计软件及硬件

1）PLC 程序设计的一般步骤

① 根据工艺流程和控制要求，画出系统的功能图或流程图。

② 根据 I/O 分配表或 I/O 端接线图，将功能图和流程图转换成梯形图。

2）硬件设计及现场施工的一般步骤

① 设计控制柜布置图、操作面板布置图和接线图等。

② 设计控制系统各部分的电气图。

③ 根据图纸进行现场接线。

（6）调试程序

先进行模拟调试，然后再进行系统调试。调试时可模拟用户输入设备的信号给 PLC，输出设备可暂时不接，输出信号可通过 PLC 主机的输出指示灯监控通断变化，对于内部数据的变化和各输出点的变化顺序，可在上位计算机上运行软件的监控功能，查看运行动作时序图，或者借助编程器的监控功能。

模拟调试和控制柜等硬件施工完成后，就可以进行整个系统的现场联机调试。现场联机调试是指将模拟调试通过的程序结合现场设备进行联机调试。通过现场联机调试，可以发现在模拟调试中无法发现的实际问题，然后逐一排除这些问题，直至调试成功。

（7）编写相关技术文件

技术文件主要包括技术说明书、使用说明书、电气原理图、接线端子图、PLC 梯形图、电器布置图等，完成整个 PLC 控制系统的设计。

以上是设计一个 PLC 控制系统的大致步骤。具体的系统设计要根据系统规模的大小、控制要求的复杂程度、控制程序步数的多少来灵活处理，有的步骤可以省略，也可以进行适当调整。

7.2　PLC 选型原则

PLC 选型的基本原则：所选的 PLC 应能够满足 PLC 控制系统的功能需要，一般从 PLC 结构、输出方式、通信联网功能、PLC 电源、I/O 点数及 I/O 设备等方面综合考虑。

1. PLC 结构选择

在功能相同和 I/O 点数相同的情况下，整体式 PLC 的价格比模块式 PLC 低。模块式 PLC 具有功能扩展灵活、维修方便、容易判断故障等优点。应根据需要选择 PLC 结构。

2. PLC 输出方式选择

不同的负载对 PLC 的输出方式有不同的要求。继电器输出型 PLC 的工作电压范围广，触点的导通压降小，承受瞬时过电压和瞬时过电流的能力较强，但是动作速度较慢，触点寿命有一定的限制。如果系统输出信号变化不是很频繁，建议优先选择继电器输出型 PLC。晶体管型与双向晶闸管型 PLC 分别用于直流负载和交流负载，它们的可靠性高，反应速度快，不受动作次数的限制，但是过载能力稍差。

3. 通信联网功能选择

如果 PLC 控制系统需要联网控制,则所选用的 PLC 需要有通信联网功能,选择的 PLC 应具有连接其他 PLC、上位机及 CRT 等的功能。

4. PLC 电源选择

电源是干扰 PLC 引入的主要途径之一,所以选择优质电源有助于提高 PLC 控制系统的可靠性。一般可选用畸变较小的稳压器或带有隔离变压器的电源,使用直流电源时要选用桥式全波整流电源。对于供电不正常或电压波动较大的情况,可考虑采用不间断电源(UPS)或稳压电源供电。

5. I/O 点数及 I/O 设备的选择

根据控制系统需要的输入设备(如按钮、限位开关、转换开关)、输出设备(如接触器、电磁阀、信号灯)以及 A−D、D−A 转换的个数来确定 PLC 的 I/O 点数,再按实际所需总点数的 15% 留有一定的余量,以满足今后的生产发展或工艺改进的需要。

7.3　逻辑控制设计法

逻辑控制设计法是指应用逻辑函数,以逻辑控制组合的方法和形式设计 PLC 电气控制系统。逻辑法的理论基础是逻辑函数,即逻辑运算与、或、非的逻辑组合。所以,从本质上来说,PLC 梯形图程序是与、或、非的逻辑组合,也可以用逻辑函数表达式来表示。

用逻辑法设计梯形图时,必须在逻辑函数表达式与梯形图之间建立一一对应的关系,即梯形图中动合触点用原变量(元件)表示,动断触点用反变量(元件上加一小横线)表示。触点(变量)和线圈(函数)只有两个取值 1 与 0,1 表示触点接通或线圈得电,0 表示触点断开或线圈失电。触点串联用逻辑“与”表示,触点并联用逻辑“或”表示,其他复杂的触点组合可用组合逻辑表示。

例如,逻辑函数表达式 $Y000 = (X000 \cdot \overline{M1} + Y000 \cdot M2) \cdot \overline{X003}$ 对应的梯形图如图 7−2 所示。

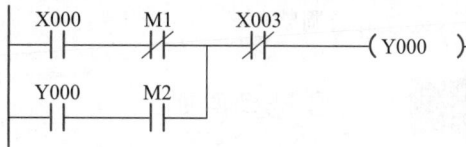

图 7−2　逻辑函数表达式对应的梯形图

逻辑控制设计法的设计步骤如下。

(1) 分析工艺要求

工艺要求是系统设计的主要依据。所以在系统设计之前,必须了解控制对象的工艺要求,明确在一个完整的循环过程中包含哪些动作,以及每个动作的启动信号和停止信号。

(2) 逻辑设计

因为每个动作只有工作和停止两种状态,即“1”和“0”两种状态,所以可以用逻辑代数的分析方法分析出影响每个动作的逻辑关系,将控制任务、要求转换为逻辑函数(线圈)和逻辑变量(触点),分析触点与线圈的逻辑关系,列出真值表,写出逻辑函数表达式。

(3) 梯形图设计

根据逻辑函数表达式画出梯形图,并分析系统动作的先后顺序是否完善,互锁、延时、同步、互不干扰等要求是否实现,每一个动作的启动信号和停止信号的使用是否合理,最后优化系统梯形图。

项目分析

1. 电梯输入信号及其意义

（1）位置信号

位置信号由安装在电梯停靠位置的 4 个传感器 XK1～XK4 产生。平时为 OFF，当电梯运行到安装位置时为 ON。

（2）指令信号

指令信号有 4 个，分别由"1"～"4"（K7～K10）4 个指令按钮产生。按某按钮，表示电梯内乘客要前往相应楼层。

（3）呼梯信号

呼梯信号有 6 个，分别由 K1～K6 呼梯按钮产生。按呼梯按钮，表示电梯外乘客要乘电梯。例如，按 K3 则表示第 3 层乘客要往上，按 K4 则表示第 2 层乘客要往下。

2. 电梯输出信号及其意义

（1）运行方向及显示信号

向上、向下运行信号两个，控制电梯的上升及下降；运行方向显示信号两个，由两个箭头指示灯组成，显示电梯运行方向。

（2）指令登记信号

指令登记信号有 4 个，分别由 L11～L14 指示灯组成，表示相应的指令信号已被接受（登记）。指令执行完后，信号消失。例如，电梯在第 2 层，按"3"表示电梯内乘客要去往第 3 层，则 L13 亮，表示这个要求已被接受。电梯向上运行到第 3 层停靠，此时 L13 灭。

（3）呼梯登记信号

呼梯登记信号有 6 个，分别由 L1～L6 指示灯组成，其意义与上述指令登记信号类似。

（4）开门、关门信号

指示开门与关门动作。

（5）楼层数显信号

这个信号表示电梯目前所在的楼层位置。由 7 段数码管构成，LEDa～LEDg 分别代表各段的笔画。

项目实施

7.4　I/O 分配

4 层电梯控制 I/O 分配表见表 7-1。

表 7-1   4 层电梯控制 I/O 分配表

输入			输出		
名称	符号	输入点	名称	符号	输出点
1 层平层信号	XK1	X000	向上运行显示	L7	Y000
2 层平层信号	XK2	X001	向下运行显示	L8	Y001
3 层平层信号	XK3	X002	上升	KM1	Y002
4 层平层信号	XK4	X003	下降	KM2	Y003
内呼 1 层指令	K7	X004	内呼 1 层显示	L11	Y004
内呼 2 层指令	K8	X005	内呼 2 层显示	L12	Y005
内呼 3 层指令	K9	X006	内呼 3 层显示	L13	Y006
内呼 4 层指令	K10	X007	内呼 4 层显示	L14	Y007
1 层外呼向上	K1	X010	1 层外呼向上显示	L1	Y010
2 层外呼向上	K2	X011	2 层外呼向上显示	L2	Y011
3 层外呼向上	K3	X012	3 层外呼向上显示	L3	Y012
2 层外呼向下	K4	X013	2 层外呼向下显示	L4	Y013
3 层外呼向下	K5	X014	3 层外呼向下显示	L5	Y014
4 层外呼向下	K6	X015	4 层外呼向下显示	L6	Y015
			开门	KM3	Y016
			关门	KM4	Y017
			7 段数码管	LEDa	Y020
			7 段数码管	LEDb	Y021
			7 段数码管	LEDc	Y022
			7 段数码管	LEDd	Y023
			7 段数码管	LEDe	Y024
			7 段数码管	LEDf	Y025
			7 段数码管	LEDg	Y026

7.5   控制系统设计

电梯的 PLC 控制程序比较复杂,层数越多越复杂。程序设计通常可以分为几个环节进行,然后将这些环节组合在一起,形成完整的梯形图。

1. 呼叫登记与解除环节

4 层电梯呼叫登记与解除程序如图 7-3 所示。M501 ～ M504 表示电梯轿厢所在楼层,M501 得电表示在 1 层。当有内呼时,对应的内呼指示得电并自锁。有 1 层内呼时,登记信号 Y004 得电并自锁,当电梯到 1 层时(M501 得电),则解除内呼登记信号。2 层外呼向上时,登记信号 Y011 得电并自锁。当轿厢下行经过 2 层时,2 层外呼向上不响应,所以不解除 Y011。

$$Y004 = (X004 + Y004)\overline{M501}$$

$$Y011 = (X011 + Y011)(\overline{M502} + Y001)$$

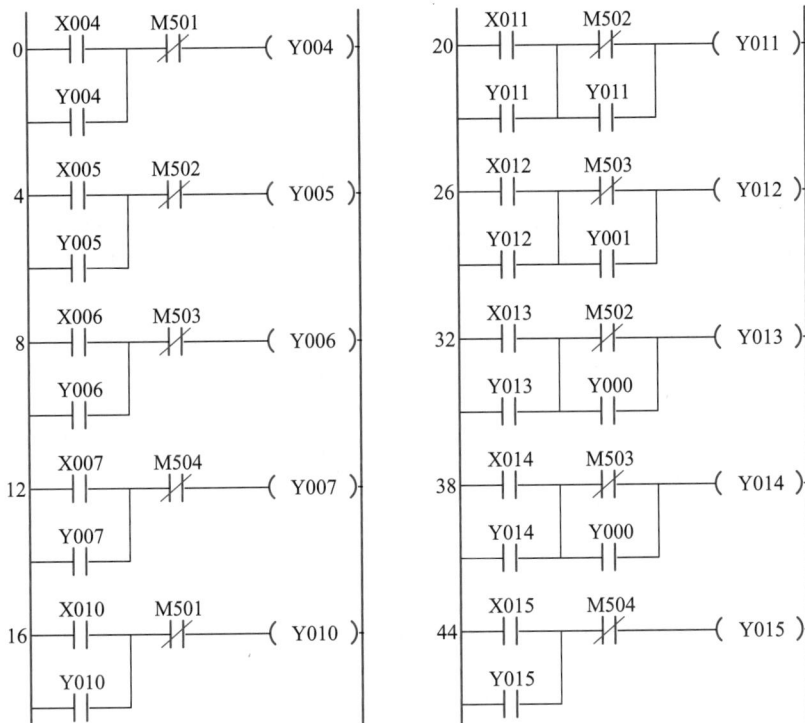

图 7-3 4 层电梯呼叫登记与解除程序

2. 轿厢当前位置信号的产生与消除

4 层电梯轿厢当前位置由图 7-4 所示程序决定。当轿厢与 1 层平层时,1 层平层信号 X000 得电,这时没有 2、3、4 层平层信号。M501 得电并自锁。当轿厢与其他楼层平层时,M501 失电。

M501 ~ M504 辅助继电器具有断电保持功能。轿厢的当前位置信息在 PLC 断电后不会丢失。

3. 上升/下降决策环节

4 层电梯上升/下降决策程序如图 7-5 所示。M525 或 M527 得电,表示电梯将上升;M526 或 M528 得电,表示电梯将下降。

① 电梯上升分为内呼要求和外呼要求。

内呼要求:轿厢不在 4 层,有 4 层内呼;轿厢不在 3、4 层,有 3 层内呼;轿厢不在 2、3、4 层(在 1 层),有 2 层内呼。

外呼要求:轿厢不在 4 层,有 4 层外呼向下;轿

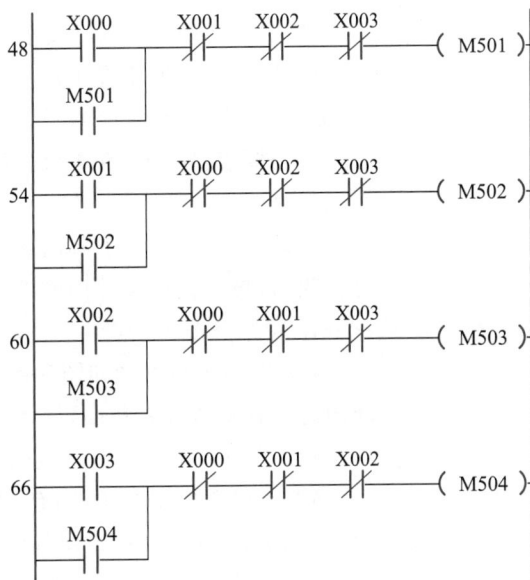

图 7-4 4 层电梯轿厢
当前位置相关程序

厢不在 3、4 层,有 3 层外呼(向上、向下);轿厢不在 2、3、4 层(在 1 层),有 2 层外呼(向上、向下)。

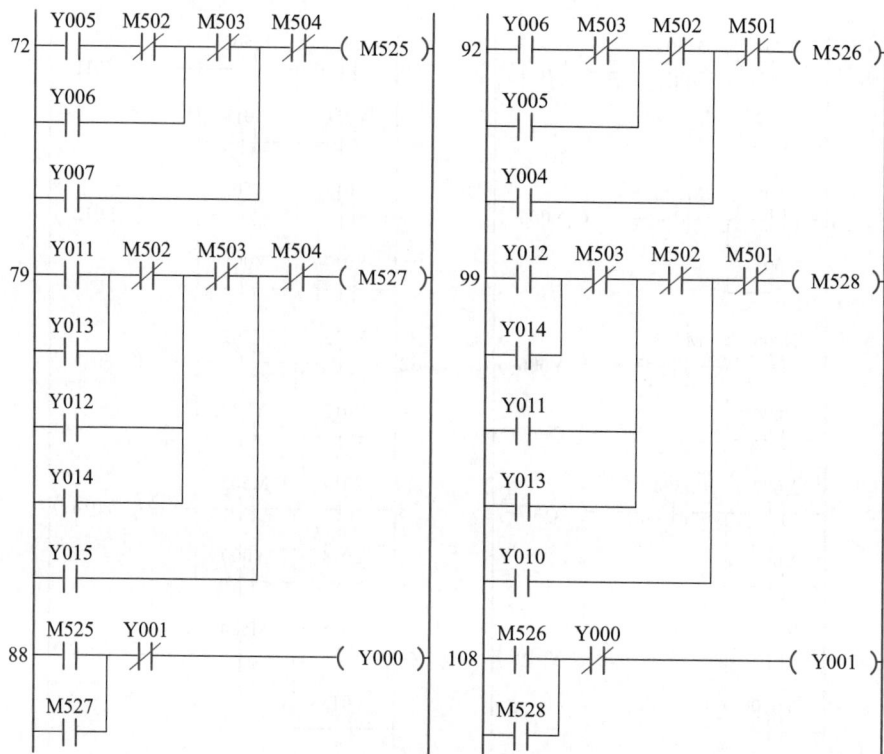

图 7-5　4 层电梯上升/下降决策程序

② 电梯下降分为内呼要求和外呼要求。

内呼要求:轿厢不在 1 层,有 1 层内呼;轿厢不在 1、2 层,有 2 层内呼;轿厢不在 1、2、3 层(在 4 层),有 3 层内呼。

外呼要求:轿厢不在 1 层,有 1 层外呼向上;轿厢不在 1、2 层,有 2 层外呼(向上、向下);轿厢不在 1、2、3 层(在 4 层),有 3 层外呼(向上、向下)。

上升时不能下降,下降时不能上升。哪一方向先响应,则执行完这个方向上的所有呼叫后,再响应相反方向的呼叫。

4. 停车环节

4 层电梯停车程序如图 7-6 所示。其中,M511 为上升最远站换向停车;M512 为下降最远站换向停车;M515 为上升同向截车停站;M516 为下降同向截车停站;M510 为内呼到站停车;M100 为综合停车。

M511 得电停车的条件:有"4 层外呼向下"且轿厢"4 层平层";没有"4 层外呼向下"和"内呼 4 层",有"3 层外呼向下"且轿厢"3 层平层";没有 3 层和 4 层"综合呼"(内呼和外呼向上、向下),有"2 层外呼向下"且轿厢"2 层平层"。

M512 得电停车的条件:有"1 层外呼向上"且轿厢"1 层平层";没有"1 层外呼向上"和"内呼 1 层",有"2 层外呼向上"且轿厢"2 层平层";没有 1 层和 2 层"综合呼"

（内呼和外呼向上、向下），有"3 层外呼向上"且轿厢"3 层平层"。

M515 得电停车的条件：上升过程中，有"2 层外呼向上"且"2 层平层"，或"有 3 层外呼向上"且"3 层平层"。

M516 得电停车的条件：下降过程中，有"3 层外呼向下"且"3 层平层"，或"有 2 层外呼向下"且"2 层平层"。

M510 得电停车的条件：任一内呼（1～4 层）到达相应平层时。

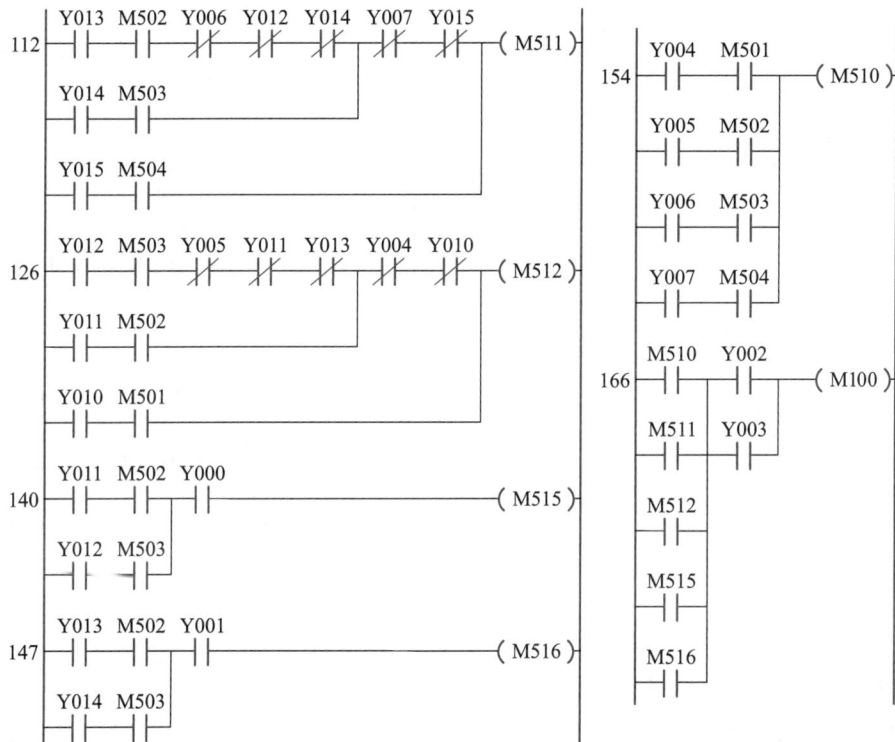

图 7-6　4 层电梯停车程序

5. 开关门及上下运行控制环节

4 层电梯开关门及上下运行控制程序如图 7-7 所示。当 M100 得电，表示要停车，这时断开 Y002、Y003（停止上升或下降），且自动开门。M110 得到 M100 的上升沿，触发 Y016 得电并自锁（开门），同时 T0 计时 3 s，即为开门所用时间。T0 计时到如有呼叫，则自动关门（Y017 得电）。关门时间由 T1 设定。在开、关门时 M200 得电，上升（Y002）和下降（Y003）被断开。

6. 电梯楼层显示控制环节

4 层电梯楼层显示控制程序如图 7-8 所示。M501～M504 表示电梯轿厢所在楼层，数据寄存器 D0 存放电梯当前所在的楼层，当电梯桥厢在 1 层时，M501 得电，数码管显示"1"，表示当前在 1 层。当电梯桥厢在 2 层时，M502 得电，数码管显示"2"，表示当前在 2 层。其他依次类推。

教学视频
4 层电梯实验

源程序
4 层电梯

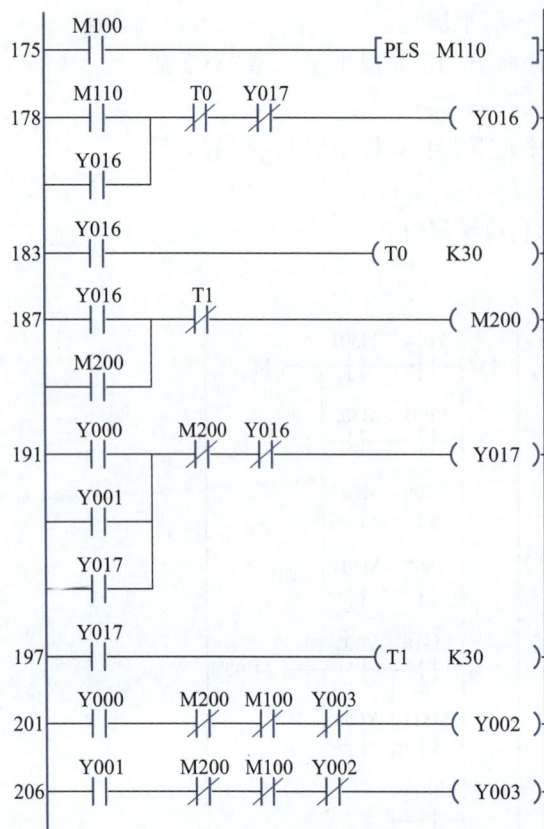

图 7-7　4 层电梯开关门及上下运行控制程序

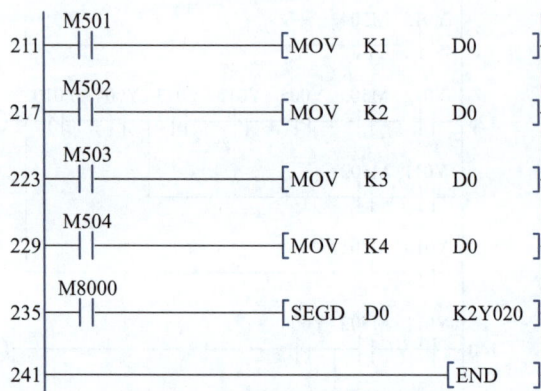

图 7-8　4 层电梯楼层显示控制程序

7.6　系统接线与调试

教学视频

4 层电梯组态仿真

4 层电梯控制外部接线图如图 7-9 所示。

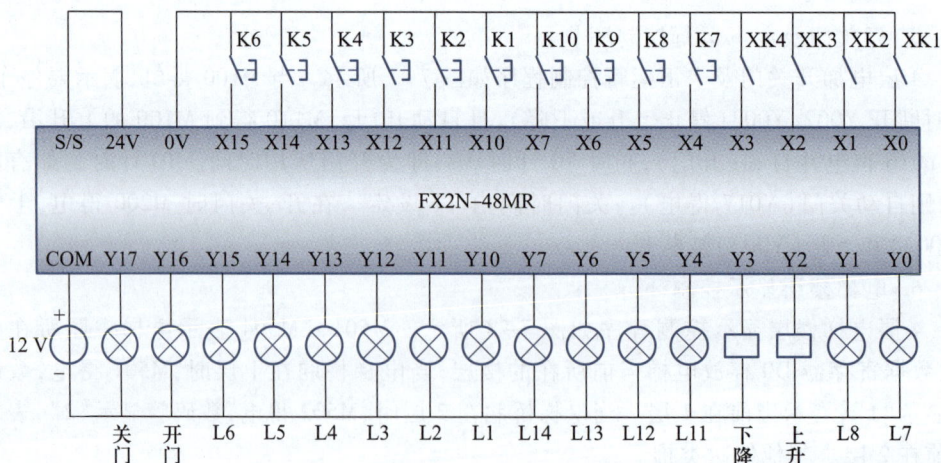

图 7-9　4 层电梯控制外部接线图

思考与练习

设计 8 层电梯控制程序。

源程序
8 层电梯

控制要求：

① 当有两个不同方向的外呼按钮按下,且所呼按钮所在楼层数都大于轿厢楼层数时,则轿厢先上行依次停靠,后下行依次停靠。

② 当有两个不同方向的外呼按钮按下,且所呼按钮所在楼层数都小于轿厢楼层数时,则轿厢先依次下行停靠,后依次上行停靠。

③ 当轿厢夹在两个不同方向外呼按钮楼层的中间时,如果先按轿厢的楼层数小于所按外呼按钮的楼层数,则电梯先上行依次停靠,后下行依次停靠;如果先按轿厢的楼层数大于所按外呼按钮的楼层数,则电梯先下行依次停靠,后上行依次停靠。

④ 轿厢开门后,先选择楼层,后按关门按钮或等待自动关门。

⑤ 轿厢内按报警按钮,报警灯亮;按检修按钮报警灯灭。

⑥ 第一次复位时,把轿厢调节在所有传感器都不能检测到的位置,之后按下复位按钮,轿厢复位到 1 层。

⑦ 当轿厢有两个不同方向的运行任务时,在轿厢关门之前务必把所要到达的楼层选择好。

⑧ 具有同向截车功能。例如,电梯在 1 层,指令为 4 层则上行,上行中 3 层有呼梯信号。如果呼梯信号为呼梯向上,则当电梯到达 3 层时停站顺路载客;如果呼梯信号为呼梯向下,则不能停站,而是先到 4 层后再返回到 3 层停站。

⑨ 一个方向的任务执行完要换向时,依据最远站换向原则。例如,电梯在 1 层根据 2 层指令向上,此时 3 层、4 层分别有呼梯向下信号。电梯到达 2 层停站,下客后继续向上。如果到 3 层停站换向,则 4 层的要求不能兼顾,如果到 4 层停站换向,则到 3 层可顺向截车。

项目 8

机械手自动控制及组态

在现代生产过程中，零件的加工、组装、物料的搬运都可以用机械手。 机械手虽然目前还不如人手那样灵活，但它能不断重复工作和劳动，不知疲劳，不怕危险，抓举重物的力量比人手力量大，所以被广泛运用于各行各业的自动化生产中。

自动化生产过程往往需要对生产状态进行监视与控制，并记录生产数据，对生产参数进行设置等，这些工作需要有良好的人机界面来完成。 工业自动化系统的人机界面一般可以是专用的人机系统，如文本屏、工业触摸屏，也可以是"工控计算机（或 PC）+组态软件"。

本项目用"PC+组态软件"实现机械手的监控。 通过本项目了解组态技术，熟悉国内外相关技术前沿，尊重知识产权。

思维导图

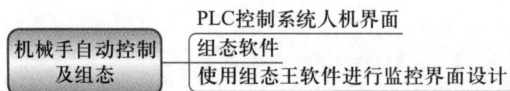

机械手自动控制及组态 —— PLC控制系统人机界面
组态软件
使用组态王软件进行监控界面设计

设计要求

某机械手要求循环实现:向左移动→下降→抓工件→上升→向右移动→放工件→向左移动。抓、放工件的时间都是 1.5 s。设计 PLC 控制系统以及人机监控系统。

思政学习
组态技术的发展

知识基础

8.1　组态

组态(configuration)的含义是"设置",指用户通过类似"搭积木"的简单方式来完成自己需要的软件功能,而不需要编写计算机程序。

动画
机械手监控程序

8.2　组态软件

组态软件也称为人机界面(human machine interface/man machine interface,HMI/MMI),或监控与数据采集(supervisory control and data acquisition,SCADA)。组态软件是指数据采集与过程控制的专用软件,位于监控层一级的软件平台和开发环境中,能以灵活多样的组态方式提供良好的用户开发界面和便捷的使用方法,其预设置的各种软件模块可以非常容易地实现监控层的各项功能,并支持各种硬件厂家的可编程控制器和 I/O 设备与高可靠的工业控制计算机和网络系统结合,可向控制层和管理层提供软、硬件的全部接口,进行系统集成。工控组态软件在实现工业控制软件开发时免去了大量烦琐的编程工作,解决了长期以来控制工程人员缺乏计算机专业知识与计算机专业人员缺乏控制工程现场操作技术和经验的矛盾,极大地提高了自动化工程的工作效率。

8.3　组态王软件

组态王软件是一种通用的工业监控软件,它将过程控制设计、现场操作以及工厂资源管理融为一体,将一个企业内部的各种生产系统和应用以及信息交流汇集在一起,实现最优化管理。它基于 Microsoft Windows 操作系统,用户在企业网络所有层次的各个位置上都可以及时获得系统的实时信息。采用组态王软件开发工业监控工程,可以极大地增强用户生产控制能力、提高工厂的生产力和效率,提高产品的质量,减少成本及原材料的消耗。它适用于从单一设备的生产运营管理和故障诊断,到网络结构分布式大型集中监控管理系统的开发。

参考资料
《组态王软件使用教程》

组态王软件由工程管理器、工程浏览器及运行系统三部分构成。

工程管理器用于新工程的创建和已有工程的管理,对已有工程进行搜索、添加、备份、恢复以及实现数据词典的导入和导出等功能。

工程浏览器是一个工程开发设计工具,用于创建监控画面、监控的设备及相关变量、动画链接、命令语言以及设定运行系统配置等的系统组态。

运行系统通过运行工程界面,从采集设备中获得通信数据,并依据工程浏览器的动画设计显示动态画面,实现人与控制设备的交互操作。

项目分析

微课
组态王新建工程

本项目机械手共有 5 个输入信号,即上、下、左、右极限开关信号和启停开关信号;共有 5 个动作,即上、下、左、右、抓。可采用气缸为执行机构,通过电磁阀来控制气缸的伸出与缩回、夹爪的开合。气缸的极限开关采用磁性开关,如图 8-1 所示。

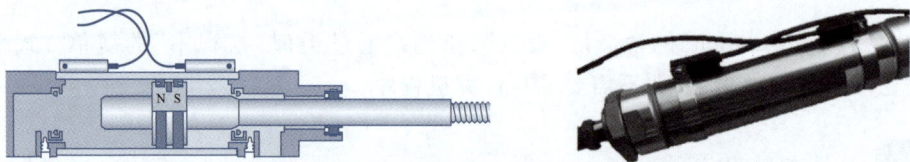

图 8-1   带磁性开关的气缸

微课
机械手组态监控设计

I/O 点数为 10 点,可以选择三菱 FX3U-16MR PLC。

人机界面设计采用组态王 v6.55。

① 机械手自动控制是一个典型的顺序控制类应用,采用步进状态编程比较合适。将工作过程分为 6 个状态,即左移、下降、抓工件、上升、右移、放工件。

② 可利用组态王软件产生各个方向上的极限开关信号,提供给 PLC。

③ 用内存整型变量来控制机械手的运动、夹爪的夹紧与松开等。

项目实施

8.4   I/O 分配

机械手自动控制 I/O 分配表见表 8-1。

表 8-1   机械手自动控制 I/O 分配表

输入			输出		
名称	符号	输入点	名称	符号	输出点
上极限	BG1	X000	上升	YV1	Y000
下极限	BG2	X001	下降	YV2	Y001
左极限	BG3	X002	向左移动	YV3	Y002
右极限	BG4	X003	向右移动	YV4	Y003
启停开关	SB1	X004	抓工件	YV5	Y004

8.5　控制系统设计

1. PLC 控制程序

机械手控制程序梯形图如图 8-2 所示。

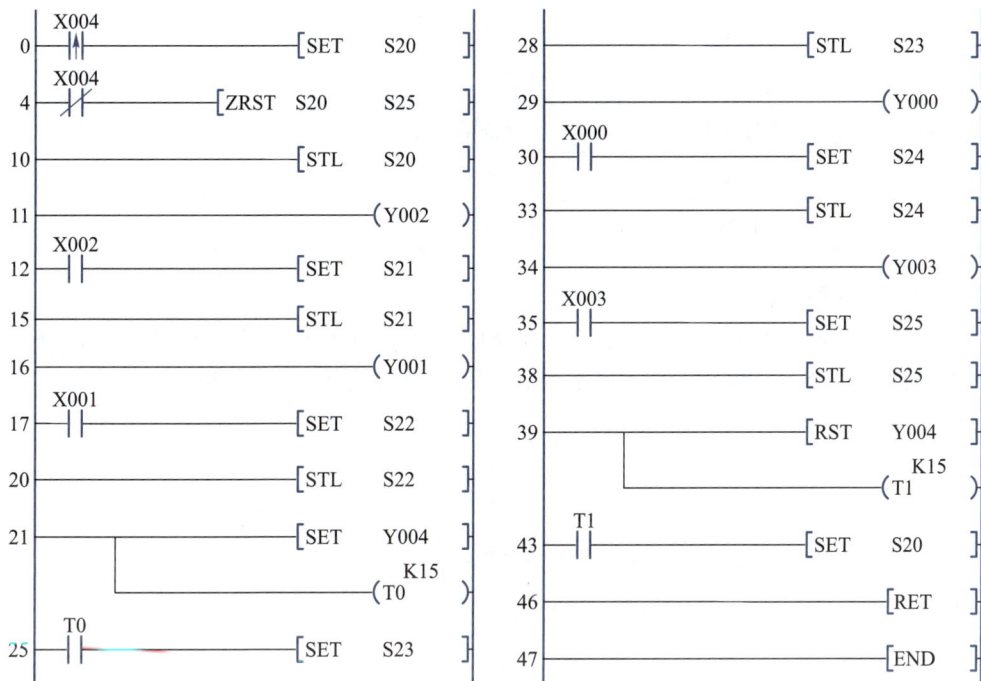

图 8-2　机械手控制程序梯形图

2. 组态仿真设计与调试

（1）构造数据库

根据机械手控制的输入/输出，新建 I/O 离散变量，这里变量名与输入/输出继电器对应。共建立 10 个 I/O 离散变量。另外，建立了 6 个内存整型变量 k1~k6，用于控制机械手的动画效果。所有变量的设置见表 8-2。

微课
机械手监控数据库构建

表 8-2　机械手自动控制组态仿真变量设置

变量名	变量描述	变量类型	连接设备	寄存器
x4	启停开关	I/O 离散	PLC1	X004
x0	上极限	I/O 离散	PLC1	X000
x1	下极限	I/O 离散	PLC1	X001
x2	左极限	I/O 离散	PLC1	X002
x3	右极限	I/O 离散	PLC1	X003
y0	上升	I/O 离散	PLC1	Y000
y1	下降	I/O 离散	PLC1	Y001
y2	向左移动	I/O 离散	PLC1	Y002

续表

变量名	变量描述	变量类型	连接设备	寄存器
y3	向右移动	I/O 离散	PLC1	Y003
y4	抓工件	I/O 离散	PLC1	Y004
k1	左右移动	内存整型		
k2	上下移动	内存整型		
k3	抓紧	内存整型		
k4	工件 X 值	内存整型		
k5	工件 Y 值	内存整型		
k6	工件数量	内存整型		

微课

机械手监控画面设计

（2）设计图形监控界面

在绘制监控界面的环境下，运用各种作图工具完成图 8-3 所示机械手监控画面。画面包括立柱、X 方向滑竿、Y 方向滑竿、夹爪、四个极限开关、工件和放工件平台，以及一些显示信息，机械手的当前位置信息、夹爪状态。

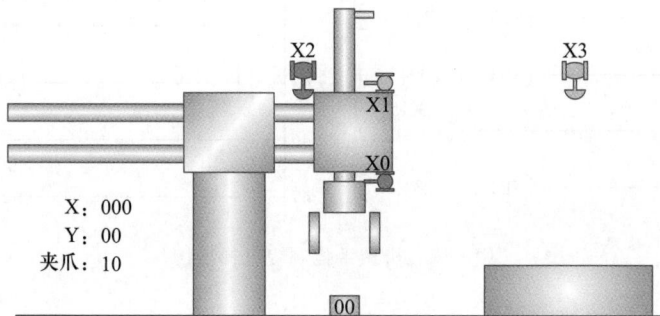

X：000
Y：00
夹爪：10

图 8-3　机械手监控画面

微课

机械手动画连接与调试

（3）建立动画连接

对监控界面中需要移动的组件设置相应的变量，控制其水平方向和垂直方向的移动。当某个方向的控制变量达到一定值时，产生极限信号给 PLC，控制程序进入下一个步进状态。具体的画面属性命令语言如下。

if(k1 = = 0)　　{x2 = 1;}　　　　　　　　　//如果 k1 = 0，左极限 = 1

if(k1>0)　　　　{x2 = 0;}　　　　　　　　　//如果 k1>0，左极限 = 0

if(k1<170)　　　{x3 = 0;}　　　　　　　　　//如果 k1<170，右极限 = 0

if(k1 = = 170){x3 = 1;}　　　　　　　　　　//如果 k1 = 170，右极限 = 1

if(y2 = = 1)　　{k1 = k1 − 10;}　　　　　　//如果 y2 = 1（向左移动），k1 减去 10，不断递减

if(y3 = = 1)　　{k1 = k1 + 10;}　　　　　　//如果 y3 = 1（向右移动），k1 加上 10，不断递加

if(k2 = = 0)　　{x0 = 1;}　　　　　　　　　//如果 k2 = 0，上极限 = 1

if(k2 = = 63)	{x1 = 1 ;}	//如果 k2 = 63,下极限 = 1
if(k2>0)	{x0 = 0 ;}	//如果 k2>0,上极限 = 0
if(k2<63)	{x1 = 0 ;}	//如果 k2<63,下极限 = 0
if(y1 = = 1)	{k2 = k2 + 7 ;}	//如果 y1 = 1（下降）,k1 加上 7,不断递加
if(y0 = = 1)	{k2 = k2 − 7 ;}	//如果 y0 = 1（上升）,k1 减去 7,不断递减
if(y4 = = 1)	{k3 = k3 − 5 ;}	//夹爪夹紧
if(y4 = = 0)	{k3 = k3 + 5 ;}	//夹爪放松
if(k3 = = 0)	{k5 = 63 − k2 ;k4 = k1 ;}	//夹爪夹紧时,工件的坐标随夹爪位置变化
if(k3 = = 10)	{k5 = 0 ;k4 = 0 ;}	//夹爪松开时,工件的坐标为(0,0)
if(y2 = = 1)	{if(k1 = = 10) k6 = k6 + 1 ;}	//工件计数
if(k6 = = 99)	{k6 = 0 ;}	//工件计到 99 时,清 0

提示

组态软件和 PLC 编程软件不能同时与 PLC 通信。组态软件在运行监控时,PLC 编程软件必须停止监控,释放通信口。反之亦然。

微课
组态工程定义设备

8.6　系统接线与调试

源程序
项目拓展源程序

PLC 外部 I/O 接线图如图 8-4 所示。

将编写好的 PLC 程序下载到 PLC 中,并让 PLC 处于运行状态。启动组态监控,查看监控界面上的机械手动作是否正确,移动距离是否合适,不合适可修改画面属性命令语言中对应变量的比较值。

项目拓展

要求控制一机械手循环实现:向右移动→下降→抓工件→上升→向左移动→下降→放工件→上升→向右移动。编写 PLC 控制程序,设计组态监控系统。

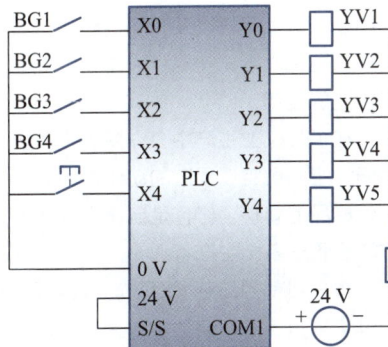

图 8-4　PLC 外部 I/O 接线图

思考与练习

1. 动画设计中,机械手的移动速度怎么改变?
2. 真实的有限位开关的机械手,监控界面中的机械手的动作怎么同步实际的机械手?
3. 怎么将搬运次数变为可设定?
4. 怎么感知工件是否已抓紧?
5. 当工件需要旋转方向时怎么实现?
6. 当有两个工件时,怎么将工件摆放到工件台面上?

参考答案

项目 9

生产线轻载 AGV 控制

　　自动引导运输车（automated guided vehicle,AGV）是具有搬运功能的，能够沿规定路径行走的，具有安全保护以及各种移载功能的自动导航机器人，是一种智能仓储机器人。

　　随着信息化大数据应用的普及，传统的仓储、物流作业方式无法满足市场需求，必须引进自动化设备。作为智能物流核心设备之一的智能仓储机器人迎来了市场的爆发性增长。许多企业开始在生产上下料以及物料运输中进行自动化、智能化、无人化改造，AGV 成为当前企业提高生产自动化水平、实现少人作业、降低人工成本的理想选择，在工厂、仓库、物流等搬运中得到了广泛的应用。

　　在现代工业生产中，许多场合需要 AGV 在指定路径上行驶，并且遵循工序要求，在规定的时间、空间内完成预定的动作任务。AGV 在现代工厂的自动化生产线上，承担着毛坯件、半成品、成品的转移工作，是自动化生产线上的重要环节，在企业生产中发挥着日益重要的作用，已广泛应用于各个生产行业。

　　本项目使用三菱 PLC 作为控制器，控制电动机带动轻载 AGV 运行，实现 AGV 自动控制。通过本项目了解自动驾驶相关科学技术内容，树立科技强国理念，强化自动驾驶安全意识，提高安全素养。

思维导图

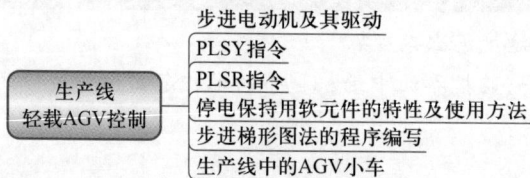

生产线轻载AGV控制
- 步进电动机及其驱动
- PLSY指令
- PLSR指令
- 停电保持用软元件的特性及使用方法
- 步进梯形图法的程序编写
- 生产线中的AGV小车

设计要求

　　某电子产品组装生产企业,物料仓库与产线之间物料的搬运需要采用轻载 AGV, 其工作流程如图 9-1 所示。路径为一封闭单圈磁条轨道,AGV 单向顺时针沿磁条行 驶,途中设有 3 个站:库房上料站、产线下料站、回收站。AGV 开机后处于待机状态,每 一站的线员按下 AGV 起运按钮,AGV 自动沿磁条行驶至下一站停止。

　　根据用户要求,本项目宜采用图 9-2 所示 AGV 驱动方式,3、4 为驱动轮,1、2、5、6 为自由轮。要实现的功能如下。

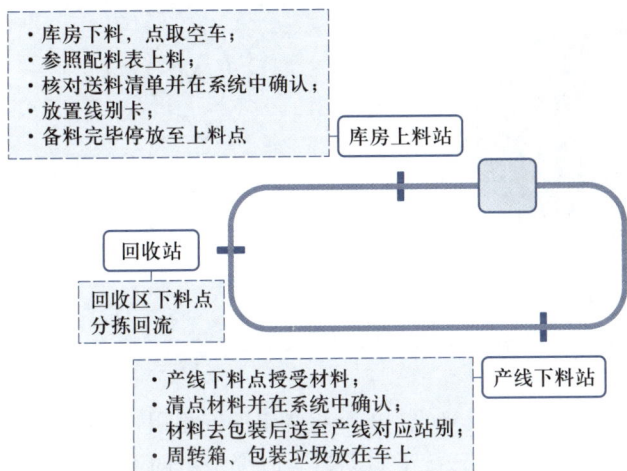

　　　・库房下料,点取空车;
　　　・参照配料表上料;
　　　・核对送料清单并在系统中确认;
　　　・放置线别卡;
　　　・备料完毕停放至上料点

库房上料站

回收站

回收区下料点
分拣回流

　　　・产线下料点授受材料;
　　　・清点材料并在系统中确认;
　　　・材料去包装后送至产线对应站别;
　　　・周转箱、包装垃圾放在车上

产线下料站

图 9-1　AGV 工作流程

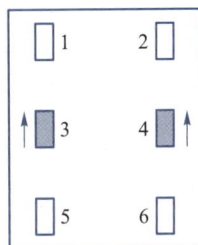

图 9-2　AGV 驱动方式

　　① 能前进、后退、左转、右转,有指示灯。

　　② 能沿磁条行进,到站自动停车,接受按键操作后,自动行驶至下一站。

　　③ 有安全防护功能,当前方有障碍物、声光报警提示、碰撞危险时自动停车。

　　④ 能通过触摸屏查看电池电压,电压低时提示充电;能监视输入/输出状态;可以 设置运行速度等参数。

　　本项目中 AGV 采用步进电动机驱动,也可以使用伺服电动机,具体选择视实际条 件而定。

知识基础

9.1　步进电动机及其驱动

9.1.1　步进电动机

　　步进电动机是将电脉冲信号转换为角位移或直线位移的一种特殊执行电动机。

每输入一个电脉冲信号,电动机就转动一定的角度,这个角度即为步距角。步进电动机按定子上的绕组来分,共有两相、三相、五相等系列,使用最广泛的是两相混合式步进电动机,约占 97% 以上的市场份额,其原因是性价比高,配上细分驱动器后效果良好。

两相混合式步进电动机的基本步距角为 1.8°,配上半步驱动器后步距角减小为 0.9°,配上细分驱动器后步距角可细分达 256 倍(0.007°/微步)。由于摩擦力和制造精度等原因,实际控制精度略低,同一步进电动机可配不同细分驱动器以改变精度和效果。两相混合式步进电动机外观及引线如图 9-3 所示。大部分电动机的 4 根引线中,A 相为红、绿两根线,B 相为黄、蓝两根线;也有部分电动机的黑、绿线为 A 相,红、蓝线为 B 相。

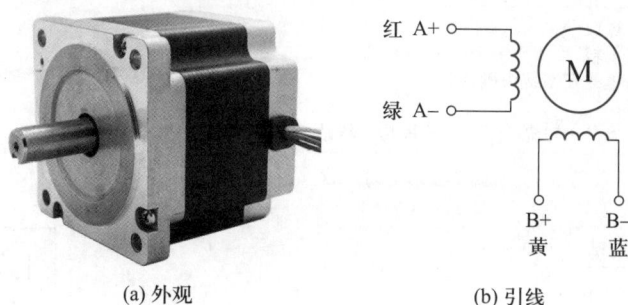

(a) 外观   (b) 引线

图 9-3   两相混合式步进电动机外观及引线

图 9-4 所示为三相步进电动机外观及接线。3 个相绕组的 6 根引出线必须按首尾相连的原则连接成三角形,引出 U、V、W 相,接至驱动器。改变绕组的通电顺序就能改变步进电动机的转动方向。也有很多三相步进电动机直接引出 U(红)、V(白)、W(黑)3 根供电线及 1 根地线。

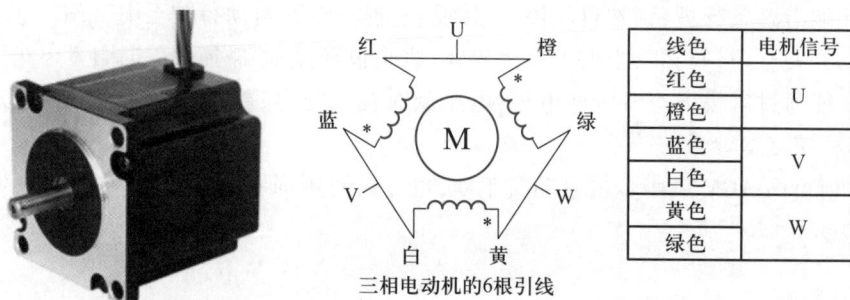

三相电动机的6根引线

线色	电机信号
红色	U
橙色	U
蓝色	V
白色	V
黄色	W
绿色	W

图 9-4   三相步进电动机外观及接线

安装步进电动机时,必须严格按照产品说明的要求进行。步进电动机是精密装置,安装时注意不要敲打它的轴端,也不可拆卸电动机。除了步距角外,步进电动机还有保持转矩、阻尼转矩等技术参数,关于这些参数的物理意义可参阅相关步进电动机的专门资料。

9.1.2　步进电动机的驱动器

步进电动机需要专门的驱动器。驱动器和步进电动机组成一个整体,步进电动机的运行性能是电动机及其驱动器二者配合所反映的综合效果。

一般来说,每一台步进电动机都有其对应的驱动器,图 9-5 所示为两相步进电动机驱动器。该驱动器可采用 DC 24~110 V 电源供电,也可以使用 AC 18~80 V 电源供电。驱动器输出相电流为 2.00~6.00 A,通过拨动开关设定。驱动器采用自然风冷。两相步进电动机的典型接线图如图 9-6 所示,控制信号输入电流为 6~20 mA,控制信号的输入电路采用光耦隔离。有的驱动器只能接受 5 V 控制信号,如果 V_{CC} 为 24 V,需串接 2 kΩ 的电阻 R。现在也有驱动器 5~24 V 电平通用,不用串接电阻 R。

步进电动机驱动器的功能是接收来自控制器(PLC)的一定数量和一定频率的脉冲信号、控制电动机旋转方向的方向信号以及脱机信号,同时为步进电动机输出三相功率脉冲信号。

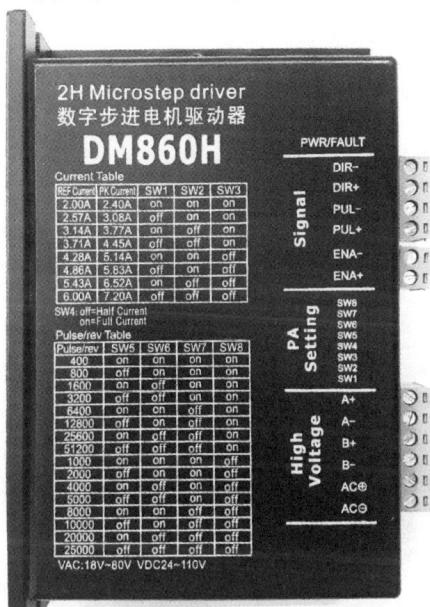

图 9-5　两相步进电动机驱动器

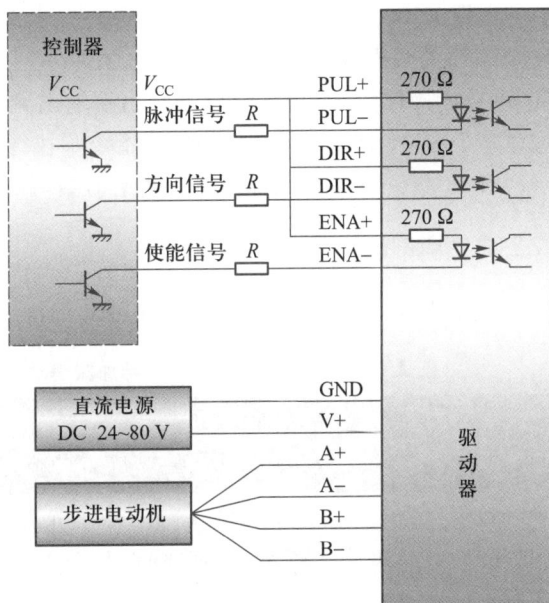

图 9-6　两相步进电动机的典型接线图

9.2　FX3U 的脉冲输出

晶体管输出的 FX3U 系列 PLC 基本单元支持高速脉冲输出功能,可输出 3 路高速脉冲,使用的高速输出点分别为 Y0、Y1、Y2,其他输出点无效。基本单元输出脉冲的最高频率不超过 100 kHz。

较为常用的高速输出指令有 PLSY(脉冲输出)和 PLSR(可变脉冲输出)两条。其余定位指令有原点回归指令 FNC156(ZRN)、相对位置控制指令 FNC158(DRVI)、绝对位置控制指令 FNC158(DRVA)、可变速脉冲输出指令 FNC157(PLSV)等。

9.2.1 PLSY 指令

微课
PLSY 脉冲输出指令应用

脉冲输出指令 PLSY 是发出脉冲信号用的指令。脉冲输出的助记符、指令代码、操作数及程序步见表 9-1。

表 9-1 脉 冲 输 出

指令名称	助记符	指令代码	操作数		程序步
			S(可变址)	D(可变址)	
脉冲输出	PLSY	FNC 57	K、H、KnX、KnY、KnS、KnM、T、C、D、V、Z	Y	PLSY…7 步 (D)PLSY…13 步

PLSY(16 位)指令梯形图如图 9-7 所示。当 X000 为 ON 时,以源操作数[S1]中的数据 K2000 为指定脉冲频率,源操作数[S2]中的数据 K30000 为指定发出脉冲量,以目标操作数 Y0 为指定脉冲输出端输出频率,即以 2 000 Hz 的频率从 Y0 端输出

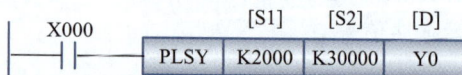

图 9-7 PLSY(16 位)指令梯形图

30 000 个脉冲。当 X000 为 OFF 时,指令不执行,停止脉冲输出。

PLSY 指令有 32 位操作方式,使用前缀"D"。

9.2.2 PLSR 指令

微课
PLSR-带加减速的脉冲输出指令应用

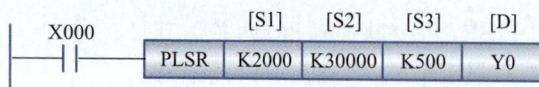

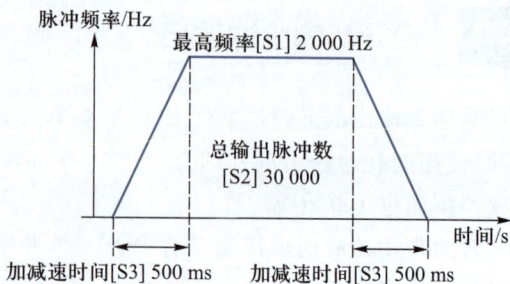

带加减速的脉冲输出指令 PLSR 的助记符、指令代码、操作数及程序步见表 9-2。

表 9-2 带加减速功能的脉冲输出

指令名称	助记符	指令代码	操作数		程序步
			S(可变址)	D(可变址)	
带加减速的脉冲输出	PLSR	FNC 59	K、H、KnX、KnY、KnS、KnM、T、C、D、V、Z	Y	PLSR…9 步 (D)PLSR…17 步

PLSR(16 位)指令梯形图和示意图如图 9-8 所示。当 X000 为 ON 时,以源操作数

图 9-8 PLSR(16 位)指令梯形图和示意图

[S1]中的数据 K2000 为最高脉冲频率，源操作数[S2]中的数据 K30000 为指定发出脉冲量，以源操作数[S3]中的数据 K500(ms)为加减速时间，以目标操作数 Y0 为指定脉冲输出端输出脉冲。即以 2 000 Hz 的频率从 Y0 端输出 30 000 个脉冲。当 X000 为 OFF 时，指令不执行，停止脉冲输出。

PLSR 指令有 32 位操作方式，使用前缀"D"。

9.3　FX3U 的停电保持

9.3.1　FX3U 可编程控制器的字元件内存

当 PLC 电源及 RUN/STOP 状态发生变化时，其字元件内存清除及保持状况见表 9-3。

表 9-3　FX3U 可编程控制器的字元件内存清除及保持状况

项目		电源 OFF	电源 OFF→ON	STOP→RUN	RUN→STOP
数据寄存器（D）	一般用		清除	不变化	清除
				M8033 = ON 时不变化	
	停电保持用	不变化			
	文件用	不变化			
	特殊用	清除	初始值设定	不变化	
文件寄存器（R）	停电保持用	不变化			
扩展文件寄存器（ER）	文件用	不变化			
变址寄存器（V、Z）	V、Z	清除		不变化	
定时器当前值寄存器（T）	100 ms 用		清除	不变化	清除
				M8033 = ON 时不变化	
	10 ms 用		清除	不变化	清除
				M8033 = ON 时不变化	
	累计 100 ms 用	不变化			
	累计 1 ms 用	不变化			
计数器当前值寄存器（C）	一般用		清除	不变化	清除
				M8033 = ON 时不变化	
	停电保持用	不变化			
	高速用	不变化			

9.3.2   FX3U 可编程控制器的位元件内存

当 PLC 电源及 RUN/STOP 状态发生变化时,其位元件内存清除及保持状况见表 9-4。

表 9-4   FX3U 可编程控制器的位元件内存清除及保持状况

项目		电源	电源 OFF→ON	STOP→RUN	RUN→STOP
触点映像存储器 (X、Y、M、S)	输入继电器 (X)	清除		不变化	清除
				M8033 = ON 时不变化	
	输入继电器 (Y)	清除		不变化	清除
				M8033 = ON 时不变化	
	一般辅助用 继电器(M)	清除		不变化	清除
				M8033 = ON 时不变化	
	停电保持用辅助 用继电器(M)	不变化			
	特殊用辅助 继电器(M)	清除	初始值设定	不变化	
	一般状态(S)	清除		不变化	清除
				M8033 = ON 时不变化	
	停电保持用 状态(S)	不变化			
定时器触点 计时线圈(T)	100 ms 用	清除		不变化	清除
				M8033 = ON 时不变化	
	10 ms 用	清除		不变化	清除
				M8033 = ON 时不变化	
	累计 100 ms 用	不变化			
	累计 1 ms 用	不变化			
计数器触点 计数线圈 复位线圈(C)	一般用	清除		不变化	清除
				M8033 = ON 时不变化	
	停电保持用	清除		不变化	清除
				M8033 = ON 时不变化	
	高速用	清除		不变化	清除
				M8033 = ON 时不变化	

9.3.3　一般用软元件和停电保持软元件的变更

1. 将停电保持软元件作为非停电保持软元件使用

根据参数设定情况,FX3U 系列 PLC 可将部分停电保持软元件的一部分更改成非停电保持软元件。停电保持专用的软元件不可以更改成非停电保持软元件。这种情况下,在程序中使用初始化脉冲(M8002)清除保持软元件,这样就可以将其作为非停电保持软元件使用。

2. 将非停电保持软元件作为停电保持软元件使用

根据参数设定情况,FX3U 系列 PLC 可将非停电保持软元件更改成停电保持软元件。在 FX3G、FX3GC 系列 PLC 中,使用了选件电池时,通过对电池模式参数进行设定,可以将停电保持软元件更改为非停电保持软元件。

停电保持软元件应用实例:如图 9-9 所示,一往返动作工作台由一电动机正反转控制,如果希望再次启动时,工作台前进方向与停电时前进方向相同,则可使用停电保持辅助继电器作为驱动指令。

如图 9-10 所示,往返控制梯形图中,使用停电保持辅助继电器 M601、M600 作为左右驱动指令。工作台前进时 M600 得电,后退时 M601 得电。当前进过程中 PLC 断电,M600 = ON 状态保持,再次启动时继续前进。

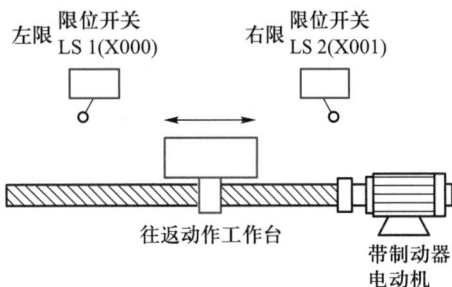

图 9-9　往返动作工作台示意图

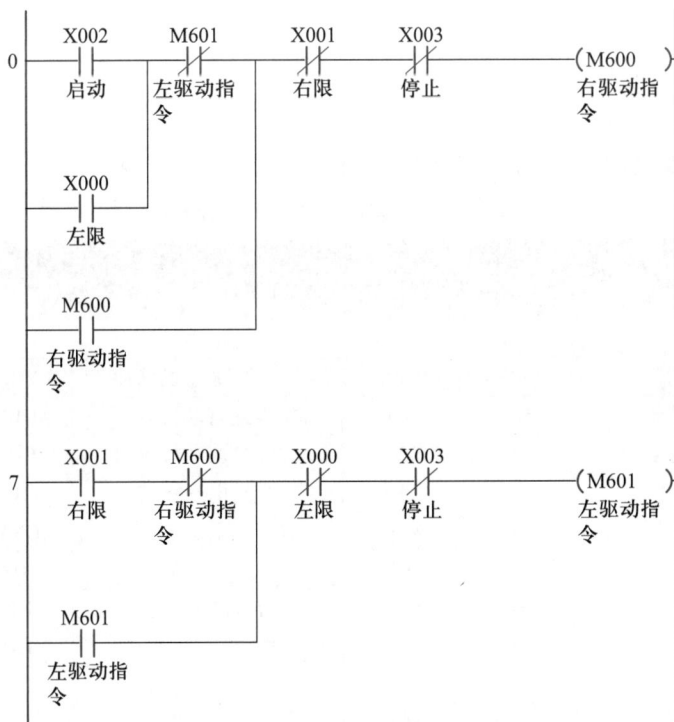

图 9-10　往返控制梯形图

项目分析

　　根据 AGV 控制系统的工作要求,分析 I/O 点数,输入开关量包括启动按钮、急停按钮、避障传感器 2 点、磁条导航传感器 8 点,共 12 点;输出开关量包括步进电动机脉冲信号 2 点、方向信号 2 点、使能信号 2 点、蜂鸣器、指示灯 3 点,共 10 点;故可选用 32 点的 PLC。要有高速脉冲输出功能,需选用晶体管输出型,根据 I/O 点数需求,可以选择三菱 FX3U-32MT/DS PLC。

　　系统需要模拟量输入通道 1 个。为了后续升级 AGV 功能,预留一定裕量,宜选择有 4 路模拟量输入的模块 FX3U-4AD。AGV 控制系统框图如图 9-11 所示。

　　为方便进行 AGV 状态监视及参数设置,选配性价比较高的 7 in 普通功能触摸屏。

　　动力电池选用 24 V 锂电池,容量 40 A·h。电动机及驱动器选择 86 型,输出力矩 12 N·m。选用低成本的具有 8 位开关量输出的磁条导航传感器。选用光电避障传感器,前方一组 4 个,后方一组 4 个,每组 4 个的输出并联成一个信号。

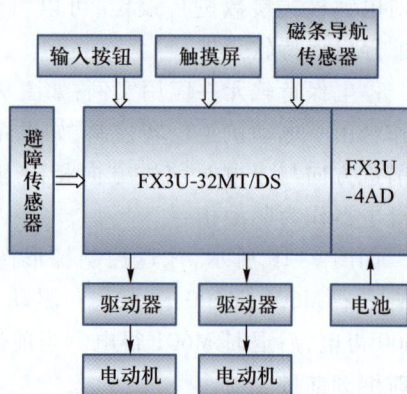

图 9-11　AGV 控制系统框图

项目实施

9.4　I/O 分配

　　生产线轻载 AGV I/O 分配表见表 9-5。

表 9-5　生产线轻载 AGV I/O 分配表

输入			输出		
名称	符号	输入点	名称	符号	输出点
启动按钮	SB1	X000	左步进电动机脉冲	PUL1	Y000
急停按钮	SB2	X001	右步进电动机脉冲	PUL2	Y001
前避障传感器	SP1	X002	左步进电动机方向	DIR1	Y004
后避障传感器	SP2	X003	右步进电动机方向	DIR2	Y005
磁条导航传感器	S1	X010	左步进电动机使能	ENA1	Y006
	S2	X011	右步进电动机使能	ENA2	Y007
	S3	X012	蜂鸣器	HZ	Y010
	S4	X013	指示灯(红色)	HL1	Y011
	S5	X014	指示灯(绿色)	HL2	Y012
	S6	X015	指示灯(黄色)	HL3	Y013
	S7	X016			
	S8	X017			

9.5　系统接线

图 9-12 所示为生产线轻载 AGV I/O 接线图,除急停按钮外所有信号均采用动合输入,即按下按钮时输入信号为 ON。

延伸阅读
生产线中的 AGV 小车

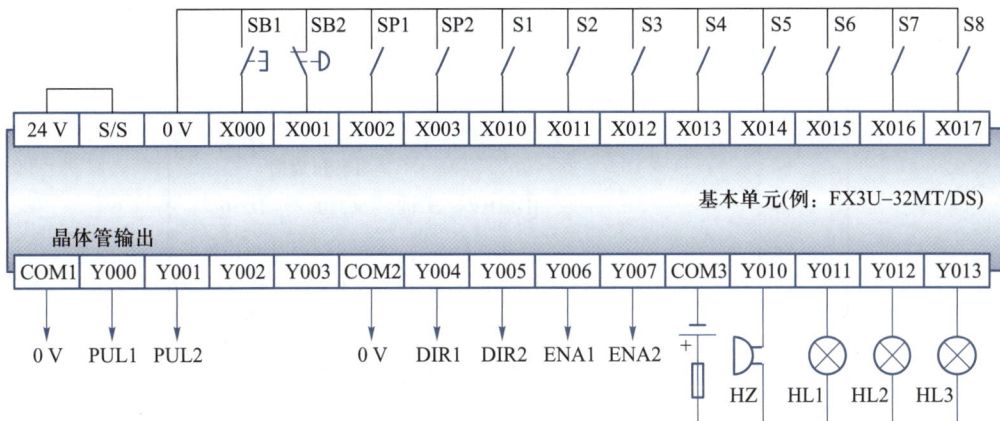

图 9-12　生产线轻载 AGV I/O 接线图

9.6　控制系统设计

生产线轻载 AGV 控制系统设计包括 PLC 控制程序设计和人机交互界面设计。PLC 控制程序按功能可以分为电池电压采集程序、步进电动机控制程序、AGV 磁条导航与停站程序、AGV 避障与报警功能程序等。可以先调试实现相应的部分功能,再整合成完整的控制程序。

1. PLC 控制程序设计

生产线轻载 AGV 控制流程图如图 9-13 所示。可根据流程图编写 PLC 程序。

（1）电池电压采集程序

24 V 电池正常电压范围为 21～30 V,可以用分压电路把最高电压降低至不超过 10 V,再接至模拟量输入模块。模拟量输入模块的工作模式设定为-10～10 V 电压输入。

数据寄存器 D200 是读入的模拟量模块转换成的数字量（0～32 000）。通过程序计算,将对应的输入电压值浮点数（0～10.0 V）存放到 D210 中,并乘以分压系数 3,得到电池的电压,保存在 D2000 中。当电池电压为 30 V时,剩余电量显示为 1 000（可以显示为 100.0%）;当电

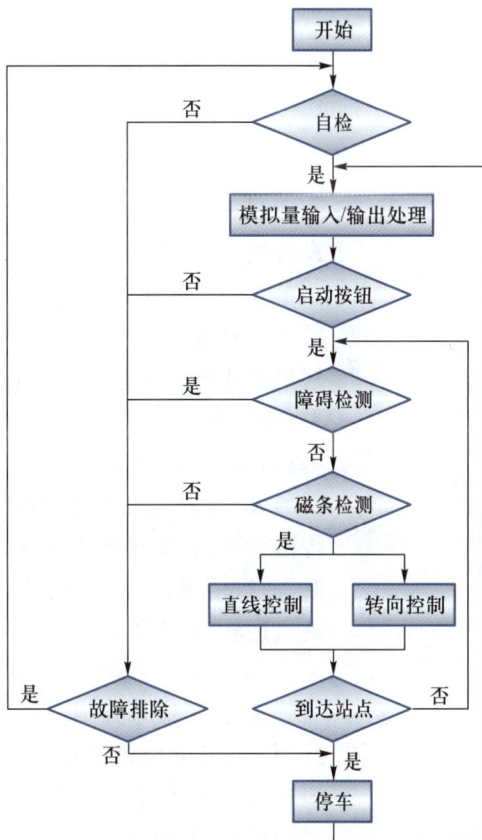

图 9-13　生产线轻载 AGV 控制流程图

池电压降为 21 V 时,剩余电量显示为 0。电池电压采集与处理程序梯形图如图 9-14
所示。

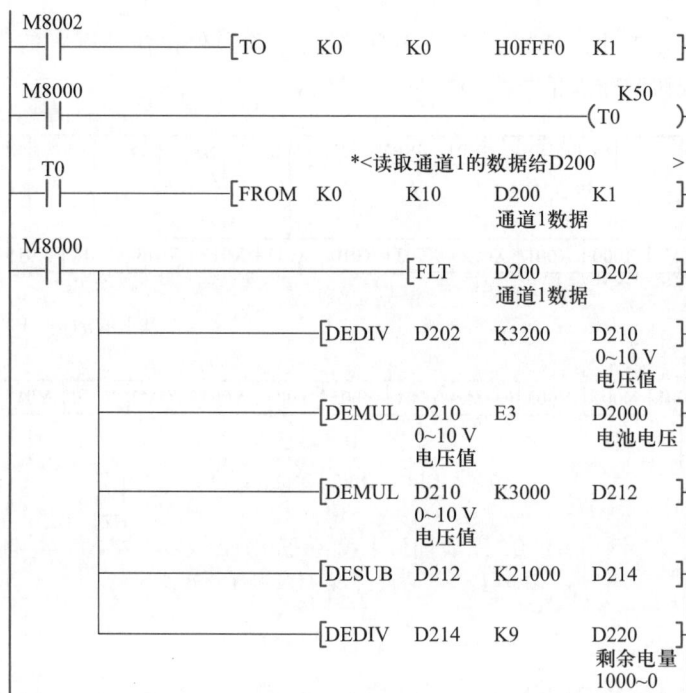

```
M8002
 ├┤├────────────────────────[TO      K0      K0      H0FFF0   K1  ]
M8000
 ├┤├────────────────────────────────────────────────────K50
                                                        (T0       )
 T0                              *<读取通道1的数据给D200              >
 ├┤├────────────────────────[FROM    K0      K10     D200    K1  ]
                                                     通道1数据
M8000
 ├┤├──────────┬────────────────────────────[FLT     D200    D202 ]
              │                                             通道1数据
              ├────────────────────[DEDIV   D202    K3200   D210 ]
              │                                             0~10 V
              │                                             电压值
              ├────────────────────[DEMUL   D210    E3      D2000]
              │                            0~10 V          电池电压
              │                            电压值
              ├────────────────────[DEMUL   D210    K3000   D212 ]
              │                            0~10 V
              │                            电压值
              ├────────────────────[DESUB   D212    K21000  D214 ]
              │
              └────────────────────[DEDIV   D214    K9      D220 ]
                                                           剩余电量
                                                           1000~0
```

图 9-14　电池电压采集与处理程序梯形图

（2）步进电动机控制程序

步进电动机控制程序梯形图如图 9-15 所示。其中,16 位寄存器 D701 中为 AGV
设置速度,范围为 1~100,可通过触摸屏进行设置。设置合适的步进电动机细分数,使
小车在合适的速度区间运行。如速度太快,可将指令 [MUL　D701　K1000　D100] 中
的 K1000 改小,下一条指令也同样修改。当直行时,左、右轮的执行速度即设定速度。
这里的速度是通过调整步进电动机 PUL 脉冲频率来控制的。当需要纠偏或转弯时,
左、右轮相应地加减一定的频率,如需左转,右轮频率增大,左轮频率减小。同理,右转
时右轮频率减小,左轮频率增大。这里的增大量和设定速度成正比,系数可以通过触
摸屏设置,以适应不同的转弯半径。当执行速度（频率）不超过限速频率时,执行速度
传送给左、右步进脉冲频率（即 D600 和 D602）。在按下启动按钮,没有急停、停止信号
时,运行中 M10 得电;通过 DPLSR 指令向步进电动机驱动器输出脉冲信号,使步进电
动机运转,AGV 前行。

（3）AGV 磁条导航与停站程序

① 磁条信号判别与决策程序。直行时,正常情况下磁条导航传感器输出信号
2~3 个,转变时可能最多至 5 个。站停处加横向磁条,当检测到 6 个以上信号时,认
为到站。磁条导航传感器的信号处理见表 9-6。磁条导航传感器安装时,S1 在前进
方向的左侧,S8 在右侧。当 AGV 向右侧偏移时,磁条导航传感器偏左的信号输出,
定义为负的偏移值。左侧 4 个信号对应输入 X010~X013,映射为 M3~M0,转换为

正整数存放在 D10 中,转换为负的偏移数据存放在 D12 中。同理,当 AGV 向左侧偏移时,更多的右侧磁条导航传感器信号有输出,对应 M4 ~ M7,换算成数据 D11。将两侧的数据相加,得到偏移值 D13,由于磁条导航传感器正常直行或转弯时可能有 2 ~ 5 个信号,D13 不能反映实际偏移。将 D13 除以磁条导航传感器信号个数 D16,可以得到磁条导航传感器中心位置偏移值。

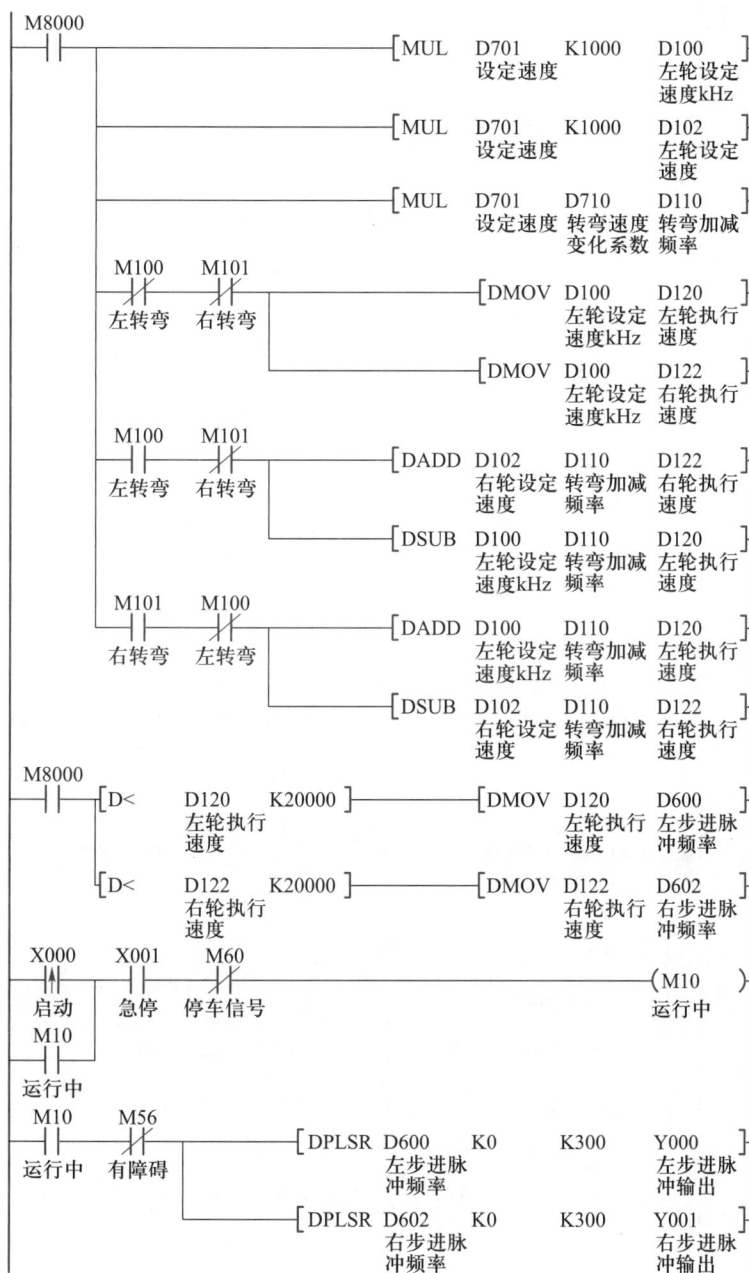

图 9-15　步进电动机控制程序梯形图

表 9-6 磁条导航传感器的信号数据

磁条导航信号	S1	S2	S3	S4	S5	S6	S7	S8
输入端口	X010	X011	X012	X013	X014	X015	X016	X017
输入映射	M3	M2	M1	M0	M4	M5	M6	M7
对应数值	8	4	2	1	1	2	4	8
每 4 位数据	D10（D12）				D11			
偏移值	D13 = D12+D11							
中心位置偏移值	D17 = D13/D16 （D16 为信号个数）							

偏移值计算 PLC 程序如图 9-16 所示。

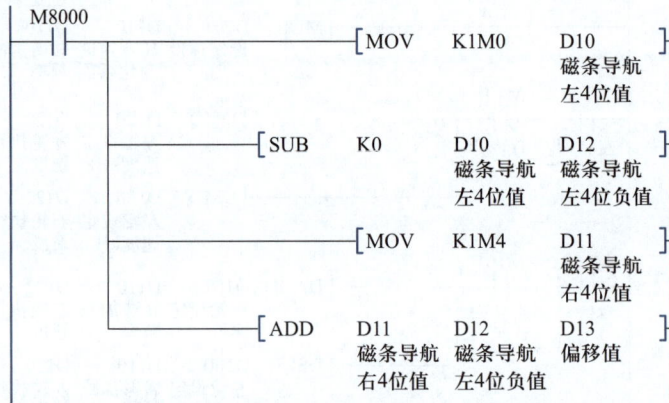

图 9-16 偏移值计算 PLC 程序

左 4 位磁条导航传感器信号个数计算如图 9-17 所示。为了提高系统的容错性，D10 的其他 5 个数值，即 5、9、10、11、13 也可以合理地写入程序。右 4 位的信号个数计算相同。

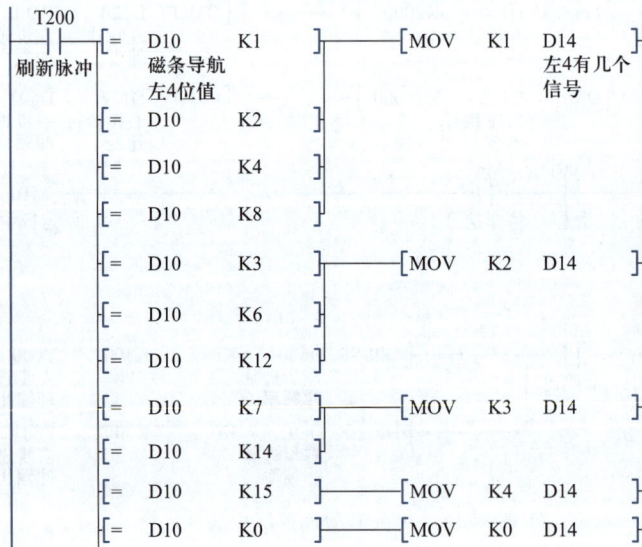

图 9-17 左 4 位磁条导航传感器信号个数计算

根据磁条导航传感器信号执行的运行决策程序如图 9-18 所示,其中包括停站、脱轨检测、左转弯和右转弯决策。其中,中心位置偏移值决策阈值 K-1、K1 可根据调试情况修改,或依据不同的运行设定速度自动调节。

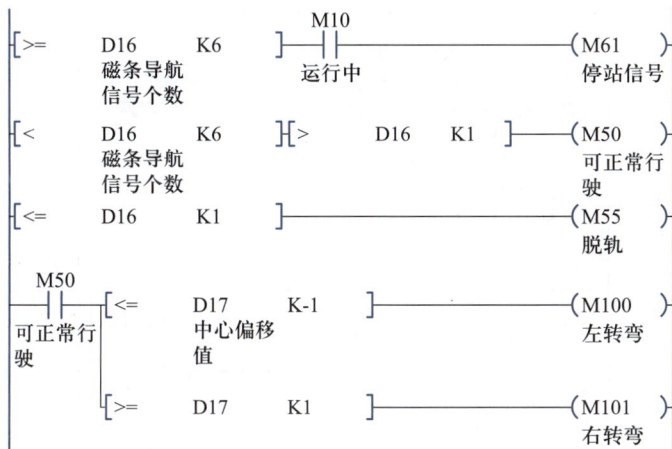

图 9-18　运行决策程序

② 停站处理程序。生产线 AGV 在没有急停的情况下,按下启动按钮,M10 得电并保持。过 T2 定时 5 s 后,开始检测有没有到站,有到站信号或脱轨信号,产生停车信号 M62。使用停止信号 M60 得电,M10 失电断开,AGV 停止行驶。程序如图 9-19所示。

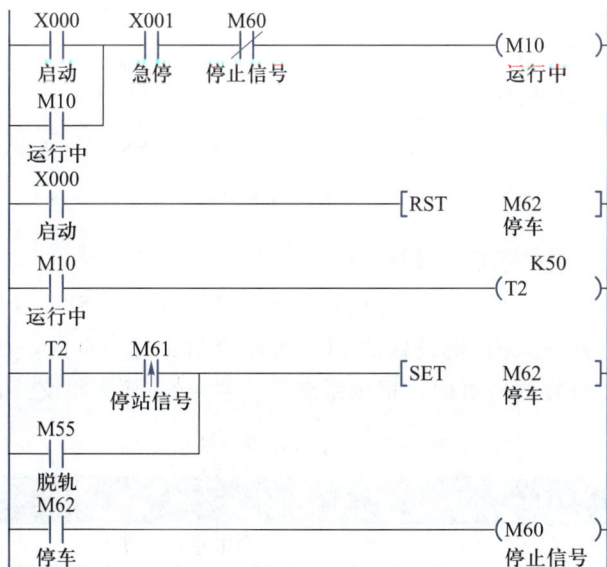

图 9-19　停站处理程序

（4）AGV 避障与报警功能程序

生产线 AGV 的避障功能选用检测距离约 0.6 m 的光电开关实现。图 9-20 所示为避障与报警功能程序梯形图,当有障碍物时,使用 M56 得电,使用脉冲输出指令停止输

出,AGV 停止,当障碍物清除,AGV 继续运行。通过声光报警,提示有障碍物或脱轨。正常行驶时,绿色指示灯闪烁。各指示灯的警示意义依据用户要求而定。另外,通过保持型辅助继电器 M500、M501 可以禁用避障传感器;通过 M502、M503 可以设置步进电动机运转方向;通过 M504 可以使步进电动机脱机。通过触摸屏实现上述设置。

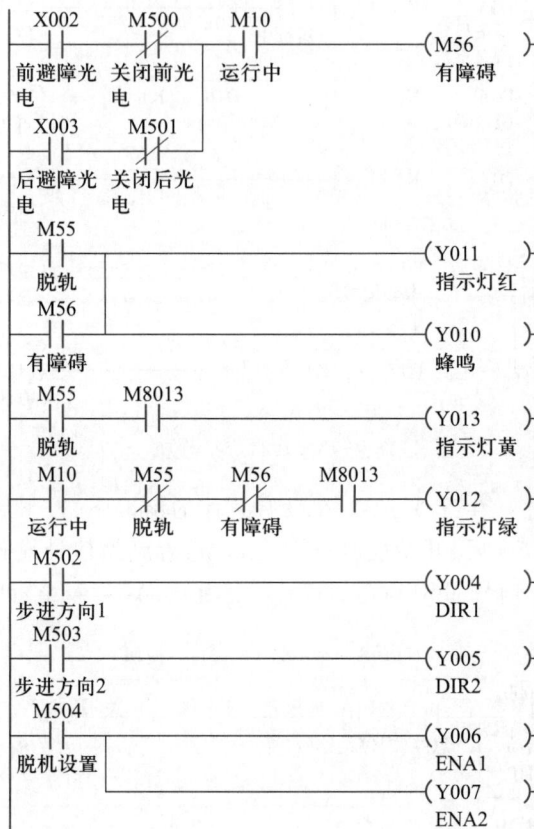

图 9-20   AGV 避障与报警功能程序

2. 轻载 AGV 人机交互系统设计

触摸屏监控界面的设计在人机界面设计软件内完成。一般可以把监视 PLC 内部数据的部件绘制在同一页内,把设置的 PLC 组件绘制在另一页内。如果内容较少,也可以分区域全部放置在同一页内。根据系统设计要求,主要人机交互信息见表 9-7。

表 9-7   主要人机交互信息

名称	软元件	名称	软元件
电池电压显示	D2000(32 位浮点)	剩余电量报警阀值	触摸屏寄存器
剩余电量	D220(32 位浮点)	充电提示	触摸屏位元件
运行速度	D701(16 位整型)	避障光电指示	M56
转弯速度变化系数	D710(16 位整型)	脱轨指示	M55
磁导信号检测时间间隔设置(n×10 ms)	D700(16 位整型)	关闭前避障光电	M500

续表

名称	软元件	名称	软元件
关闭后避障光电	M501	步进方向 2	M503
步进方向 1	M502	步进电动机脱机	M504

思考与练习

1. 三菱 FX 系列 PLC 的 16 位脉冲输出指令是 [_____　S1　S2　D]。其中，[S1] 的数值是_____，单位是_____；[S2] 的数值是_____，单位是_____；[D] 是_____，对 FX3U 型 PLC 可选_____、_____或_____。

2. 三菱 FX 系列 PLC 的 PLSR 指令是_____指令，这个指令格式为_____。其中，源操作数 [S1] 为_____，单位是_____；[S2] 的数值是_____；[S3] 的数值是_____，单位是_____。

3. 三菱 FX 系列 PLC 的原点回归指令是 [_____　S1　S2　S3　D]。其中，[S1] 和 [S2] 分别是_____和_____，单位都是_____；[S3] 是_____。这个指令的具体功能是_____。

4. 三菱 FX 系列 PLC 的 16 位相对定位指令是_____，绝对定位指令是_____。

5. 设备改造：本项目中生产流水线小车因为工艺改进，需要将原传动方式由步进电动机改为交流电动机驱动。对原设计进行相关改动以完成设备改进。

6. 某传送带由步进电动机控制，这个步进电动机步距角为 0.45°，已知电动机与丝杠直连，丝杠螺距为 2 mm，要求每按一次启动按钮，这个传送带即以 2 cm/s 速度前进 60 cm。

7. 某供料小车由交流异步电动机控制，能够自动将料送至加热炉进行加热 10 s 后自动返回原点。原点限位 SQ1、加热位限位 SQ2，极限保护 SQ3、SQ4，停止按钮 SB0、启动按钮 SB1、手自动切换开关 SA。要求能对小车进行手动、自动控制切换，自动模式下，小车返回后停 10 s 做换料工序后自动再次前进加热。

参考答案

8. 将题 7 中小车改为由步进电动机控制，实现相同功能。

项目 10

平移门进卷帘门出风淋控制

风淋室（air shower）又称为净化风淋室、空气吹淋室，图 10-1 所示为各种风淋室。 风淋室是一种通用性较强的局部净化设备，安装在洁净室与非洁净室之间。 当人与货物要进入洁净区时需经风淋室吹淋，它吹出的洁净空气可去除人与货物所携带的尘埃，能有效地阻断或减少尘埃进入洁净区。 风淋室的前后两道门为电子互锁，又可起到气闸的作用，阻止未净化的空气进入洁净区。

(a) 手拉门风淋室　　　　(b) 卷帘门风淋室　　　　(c) 平移门风淋室

图 10-1　各种风淋室

功能简单的风淋室一般可采用单片机控制，更多的风淋室采用 PLC 控制。 本项目的系统涉及文本屏、变频器（外部输入控制）、光电旋转编码器定位以及自动语音提示系统。 质量是企业的"生命线"，无尘室的洁净度是保证产品质量的关键之一，应遵守进出无尘室的规范。 在自动化生产设备的设计中，必须考虑低碳、节能、环保因素。

思维导图

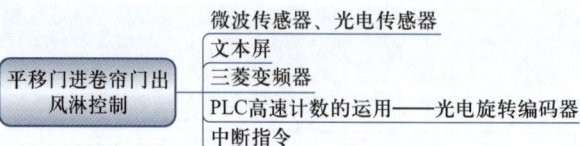

设计要求

风淋室有两道门:A 门通向非洁净区,B 门通向洁净区。门外各有一个微波传感器(俗称微波雷达)、开门按钮,另外还有红、绿指示灯各一个。卷帘门通过变频器驱动三相交流电动机实现门的卷起与放下。卷帘门卷轴安装有光电编码器,可以对卷轴的转动输出高速脉冲。卷帘门下部装有一个限位开关,限位开关有信号表示门处于关闭状态。另外,在卷帘门下部设有安全光线传感器,当有物体阻断安全光线,处于关门状态的门需立即向上卷起。在卷帘门下端设置有安全气囊,当卷帘门向下关门时,撞到物体,门自动停止下降并向上卷起。具体工作流程与要求如下。

① 可以在人机界面上设置选择哪种进门信号有效,即选择微波传感器还是开门按钮;A 门、B 门可以分别设置。

② 当 A 门选择微波传感器有效时,有人走近 A 门,A 门自动打开;人或货进入风淋室,风淋室中有一光电信号,可感应到有人或货进入;A 门持续打开一段时间(时间长短可以设置),自动关门;此时语音播报"站到感应区";在关门过程中,如果有人走近A 门再次触发微波传感器或触发安全光线、安全气囊,门再自动开启。

③ A 门关好后,过 0.5 s(时间可设定),播报"开始吹淋",启动风机高速吹淋,吹淋过程中,对门外信号不响应。吹淋时间长度可以在 0~99.9 s 之间设置。

④ 吹淋完成后,语音播报"吹淋结束,从 B 门出",自动打开 B 门。保持打开 10 s时间(可以设置),自动关门。从 A→B 的流程结束。

⑤ 当 B 门外有人走近时(微波感应器有效时),自动打开 B 门,延时 10 s 时间,自动关好 B 门,过 0.5 s 自动打开 A 门。人或货从 B→A,不吹淋。

⑥ 当处于 A→B 或 B→A 的流程中时,风淋室的照明灯点亮,流程结束,过 3 s 照明灯熄灭。

⑦ 当处于 A→B 或 B→A 的流程中时,红指示灯亮,吹淋时红指示灯闪烁。不在上述流程中时,绿指示灯亮,表示"可以进入",可设置平时是否低速吹淋。

⑧ 处于任何时候,当按文本屏上的 ALM 键,停止吹淋,打开卷帘门。

知识基础

10.1　PLC 人机界面——文本屏

文本屏(text display)、操作面板(operator panel)、触摸屏(touch panel)都属于人机界面(HMI)。文本屏较为简单,价格低廉,一般只能显示几行文字等字符,利用简单键盘输入参数,主要应用于需要显示并控制相关参数,且对成本要求比较高的场合。它的外观如图 10-2 所示。

(1) 优点

① 操作简单、方便。

② 支持多种通信协议。

③ 轻巧、经济与实用。

④ 操作者能快速控制系统,从而提高工作效率。

（2）缺点

① 界面显示内容没有触摸屏那样丰富生动。

② 文本屏只能显示文字,不能显示图形化的操作界面。

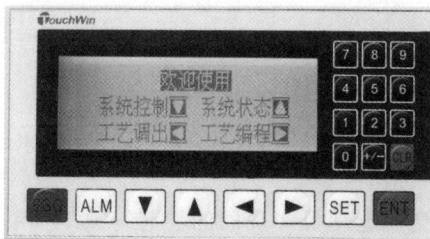

图 10-2   文本屏

10.2   PLC 高速计数的运用——光电编码器

10.2.1   高速计数

高速计数是通过特定的输入口捕捉高频信号后存放在指定计数器内,然后可以进行数据处理,算出速度、距离等参数。

以下以三菱 FX3U（仅 DC 输入型的基本单元对应高速计数器）系列 PLC 为例介绍高速计数基本内容和使用方法

1. 高速计数器的种类和软元件的编号

（1）高速计数器的种类

基本单元中,内置了 32 位增减计数的高速计数器（单相单计数、单相双计数以及双相双计数）,根据计数的不同方法可以分为硬件计数器和软件计数器。而且,在高速计数器中,提供了可以选择外部复位输入端和外部启动输入端（开始计数）的功能。

（2）高速计数器的类型和输入信号形式见表 10-1。

表 10-1   高速计数器的类型和输入信号形式

计数器类型	输入信号形式	计数方向
单相单计数的输入	UP/DOWN ⎍⎍⎍⎍	通过 M8235 ~ M8245 的 ON/OFF 来指定增计数或减计数; ON:减计数;OFF:增计数
单相双计数的输入	UP +1 +1 +1 ⎍⎍⎍ DOWN -1 -1 -1 ⎍⎍⎍	如左图所示,进行增计数或减计数,其计数方向可以通过 M8246 ~ M8250 进行设置; ON:减计数;OFF:增计数

续表

计数器类型	输入信号形式	计数方向
双相双计数的输入	**1 倍**　A相／B相　正转时／反转时（A相：+1 +1，B相；A相：−1 −1，B相） **4 倍**　A相／B相　正转时（+1 +1 +1 +1 +1 / +1 +1 +1 +1）／反转时（−1 −1 −1 −1 −1 / −1 −1 −1 −1）	M8198，M8199 = 0 时，1 倍频计数； M8198，M8199 = 1 时，4 倍频计数； 如左图所示，进行增计数或减计数，其计数方向可以通过 M8251～M8255 设置

（3）高速双相双计数器的软元件及输入端分配见表 10-2。

表 10-2　高速双相双计数器的软元件及输入端分配

计数器编号	区分	输入端							
		X000	X001	X002	X003	X004	X005	X006	X007
C251	H/W	A	B						
C252	S/W	A	B	R					
C253	H/W				A	B	R		
C253（OP）	S/W				A	B			
C254	S/W	A	B	R				S	
C255	S/W				A	B	R		S

注：H/W 为硬件计数器；S/W 为软件计数器；A 为 A 相输入；B 为 B 相输入；R 为外部复位输入；
　　S 为外部启动输入。

2. 高速计数器的使用

（1）单相单计数的输入

① 如图 10-3 所示，C235 在 X012 为 ON 时，对输入 X000 的 OFF→ON 进行计数。

② X011 为 ON 时，执行 RST 指令，此时 C235 将被复位。

③ 通过 M8235～M8245 的 ON/OFF，使计数器 C235～C245 在减/增计数之间变化。

（2）双相双计数的输入

① 如图 10-4 所示，X012 为 ON 时，C251 通过中断对输入 X000（A 相）、X001（B相）的动作进行计数。X011 为 ON，执行 RST 指令，此时 C251 将被复位。

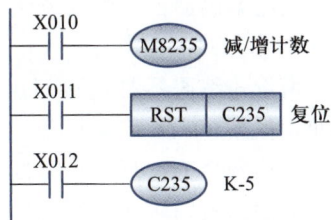

```
X010
─┤├──────（M8235）   减/增计数
X011
─┤├──────[ RST  C235 ]  复位
X012
─┤├──────（C235）   K-5
```

图 10-3　单相单计数

② 当前值超出设定值时,Y002 为 ON;在设定值以下的范围变化时,Y002 为 OFF。

③ Y003 根据计数方向而 ON(减)、OFF(增)。

图 10-4   双相双计数

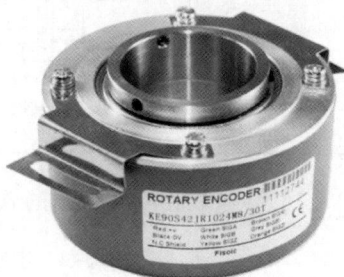

10.2.2   光电编码器

光电编码器是一种角度(角速度)检测装置。它将转动的角度,利用光电转换原理转换成相应的电脉冲数或数字量,具有体积小、精度高、工作可靠、接口数字化等优点。它广泛应用于数控机床、回转台、伺服传动机构、机器人、雷达、军事目标测定等需要检测角度的装置和设备中。某光电编码器如图 10-5 所示。

光电编码器由光栅盘和光电检测装置组成。光栅盘是在一定直径的圆板上等分地开通若干个长方形孔。因为光电码盘与电动机同轴,电动机旋转时,光栅盘与电动机同速旋转,经 LED 等电子元件组成的检测装置检测输出若干脉冲信号,其原理如图 10-6 所示。通过计算每秒光电编码器输出脉冲的个数就能反映当前电动机的转速。另外,为判断旋转方向,码盘还可提供相位相差 90°的两路脉冲信号。

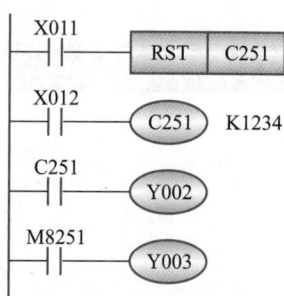

图 10-5   光电编码器

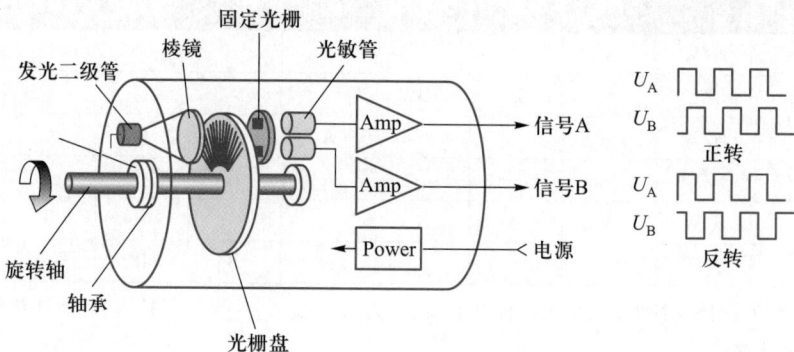

图 10-6   光电编码器工作原理示意图

光电编码器根据刻度方法及信号输出形式,分为增量式编码器和绝对式编码器。

1. 增量式编码器

增量式编码器是直接利用光电转换原理输出三组方波脉冲 A、B、Z 相;A、B 两组脉冲相位差 90°,Z 相为每转一个脉冲,用于基准点定位。它的优点是原理构造简单,机械平均寿命可在几万小时以上,抗干扰能力强,可靠性高,适用于长距离传输。其缺点是无法输出轴转动的绝对位置信息。

2. 绝对式编码器

绝对式编码器是直接输出数字量的传感器,在它的圆形码盘上沿径向有若干同心码道,每条码道上由透光和不透光的扇形区相间组成,相邻码道的扇区数目是双倍关系,码盘上的码道数就是它的二进制数码的位数,在码盘的一侧是光源,另一侧对应每一码道有一光敏元件。当码盘处于不同位置时,各光敏元件根据受光照与否转换出相

应的电平信号,形成二进制数。这种编码器的特点是不需要计数器,在转轴的任意位置都可读出一个固定的与位置相对应的数字码。显然,码道越多,分辨率就越高,对于一个具有 N 位二进制分辨率的编码器,其码盘必须有 N 条码道。

10.3 变频器

变频器(variable-frequency drive,VFD)是应用变频技术与微电子技术,通过改变电机工作电源频率方式来控制交流电动机的电力控制设备。变频器主要由整流(交流变直流)、滤波、逆变(直流变交流)、制动单元、驱动单元、检测单元、微处理单元等组成。随着工业自动化程度的不断提高,变频器得到了非常广泛的应用。三菱 E700 系列变频器是经济型的高性能变频器。三菱 E720S 系列变频器是单相 200 V 供电,是适合我国电网电压的小型高性能变频器,其接线图如图 10-7 所示。

参考资料
《FR-E700 使用手册》(基础篇)

微课
变频器的使用

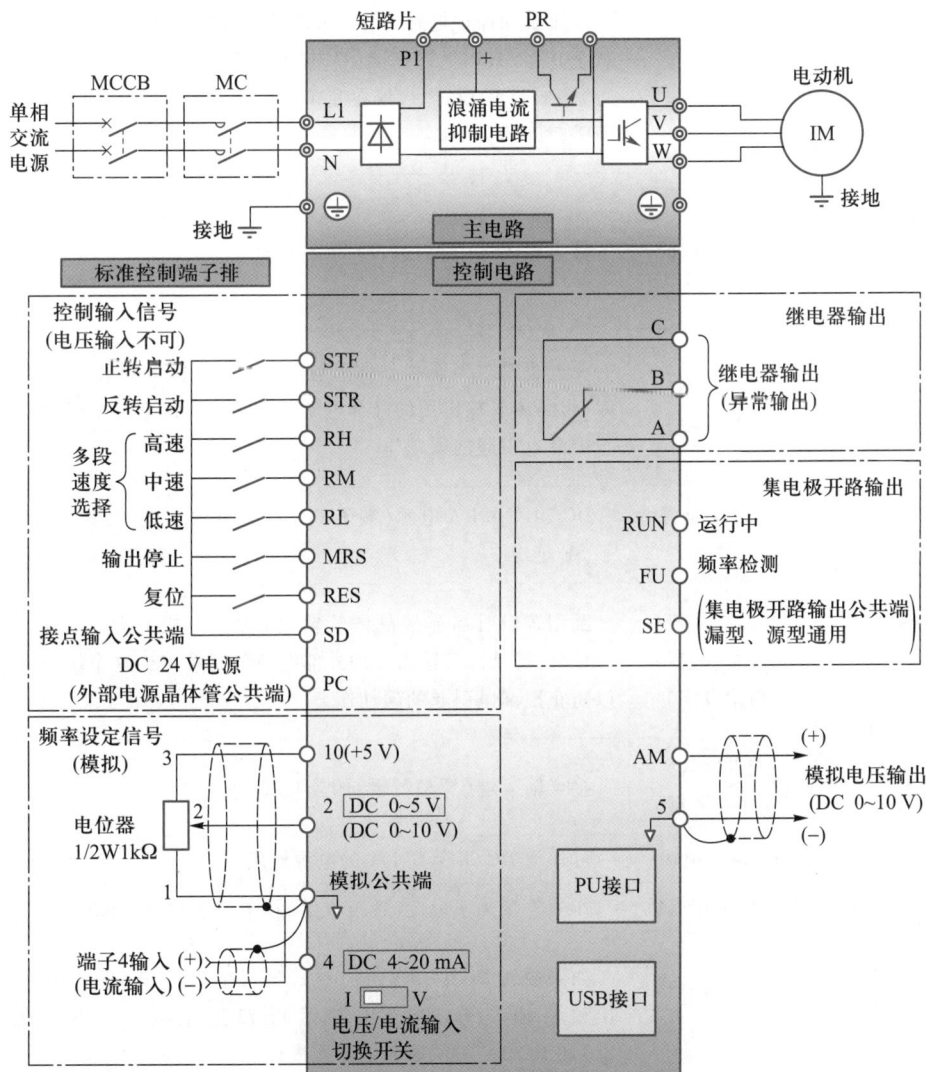

图 10-7 三菱变频器接线图

变频器控制电路接线端功能见表10-3。

表 10-3　变频器控制电路接线端功能

类型	符号	名称	功能	
接点输入	STF	正转启动	STF 信号 ON 时为正转,OFF 时为停止指令	STF、STR 信号同时 ON 时变成停止指令
	STR	反转启动	STR 信号 ON 时为反转,OFF 时为停止指令	
	RH、RM、RL	多段速度选择	用 RH、RM 和 RL 信号的组合可以选择多段速度	
	MRS	输出停止	MRS 信号 ON(20 ms 或以上)时,变频器输出停止;用电磁制动器停止电机时用于断开变频器的输出	
	RES	复位	用于解除保护电路动作时的报警输出,使 RES 信号处于 ON 状态 0.1 s 或以上,然后断开,初始设定为始终可进行复位,但进行了 Pr.75 的设定后,仅在变频器报警发生时可进行复位,复位所需时间约为 1 s	
	SD	接点输入公共端(漏型)(初始设定)	接点输入端(漏型逻辑)的公共端	
		外部晶体管公共端(源型)	源型逻辑时当连接晶体管输出(即集电极开路输出)如 PLC 时,将晶体管输出用的外部电源公共端接到这个端子时,可以防止因漏电引起的误动作	
		DC 24 V 电源公共端	DC 24 V 0.1 A 电源(端子 PC)的公共输出端,与端子 5 及端子 SE 绝缘	
	PC	外部晶体管公共端(漏型)(初始设定)	漏型逻辑时当连接晶体管输出(即集电极开路输出),例如 PLC 时,将晶体管输出用的外部电源公共端接到这个端子时,可以防止因漏电引起的误动作	
		接点输入公共端(源型)	接点输入端(源型逻辑)的公共端	
		DC 24 V 电源	可作为 DC 24 V、0.1 A 的电源使用	
频率设定	10	频率设定用电源	作为外接频率设定(速度设定)用电位器时的电源使用	
	2	频率设定(电压)	如果输入 DC 0~5 V(或 0~10 V),在 5 V(10 V)时为最大输出频率,输入、输出成正比;通过 Pr.73 进行 DC 0~5 V(初始设定)和 DC 0~10 V 输入的切换操作	

续表

类型	符号	名称	功能
频率设定	4	频率设定 （电流）	如果输入 DC 4～20 mA(或 0～5 V,0～10 V),在 20 mA 时为最大输出频率,输入、输出成正比。只有 AU 信号为 ON 时端子 4 的输入信号才会有效(端子 2 的输入将无效);通过 Pr.267 进行 4～20 mA(初始设定)和 DC 0～5 V、DC 0～10 V 输入的切换操作;电压输入(0～5 V/0～10 V)时,将电压/电流输入切换开关切换至"V"
	5	频率设定 公共端	频率设定信号(端子 2 或 4)及端子 AM 的公共端,勿接大地
继电器	A、B、C	继电器输出 （异常输出）	指示变频器因保护功能动作时输出停止的 1c 接点输出,异常时,BC 间不导通(AC 间导通);正常时,BC 间导通(AC 间不导通)
集电极开路	RUN	变频器 正在运行	变频器输出频率大于或等于启动频率(初始值 0.5 Hz)时为低电平,已停止或正在直流制动时为高电平
	FU	频率检测	输出频率大于或等于任意设定的检测频率时为低电平,未达到时为高电平
	SE	集电极开路 输出公共端	端子 RUN、FU 的公共端
模拟	AM	模拟电压输出	可以从多种监视项目中选一种作为输出,变频器复位中不被输出,输出信号与监视项目的大小成比例
RS-485	—	PU 接口	通过 PU 接口,可进行 RS-485 通信。 ● 标准规格:EIA-485(RS-485); ● 传输方式:多站点通信; ● 通信速率:4 800～38 400 bit/s; ● 总长距离:500 m
USB	—	USB 接口	与个人计算机通过 USB 连接后,可以实现 FR Configurator 的操作。 ● 接口:USB1.1 标准; ● 传输速率:12 Mbit/s; ● 连接器:USB 迷你-B 型连接器(插座迷你-B 型)

项目分析

10.4 硬件选型

1. PLC 选择

此项目输入点为 18 点,输出点为 12 点,且有高速输入,输出被控对象有 AC 220 V 交流接触器和需要若干触点控制的设备,没有高速输出,所以选择三菱 FX3U-48MR/ES,为 AC 电源、DC 输入型、继电器输出型 PLC。

2. 人机界面 HMI 选择

此项目的 HMI 仅用于现场调试时设定 A 门和 B 门的脉冲数据,以及设置各定时器参数、开关量参数,所以选择信捷文本显示屏,型号为 OP320A。

3. 光电旋转编码器

此项目的编码器数据精确度要求不高,所以选择欧姆龙 E6B2-CWZ6C 1000P/R 增量型旋转编码器。轴转一圈,编码器产生 1 000 个 A 相脉冲和 1 000 个 B 相脉冲,供 PLC 高速双相双计数。

4. 变频器

卷帘门电动机为 0.4 kW 三相异步电动机(带减速器),选配三菱 FR-E720S-0.75K-CHT 变频器。

5. 自动门感应器

微波感应器:又称为微波雷达,对物体的移动进行反应,反应速度快,适用于行走速度正常的人员通过的场所。但是如果门附近的人员不想出门而静止不动,雷达便不再反应,自动门就会关闭。

红外感应器:对物体的存在进行反应,不管人员是否移动,只要处于感应器的扫描范围内,它都会反应。红外感应器的反应速度比微波感应器慢。

根据电源电压和安装高度,选择松下 NACS83500 型微波感应器。

6. 光电传感器

本项目中光电传感器用于检测人或物进入风淋区域,从而触发吹淋。配用反光板反射式光电开关,将反光板和光电开关分别安装在风淋通道两边,当有人或物阻断发射光,光电开关输出低电平。故选 24 V 供电三线制 NPN 型动断输出的带反光板的光电开关(如沪工 E3F-R2N2)。

7. 语音模块

TY07 语音模块是一款普及型语音模块,如图 10-8 所示。TY07 语音模块具有可重复录音、开关触点控制、宽电源电压、体积小等特点。主要控制方式有两种:通过触点或 485 串行总线控制。

8. 开关电源

FX3U-48MR/ES 可供给 DC 24 V 电源 600 mA 以下电流。现在,微波感应器消耗功率小于 2 W(约 90 mA),一个光电开关消耗电流 5~30 mA,文本屏消耗电流小于 140 mA,

选用工作电流小于 20 mA 的 24 V 供电的红、绿指示灯各 2 个,总计消耗电流小于 460 mA。系统没有扩展单元和扩展模块消耗 24 V 电源,所以不用外加 24 V 开关电源。

图 10-8　TY07 语音模块

10.5　参数设置中的寄存器选择

对吹淋时间、延迟时间等的控制,采用 100 ms 的定时器就能满足要求。定时范围在 100 s 以下,所以用 16 位定时器,定时数据用 16 位停电保持寄存器,停电时设置的参数不会丢失。FX3U-48MR PLC 默认停电保持寄存器范围为 D512 ~ D7999。本项目中选用 D4000 ~ D4030 之间的部分寄存器作为设置参数寄存器。ALARM、照明开关、进门信号选择等开关量的参数设置,选用停电保持用辅助继电器 M3000 ~ M3010。

项目实施

10.6　I/O 分配

高速计数的输入端口是固定的,C251 为 X000(A 相)、X001(B 相)。其他输入分配没有特殊要求。PLC 的输出 4 点共用一个 COM,所以同一种类电源的负载需安排在同一 COM 的对应输出端口。现 COM1 接 DC 24 V,Y0 ~ Y3 接 24V 的负载(红、绿指示灯)。COM2 接交流电 L,Y004 ~ Y007 接 AC 220 V 的交流负载(交流接触器、照明灯)。COM3 接语音模块的控制公共端,语音控制信号分配在 Y010 ~ Y012。COM4 接平移门控制器公共端和变频器控制公共端,控制平移门的输出和控制变频器的输出分配在 Y014 ~ Y017。风淋控制系统 I/O 分配表见表 10-4。

表 10-4　风淋控制系统 I/O 分配表

输入			输出		
名称	符号	输入点	名称	符号	输出点
B 门光电编码器 A 相	A1	X000	红指示灯	HL1	Y000
B 门光电编码器 B 相	B1	X001	绿指示灯	HL2	Y001
A 门关着	SQ1	X002	高速吹淋	KM1	Y004
吹淋光电 A	SP1	X003	低速吹淋	KM2	Y005
吹淋光电 B	SP2	X004	照明	K1	Y006
A 门外按钮	SB1	X005	语音 1	SO1	Y010
B 门外按钮	SB2	X006	语音 2	SO2	Y011
A 门内按钮	SB3	X007	语音 3	SO3	Y012

输入			输出		
名称	符号	输入点	名称	符号	输出点
B门内按钮	SB4	X010	开A门	K2	Y014
B门安全气囊	SP3	X011	开B门	STF1	Y016
A门微波感应器	SQ2	X012	关B门	STR1	Y017
B门微波感应器	SQ3	X013			
B门限位开关	SQ4	X014			
B门安全光线	SP4	X015			

10.7 控制系统设计

1. 人机界面的设计

用 OP20 画面设置工具,在各页面中输入"文本",设置"寄存器""功能键""指示灯"。设置属性界面如图 10-9 所示,部分设计画面如图 10-10 所示。

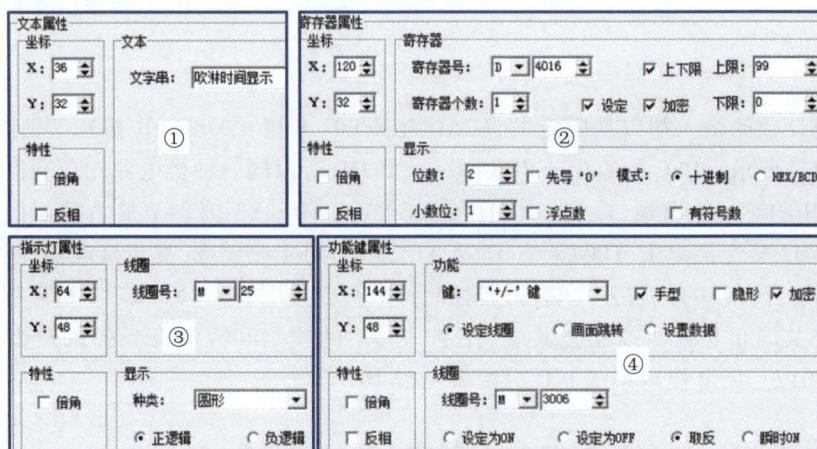

①文本属性   ②寄存器属性   ③指示灯属性   ④功能键属性

图 10-9   属性设置窗口

源程序
文本屏界面设计

2. PLC 控制程序设计

根据设计要求,工作流程分为从非洁净区进入洁净区的"A→B 流程"和从洁净区出来到非洁净区的"B→A 流程"。采用选择分支的 SFC 状态编程比较合适。初始状态 S0,实现等待分支选择。S10 ~ S13 为"A→B 流程",S20 ~ S21 为"B→A 流程"。其流程如图 10-11 所示。

(1) 卷帘门位置判别程序

C251 设置为双相双计数(1 倍频),将高速计数得到的门数据通过高速传送指令存入 D10(32 位数据寄存器)。与设置的门数据比较,得到门的状态输出 M130 ~ M131。当卷帘门下降到门限信号时,将计数值更新为相应的门关好数据,可以纠正干扰对计

数值的影响。卷帘门位置判别程序如图 10-12 所示。

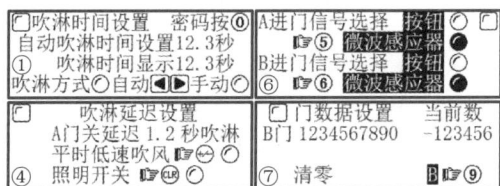

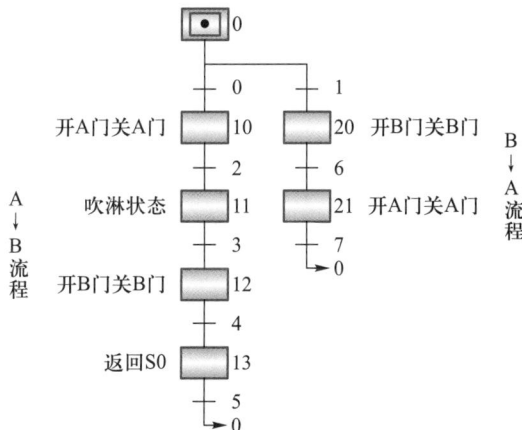

图 10-11 风淋系统程序流程（流程图）：
- 初始状态 0
- 分支 0 / 1
- 开A门关A门 10 ｜ 开B门关B门 20
- 2 ｜ 6
- 吹淋状态 11 ｜ 开A门关A门 21
- 3 ｜ 7
- 开B门关B门 12 → 0
- 4
- 返回S0 13
- 5
- → 0

A↓B 流程　　B↓A 流程

图 10-10 文本屏部分设计画面：
- 吹淋时间设置　密码按⓪
- 自动吹淋时间设置12.3秒
- ① 吹淋时间显示12.3秒
- 吹淋方式◯自动◀▶手动◯
- A进门信号选择　按钮◯
- 👉⑤微波感应器●
- B进门信号选择　按钮●
- ⑥👉⑥微波感应器◯
- 吹淋延迟设置
- A门关延迟 1.2 秒吹淋
- 平时低速吹风 👉◯
- ④ 照明开关 👉◯
- 门数据设置　当前数
- B门 1234567890 -123456
- ⑦ 清零　👉⑨

图 10-10　文本屏部分设计画面　　　图 10-11　风淋系统程序流程

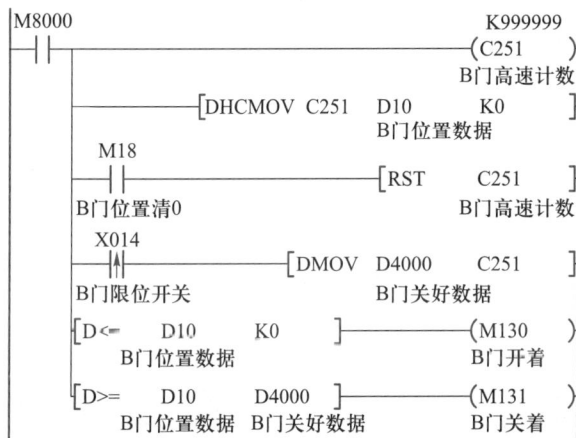

图 10-12 梯形图程序：

```
M8000
 ┤├─────────────────────── K999999
                          (C251)
                          B门高速计数
       ┌DHCMOV C251  D10  K0┐
                          B门位置数据
 M18
 ┤├──────────────────[RST  C251]
 B门位置清0                B门高速计数
 X014
 ┤↑├─────────────[DMOV D4000 C251]
 B门限位开关              B门关好数据
 [D<=  D10   K0  ]────────(M130)
     B门位置数据            B门开着
 [D>=  D10  D4000]────────(M131)
  B门位置数据 B门关好数据    B门关着
```

图 10-12　卷帘门位置判别程序

（2）初始状态-等待分支选择（S0）

当按下 ALARM 键，程序从原来状态跳出，进入初始状态 S0。初始状态时，等待分支选择，进入"A→B 流程"（S10）或"B→A 流程"（S20），如图 10-13 所示。进入 S10 的条件是 B 门关好的前提下，A 门微波感应器（M3003 不得电时）、A 门外按钮（M3003 得电时）或吹淋光电有信号。进入 S20 的条件是 A 门关好的前提下，B 门微波感应器（M3004 不得电时）或 B 门外按钮（M3004 得电时）有信号。

（3）A→B 流程

① 开 A 门关 A 门（S10）。进入 S10 状态，M0 得电打开 A 门，定时器 T0 开始计时，计时到，M6 得电并语音播报，同时关 A 门。其间如果又有人要进来，触发微波感应器，则 M0 再次得电，再开 A 门。当关好 A 门时，其间吹淋光电有信号则转移到 S11（吹淋状态），程序如图 10-14 所示。

② 吹淋（S11）。进入 S11 状态，播报"开始吹淋"，T1 时间到，输出 M2 开始吹淋；T2 定时器开始计时，时间到，吹淋结束，进入 S12 状态。16 位数据寄存器 D4013 存放吹淋时间，吹淋时间为 D4013 中的数值乘以 100 ms，程序如图 10-15 所示。

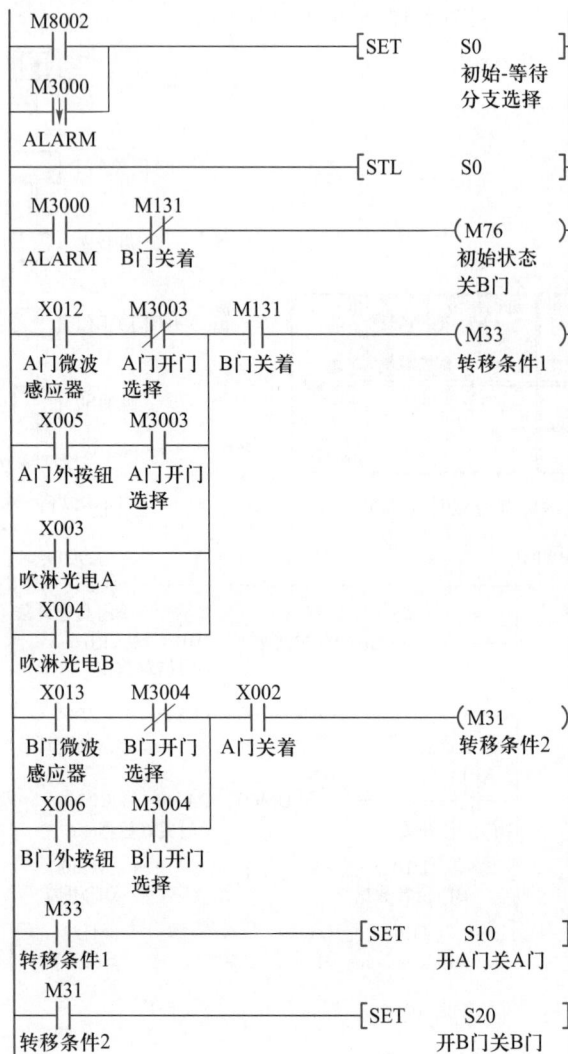

图 10-13   初始状态-等待分支选择

③ 开 B 门关 B 门(S12)。吹淋结束后,播报语音"吹淋结束,请从 B 门出",分别经过 T3 定时时间,M1 得电,打开 B 门;T13 定时 B 门开启时间。T13 时间到,关闭 B门。程序如图 10-16 所示。

④ 返回 S0(S13)。"A→B 流程"结束,返回初始状态(S0),程序如图 10-17 所示。

（4）B→A 流程

① 开 B 门关 B 门(S20)。进入 S20 状态,M3 得电,开 B 门,在关门过程中再次触发微波感应器或按开门按钮,M124 得电 B 门再次打开。B 门打开后,经 T14 定时时间,M7 得电,驱动 M125 得电,B 门关闭。关好 B 门,程序转移到 S21。程序如图 10-18所示。

② 开 A 门关 A 门(S21)。"B→A 流程"中开 A 门关 A 门程序梯形图如图 10-19所示。当 T15 延迟开 A 门时间到,M4 得电,开门时间由 T16 定时器定时,T16 时间到,

M8 得电,复位 M4,移门控制器失去开门信号,自动关门。A 门关好,程序跳转到初始状态 S0。

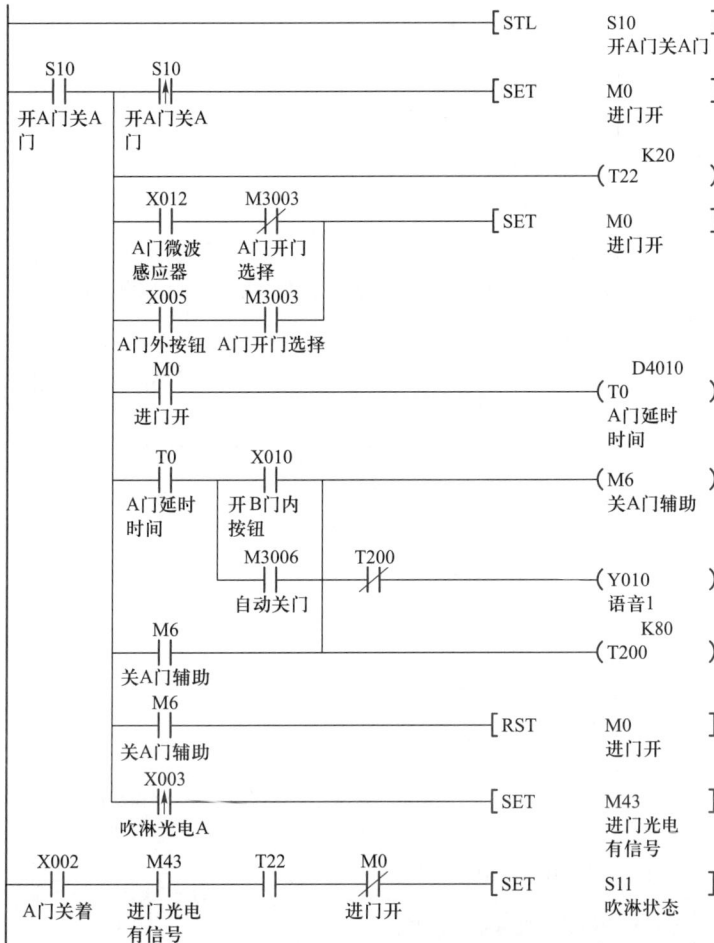

图 10-14　开 A 门关 A 门程序

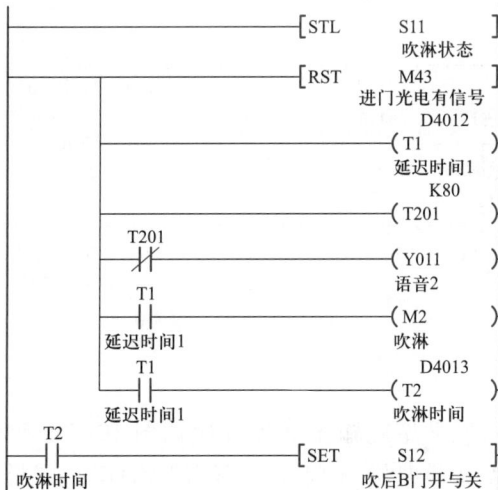

图 10-15　吹淋程序

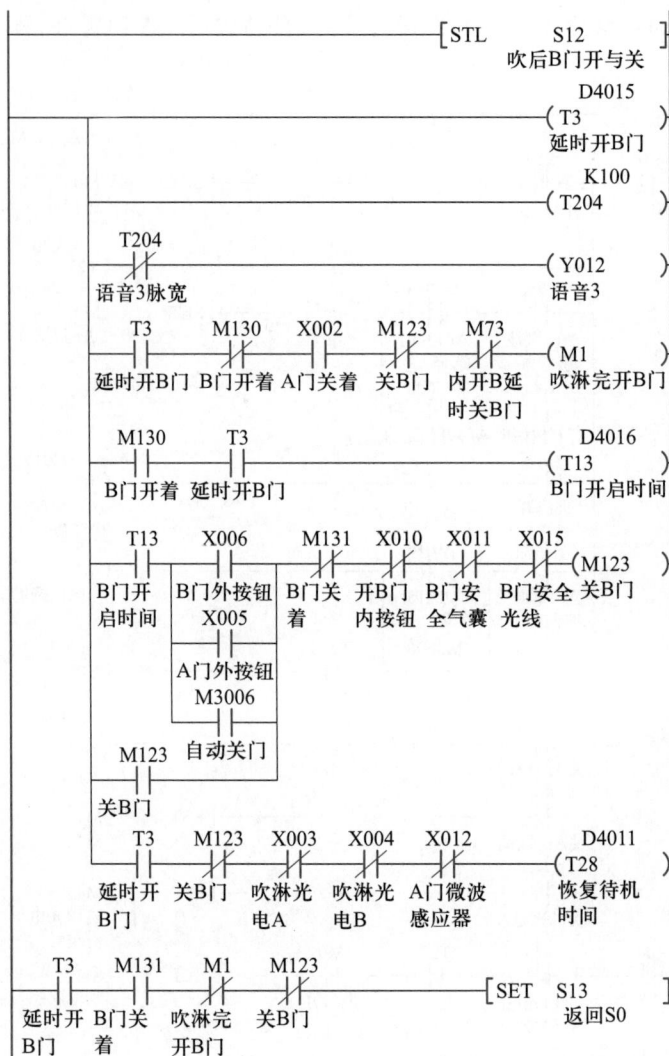

图 10-16 开 B 门关 B 门(S12)程序

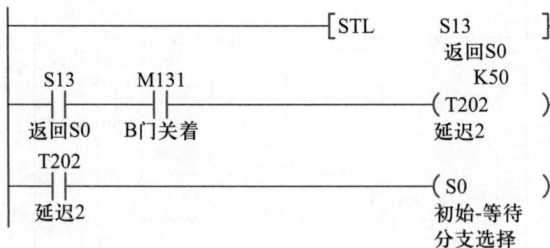

图 10-17 返回 S0 程序

（5）输出处理程序

平移门进卷帘门出风淋系统输出处理程序如图 10-20 所示。按下 ALARM 键，M3000 接通，S10~S21 状态器复位，A 门打开，设置"ALARM 双门打开"时(M3005=1)，B 门也打开。有吹淋信号 M2 或手动吹淋信号 M51，且 A、B 门都关闭时，Y4 得电，执行

高速吹淋。当低速吹淋开（M3001 = 1），没有高速吹淋（Y4 = 0）且 M2 = 0、M3000 = 0、M51 = 0，则 Y5 得电，执行低速吹淋。平移门 A 只需要一个开门信号 Y14，有信号执行开门，无信号则自动关门。卷帘门 B 开门信号 Y16 得电，执行开门；关门信号 Y17 得电关门。当程序在除 S0 以外的状态，照明灯 Y6 得电，进入 S0 状态，过设定时间则熄灭。在 S0 状态，绿指示灯 Y1 亮，在其他流程红指示灯 Y0 亮，在高速吹淋时，红指示灯闪烁。

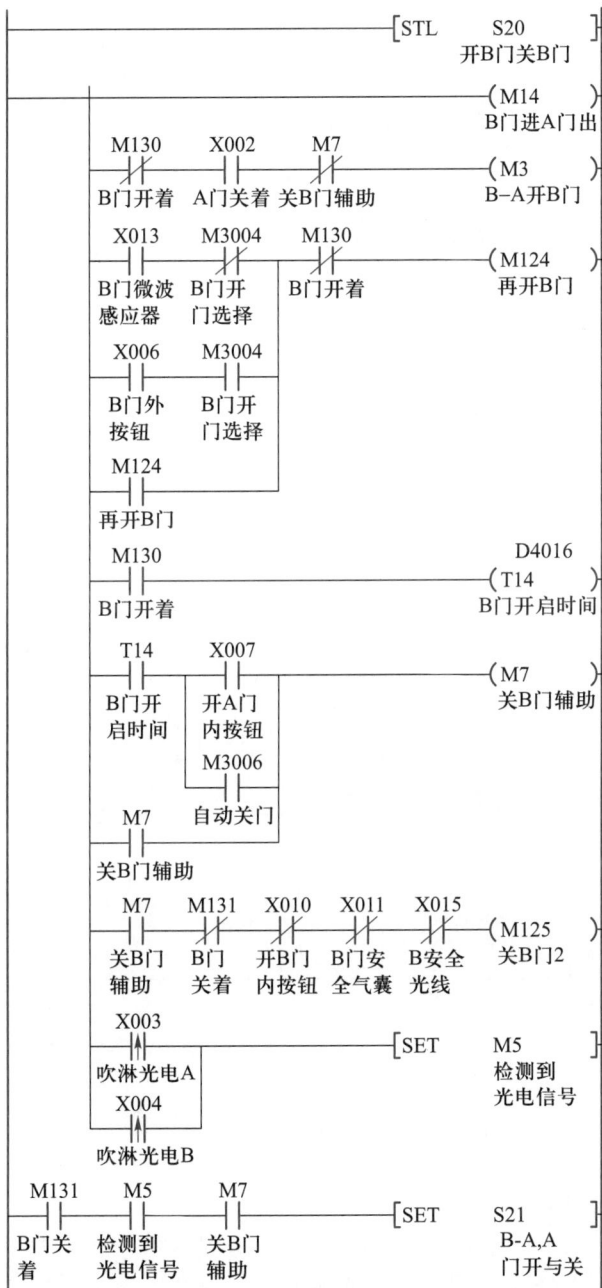

```
                            ─[STL    S20        ]
                                     开B门关B门

                            ─( M14          )
                              B门进A门出

       M130    X002    M7
───────┤/├─────┤/├─────┤/├───────────( M3           )
       B门开着  A门关着  关B门辅助       B-A开B门

       X013    M3004   M130
───────┤├──────┤├──┬──┤/├────────────( M124         )
       B门微波  B门开 │ B门开着          再开B门
       感应器   门选择 │
       X006    M3004 │
       ┤├──────┤├───┤
       B门外   B门开
       按钮    门选择
       M124
       ┤├
       再开B门

       M130                            D4016
───────┤├─────────────────────────────( T14          )
       B门开着                          B门开启时间

       T14     X007
───────┤├──────┤├──┬──────────────────( M7           )
       B门开   开A门 │                    关B门辅助
       启时间  内按钮 │
               M3006 │
               ┤├───┤
               自动关门
       M7
       ┤├
       关B门辅助

       M7   M131  X010  X011  X015
───────┤├───┤/├──┤/├──┤/├──┤/├────────( M125         )
       关B门 B门   开B门 B门安 B安全        关B门2
       辅助  关着  内按钮 全气囊 光线

       X003
───────┤↑├──┬─────────────────────[SET   M5          ]
       吹淋光电A │                         检测到
       X004   │                         光电信号
       ┤↑├───┤
       吹淋光电B

       M131   M5      M7
───────┤├────┤├──────┤├───────────[SET   S21         ]
       B门关   检测到   关B门                B-A,A
       着      光电信号  辅助                 门开与关
```

图 10-18 开 B 门关 B 门（S20）程序

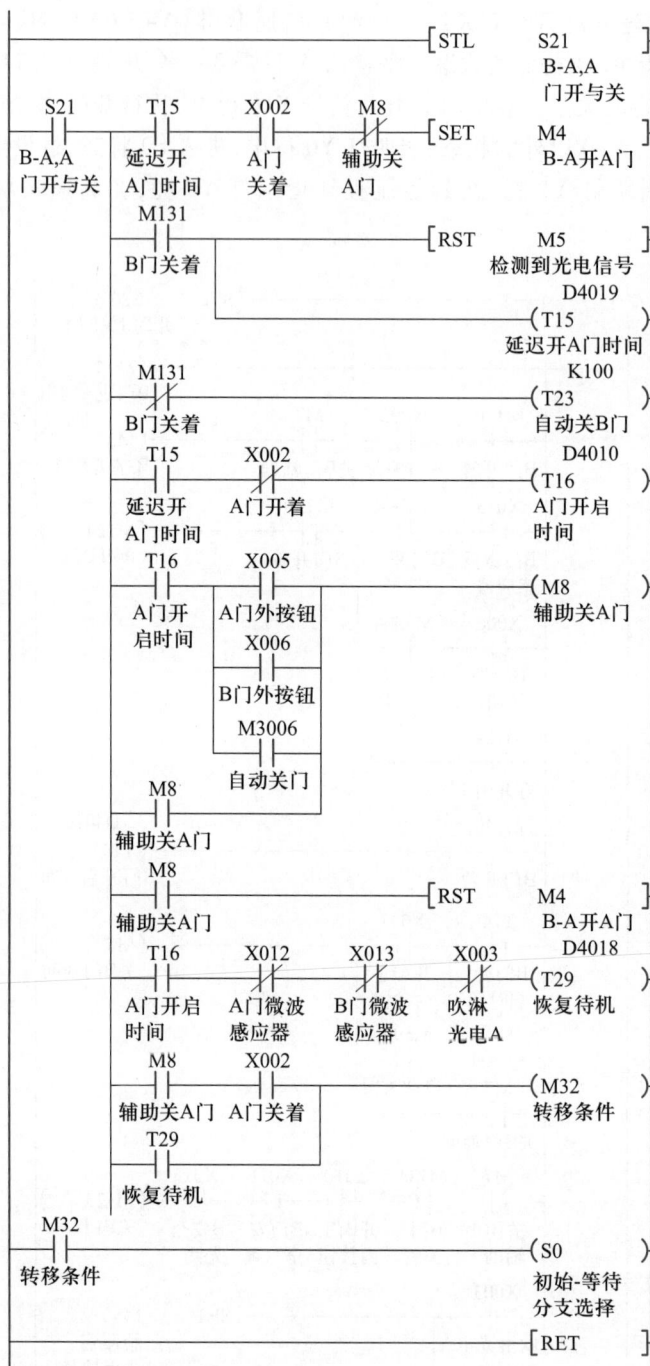

图 10-19   开 A 门关 A 门（S21）程序

（6）文本屏显示数据服务程序

在 PLC 程序中，为了配合人机界面显示，需增加人机界面服务程序。系统中文本屏上监控系统的输入/输出状态，通过辅助继电器与文本屏交互信号。通过数据寄存器 D0，显示吹淋时的当前已吹淋时间。程序如图 10-21 所示。

M3000 ALARM ——（M81 ALARM显示）
[ZRST　S10　S21]

M2 吹淋　X002 A门关着　M131 B门关着 ——（Y004 高速吹淋）
M51 手动输入

M8000 ── M3001 低速开 ─ Y004 高速吹淋 ─ M2 吹淋 ─ M3000 ALARM ─ M51 手动输入 ——（Y005 低速吹淋）

X007 开A门内按钮 ── M2 吹淋 ─ M131 B门关着 ─ X002 A门关着 ——（M15 内开A门）
M15 内开A门

M15 内开A门 ── T20 A门开启时间 ——（M70 A门内开辅助）
M70 A门内开辅助 ——（T20 A门开启时间 D4010）

X010 开B门内按钮 ── M2 吹淋 ─ X002 A门关着 ─ M130 B门开着 ——（M16 内开B门）
X011 B门安全气囊 ── Y017 B门关
X015 B安全光线
M16 内开B门

M16 内开B门 ── T21 B门开启时间 ——（M72 B门内开辅助）
M72 B门内开辅助 ——（T21 B门开启时间 D4016）

T21 B门开启时间 ── M131 B门关着 ——（M73 内开B延时关B门）
M73 内开B延时关B门

M0 进门开 ── Y015 A门关 ─ Y016 B门开 ─ M131 B门关着 ——（Y014 A门开）
M4 B-A开A门
M15 内开A门
M3000 ALARM

M1 吹淋完开B门 ── Y014 A门开 ─ X002 A门关着 ─ M130 B门开着 ——（Y016 B门开）
M124 再开B门
M3 B-A开B门
M16 内开B门
M3000 ALARM ── M3005 ALARM双开门选择

M123 关B门 ── M131 B门关着 ─ X011 B门安全气囊 ─ X015 B安全光线 ─ Y016 B门开 ─ X010 开B门内按钮 ——（Y017 B门关）
M125 关B门2
T23 自动关B门
M73 内开B延时关B门

S10 开A门关A门 ── T8 照明延时 ——（Y006 照明）

S11 吹淋状态 ── S10 开A门关A门 ─ M14 B门进A门出 ─ S11 吹淋状态 ─ S12 吹后B门开与关 ——（T8 照明延时 D4021）
S12 吹后B门开与关
S20 开B门关B门
S21 B-A,A门开与关
Y006 照明
M3002 照明开关（常亮）

M2 吹淋 ── M8013 ——（Y000 红指示灯）
S0 初始-等待分支选择 ── M2 吹淋

S0 初始-等待分支选择 ——（Y001 绿指示灯）

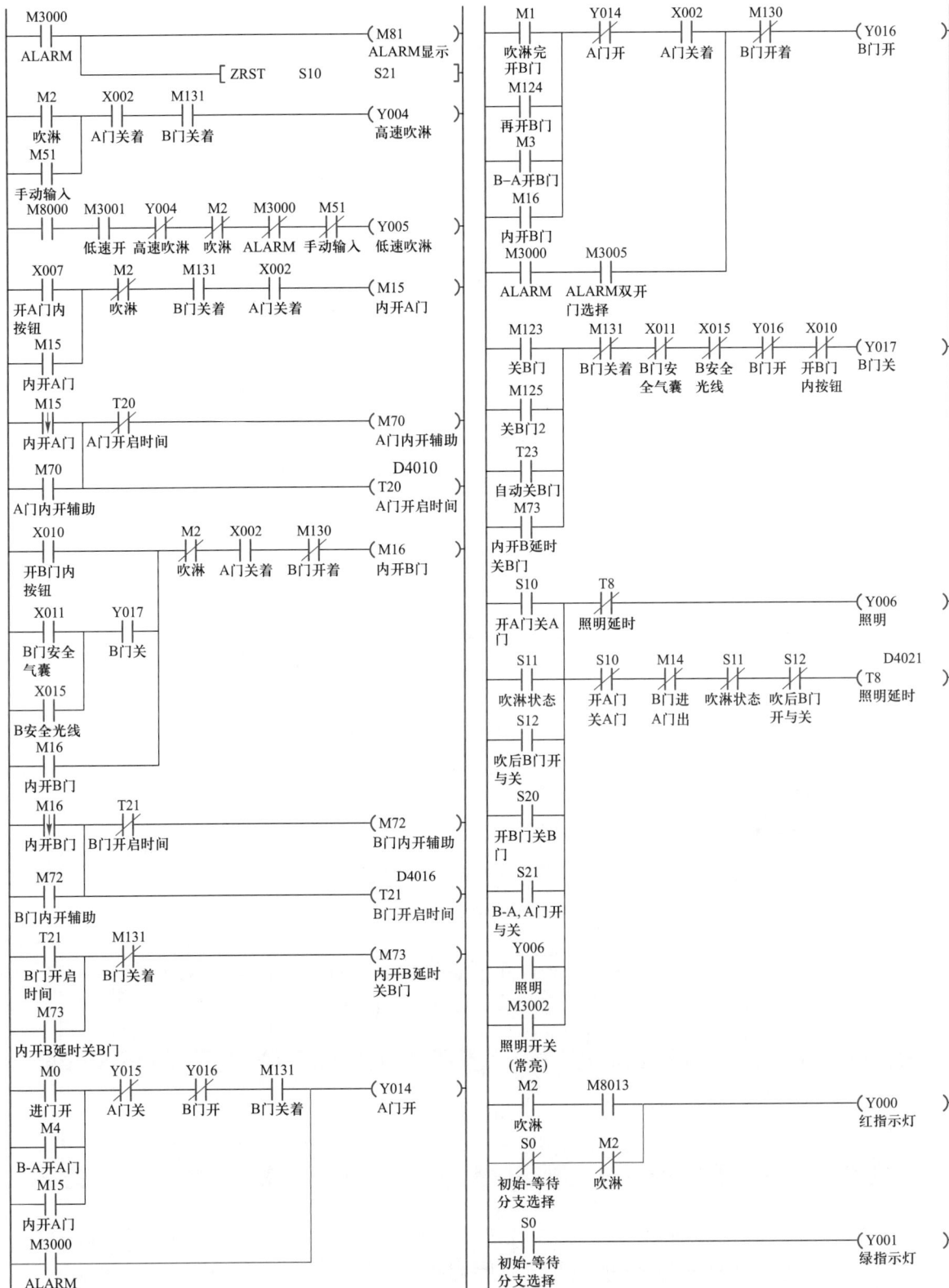

图 10-20　平移门进卷帘门出输出处理程序

图 10-21　文本屏服务程序

10.8 系统接线与调试

1. 外部接线

平移门进卷帘门出风淋控制系统接线图如图 10-22 所示。

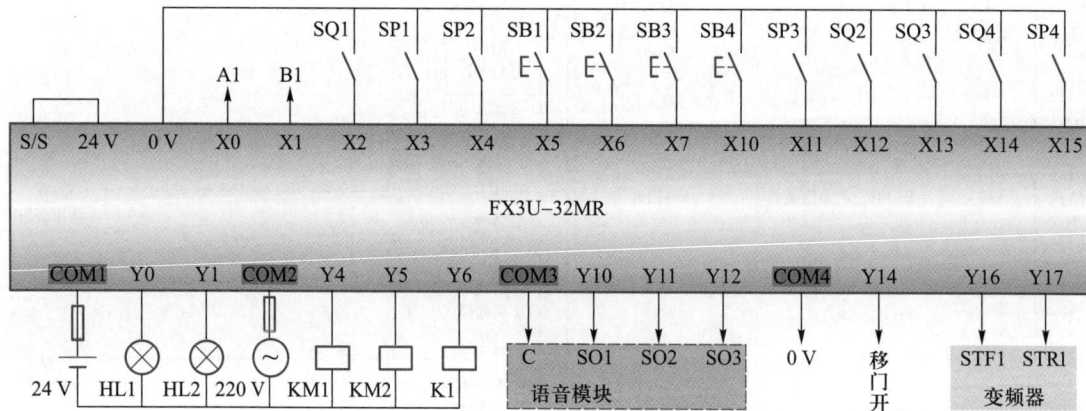

图 10-22　平移门进卷帘门出风淋控制系统接线图

2. 系统调试

（1）门数据的参数调试

风淋系统中门的位置由光电编码器产生的 A 相、B 相脉冲,通过 PLC 高速双向计数来得到位置参数。具体工作过程中,门开启过程为减计数,门关闭过程为增计数。在开好门的位置设定数值为 0,这个位置上 PLC 将使变频器停止运行,不再让门上卷。因为,电动机有一个减速停止的过程,实际门停止的位置要比刚才的 0 位更高一点,也就是实际的位置数据会小于 0 值,产生一个负值的计数值,这不影响实际的工作。同样,门数据增加到某一值时,应该让变频器减速停止,最终停止的位置门刚好关闭。这需要和变频的速度设置、减速时间设置相配合进行调试,得到合适的数据设置值。在调试中,如果发现加、减计数的方向和要求的相反,可以有两种方法解决,一种是程序里设置特殊辅助继电器 M8251、M8253,更改计数方向;另一种方法,把 A 相、B 相信号接到 PLC 输入接口的点相互交换。

延伸阅读

FX PLC 中断功能

（2）各项功能的验证

通过仿真,监控和设置可能的输入情况,验证各项功能,检验各流程的工作是否符合控制要求。

思考与练习

1. 高速计数器的种类有哪些? 它们的输入信号形式分别是什么形状的波形图?

2. 光电编码器基本原理以及应用场合分别是什么?

3. 变频器基本原理是什么?

4. 一般变频器控制电路接线端子包括哪几个类型?

5. 如果采用 A、B 相两通道高速计数(无外部启动和外部复位),它们对应的输入点和计数器编号分别是多少?

6. 程序中 DHCMOV 是什么功能,每个代码分别表示的含义是什么?

7. FX PLC 中断功能包括哪几个? 它们分别有几个可以使用?

参考答案

项目 11

微滤机控制

　　微滤机是污水净化设备，广泛用于城市生活污水、造纸、纺织、印染、化工、食品、皮革污水等的过滤。 系统采用 60 ~ 200 目/in^2 的微孔筛网固定在转鼓型过滤设备上，通过截留水体中固体颗粒，实现固液分离的净化装置。 其优点是减少污水处理成本，不需要人工操作，将过滤后杂质压紧后处理。

　　本项目涉及触摸屏的画面设计，PLC 串口通信程序的编写，触摸屏与 PLC 程序的联合模拟仿真；通过 RS 指令实现 PLC 与变频器的无协议方式通信（RS-485 通信）；FX 系列 PLC 模拟量输入、输出功能，模拟量输入模块的使用；二线制电流输出型液位变送器的使用。 同时，通过本项目了解自动化在环保领域的应用，致力于开发环保产品，以科技助力保护环境。

思维导图

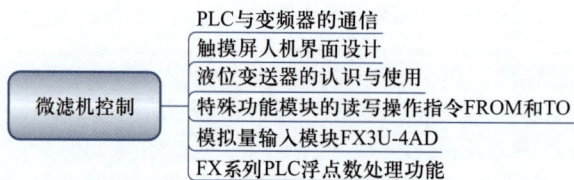

设计要求

　　微滤机示意图如图 11-1 所示。在滤布电动机驱动下,滤布沿如图中两箭头方向循环移动。自吸泵 1 将污水吸入微滤机,自吸泵 2 将过滤的清水吸走。滤网上的污泥、杂质由风机吸进污泥槽,再由压泥螺旋杆在压泥电动机的驱动下,将污泥压出微滤机。

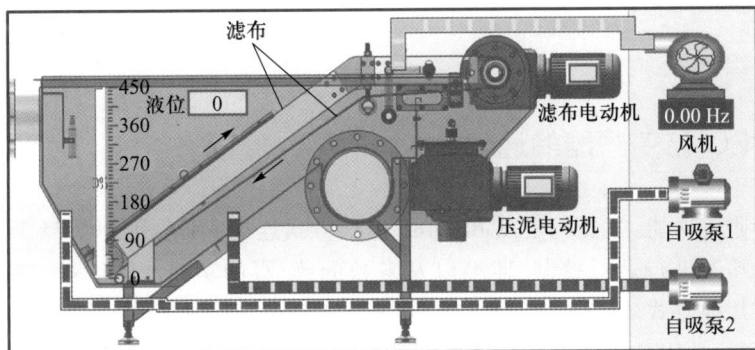

图 11-1　微滤机示意图

　　1. 控制要求

　　(1) 滤布电动机

　　① 液位控制模式:当液位达到高液位(可设定)时启动,当满足以下 2 个条件时停止:(a) 低液位(可设定)时;(b) 延时时间(可设定)到。

　　② 循环模式:运行时间+停止时间 = 循环时间(精确到 s,且时间可调)。

　　③ 手动控制启停。

　　(2) 压泥电动机

　　① 联动控制:当滤布电动机运行设定的次数后,压泥电动机运行设定的时间。

　　② 手动控制启停。

　　(3) 风机

　　① 联动控制:当滤布电动机运行时,风机运行;当滤布电动机停止时,风机停止。

　　② 手动控制启停。

　　(4) 自吸泵 1

　　① 联动控制:当滤布电动机运行时,自吸泵 1 运行;滤布电动机停止时,自吸泵 1 停止。

　　② 手动控制启停。

　　(5) 自吸泵 2

　　① 联动控制:当滤布电动机运行时,自吸泵 2 运行;滤布电动机停止时,自吸泵 2 停止。

　　② 手动控制启停。

　　2. 人机界面要求

　　① 人机界面主要由工作界面和参数设置两页组成。

② 工作界面:实时显示风机、滤布电动机、压泥电动机、自吸泵1、自吸泵2的工作状态;动态显示微滤机的液位,显示液位高度(单位为 mm);可设置高、低液位。

③ 参数设置:能设置自动方式下的工作模式,即液位控制模式和循环模式;能设置循环模式下的运行时间和停止时间(精确到秒);能设置压泥电动机工作参数;显示用电量。

知识基础

延伸阅读
变频器专用指令

11.1 PLC 与变频器的通信

变频器通信功能,主要就是以 RS-485 通信方式连接 FX 系列 PLC 与变频器,用相应指令对变频器进行运行控制、监控以及参数的读/写的功能。PLC 对变频器的控制主要有以下几种方式。

① 通过三菱 PLC 与三菱变频器之间的变频器专用指令(如 IVCK、IVDR 指令)。

② 通过 RS-485,用 RS 指令无协议方式进行控制。

③ 通过 RS-485,用 RS 指令 Modbus-RTU 协议方式进行控制。

④ 通过网络进行通信,如 CC-Link 网络通信(需增加 CC-Link 通信模块)。

通过 RS-485 总延长距离最长可达 500 m(仅限于由 485ADP 构成的情况)。变频器 RS-485 通信网络如图 11-2 所示。

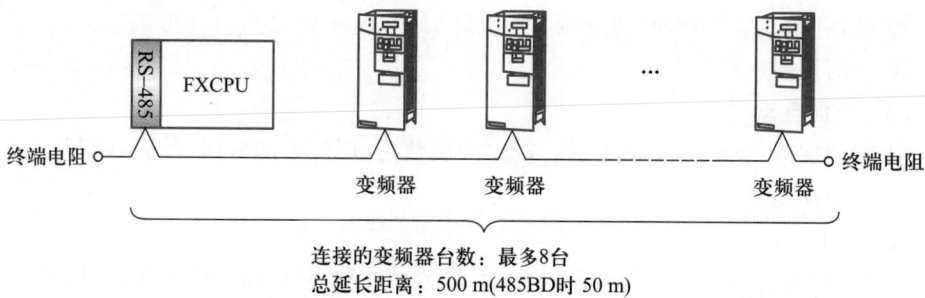

连接的变频器台数:最多8台
总延长距离:500 m(485BD时 50 m)

图 11-2　变频器 RS-485 通信网络

下面对 FX3U 与 E700 变频器内置 RS-485 通信进行说明。

1. PLC 与变频器 RS-485 通信端的接线

连接 1 台变频器时的接线图如图 11-3 所示。

连接多台变频器时的接线图如图 11-4 所示。

2. 变频器的参数设置

PLC 和变频器之间进行通信,通信规格应在变频器的初始化时设定,如果没有进行初始设定或者有一个错误的设定,数据将不能进行传输。每次参数初始化设置完成后,应复位变频器。如果改变与通信相关的参数,没有复位变频器,将不能进行通信。变频器通信参数设定见表 11-1。

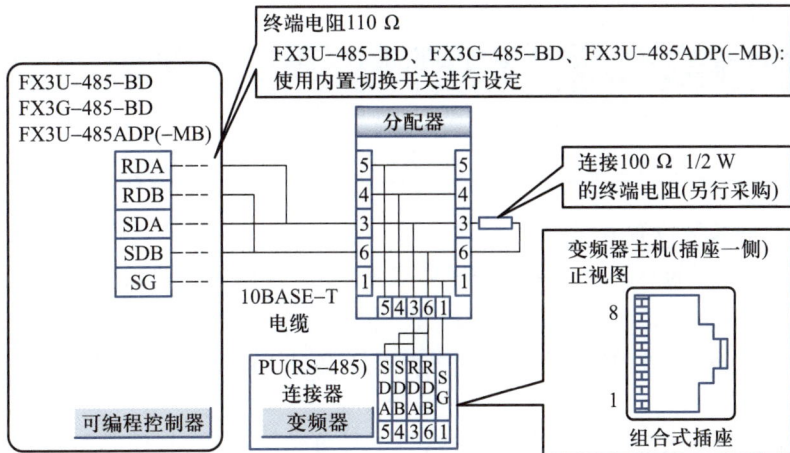

图 11-3　连接 1 台变频器时的接线图

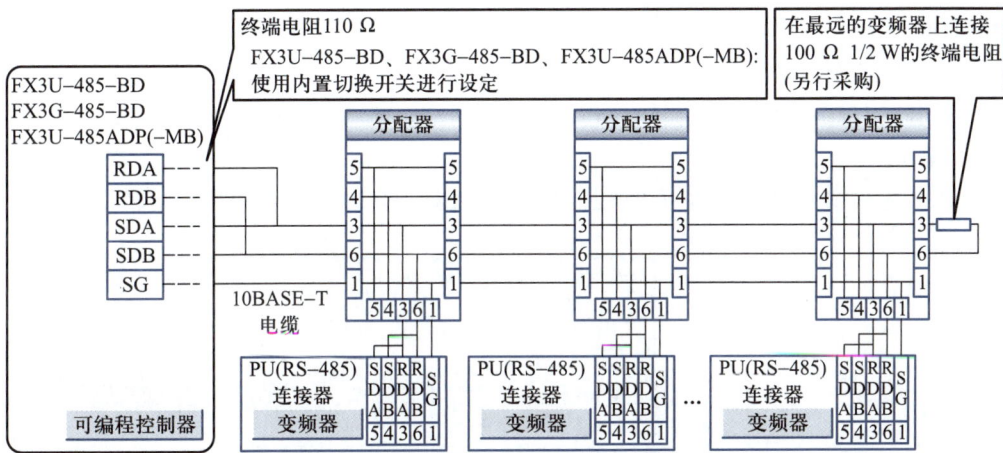

图 11-4　连接多台变频器时的接线图

表 11-1　变频器通信参数设定

参数编号	参数项目	设定值	设定内容
Pr117	RS-485 通信站号	00~31	最多可以连接 8 台
Pr118	RS-485 通信速率	48	4 800 bit/s
		96	9 600 bit/s(标准)
		192	19 200 bit/s
Pr119	RS-485 通信停止位长度	0	数据长度:8 位;停止位:1 位
Pr120	RS-485 通信奇偶校验的选择	0	0:无奇偶校验
Pr123	设定 RS-485 通信的等待时间	9 999	在通信数据中设定
Pr124	选择 RS-485 通信的 CR,LF	0	CR:无;LF:无
Pr79	运行模式	3	外部/PU 组合运行模式 1
Pr340	通信启动模式的选择	0	计算机链接

续表

参数编号	参数项目	设定值	设定内容
Pr122	RS-485 通信检查的时间间隔	9 999	通信检查中止
Pr549	协议的选择	0	三菱变频器(计算机链接)协议

3. PLC 的参数设置

PLC 的参数设置必须与变频器的参数设置一致,否则不能通信。PLC 的参数设置如图 11-5 所示。

① 打开参数设定。在 GX Works2 编程软件中,双击工程列表下的"参数→PLC 参数"命令。

未显示工程列表时,选中(在左边打√)工具菜单栏中的"视图→折叠窗口→导航窗口"命令。

② 显示串行通信(参数)的设定。单击对话框中的"PLC 系统设置(2)"标签页,如图 11-6 所示。

③ 将参数和程序写入到可编程控制器中。

选择工具菜单栏中的"在线→PLC 写入"命令。选中"参数"和"程序",点击"执行"按钮。

PLC 通信参数的设置也可以通过 PLC 程序,对 D8120 写入相应的设置值。

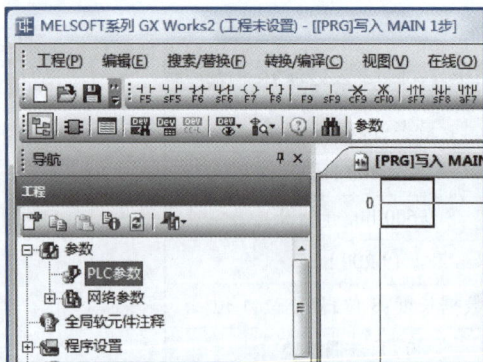

图 11-5　PLC 的参数设置

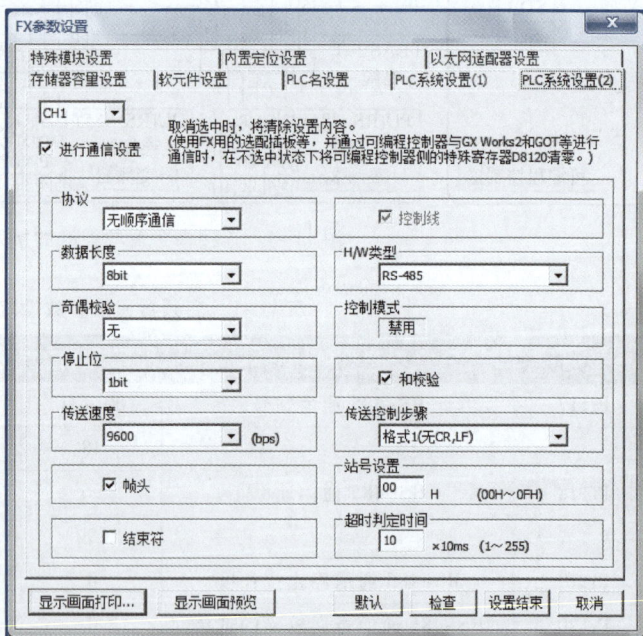

图 11-6　串行通信(参数)的设置

4. RS 指令

RS 指令用 RS-232、RS-485 端口来发送和接收串行数据。

① 指令格式如图 11-7 所示。

② 功能及动作。RS 指令用于指定从 FX PLC 发出的发送数据的起始软元件和数据点数,以及保存接收数据的起始软元件和可以接收的最大点数。RS 指令程序编写结构如图 11-8 所示。

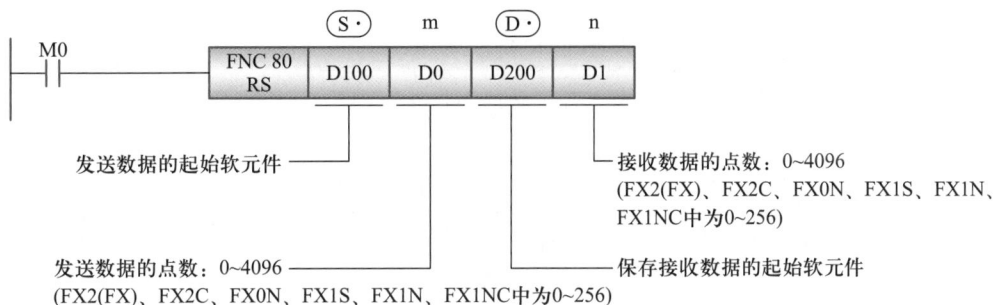

图 11-7 RS 指令格式

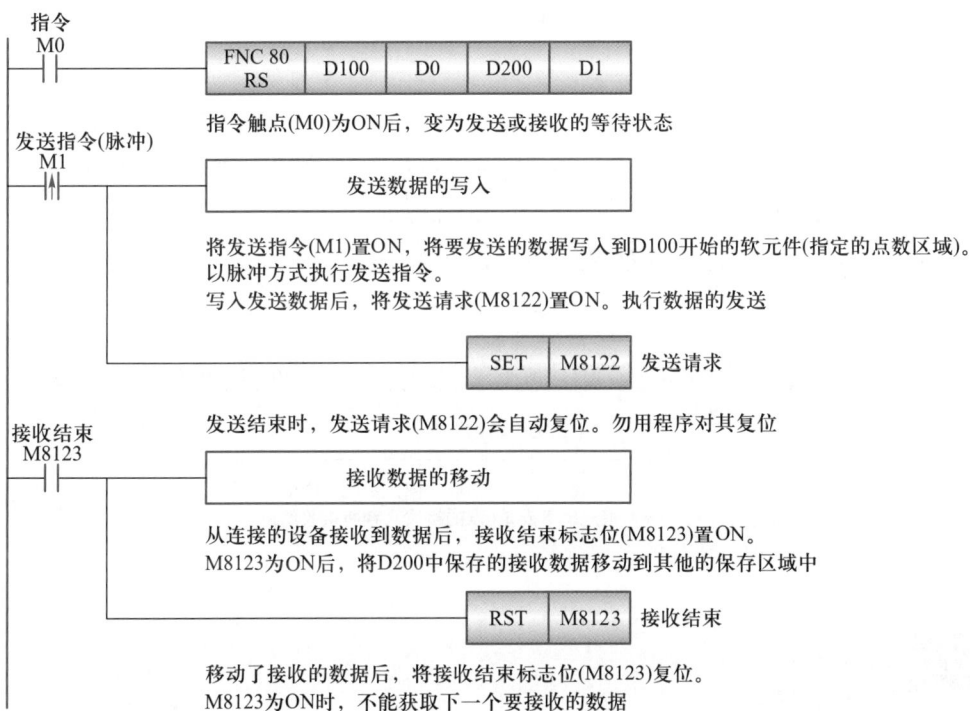

图 11-8 RS 指令程序编写结构

RS 指令可以在 16 位和 8 位 2 种模式下对发送和接收的数据进行处理。

各数据的处理 16 位模式如图 11-9 所示,8 位模式如图 11-10 所示。以下的例子是将通信参数设定为有报头、报尾时的情况。

① 16 位数据的处理(M8161 = OFF 时)。

② 8 位数据的处理(M8161 = ON 时)。

微课

FX PLC 通信及 RS 指令

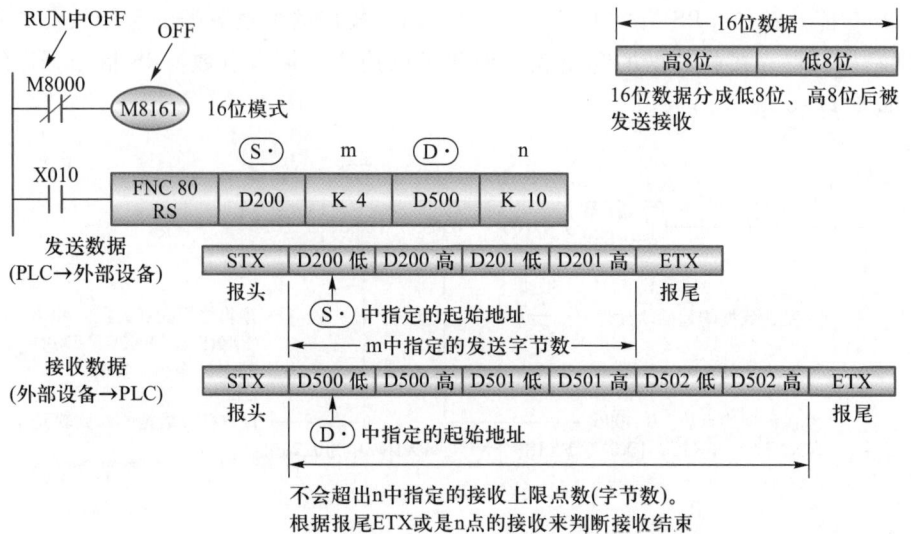

图 11-9 16 位模式

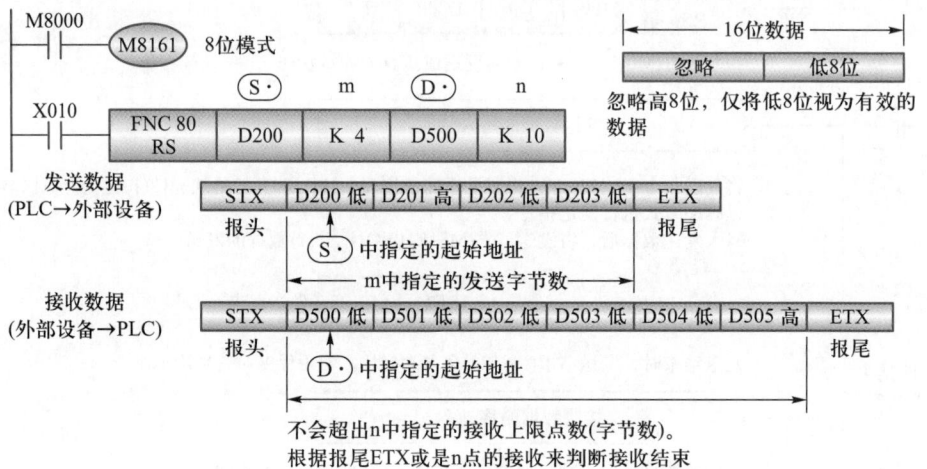

图 11-10 8 位模式

11.2 触摸屏

11.2.1 触摸屏的作用

触摸屏作为一种新型的人机界面,自从出现就广受关注。它的简单易用、强大的功能及优异的稳定性,使它非常适合用于工业环境,也可以用于日常生活,如自动化停车设备、自动洗衣机、生产线监控等,甚至还可以用于智能大厦管理、温度调整等。

作为 PLC 的图形操作终端,触摸屏与 PLC 联机使用。用户用手指或其他物体触摸安装在显示器前端的触摸屏时,所触摸位置的坐标被触摸屏控制器检测,对应位置的画面元素(与 PLC 内部软件元件对应)动作,并通过串行通信接口(RS-232、RS-422 或 RS-485)送到 PLC 的 CPU,从而给 PLC 输入信息。

使用触摸屏的组态软件可以在触摸屏上设计出所需画面。画面的生成是可视化的,不需用户编程。用户可以自由地组合文字、按钮、图形,数字等来处理或监控管理及应付随时可能变化的信息,具有美观、直观、方便等优点,操作人员很容易掌握。

用触摸屏上的元件代替硬件按钮和指示灯等外部元件,还可以减少 PLC 控制器所需的 I/O 点数,降低生产成本。需要注意的是,画面上的按钮用于为 PLC 提供启动和停止电动机等设备的输入信号,但这些信号只能通过 PLC 的辅助继电器来传递,不能送给 PLC 的输入继电器,因为输入继电器的状态唯一取决于外部输入电路的通断状态,不能用触摸屏上的按钮来改变。

延伸阅读

变频器数据通信格式

11.2.2　三菱电机 GOT 概述

三菱电机的人机界面称为图形操作终端(graphic operation terminal,GOT)。目前市场上常见的三菱电机 GOT 主要包括 GT10、GT11、GT12、GT15、GT16 五种,统称为 GOT1000 系列。其中 GT16 性能最高:最大显示尺寸可达 15 in(英寸),支持 65 536 色显示,内存 15 MB,支持三菱电机的各种设备层、控制层总线,可连接 4 台不同 FA 设备,除具备 PLC 数据显示、控制、报警列表等 HMI 的传统功能外,还支持文档显示,数据记录、PLC 程序备份、梯形图编辑等扩展功能,多用于多台 PLC 联网的大型化生产线。GT12 系列性能低于 GT16,显示尺寸为 10.4 in 或 8.4 in,内置 CF 卡及以太网接口,最多可同时连接 2 台 PLC。GT10 系列在三者中性能最低,最大 5.7 in,仅支持通过串行通信连接 PLC。所以,在大多数场合下,多用于小型单机控制的 FX 系列 PLC,主要与 GT12 系列和 GT10 系列配合使用。现在 GOT2000 系列已经上市,性能更高。

延伸阅读

FX3U 系列 PLC 与 GOT 以太网通信的设置

11.3　FX 系列 PLC 模拟量输入、输出功能

11.3.1　特殊功能模块概述

对于三菱产品来说,除了开关量输入、输出功能外,其他的特殊功能都可以通过功能扩展板、特殊适配器、特殊功能模块来实现。其中种类最为丰富的扩展设备就是特殊功能模块。

特殊功能模块是为了实现某种特殊功能,如模拟量输入(A/D)转换、模拟量输出(D/A)转换、高速输入、脉冲输出定位、通信等模块,其自身带有 CPU 和特殊处理电路,只是和基本单元进行数据通信。

上电时,基本单元(CPU)会从其距离最近的特殊功能单元/模块开始,按照 No.0 ~ No.7 的顺序,依次对特殊功能单元/模块分配单元号,如图 11-11 所示。

CPU 模块从特殊功能模块的缓冲存储器读出/写入数据,有缓冲存储区直接指定和 FROM/TO 指令两种方法。

微课

特殊功能模块的 BFM 读出与写入

1. 缓冲存储区直接指定

缓冲存储区直接指定的方法是将图 11-12 所示的设定软元件指定为直接应用指令的源操作数或目标操作数。

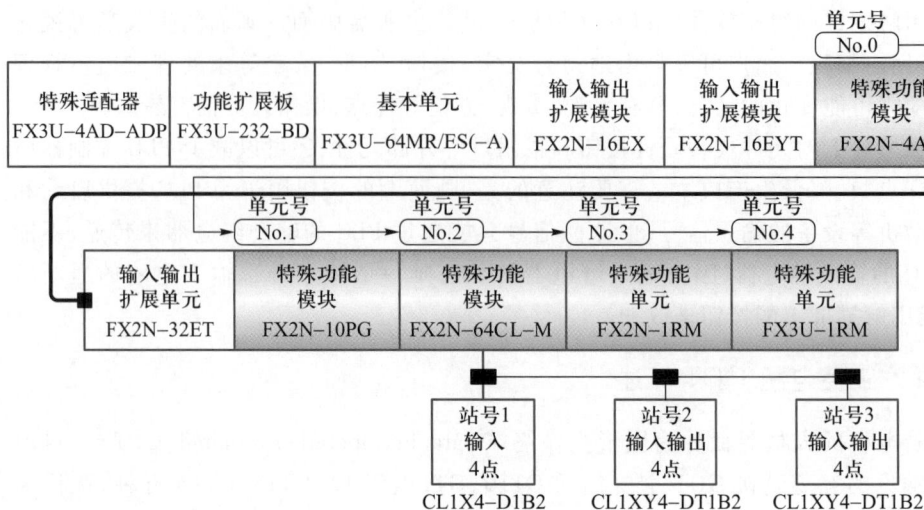

图 11-11 特殊功能模块的单元号分配

图 11-12 缓冲存储区直接指定软元件

（1）缓冲存储区直接读出示例

图 11-13 所示的程序是将单元号 1 的缓冲存储区（BFM#10）的内容读出乘以数据（K10），并将结果写入到数据寄存器（D11、D10）。

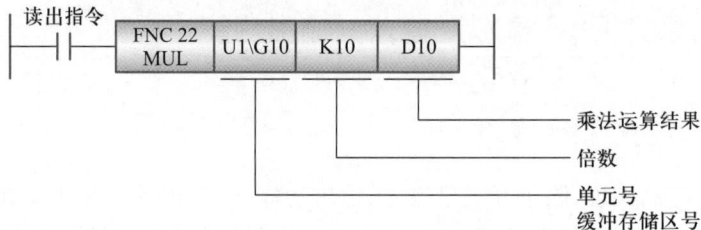

图 11-13 缓冲存储区直接读出示例

（2）缓冲存储区直接写入示例

图 11-14 所示的程序是将数据寄存器（D20）加上数据（K10），并将结果写入单元号 No.1 的缓冲存储区（BFM#6）。

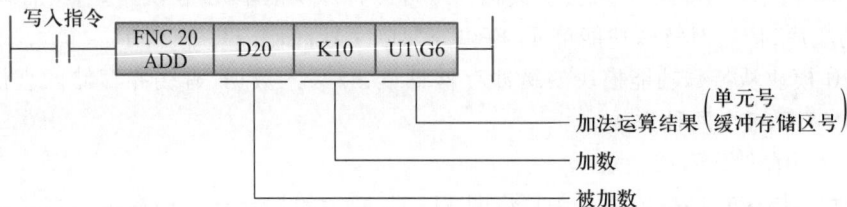

图 11-14 缓冲存储区直接写入示例

2. 缓冲存储区通过 FROM/TO 指令读写

（1）缓冲存储区（BFM）读出指令（FROM）

① 16 位运算（FROM、FROMP）。将单元号为 m1 的特殊功能单元/模块中的缓冲存储区（BFM）m2 开始的 n 点 16 位数据传送到（读出）PLC 内的以 $\text{D}\cdot$ 开始的 n 点中，如图 11-15 所示。

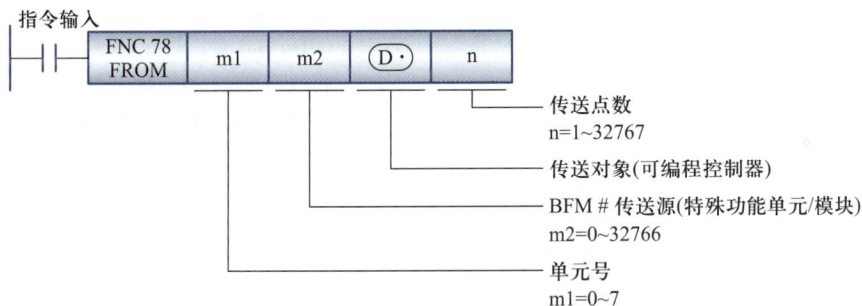

图 11-15　FROM 指令（16 位运算）

② 32 位运算（DFROM、DFROMP）。将单元号为 m1 的特殊功能单元/模块中的缓冲存储区（BFM）[m2+1、m2] 开始的 n 点 32 位数据传送到（读出）PLC 以内 [$\text{D}\cdot$+1、$\text{D}\cdot$] 开始的 n 点中，如图 11-16 所示。

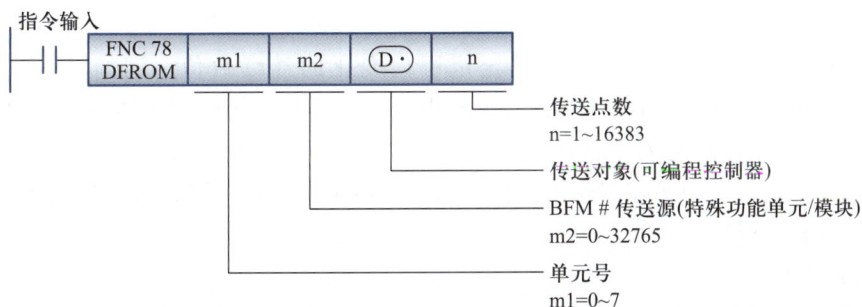

图 11-16　FROM 指令（32 位运算）

（2）缓冲存储区（BFM）写入指令（TO）

① 16 位运算（TO、TOP）。将 PLC 中 $\text{S}\cdot$ 起始的 n 点 16 位数据传送到（写入）单元号为 m1 的特殊功能单元/模块中的缓冲存储区（BFM）m2 开始的 n 点中，如图 11-17 所示。

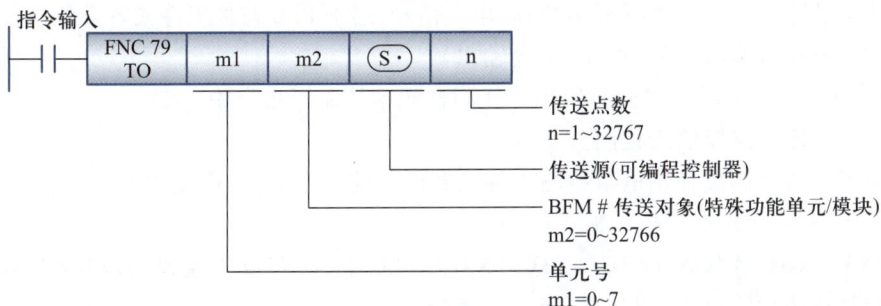

图 11-17　TO 指令（16 位运算）

② 32 位运算（DTO、DTOP）。将 PLC 中以［⑤·,⑤·+1］开始的 n 点 32 位数据传送到（写入）单元号为 m1 的特殊功能单元/模块中的缓冲存储区（BFM）［m2+1,m2］开始的 n 点中,如图 11-18 所示。

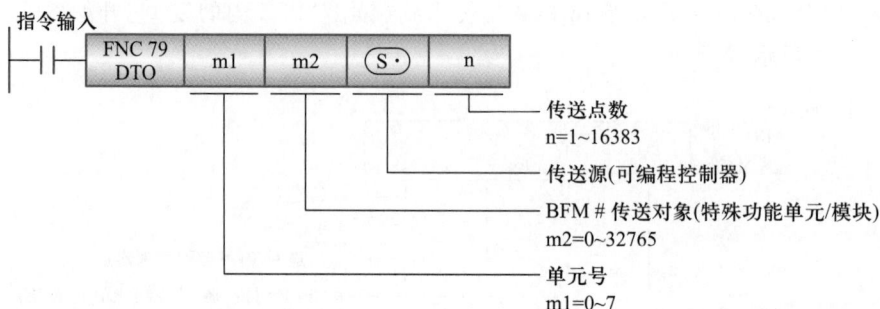

指令输入

```
FNC 79
DTO    m1    m2    ⑤·    n
```

传送点数
n=1~16383

传送源(可编程控制器)

BFM # 传送对象(特殊功能单元/模块)
m2=0~32765

单元号
m1=0~7

图 11-18   TO 指令（32 位运算）

11.3.2   FX 系列 PLC 模拟量控制

1. 模拟量概述

在控制系统中有两个常见的术语"模拟量"和"开关量"。无论输入还是输出,一个参数要么是模拟量,要么是开关量。

（1）模拟量

控制系统量的大小是一个在一定范围内变化的连续数值。例如,温度从 0 ~ 100 ℃,压力从 0 ~ 10 MPa,液位从 1 ~ 5 m,电动阀门的开度从 0 ~ 100% 等,这些量都是模拟量。模拟量也有输入和输出之分,一般输入的模拟量用作反馈监视或者控制计算,输出模拟量一般用于控制输出。例如水位的给定值、负荷的给定值等,它主要用于控制设备的开度等。

（2）开关量

开关量只有两种状态,如开关的导通和断开的状态,继电器的闭合和断开,电磁阀的通和断等。开关量分为输入开关量和输出开关量。

2. FX 系列 PLC 模拟量控制概述

FX 系列 PLC 的模拟量控制有模拟量输入（电压/电流输入）、模拟量输出（电压/电流输出）、温度传感器输入 3 种。

（1）模拟量输入控制（电压/电流输入）

从流量计、压力传感器等输入电压、电流信号,用于 PLC 监控工件或者设备的状态。

（2）模拟量输出控制（电压/电流输出）

从 PLC 输出电压、电流信号,用于变频器频率控制等指令中。

（3）温度传感器输入控制

为了从热电偶或者铂电阻检测工件或者设备的温度数据,而使用本产品。

3. FX3U-4AD 型模拟量输入模块

FX3U-4AD 连接在 FX3G/FX3U/FX3UC PLC 上,是获取 4 通道的电压/电流数据的模拟量特殊功能模块。其性能规格见表 11-2。

表 11-2 FX3U-4AD 性能规格

规格		电压输入	电流输入
输入点数		4 通道	
模拟量 输入范围		−10 ~ +10 V (输入电阻:200 kΩ)	−20 ~ +20 mA,4 ~ 20 mA (输入电阻:250 Ω)
最大绝对输入		±15 V	±30 mA
偏置		−10 ~ +9 V	−20 ~ +17 mA
增益		−9 ~ +10 V	−17 ~ +30 mA
数字量输出		带符号 16 位二进制	带符号 15 位二进制
分辨率		0.32 mV(20 V×1/64 000) 2.5 mV(20 V×1/8 000)	1.25 μA(40 mA×1/32 000) 5.00 μA(40 mA×1/8 000)
综合 准确 度	环境温度 25℃±5℃	针对满量程:20 V±0.3% (±60 mV)	针对满量程:40 mA±0.5%(±200 μA) 4 ~ 20 mA 输入相同
	环境温度 0 ~ 55 ℃	针对满量程:20 V±0.5% (±100 mV)	针对满量程:40 mA±1.0%(±400 μA) 4 ~ 20 mA 输入相同
转换速度		500 μs×使用 ch(通道)数	
隔离方式		模拟量输入部分和 PLC 之间,通过光耦隔离; 电源和模拟量输入之间,通过 DC/DC 转换器隔离; 各 ch(通道)间不隔离	
电源		5 V,110 mA(PLC 内部供电); 24 V,±10% ,90 mA(外部供电)	
输入、输出占用点数		8 点(在可编程控制器的输入、输出点数中的任意一侧计算点数)	

FX3U-4AD 部分缓冲存储区编号及内容见表 11-3。

表 11-3 FX3U-4AD 部分缓冲存储区编号及内容

BFM 编号	内容	设定范围	初始值	数据的处理
#0	指定通道 1~4 的输入模式	—	H0000	16 进制
#1	不可以使用	—	—	—
#2	通道 1 平均次数[单位:次]	1 ~ 4 095	K1	10 进制
#3	通道 2 平均次数[单位:次]	1 ~ 4 095	K1	10 进制
#4	通道 3 平均次数[单位:次]	1 ~ 4 095	K1	10 进制
#5	通道 4 平均次数[单位:次]	1 ~ 4 095	K1	10 进制
#6	通道 1 数字滤波器设定	0 ~ 1 600	K0	10 进制
#7	通道 2 数字滤波器设定	0 ~ 1 600	K0	10 进制
#8	通道 3 数字滤波器设定	0 ~ 1 600	K0	10 进制
#9	通道 4 数字滤波器设定	0 ~ 1 600	K0	10 进制
#10	通道 1 数据(即时值数据或者平均值数据)	—	—	10 进制

续表

BFM 编号	内容	设定范围	初始值	数据的处理
#11	通道 2 数据（即时值数据或者平均值数据）	—	—	10 进制
#12	通道 3 数据（即时值数据或者平均值数据）	—	—	10 进制
#13	通道 4 数据（即时值数据或者平均值数据）	—	—	10 进制

指定通道 1~4 的输入模式。输入模式的指定采用 4 位数的 HEX 码,对各位分配各通道的编号。通过在各位中设定 0~8、F 的数值,可以改变输入模式,如图 11-19 所示。

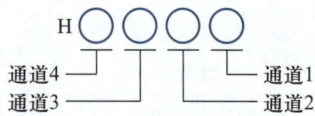

图 11-19　各通道输入模式的指定

输入模式的种类见表 11-4。

表 11-4　输入模式的种类

设定值[HEX]	输入模式	模拟量输入范围	数字量输出范围
0	电压输入模式	−10 V ~ +10 V	−32 000 ~ +32 000
1	电压输入模式	−10 V ~ +10 V	−4 000 ~ +4 000
2	电压输入（模拟量值直接显示模式）	−10 V ~ +10 V	−10 000 ~ +10 000
3	电流输入模式	4 mA ~ 20 mA	0 ~ 16 000
4	电流输入模式	4 mA ~ 20 mA	0 ~ 4 000
5	电流输入（模拟量值直接显示模式）	4 mA ~ 20 mA	4 000 ~ 20 000
6	电流输入模式	−20 mA ~ +20 mA	−16 000 ~ +16 000
7	电流输入模式	−20 mA ~ +20 mA	−4 000 ~ +4 000
8	电流输入（模拟量值直接显示模式）	−20 mA ~ +20 mA	−20 000 ~ +20 000
9 ~ E	不可以设定	—	—
F	通道不使用	—	—

11.4　FX 系列 PLC 浮点数处理功能

1. BIN 整数→二进制浮点数转换指令 FLT

将 BIN 整数值转换成二进制浮点数(实数)的指令,有 16 位运算和 32 位运算。一个浮点数存放于连续的 2 个 16 位寄存器。即 32 位存放一个二进制浮点数。

（1）16 位运算（FLT,FLTP）

将 $(S\cdot)$ 的 BIN 整数值数据转换成二进制浮点数(实数)值后,保存在 $[(D\cdot)+1,(D\cdot)]$ 中,如图 11-20 所示。

延伸阅读
FX3U-4AD 型模拟量输入模块的接线

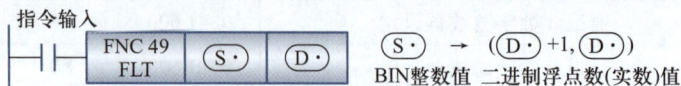

图 11-20　BIN 整数→二进制浮点数 16 位运算

（2）32 位运算（DFLT,DFLTP）

将［⑤·+1,⑤·］的 BIN 整数值数据转换成二进制浮点数（实数）值后,保存在 ［Ⓓ·+1,Ⓓ·］中,如图 11−21 所示。

2. 二进制浮点数→BIN 整数的转换指令 INT

将二进制浮点数,转换成可编程控制器中的一般数据形式 BIN 整数的指令。有 16 运算和 32 位运算。

图 11−21 BIN 整数→二进制浮点数 32 位运算

提示
因为在各二进制浮点数（实数）运算指令中,指定的 K、H 的值会自动转换成二进制浮点数（实数）,所以不需要使用 FLT 指令进行转换。

（1）16 位运算（INT,INTP）

将［⑤·+1,⑤·］的二进制浮点数转换成 BIN 整数后,传送到Ⓓ·中,如图 11−22 所示。

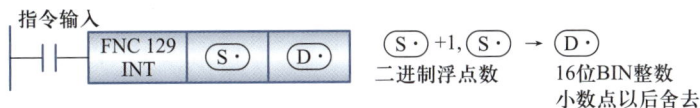

图 11−22 二进制浮点数→BIN 整数 16 位运算

（2）32 位运算（DINT,DINTP）

将［⑤·+1,⑤·］的二进制浮点数转换成 BIN 整数后,传送到［Ⓓ·+1,Ⓓ·］中,如图 11−23 所示。

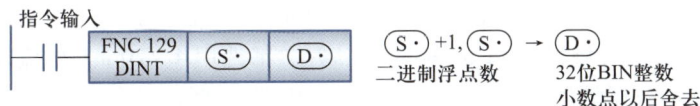

图 11−23 二进制浮点数→BIN 整数 32 位运算

3. 浮点数运算指令

FNC110 ~ FNC119、FNC120 ~ FNC129、FNC130 ~ FNC139 中,提供了用于浮点数据的转换、比较、四则运算、开方运算、三角函数等指令。部分指令见表 11−5,都是 32 位运算指令。

表 11−5 二进制浮点数运算部分指令

FNC No.	指令记号	符号	功能
110	ECMP	DECMP S1 S2 D	二进制浮点数比较
111	EZCP	DEZCP S1 S2 S D	二进制浮点数区间比较
112	EMOV	DEMOV S D	二进制浮点数数据传送

续表

FNC No.	指令记号	符号	功能
120	EADD	⊣⊢——[DEADD S1 S2 D]	二进制浮点数加法运算
121	ESUB	⊣⊢——[DESUB S1 S2 D]	二进制浮点数减法运算
122	EMUL	⊣⊢——[DEMUL S1 S2 D]	二进制浮点数乘法运算
123	EDIV	⊣⊢——[DEDIV S1 S2 D]	二进制浮点数除法运算

项目分析

1. PLC 的选取

微滤机控制系统有 14 个开关量输入,7 个开关量输出,两路模拟量输入。选用 FX3U-32MR 基本单元、FX3U-4AD 模拟量输入模块、FX3U-485-BD 串口通信扩展板。

2. 流量计与液位变送器

流量计与液位变送器的选择,主要考虑模拟量输出信号形式是 4~20 mA 电流输出型,还是 0~10 V 电压输出型,以及量程范围和精度。一般选择电流输出型,因其抗干扰能力强。流量计可选用涡轮流量计,1~10 m^3/h 量程,精度±1%。液位变送器选用投入式液位变送器,量程 0~1 m,精度±0.5%。都选用 4~20 mA 电流输出型。

3. 电动机过载保护器

根据各电动机功率,选用正泰 NS2-25(X)系列交流电动机启动器,如图 11-24 所示,加装瞬时辅助触点(前挂型)NS2-AE11,其有一个动合触点,一个动断触点。过载后会断开三相供电,且辅助触点动作。辅助动合触点接至 PLC 输入作为过载信号。

参考资料
流量计与液位变送器

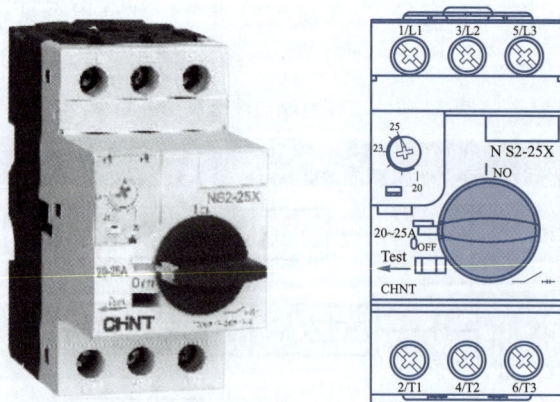

图 11-24 正泰 NS2-25(X)系列交流电动机启动器

4. 电表选择

电表用来测试设备用电情况,且要显示在 HMI 画面中,故选择带 RS-485 通信的机型,型号为 SDT870 导轨式三相电能表。

5. 手动/自动切换开关

采用 3 个挡位的旋钮开关,即自动、停止、手动挡,两对触点都是 a 类触点(动合)。

项目实施

11.5　I/O 分配

微滤机 I/O 分配表见表 11-6。

表 11-6　微滤机 I/O 分配表

输入			输出		
名称	符号	输入点	名称	符号	输出点
滤布电机过载	FR1	X0	滤布电机	KM1	Y0
压泥电机过载	FR2	X1	压泥电机	KM2	Y1
自吸泵 1 过载	FR3	X2	自吸泵 1	KM3	Y2
自吸泵 2 过载	FR4	X3	自吸泵 2	KM4	Y3
滤布电机自动	SA1-0	X4	风机运行	STF	Y4
滤布电机手动	SA1-1	X5	故障灯	HL1	Y10
压泥电机自动	SA2-0	X6	风机运行灯	HL2	Y11
压泥电机手动	SA2-1	X7			
风机自动	SA3-0	X10			
风机手动	SA3-1	X11			
自吸泵 1 自动	SA4-0	X12			
自吸泵 1 手动	SA4-1	X13			
自吸泵 2 自动	SA5-0	X14			
自吸泵 2 手动	SA5-1	X15			

11.6　控制系统设计

1. 触摸屏人机界面的设计

触摸屏用 PLC 软元件的分配见表 11-7。

表 11-7　触摸屏用 PLC 软元件的分配

软元件	作用	软元件	作用
M520	工作模式	D533	循环模式运行时间分钟
M2	总出水量清 0	D534	循环模式运行时间秒
Y0	滤布电机工作状态	D531	循环模式停止时间分钟

续表

软元件	作用	软元件	作用
Y1	压泥电机工作状态	D532	循环模式停止时间秒
Y2	自吸泵1工作状态	D550	风机变频器设置频率
Y3	自吸泵2工作状态	D314	风机变频器运行频率
Y4	风机工作状态	D552	滤布电机启动次数
M11	故障指示	D553	压泥电机每次运行时间（分钟）
D521	低液位设置值	D74	有功电度值
D522	高液位设置值	D540	液位计算系数
D204	当前液位	D542	液位计算常数
D500	瞬时水量	D544	流量计算系数
D502	总出水量	D546	流量计算常数
D530	液位控制模式停止延时	D548	出水量系数

　　三菱触摸屏的用户画面制作软件是 GT-Designer3，主要用来制作 F900 系列、A900 系列、GT11 系列和 GT15 系列画面。

　　根据系统的控制要求及触摸屏和 PLC 软元件分配，微滤机触摸屏的工作画面如图 11-25 所示，由图像、文本、数值输入、数值显示、液位、配管、位指示灯及触摸键组成。

源程序
微滤机触摸屏工程
文件

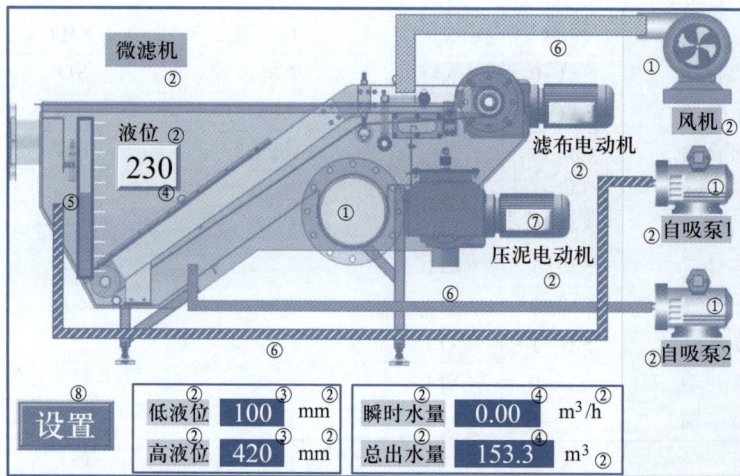

图 11-25　微滤机触摸屏的工作画面

①—图像；②—文本；③—数值输入；④—数值显示；⑤—液位；⑥—配管；⑦—位指示灯；⑧—触摸键

（1）新建工程

　　打开 GT-Designer3 软件，跟随新建工程向导，进入"GOT 的系统设置""连接机器的设置""画面切换软元件的设置"。本项目中 GOT 系统设置，机种选择"GT15**-S（800x600）"。连接机器设置为"三菱电动机"-"MELSEC-FX"，后面都选择默认配置即可，点"下一步"一直到"结束"。在这一步中，GOT 的型号一定要选定触摸屏，PLC 的型号为所要通信的设备；否则所需要的软件可能无法识别，或者无法通信。GT-Designer3 软件界面如图 11-26 所示。

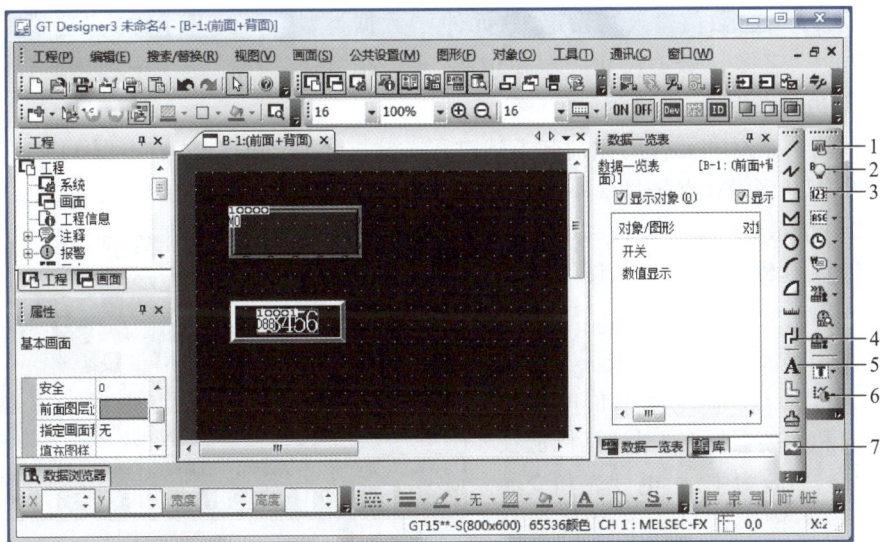

图 11-26　GT-Designer3 软件界面

（2）文本创建

点击图形工具栏中【A】按钮（图 11-26 中 5），弹出文本设置窗口。输入字符串，设置字体、大小、文本颜色等。如果要格式相同的其他文本，只需【复制】-【粘贴】，再然后双击文本，修改字符串内容。

（3）数值输入/数值显示

在图 11-25 中③和④分别是数值输入和数值显示，点击图形工具栏中 123 按钮（图 11-26 中 3），移动至画面编辑器，在画面上拖放出数值输入窗口，双击画面中的数值输入，可调出如图 11-27 所示的属性设置窗口。在"基本设置"属性中设定"种类"

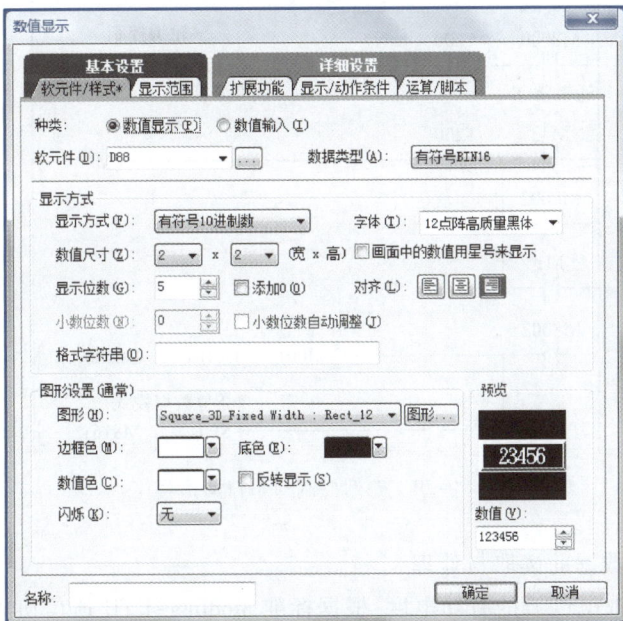

图 11-27　数值显示/数值输入属性设置窗口

为"数值显示"或"数值输入",设定"软元件""数据类型"。在"显示方式"选项中设定"显示方式""字体""数值尺寸""显示位数"等。在"图形设置"选项中选择适合的"图形""图形边框色""底色""数值色"等。

其他画面素材和元件的添加与上述过程一样。添加"触摸键"点击图 11-26 中 1;添加"图像"(图片)点击图 11-26 中 7;添加"位指示灯"点击图 11-26 中 2。

微滤机参数设置界面如图 11-28 所示。

2. PLC 控制程序的设计

源程序
微滤机控制系统

与 PLC 通过 RS-485 通信的设备有电度表和变频器,宜采用计算机链接 1 : N 联网,PLC 为主站,电度表和变频器为从站,电度表站号为 1,变频器站号为 2,PLC 通过轮询的方式与它们通信。查看电度表的使用说明,其通信采用标准 Modbus-RTU 协议。变频器可以有多种方式通信,这里采用无协议方式。

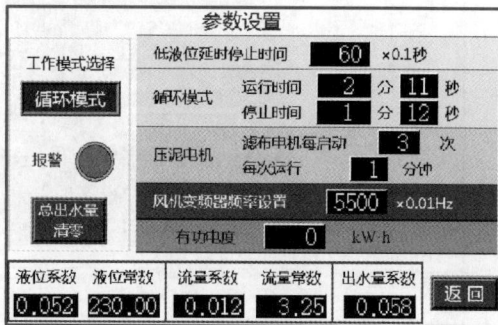

图 11-28　微滤机参数设置界面

(1)轮询控制和串口通信格式定义

采用移位指令和定时器,编写轮询脉冲信号,其中 M40 为读取电度表控制脉冲,M41 为写变频器工作频率控制信号,M42 为读变频器运行频率控制信号。程序如图 11-29 所示。指令[MOV H2181 D8120]将通信格式定义为:1 个起始位,8 个数据位,1 个停止位,无校验,波特率为 9 600 bit/s。采用 8 位数据模式。

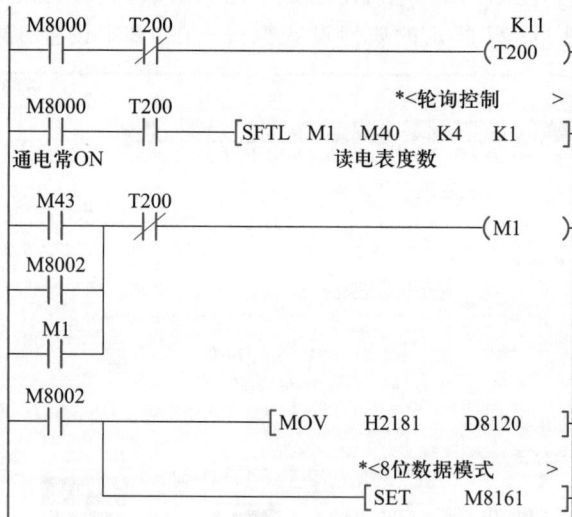

图 11-29　轮询控制与串口通信程序

(2)电度表数据的读取与处理

PLC 需要读取电度表的有功电度,根据标准 Modbus-RTU 通信协议,编写 RS 指令发送数据,写入 D20 ~ D27 数据寄存器,将电度表回复的数据存入 D40 为首地址的连

续 9 个寄存器。其中 D43 ~ D46 为回复的有功电度数据。通信结束时将数据转存入 D50 ~ D53。读取程序如图 11-30 所示。再通过数据处理程序将数据转换为能正确显示的实数,存放在 D74 中,处理程序如图 11-31 所示。

（3）变频器运行频率的设定与读取

采用无协议方式通信时,传送的数据需采用 ASCII 码,在写变频器频率时,要根据设置的数据,进行和校验码的计算,计算后并转换成 ASCII 码,存入传送数据的最后 2 个(D230、D231)寄存器中。当读取变频器实时运行频率时,回复到 PLC 的数据(D303 ~ D306)是 ASCII 码数据,转存至 D403 ~ D406,然后通过 HEX 指令转换成 16 进制数,存入 D420。程序如图 11-32 所示。

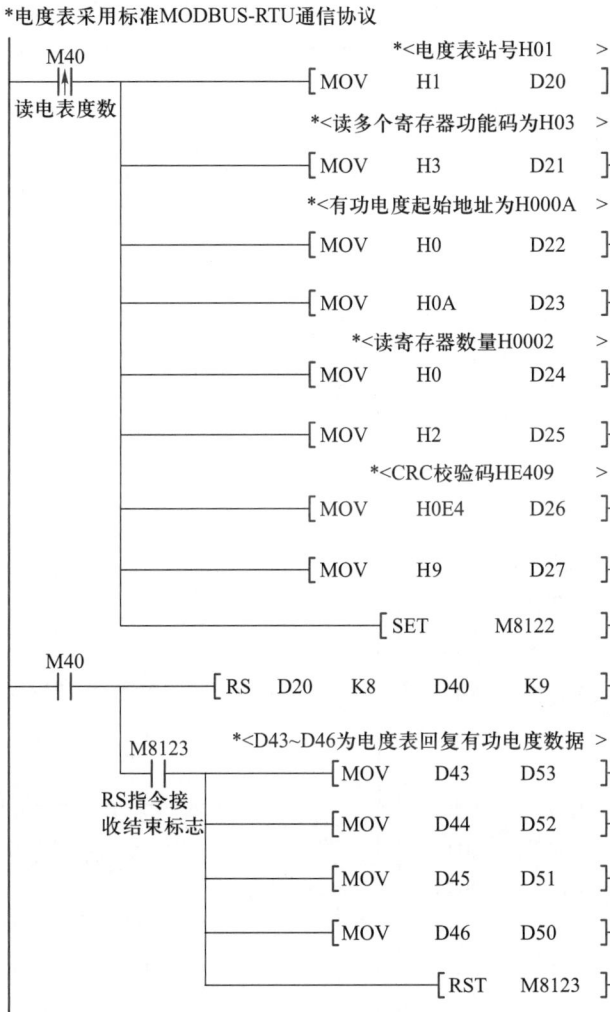

图 11-30　电度表有功电度读取程序

（4）微滤机工作模式控制程序

在循环模式时,采用定时器与计数器配合的形式,完成运行时间和暂停时间的控制。程序如图 11-33 所示。

*电度表数据处理

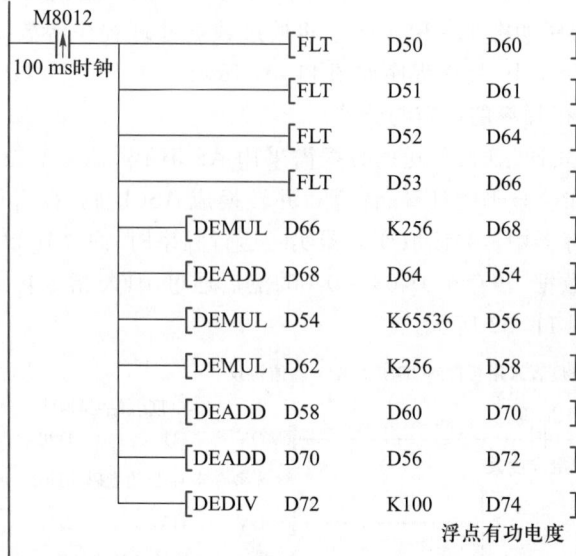

```
     M8012
     ┤↑├                              ─[ FLT    D50    D60  ]
   100 ms时钟
                                      ─[ FLT    D51    D61  ]

                                      ─[ FLT    D52    D64  ]

                                      ─[ FLT    D53    D66  ]

                                    ─[ DEMUL  D66   K256   D68 ]

                                    ─[ DEADD  D68   D64    D54 ]

                                    ─[ DEMUL  D54   K65536 D56 ]

                                    ─[ DEMUL  D62   K256   D58 ]

                                    ─[ DEADD  D58   D60    D70 ]

                                    ─[ DEADD  D70   D56    D72 ]

                                    ─[ DEDIV  D72   K100   D74 ]
                                                        浮点有功电度
```

图 11-31 电度表读数处理程序

*变频器通过无协议方式通信

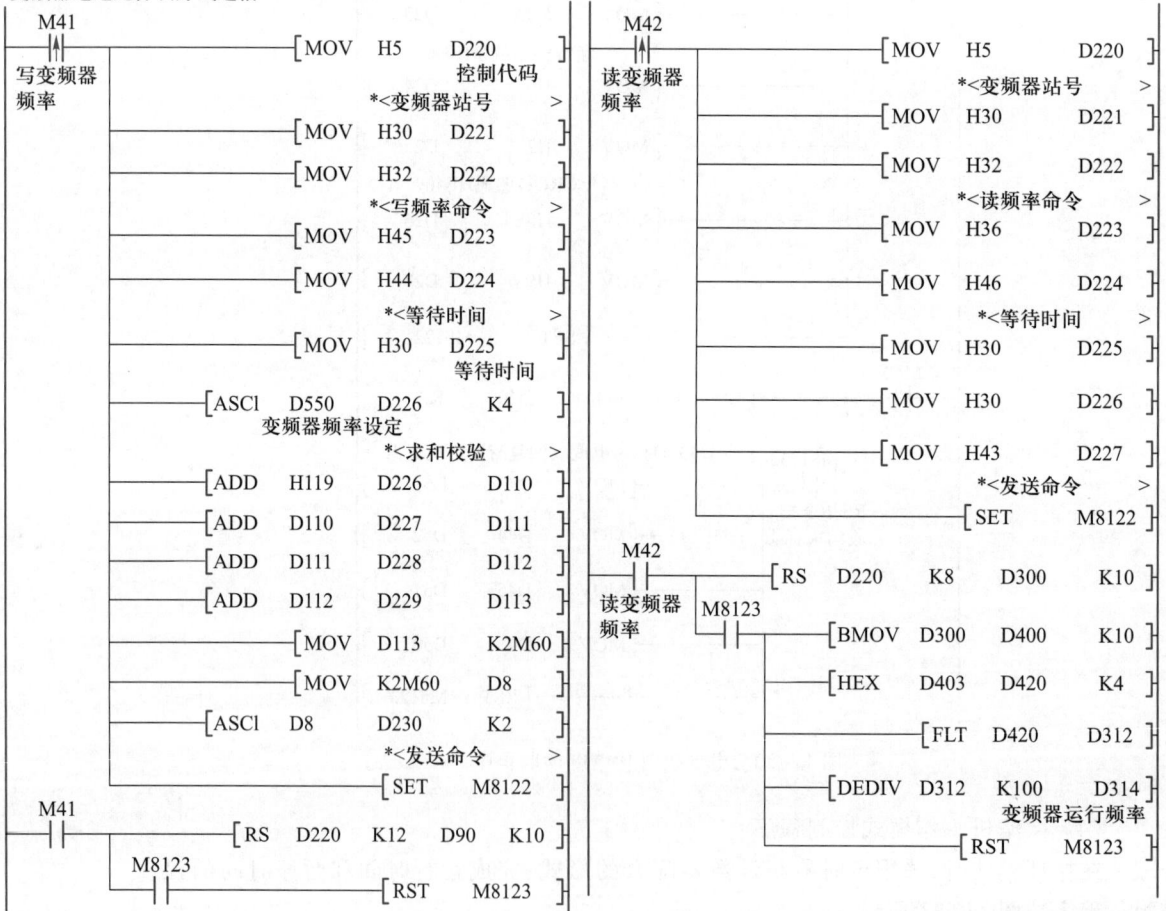

```
   M41                                          M42
   ┤↑├                   ─[ MOV  H5   D220 ]    ┤↑├                   ─[ MOV  H5   D220 ]
 写变频器                      控制代码        读变频器
 频率                        *<变频器站号>      频率                   *<变频器站号>
         ─[ MOV  H30  D221 ]                          ─[ MOV  H30  D221 ]

         ─[ MOV  H32  D222 ]                          ─[ MOV  H32  D222 ]
             *<写频率命令>                                *<读频率命令>
         ─[ MOV  H45  D223 ]                          ─[ MOV  H36  D223 ]

         ─[ MOV  H44  D224 ]                          ─[ MOV  H46  D224 ]
             *<等待时间>                                  *<等待时间>
         ─[ MOV  H30  D225 ]                          ─[ MOV  H30  D225 ]
             等待时间
      ─[ ASCI  D550  D226  K4 ]                      ─[ MOV  H30  D226 ]
         变频器频率设定
             *<求和校验>                              ─[ MOV  H43  D227 ]
      ─[ ADD  H119  D226  D110 ]                        *<发送命令>
                                                              ─[ SET   M8122 ]
      ─[ ADD  D110  D227  D111 ]
                                             M42
      ─[ ADD  D111  D228  D112 ]            ┤ ├                ─[ RS  D220  K8  D300  K10 ]
                                           读变频器
      ─[ ADD  D112  D229  D113 ]           频率
                                           M8123
         ─[ MOV  D113  K2M60 ]             ┤ ├              ─[ BMOV  D300  D400  K10 ]

         ─[ MOV  K2M60  D8 ]                               ─[ HEX   D403  D420  K4 ]

      ─[ ASCI  D8  D230  K2 ]                                 ─[ FLT   D420  D312 ]
             *<发送命令>
               ─[ SET   M8122 ]                             ─[ DEDIV  D312  K100  D314 ]
                                                                        变频器运行频率
   M41
   ┤ ├       ─[ RS  D220  K12  D90  K10 ]                         ─[ RST   M8123 ]
   M8123
   ┤ ├              ─[ RST   M8123 ]
```

图 11-32 变频器运行频率设定与读取

*主程序开始

| X004 | X005 | M11 | | (M10 |
|滤布电动机自动 | 滤布电动机手动 | 故障 | | 自动 |

M10　M520 ——(M20　模式一液位控制
自动　模式

M10　M520 ——(M50　循环模式
自动　模式

M20 [>= D100 D522] [SET M21]
当前液位　高液位　　液位控制波布电动机ON

M20 [< D100 D521] (M22
低液位　　低于低液位

M22 ——(T0 D530
低液位延时

T0 [RST M21]

X004
滤布电动机自动

M50　M51 ——(M52 循环脉冲
循环模式　循环(停止时间)

M50　T10　C2 ——(T10 K600
　　停止分脉冲　秒计数

T10 ——(C1 D531
停止分计数

C1　C2 ——(M51

[= D531 K0]　T12 ——(T12 K10
停止分数据　秒脉冲　　秒脉冲

T12 ——(C2 D532
秒脉冲　秒计数

M51　T11 ——(T11 K600
循环(停止时间)　运行分计数

T11 ——(C3 D533
运行分计数

C3　T13 ——(T13 K10
秒脉冲

[= D533 K0]　T13 ——(C4 D534
运行分数据　　运行秒计数

C4 [ZRST C1 C4]

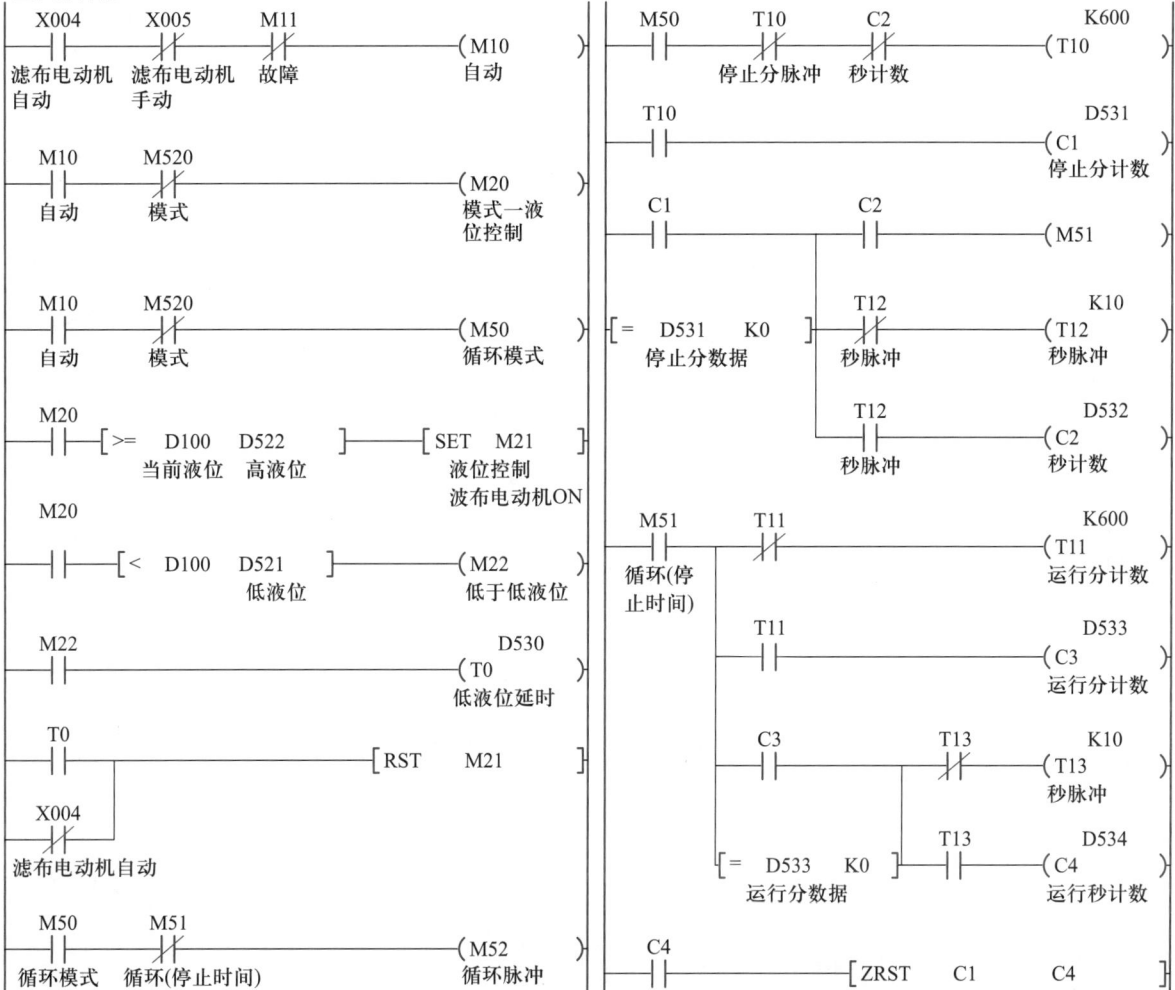

图 11-33　微滤机工作模式控制程序

（5）输出控制与过载报警程序

微滤机输出控制与过载报警程序如图 11-34 所示。其中,M36 为在自动方式下压泥电机驱动辅助继电器;T22 分脉冲与 C6 完成压泥电动机的运行时间定时。D10 为过载数据寄存器,当其值不为 0,即有电动机过载。

（6）模拟量输入处理程序

微滤机模拟量输入处理程序如图 11-35 所示,其中 M8002 为初始化脉冲,对模拟量模块进行设置,H3333 为 4 通道 4～20 mA 电流输入模式。读到的模拟量数据存入 D140～D143。其中 D140 是液位数据,D141 为流量数据。另 2 通道目前为空,作为以后扩展用。D140 和 D141 中的数据范围是 0～16 000,并不对应于实际的液位和流量值。所以需要转换,本项目中采用线性转换,对于线性良好的传感器可以用这种方法。线性转换的系数和常数,一般通过试验得到。程序中先用 FLT 指令转换为浮点数,再参与运算,计算精度高。

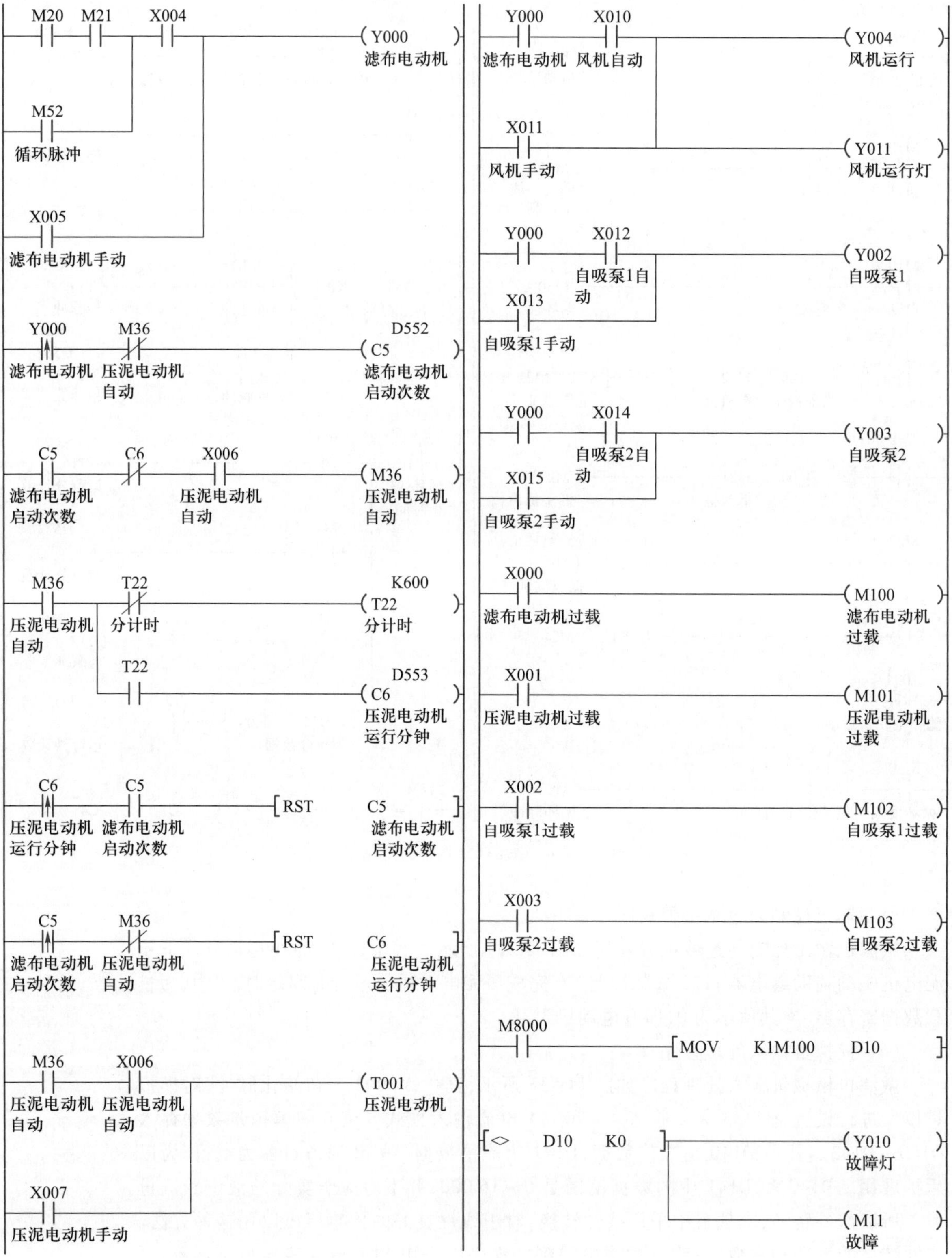
M20
M21
X004
Y000
滤布电动机
M52
循环脉冲
X005
滤布电动机手动
Y000
M36
D552
C5
滤布电动机
压泥电动机
自动
滤布电动机
启动次数
C5
C6
X006
M36
滤布电动机
启动次数
压泥电动机
自动
压泥电动机
自动
M36
T22
K600
T22
压泥电动机
自动
分计时
分计时
T22
D553
C6
压泥电动机
运行分钟
C6
C5
RST
C5
压泥电动机
运行分钟
滤布电动机
启动次数
滤布电动机
启动次数
C5
M36
RST
C6
滤布电动机
启动次数
压泥电动机
自动
压泥电动机
运行分钟
M36
X006
T001
压泥电动机
自动
压泥电动机
自动
压泥电动机
X007
压泥电动机手动
Y000
X010
Y004
滤布电动机
风机自动
风机运行
X011
Y011
风机手动
风机运行灯
Y000
X012
Y002
自吸泵1自
动
自吸泵1
X013
自吸泵1手动
Y000
X014
Y003
自吸泵2自
动
自吸泵2
X015
自吸泵2手动
X000
M100
滤布电动机过载
滤布电动机
过载
X001
M101
压泥电动机过载
压泥电动机
过载
X002
M102
自吸泵1过载
自吸泵1过载
X003
M103
自吸泵2过载
自吸泵2过载
M8000
MOV
K1M100
D10
<>
D10
K0
Y010
故障灯
M11
故障

图 11-34 输出控制与过载报警程序

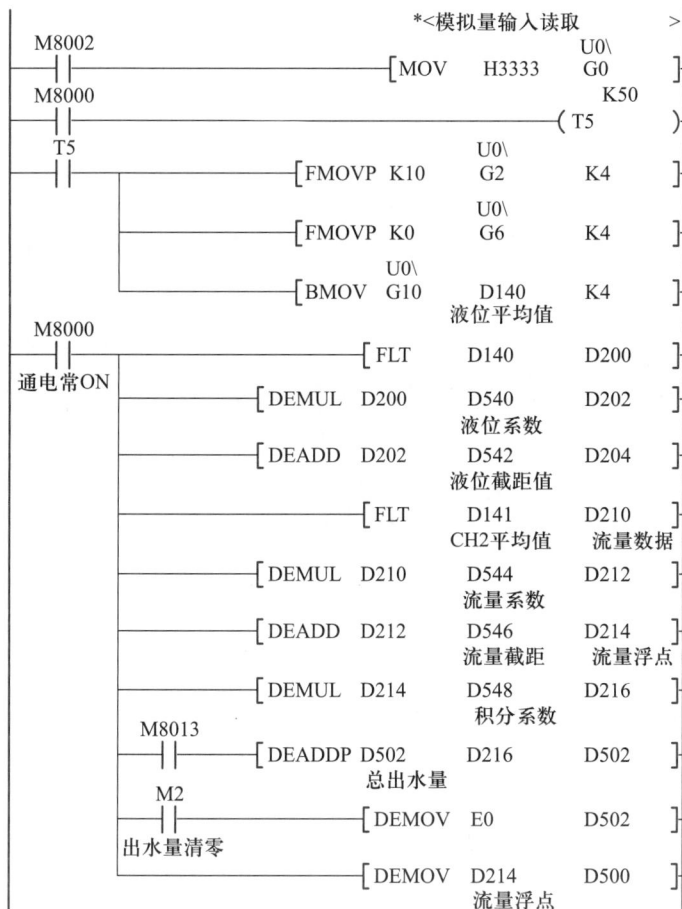

图 11-35　微滤机模拟量输入处理程序

11.7　系统接线与调试

1. 接线图

微滤机控制系统接线如图 11-36 所示。

2. 系统的仿真调试

触摸屏组态软件 GT Designer3 的模拟器 GT Simulator3 可以直接连接到 GX-Works2 编程环境下的模拟器 GX Simulator2。这样,触摸屏画面和 PLC 程序可以同时模拟仿真。通过触摸屏设置相应的软元件数据,供 PLC 程序仿真用,同时,PLC 程序模拟出来的运行结果也会作用到触摸屏模拟器,在模拟器画面中显示 PLC 程序执行结果。通过触摸屏画面和 PLC 程序一起模拟仿真,可以在没有 PLC 硬件和触摸屏硬件的情况下,对系统设计进行检验,进行仿真调试。这样可以方便开发者的设计工作。在触摸屏模拟时,需对模拟器中的通信进行设置,如图 11-37 所示。连接方法设置为 GX Simulator2。

在模拟过程中,一方面检查 PLC 程序的功能是否正确,通过触摸屏设置的数据,查

看 PLC 运行情况,结果是否正确;另一方面检查触摸屏的画面是否满足要求,数据连接是否正确,显示是否正确等。

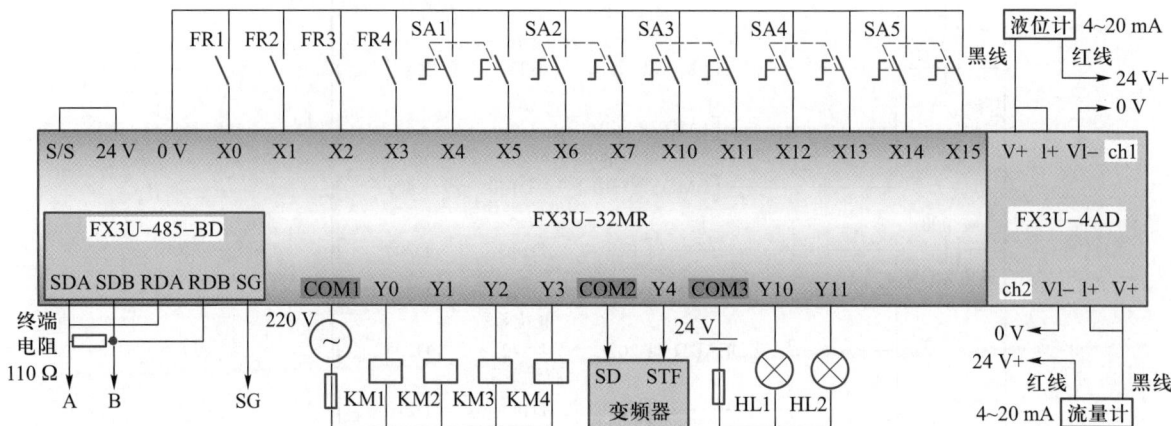

图 11-36　微滤机控制系统接线

3. 软硬件调试

① 将设计好的触摸屏画面下载到 GOT 中,操作步骤:选择"通信"→"写入到 GOT"→"监视数据"命令,开始数据下载操作。将 PLC 程序写入 PLC 中。如果无法写入,检查通信电缆连接和触摸屏画面制作软件 GT-Designer3 和 PLC 编程软件 GX-Works2 中的通信设置项。

② 程序和画面写入后,观察触摸屏显示是否与计算机画面一致,如显示"画面显示

图 11-37　GT Designer3 选项的设置

无效",则可能是触摸屏中"PLC 类型"项不正确,设置为 FX 类型,再进入"HPP 状态",此时应该可以读出 PLC 程序,说明 PLC 与触摸屏通信正常。

③ PLC 不接负载,进行模拟调试。通过触摸屏设置好工作参数,进行试运行。通过实测液位高度,计算液位系数和液位常数。方法:让液位分别为 100 mm、200 mm、300 mm 等,查看 PLC 分别采样得到的数据;对试验数据进行分析处理,得到函数式。系统中的两个传感器数据与对应的实际测量值,基本成线性,所以采用下式进行数据与实际值的转换。

$$H = k \times D + c$$

式中,H 为液位;k 为液位系数;D 为模拟量输入模块采样得到的数据;c 为常数。

统计分析出的系数和常数通过触摸屏设置并进入 PLC,检验显示液位与实际液位的一致性。用同样的方法确定流量系数和常数。运行过程中,查看工作过程是否达到客户要求,满足设计要求。发现问题,修改 PLC 程序,调整触摸屏画面,直至都达到设计目标。

④ 负载投入运行,再进行调试,变频器参数在线修改,电表数据读取都正常,直至

系统按要求正常工作。

⑤ 记录程序调试的结果。

思考与练习

1. PLC 与变频器的通信方式有哪些?

2. RS 指令用到几个参数,每个参数分别代表的含义是什么?

3. 三菱 PLC 和变频器通信时,变频器需要设定哪几个参数与 PLC 一致?

4. RS485 通信发送指令的一般结构是什么?

5. 使用触摸屏的作用是什么?

6. 三菱 GOT 触摸屏和三菱 PLC 通信时,三菱 GOT 软件内设置步骤是哪几个步骤?

7. 什么是模拟量? 三菱 FX 系列 PLC 有哪几个类型的模拟量? 它们的作用分别是什么?

8. 编写程序实现 $3.141\,5 \times 2.5^2$ 的计算,把结果存入 D10。

9. 编写程序实现 $(3.141\,5+1.57) \div (5.64-2.88)$ 的计算,把结果存入 D1200。

10. 微滤机控制程序中为什么要使用轮询控制?

11. 模拟量的数据转换公式是什么?

12. 三菱变频器有哪几个专用指令,功能是什么?

参考答案

项目 **12**

胶塞清洗机远程监控

集散控制系统（DCS），也称为分散控制系统或分布式计算机控制系统。 它采用分散控制、操作和集中管理的基本设计思想，采用多层分级、合作自治的结构形式。 其主要特征是它的集中管理和分散控制。 目前 DCS 在电力、冶金、石化等行业都获得了极其广泛的应用。

将设备连成工业网络并集中管理是自动化、信息化发展的趋势。 在医药行业，监管部门对药品生产过程的数据有严格的要求，必须报备，其中对药品容器、包装材料的灭菌都有行业标准。 生产企业需要对每一批次的生产提供灭菌温度图表、数据，或者将数据实时在线传送到药监部门数据库。 本项目对分散的胶塞清洗机进行组网，设计监控系统，便于生产数据的存储、分析、报送。 进一步，可以采用虚拟专用网络(VPN)技术，通过因特网(Internet)实现 PLC 设备的远程诊断与维护。 本项目涉及组态历史数据库、RS-485 通信、1 : N 链接网络；PLC 设备的远程诊断与维护。 同时，通过本项目了解医药行业的质量保证体系，认识质量标准在行业中的重要性。

思维导图

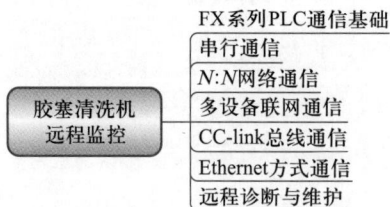

设计要求

胶塞清洗机是制药企业用于对药品的瓶塞进行清洗灭菌的自动化设备,如图 12-1 所示。整个电气系统主要由三部分组成,一为显示部分,包括嵌入式工业控制器、工业显示器;二为控制部分,包含 PLC、模拟量输入/输出模块、继电器、变频器、电源等;三为监测部分,包含外部温度变送器、压力变送器、阀位信号传感器、接近开关等。整个系统实现了工艺的手/自动运行流程,并进行数据(温度、压力)的实时采集、设定、历史记录、打印等功能。

图 12-1　胶塞清洗机

胶塞的清洗与灭菌有一整套复杂的过程,包括:真空进料、喷淋粗洗、纯化水漂洗、冲洗、注射水精洗、精洗后采样、硅化、排水、冲洗、蒸汽灭菌、真空干燥、夹套真空干燥、常压化冷却、反转出料等。在灭菌过程中,灭菌温度一般设置为 121 ℃,灭菌时间设置为 30 min。灭菌温度和时间是要严格控制的,实测温度曲线要满足生产标准。

原设备只能记录一周的历史数据(温度和压力),数据不能导出、转存。

现有 3 台胶塞清洗机,要求通过组网后实现:

① 通过组态实现计算机对各设备的实时温控状况用图表形式(同时也能生成电子文档)进行监视;温度-时间曲线,最小分度值 1 度。

② 温控曲线和压力数据能记录并存储,最大存储时间为 25 天。

③ 在 25 天内的任意时段的温控曲线能随时任意被调看并打印。

④ 每台设备的温控曲线画面各自独立,并能在要查看时进行切换。

知识基础

12.1　FX 系列 PLC 的通信方式

网络,是用物理链路将各个孤立的工作站或主机连在一起,组成数据链路,从而达到资源共享和通信的目的。通信时人与人之间通过某种媒体进行信息的交流与传递。通俗地说,网络协议就是网络之间沟通、交流的桥梁,只有相同网络协议的计算机才能进行信息的沟通和交流。这就好比人与人之间交流所使用的各种语言一样,只有使用相同语言才能正常、顺利地进行交流。从专业角度定义,网络协议是通信双方在网络中实现通信时必须遵守的约定,也就是通信协议。主要是对信息传输的速率、传输代码、代码结构、传输控制步骤、出错控制等作出规定并制定标准。

FX 系列 PLC 具有丰富强大的通信功能,不仅 FX 系列 PLC 与 FX 系列 PLC 之间能

够进行数据链接,而且也能够实现与上位机、外围设备等的数据通信。通信功能包括
CC-Link 网络功能、$N：N$ 网络功能、并联链接功能、计算机链接功能、变频器通信功
能、无协议通信功能、编程通信功能和远程维护功能。

而对于众多通信协议,可能无从选择。不过要是事先了解到网络协议的主要用
途,分别对应不同的通信对象,构建具有良好通信功能和性价比的系统,就可以有针对
性地选择了。以下是几种常用的 FX 通信功能。

计算机与计算机或计算机与终端之间的数据传送可以采用串行通信和并行通信
二种方式。因为串行通信方式具有使用线路少、成本低,特别是在远程传输时,避免了
多条线路特性的不一致而被广泛采用。在串行通信时,要求通信双方都采用一个标准
接口,使不同的设备可以方便地连接起来进行通信。RS-232-C 接口(又称为 EIA RS-
232-C)是目前最常用的一种串行通信接口。

(1)RS-232-C 接口标准出现较早,难免有不足之处,主要有以下 4 点。

① 接口的信号电平值较高,易损坏接口电路的芯片,又因为与 TTL 电平不兼容故
需使用电平转换电路才能与 TTL 电路连接。

② 传输速率较低,在异步传输时,波特率为 20 kbit/s。

③ 接口使用一根信号线和一根信号返回线而构成共地的传输形式,这种共地传输
容易产生共模干扰,所以抗噪声干扰性弱。

④ 传输距离有限,最大传输距离标准值为 15.24 m。

(2)针对 RS-232-C 的不足,于是出现了一些新的接口标准,RS-485 就是其中之
一,它具有以下特点。

① RS-485 的电气特性:逻辑"1"以两线间的电压差为+(2~6)V 表示;逻辑
"0"以两线间的电压差为-(2~6)V 表示。接口信号电平比 RS-232-C 降低了,
就不易损坏接口电路的芯片,而且这个电平与 TTL 电平兼容,可方便与 TTL 电路
连接。

② RS-485 的数据最高传输速率为 10 Mbit/s。

③ RS-485 接口是采用平衡驱动器和差分接收器的组合,抗共模干扰能力增强,即
抗噪声干扰性好。

④ RS-485 接口的最大传输距离标准值为 1 219 m,另外 RS-232-C 接口在总线上
只允许连接 1 个收发器,即单站能力。而 RS-485 接口在总线上是允许连接多达 128
个收发器。即具有多站能力,这样用户可以利用单一的 RS-485 接口方便地建立起设
备网络。

因为 RS-485 接口具有良好的抗噪声干扰性,以及长的传输距离和多站能力等
优点,所以其成为首选的串行接口。因为 RS-485 接口组成的半双工网络,一般只需
二根连线,所以 RS-485 接口都采用屏蔽双绞线传输。RS-485 接口连接器采用
DB-9 的 9 芯插头座,与智能终端连接的接口采用 DB-9(孔),与键盘连接的键盘接
口采用 DB-9(针)。

FX 系列 PLC、计算机或外部设备通过接口 RS-232、RS-422/RS-485 进行的通信,
可实现 $N：N$ 网络功能、并联链接功能、无协议通信功能。

12.2　工业控制网络简介

12.2.1　CC-Link 总线通信

CC-Link 是控制与通信总线的简称,CC-Link 是将三菱电机及其合作厂家生产的各种模块分别安装到像传送线和生产线这样的机器设备上的高效、高速的分布式的开放式现场总线网络。

1. 功能

CC-Link 网络功能可以连接对应 CC-Link 的变频器、AC 伺服、传感器、电磁阀等,执行数据链接。FX 系列 PLC 产品中有主站模块和远程设备站模块,分别可以将 FX 系列 PLC 作为 CC-Link 主站和远程设备站使用。

2. 应用

CC-Link 网络功能可以用于生产线的分散控制和集中管理,以及与上位网络的数据交换等。

3. FX 系列 CC-Link 通信网络

FX 系列 CC-Link 通信网络如图 12-2 所示。

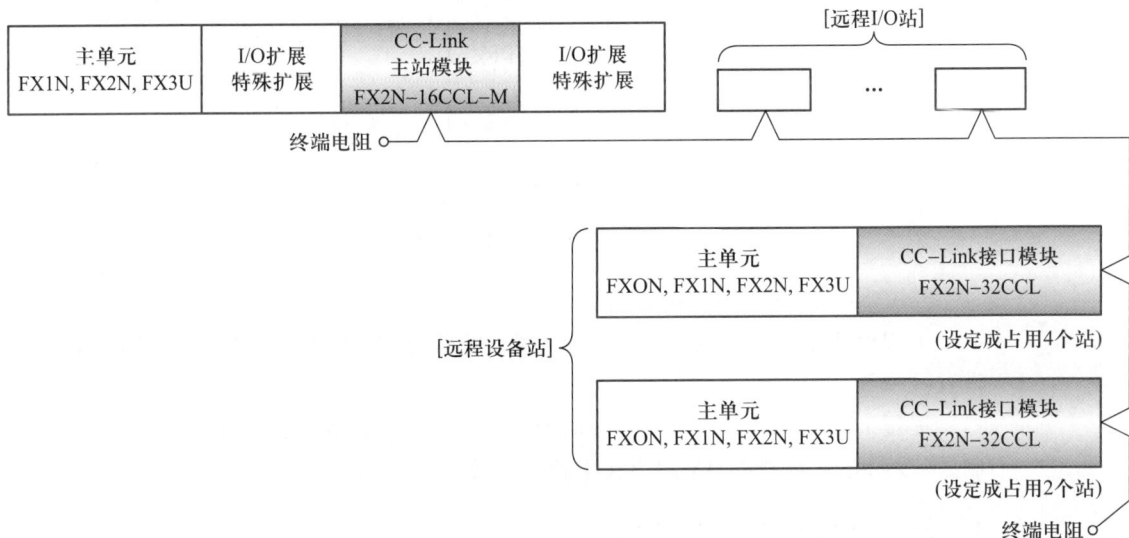

图 12-2　FX 系列 CC-Link 通信网络

主要功能如下。

① 与远程 I/O 站的通信,如图 12-3 所示。

② 与远程设备站的通信,如图 12-4 所示。

4. CC-Link 系统主站设置

Q 系列 PLC、FX 系列 PLC、计算机等都可以作为 CC-Link 主站,在配置主站时,FX 系列 PLC 需要使用编程来实现 CC-Link 的参数设置,较为复杂;而 Q 系列 PLC 则不需要用顺序控制程序指定刷新软元件和数据链接,只需要设置网络参数,就可以指定自

提示

1. 连接台数:主站为 ACPU、QnACPU、QCPU、QnUCPU 时,最多为 64 台;主站为 FXCPU 时,远程 I/O 站最多为 7 台,远程设备站最多为 8 台。

2. 总延长距离为 1 200 m。

动刷新软元件和启动数据链接。FX CC-Link 主站单元需要设定的开关,有站号设定开关、模式设定开关、传输速度设定开关以及条件设定开关。

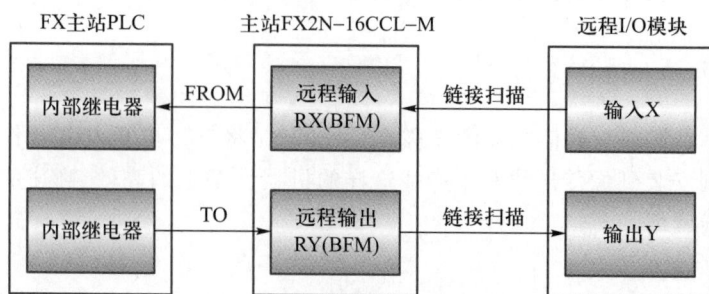

图 12-3　与远程 I/O 站的通信

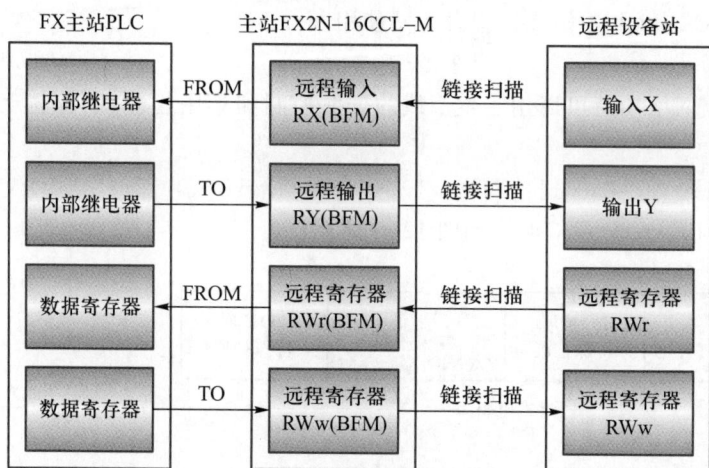

图 12-4　与远程设备站的通信

5. CC-Link 远程站点的设置

远程设备站需要设置站号、占用站数、通信速率,需要通过模块上的旋钮开关来设置。

远程 I/O 站需要设置站号、通信速率,需要通过模块上的拨码开关,按照十六进制,将拨码开关需要置 ON 的位往上拨来设置。

12.2.2　Ethernet 方式通信

使用 FX3U-ENET 模块可以将 FX3U 系列 PLC 直接连接到以太网。通过这个模块可以简单地与其他以太网设备交换数据或者用来上传下载程序。这个模块还支持点对点连接方式和 MC 协议,可以通过 FX Configurator-EN 软件来进行设置,其特点如下。

① 收集 PLC 的数据修改,通信使用 MELSEC 的通信协议,简称 MC 协议。

② 任意数据传输到外部设备或从外部设备接收任意数据。

③ 通过使用外设配置来设置每个参数,通信顺序程序可以大大简化。

项目分析

项目要求将温度和压力数据进行记录,能查询和打印,保存最近一个月的数据。原系统采用 FX1N-60MR PLC 作为控制器,3 台胶塞清洗机相对比较集中,中控室离胶塞机房也不远,整个布线距离不超过 50 m。所以,可以用 FX1N-485-BD,组建 1 : N 计算机链接网络。采用组态王软件(6.55 版)作为中控室数据采集记录软件。

项目实施

12.3　1 : N 计算机链接网络的组建

胶塞清洗机 1 : N 链接网络如图 12-5 所示。

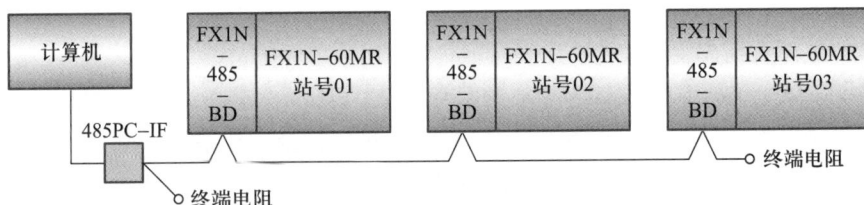

图 12-5　胶塞清洗机 1 : N 链接网络

12.4　控制系统设计

1. 组态监控界面的设计

(1) 定义设备

定义第一台胶塞机设备,逻辑名称 PLC301,设备地址 01。具体过程如下:在工程浏览器的目录显示区,用鼠标左键单击大纲项"设备"下的成员"COM1",则在目录内容显示区出现"新建"图标,如图 12-6 所示。

选中"新建"图标后双击,弹出"设备配置向导"对话框,如图 12-7 所示。

从树形设备列表区中选择"PLC→三菱→FX2N_485→COM"命令;点击"下一步"按钮,输入逻辑名称"PLC301";点击"下一步"按钮,选择串口"COM1";点击"下一步"按钮,指定设备地址"01";继续点击"下一步"按钮,在"通信参数"对话框,"尝试恢复时间"设定"60"秒,"最长恢复时间"设为"0",即系统对通信失败的设备(例如设备没有打开电源)将一直每分钟进行尝试恢复。默认"使用动态优化"。点击"下一步"按钮,确认无误,点击"完成"按钮,则工程浏览器设备节点处显示已添加的串口设备。

同样,定义第 2、3 台胶塞机,逻辑名称分别为"PLC302""PLC303",设备地址分别

为"02""03"。其他设置与第 1 台相同。

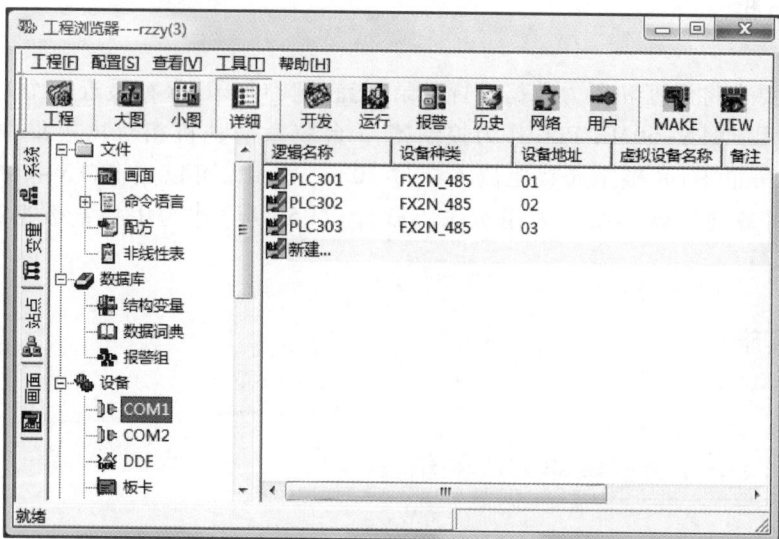

图 12-6   新建串口设备

（2）定义数据库变量

在 PLC 程序中,寄存器 D25 存放的是压力值（单位为 kPa）,寄存器 D26 中存放温度值。需要采集的是 3 个温度和 3 个压力值,并进行记录。变量定义如下。

选择工程浏览器左侧大纲项"数据库\数据词典",在工程浏览器右侧双击"新建"图标,弹出"定义变量"对话框,如图 12-8 所示。

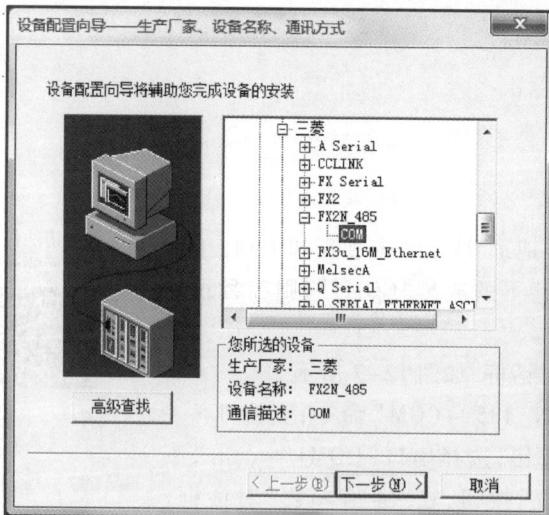

图 12-7   设备配置向导

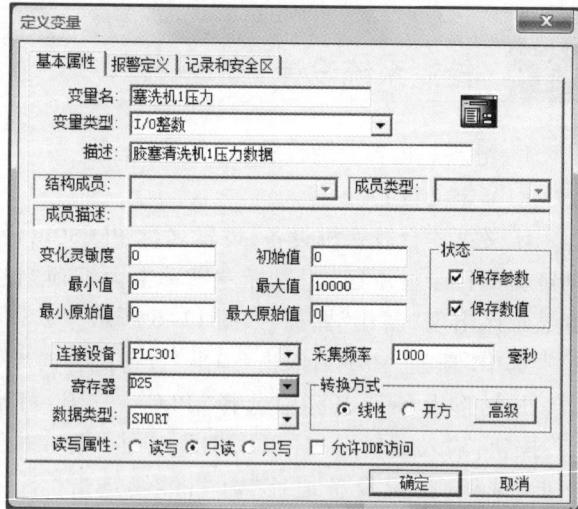

图 12-8   设置变量属性

此对话框可以对数据变量完成定义、修改等操作,以及数据库的管理工作。在"基本属性"标签下:"变量名"处输入变量名"塞洗机 1 压力";在"变量类型"处选择"I/O 整数";"连接设备"处选定义好的"PLC301";"寄存器"输入"D25";"数据类型"选

"SHORT"；"读写属性"选"只读"。点击"记录和安全区"标签，显示"记录和安全区"选项卡，如图 12-9 所示。选择"记录"方式为"数据变化记录 变化灵敏 1"。点击"确定"完成一个记录变量的定义。继续定义其他变量，完成表 12-1 中变量的定义。

历史记录配置：点击菜单栏"配置→历史数据记录"命令，弹出对话框如图 12-10 所示。选"历史库"，点击"配置"按钮，弹出如图 12-11 所示的"历史记录配置"对话框，设置数据保存天数为 30 天，并设置好储存路径。

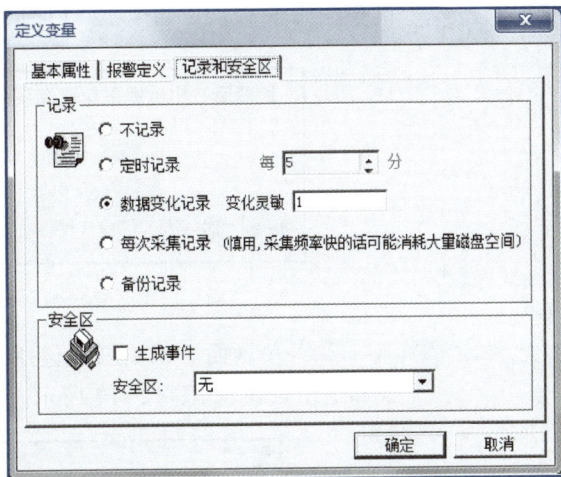

图 12-9　"记录和安全区"选项卡

（3）创建画面

胶塞清洗机远程监控系统人机界面主要包括登录画面、菜单画面、胶塞机数据监视画面、历史数据查询画面。

表 12-1　胶塞机远程监控系统数据变量

变量名	描述	类型	连接设备	寄存器
CH1	品名存放变量	内存字符串		
CH2	规格存放变量	内存字符串		
CH3	批号存放变量	内存字符串		
CH4	操作人存放变量	内存字符串		
yh3	隐含/显示实时数据用	内存离散		
nn	正常通信中	内存整数		
塞洗机 1 压力	胶塞清洗机 1 压力数据	I/O 整数	PLC301	D25
塞洗机 1 温度	胶塞清洗机 1 温度数据	I/O 整数	PLC301	D26
塞洗机 2 压力	胶塞清洗机 2 压力数据	I/O 整数	PLC302	D25
塞洗机 2 温度	胶塞清洗机 2 温度数据	I/O 整数	PLC302	D26
塞洗机 3 压力	胶塞清洗机 3 压力数据	I/O 整数	PLC303	D25
塞洗机 3 温度	胶塞清洗机 3 温度数据	I/O 整数	PLC303	D26

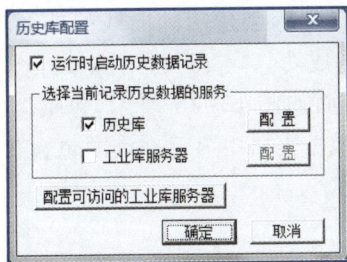

图 12-10　历史库配置

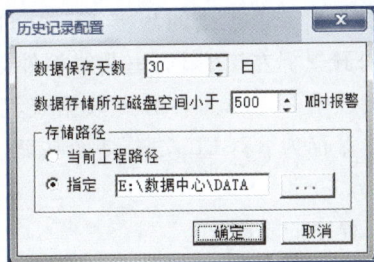

图 12-11　历史记录配置

① 登录画面。在登录画面中，点击"登录"按钮，弹出登录窗口，选择用户并输入

口令。如图 12-12 和图 12-13 所示。

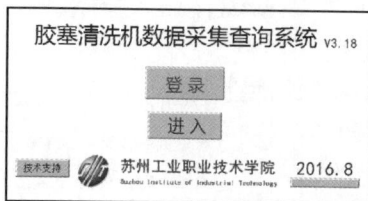

图 12-12 登录画面

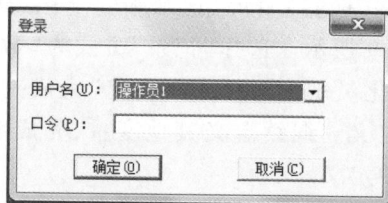

图 12-13 用户登录窗口

源程序
胶塞清洗机组态王
工程文件

② 菜单画面。菜单画面包括 3 台胶塞机监控画面的切换按钮、历史查询按钮、登录和退出按钮,如图 12-14 所示。

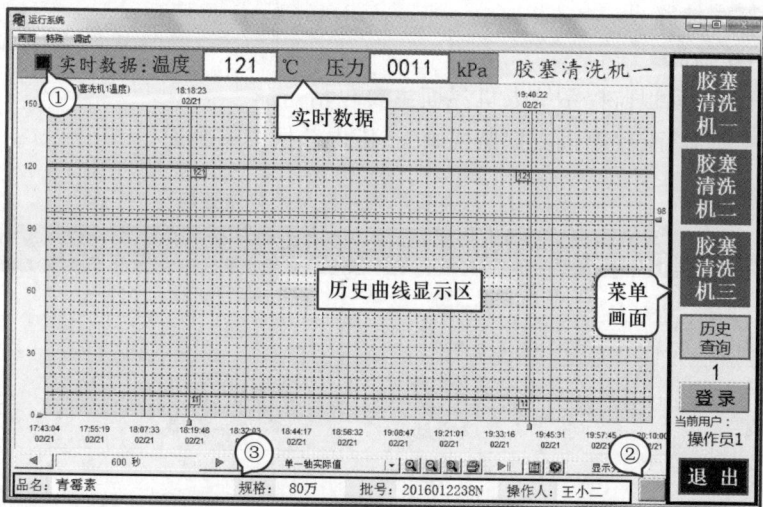

图 12-14 菜单画面与胶塞机数据监视画面

③ 胶塞机数据监视画面。胶塞机数据监视画面如图 12-14 中所示,主要有历史曲线显示区、实时数据显示区、生产信息记录显示区(图中③)、实时数据隐含/显示按钮(图中①)、历史曲线打印按钮(图中②)等组成。历史曲线是插入的一个通用控件,具体操作:在工具箱中单击"插入通用控件"或选择菜单"编辑"下的"插入通用控件"命令,弹出"插入控件"对话框,在列表中选择"历史趋势曲线",点击"确定"按钮,对话框自动消失,鼠标箭头变为"十"字形,在画面上选择控件的左上角,按下鼠标左键并拖动,画面上显示出一个虚线的矩形框,这个矩形框为创建后的曲线的外框。当达到所需大小时,松开鼠标左键,则历史曲线控件创建成功。

④ 历史数据查询画面。历史数据查询画面如图 12-15 所示,包括"历史数据查询""打印""保存为 EXCEL 文件"3 个按钮。数据表格中显示查询的包含日期、时间的历史数据。

2. PLC 程序的修改

系统的 PLC 程序中只需指定站号信息,即能被计算机识别与轮询,采集数据保存。在胶塞清洗机 PLC 程序中加入指定站号与串口通信格式的程序段,如图 12-16 所示。

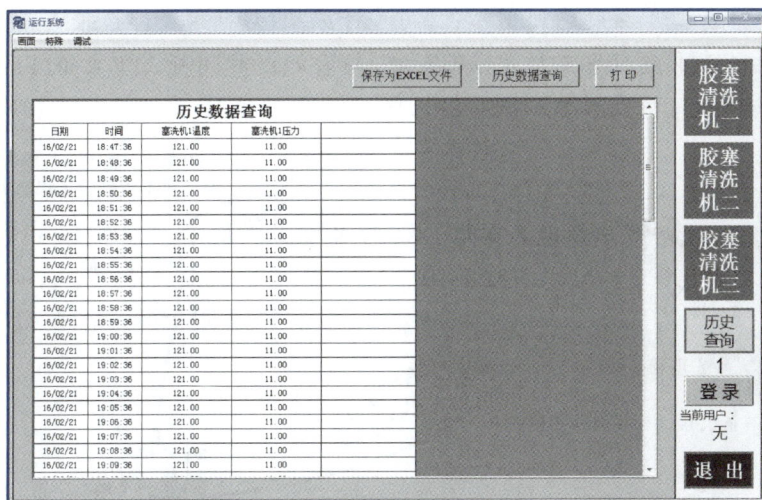

图 12-15　历史数据查询

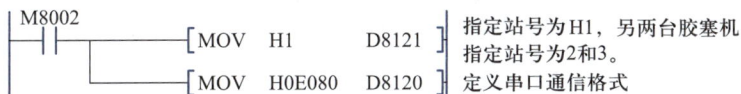

图 12-16　指定站号与串口通信格式的程序段

12.5　系统调试

在胶塞清洗机的 PLC 扩展口上安装好 FX1N-485-BD 板,连接好通信线,通信线末端接 110 Ω 终端电阻。用计算机主板上的 RS-232 接口时,采用 RS-232 转 RS-485 接口转换器。采用 USB 接口转串口时,需确认串口编号,一般为 COM3 之后的编号,组态王软件设备定义时的串口编号选择要与计算机 USB 接口转的串口编号一致。

延伸阅读

12.6　PLC 设备的远程诊断与维护

设备远程保障系统是指搭建设备制造商和设备用户之间的一套针对工业设备的远程通信系统,能通过互联网(有线网络或者 3G、4G)完成各种 PLC、伺服等设备控制核心产品的程序的在线下载、在线监控、在线诊断,实现多机同时诊断、数据支持 OPC 采集、现场视频采集到设备制造商的服务中心,并保障工业设备的数据在广域网上稳定、安全、高效的传输,实现设备制造商提供及时有效的服务,进行设备的实时运行保障的信息管理系统。

传统的现场维护模式如图 12-17 所示,其带来的问题有:①可计算成本,包括工程

师的往返差旅成本、厂家工程师成本;②可预计成本,包括现场停产损失;③不可估量的潜在风险,包括停机带来的危及设备安全、人身安全,到现场发现无备件产生的再次维护成本。

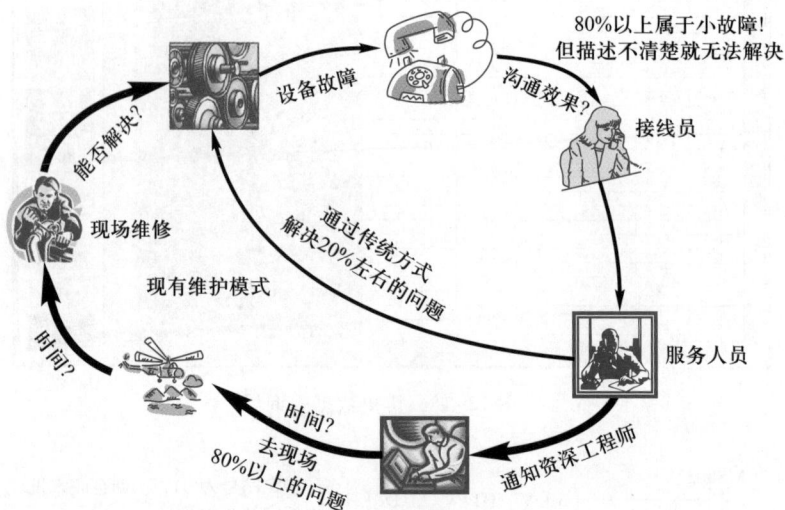

图 12-17　现场维护模式

远程保障模式,如图 12-18 所示,其带来的便利有:①节省大量成本,包括工程师的往返差旅成本、厂家工程师成本;②减少现场停产损失,减少实时维护停机带来的危及设备安全、人身安全的风险,轻松搭建预警机制;③售后服务,运行高效而轻松。

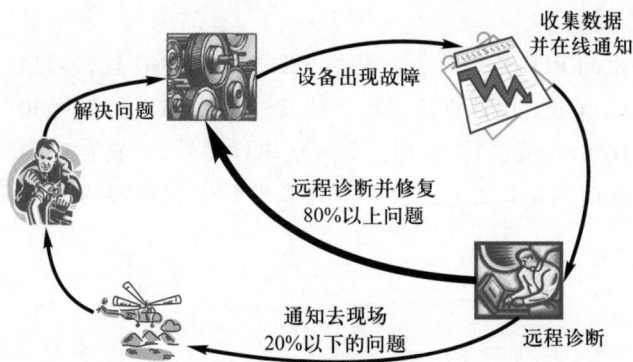

图 12-18　远程保障模式

1. 工控领域的远程联网需求

在工业控制领域,技术支持工程师经常需要远程维护工业控制设备;同时,在很多领域,也需要将远程 PLC 采集的数据传输到监控中心,或者将现场视频数据传输到监控中心。

为了实现维护、数据采集以及视频监控等远程连网需求,需要安全、稳定、网络适应性强的解决方案。目前工业自动化控制领域远程连网迫切需要达到以下要求。

(1)传输稳定,网络适应性强

工控设备分布范围广,网络接入方式多,多是用 NAT 方式上网(路由后),而且运

营商复杂,所以,要求分支 VPN 设备有很强的网络适应性,网络穿透性强,同时要求中心点 VPN 设备,能支持多运营商,以解决电信和联通两大运营商互通问题;而且,如果工控设备在国外,也要解决低带宽情况下的传输稳定性问题。

（2）安全程度高,多层次安全保障

工控远程联网以互联网作为承载通道,除了要求符合基本的 VPN 安全规范,还要求在工程师 VPN 接入时提供更强的安全认证保护,因为工程师流动性强,网络环境变化大,所以需要接入端 VPN 支持多种认证方式,如 UKEY 认证、指定计算机绑定认证、用户密码认证等方式。

（3）维护方便、实施简单

采用远程联网设备进行远程维护、数据采集、视频传输等任务,需要简单、弹性化的设备组网方式,VPN 设备要具备良好的网络结构适应性,支持网关模式、旁路模式以及透明模式组网。同时,远程工控设备分布范围广,为 VPN 设备维护方便,要求 VPN 设备支持无人值守情况的软件升级功能。

2. VPN 工业自动化远程联网方案

VPN 工业自动化远程联网方案如图 12-19 所示。远程工业控制设备（如 PLC）侧放置分支 VPN 网关,和远程 VPN 接入中心（监控中心）联网,完成远程联网后,VPN 网络完成,虚拟出一个独立的网段 10.2.0.0/24,远程每个 PLC 对应一个唯一的虚拟 IP 地址,如 10.2.0.11、10.2.0.12、10.2.0.13。维护工程可以在任何网络,使用 UKEY 或纯软件 VPN 客户端接入到 PLC VPN 设备,可以访问任何 10.2.0.0/24 中的任何 IP 地址,所以根据需要,维护工程只要接入工控 VPN 专网,远程所有工控设备和维护工程师的计算机就如同在同一个局域网内。

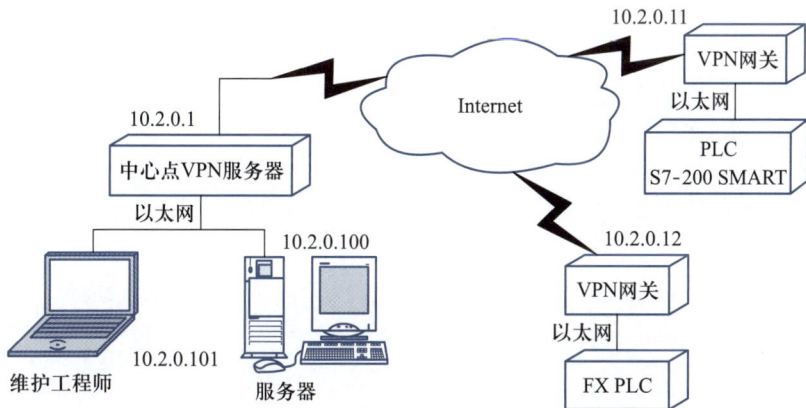

图 12-19　VPN 工业自动化远程联网方案

VPN 组网特点如下。

① VPN 接入中心可以采用双线接入,以解决不同运营商之间的网络互通问题。

② 分支 VPN 网关,部署简单,只需将网线接到 WAN 口即可,分支的运维配置文件,可以由中心点 VPN 统一发放。

③ 采用虚拟 IP 映射技术,可以独立出一个虚拟网段,方便对 PLC 设备进行管理。部署 VPN 不需要进行网络规划和路由问题,不需考虑分支或总部的网段规划。

④ 维护工程师可以使用 UKEY、纯软件客户端(WIN7/WINXP)或者 Android 手机、平板计算机进行远程维护,认证方式支持用户密码、硬件绑定以及 UKEY 证书等多种方式。

⑤ VPN 网络适应性强,可以支持 HTTPS 协议封装,只要能访问互联网即可建立 VPN 专网,一些防火墙控制严格的接入网络适合组建 VPN 专网。

⑥ VPN 可集成企业级防火墙,可以对接入用户按 IP 地址、端口等进行管理,可以划分多个安全区域,实现办公网与业务网隔离功能。

思考与练习

1. 三菱 FX 系列 PLC 通信功能包括哪几个?
2. RS-232 有哪些缺点以及 RS-485 有哪些优点?
3. 什么是 $N : N$ 网络功能?
4. 在 $N : N$ 网络模式一中,各站共享的位软元件(M)和字软元件(D)分别是多少位?
5. 通信终端为什么要加上终端电阻?
6. Ethernet 方式通信概念是什么?
7. PLC 设备的远程诊断与维护的实现过程及意义是什么?

参考答案

项目 **13**

自动灌胶机控制

　　随着电子、电器、电工、光电、新能源等行业产品生产对双组分环氧胶黏剂用量的扩大，"点点滴滴"手工施胶已不能满足产量、质量、新工艺的要求，同时改善员工工作环境、减少手工施胶胶黏剂、清洗剂浪费的环保要求及降低人工成本、提高企业经济效益、提升企业实力的综合要求，使得越来越多企业选择使用机器施胶替代手工施胶。

　　自动灌胶机通过二维或三维工作平台，对产品指定位置多点、多线、多面的精确定位施胶，施胶均匀，胶量控制精度高，便于自动化生产。 本项目的自动灌胶机采用三菱 MR –IF 系列伺服电动机驱动二维工作平台，使用三菱 FX 系统定位指令来控制胶枪的精确定位。 通过本项目了解国产谐波减速器的发展现状，感受科技人员精益求精、不断创新的精神。

思维导图

设计要求

自动灌胶机外形如图 13-1 所示,横梁固定在左右两边的滑块上,滑块在滚珠丝杠的带动下前后同步移动,产生 X 轴方向的位移。横梁上安装胶枪的滑块在同步带带动下左右移动,产生 Y 轴方向的位移。滚珠丝杠和同步带都由伺服电动机驱动。现要求实现如图 13-2 所示灌胶路径,对产品施胶。

图 13-1 自动灌胶机　　　　图 13-2 灌胶路径

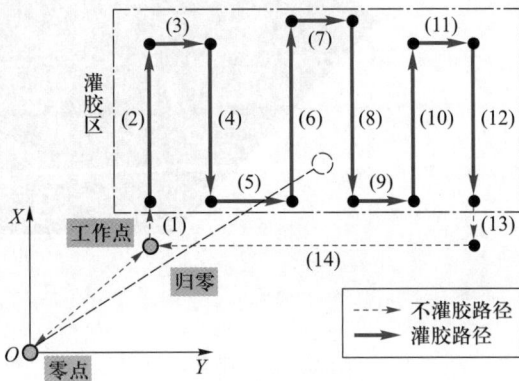

具体要求如下。

① 胶枪可以进行归零操作;零点由近零位传感器确定。

② 工作时,按"上电"按钮,伺服电动机"伺服 ON";按"启动"按钮,胶枪移动至"工作点",工作点位置可以通过触摸屏设置。

③ 需灌胶产品到灌胶位置后,按"下一步"按钮(触摸屏和硬件按钮都可操作),胶枪按设置路径和速度行进,在设定需吐胶的地方打开电磁阀。路径全部走完,回到"工作点"位置。施胶完成的产品可移走。

④ 当下件产品到位时,再按"下一步"按钮,再次完成施胶过程。

⑤ 对胶枪处于工作点或零点位置时进行计时(可设定),到设定时间,自动吐胶,以防止胶枪被堵。

⑥ 可进行手动吐胶操作,按动"手动吐胶"按钮,吐一段时间(可设定)。

⑦ 路径段数、路径长度和行走速度可设定。

知识基础

13.1 定位控制指令

当使用三菱 PLC 控制步进或伺服电动机进行位置控制时,可使用 PLC 内置的脉冲

输出功能进行定位控制,如原点回归 FNC156(ZRN)、相对位置控制 FNC158(DRVI)、绝对位置控制 FNC158(DRVA)。

1. ZRN 指令

执行原点回归指令 ZRN,使机械位置与 PLC 内的当前值寄存器一致的指令。原点回归指令的助记符、指令代码、操作数及程序步见表 13-1。

表 13-1　原点回归指令

指令名称	助记符	指令代码	操作数			程序步
			S1、S2(可变址)	S3	D	
原点回归	ZRN	FNC 156	K、H、KnX、KnY、KnS、KnM、T、C、D、V、Z	X、Y、M、S	Y(指定基本单元的晶体管输出 Y0、Y1、Y2,或是高速输出特殊适配器的 Y0、Y1、Y2、Y3)	ZRN…7 步 (D)ZRN…13 步

梯形图使用如图 13-3 所示。当 M0 为 ON 时,以源操作数[S1]中的数据 K2000 指定开始原点回归时的速度(脉冲频率)做原点回归。当近点信号(DOG)即源操作数[S3]中的软元件 X0 为 ON 时,速度降至指定爬行速度即源操作数[S2]中的数据 K500(脉冲频率)进入回归爬行状态。当检测到近点信号 X0 的下降沿时,脉冲输出停止。当 M0 为 OFF 时,指令不执行,停止脉冲输出。

PLSY 指令有 32 位操作方式,使用前缀"D"。

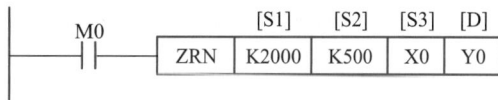

2. DRVI 指令

相对定位指令 DRVI 是以相对驱动方式执行单速定位的指令。用带正/负号的符号指定从当前位置开始的移动距离的方式,也称为增量(相对)驱动方式。相对定位指令的助记符、指令代码、操作数及程序步见表 13-2。

图 13-3　ZRN 指令(16 位)梯形图

表 13-2　相对定位指令

指令名称	助记符	指令代码	操作数			程序步
			S(可变址)	D1	D2	
相对定位	DRVI	FNC 158	K、H、KnX、KnY、KnS、KnM、T、C、D、V、Z	Y(指定基本单元的晶体管输出 Y0、Y1、Y2,或是高速输出特殊适配器的 Y0、Y1、Y2、Y3)	Y、M、S	DRVI…9 步 (D)DRVI…17 步

梯形图使用如图 13-4 所示。当 M0 为 ON 时,以源操作数[S2]中的数据 K2000 指定输出脉冲频率,控制目标对象行至以源操作数[S1]中的数据指定的相对地址(距离当前位置正向 10 000 步)处,即从目标操作数[D1],即 Y0 口输出 10 000 个脉冲,同时旋转方向信号输出端[D2]即 Y3 输出为 ON(表示正向)。

相对地址,即以当前位置为零点建立坐标系,相对地址数为正即为正向,相对地址数为负则为反向。当相对地址为负数时,执行这个指令,旋转方向信号输出端[D2]中

的位软元件输出为 OFF。

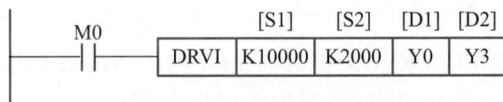

```
      M0              [S1]     [S2]    [D1]  [D2]
    ──┤├──────── DRVI  K10000  K2000   Y0    Y3
```

图 13-4 DRVI 指令(16 位)梯形图

当 M0 为 OFF 时,指令不执行,停止脉冲输出。

DRVI 指令有 32 位操作方式,使用前缀"D"。

3. DRVA 指令

绝对定位指令 DRVA 是以绝对驱动方式执行单速定位的指令。用指定从原点(零点)开始的移动距离的方式,也称为绝对驱动方式。绝对定位指令的助记符、指令代码、操作数及程序步见表 13-3。

表 13-3 绝对定位指令

指令名称	助记符	指令代码	操作数			程序步
			S(可变址)	D1	D2	
绝对定位	DRVA	FNC 159	K、H、KnX、KnY、KnS、KnM、T、C、D、V、Z	Y(指定基本单元的晶体管输出 Y0、Y1、Y2,或是高速输出特殊适配器的 Y0、Y1、Y2、Y3)	Y、M、S	DRVA…9 步 (D)DRVA…17 步

梯形图使用如图 13-5 所示。当 M0 为 ON 时,以源操作数[S2]中的数据 K2000 指定输出脉冲频率,控制目标对象行至以源操作数[S1]中的数据指定的绝对地址(距离原点位置正向 10 000 步)处。而从目标操作数[D1]端 Y0 口输出的脉冲数,以及旋转方向信号输出端[D2]即 Y3 的输出值取决于目标对象当前所处的绝对地址。

绝对地址,即以原点位置为零点的坐标系,正向为正,反向为负。

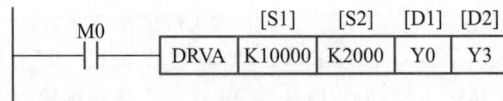

```
      M0              [S1]     [S2]    [D1]  [D2]
    ──┤├──────── DRVA  K10000  K2000   Y0    Y3
```

图 13-5 DRVA(16 位)指令梯形图

当 M0 为 OFF 时,指令不执行,停止脉冲输出。

DRVA 指令有 32 位操作方式,使用前缀"D"。

微课
交流伺服系统的组成及应用

13.2 三菱 JE 系列伺服系统

1. 伺服系统简介

"伺服"一词由拉丁语 servus(奴隶)而来。伺服系统又称为伺服机构或伺服装置。

其特点是能够始终确认自己的动作状态,避免与指令发生偏差而不断进行反馈(feed back),从而实现既灵敏又高精度的动作。伺服放大器控制伺服电机,精度高,转速平稳,过载能力强,噪声低,温升低,一般应用于机床、印刷设备、包装设备、纺织设备、激光加工设备、机器人、自动化生产线等对工艺精度、加工效率和工作可靠性等的要求较高的设备,如图 13-6 所示。

伺服系统可在 3 种模式下工作。

(1) 位置控制

伺服系统可正确地将目标移动到指定位置,或停止在指定位置。位置精度有的已可达微米以内,还能进行频繁的启动、停止。

(2) 速度控制

伺服系统目标速度变化时,也可快速响应。即使负载变化,也可最大限度地缩小与目标速度的差异,能实现在宽广的速度范围内连续运行。

(3) 转矩控制

伺服系统即使遇到负载变化,也可根据指定转矩正确运行。

而所有的功能,需通过对伺服放大器进行合理的参数设置来实现。而具体的内容需要查阅指定伺服系统的资料。

三菱伺服系统 MELSERVO-JE 系列如图 13-6 所示,是以 MELSERVO-J4 系列为基础,在保持高性能的前提下对功能进行限制的交流伺服系统。它的控制模式有位置控制、速度控制和转矩控制三种。在位置控制模式下,它最高可以支持 4 MHz 的高速脉冲列,还可以选择位置/速度切换控制,速度/转矩切换控制和转矩/位置切换控制。所以这个系统不但可以用于机床和普通工业机

图 13-6　三菱伺服系统 MELSERVO-JE 系列

械的高精度定位和平滑的速度控制,还可以用于线控制和张力控制等,应用范围十分广泛。它同时还支持单键调整及即时自动调整功能,可以对伺服增益进行简单的自动调整,通过 Tough Drive 功能、驱动记录器功能以及预防性保护支持功能,对机器的维护与检查提供强力的支持;因为装备了 USB 通信接口,与安装 MR Configurator2 的计算机连接后,能够进行数据设定、试运行、增益调整等。

MELSERVO-JE 系列的伺服电动机采用拥有 131 072 pulses/rev 分辨率的增量式编码器,能够进行高精度的定位。

2. 伺服系统的连线

三菱 MR-JE-A 伺服系统接线如图 13-7 所示。可见,其连线也较为复杂。除了基本的电源与电动机的连线外,还要与电动机上的编码器相连。除此之外,它还可以与计算机相连,通过计算机对伺服放大器进行参数设定及控制;与上位控制器(如 PLC)通过控制端或者通信接口进行连接等。

使用三菱 FX3U-MT/ES PLC 来控制伺服电动机的控制系统接线如图 13-8 所示(使用漏型输入、输出接口)。图中连接器引脚功能见表 13-4。

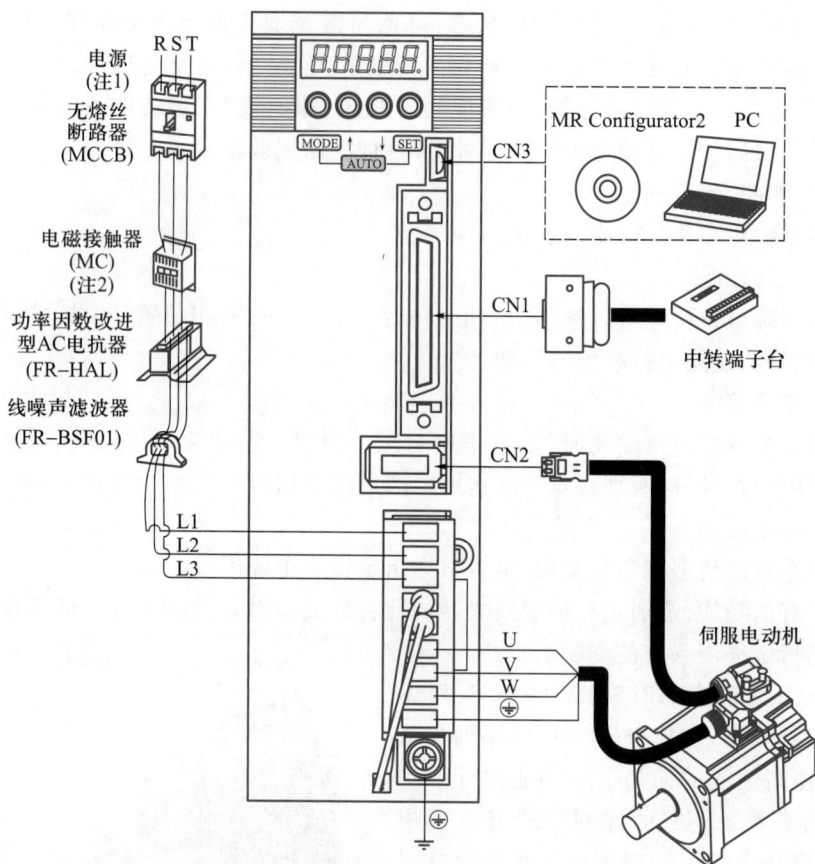

图 13-7   三菱 MR-JE-A 伺服系统接线

注:1. MR-JE-70A 以下的型号支持单相 AC 200~240 V。使用单相 AC 200~240 V 电源时,电源连接 L1 以及 L3,不要连接 L2。

2. 根据电源电压以及运行模式的不同,有可能出现母线电压过低,从而在强制停止减速中转入到动态制动减速的情况。如果不希望动力制动减速时,可延迟电磁接触器的关闭时间。

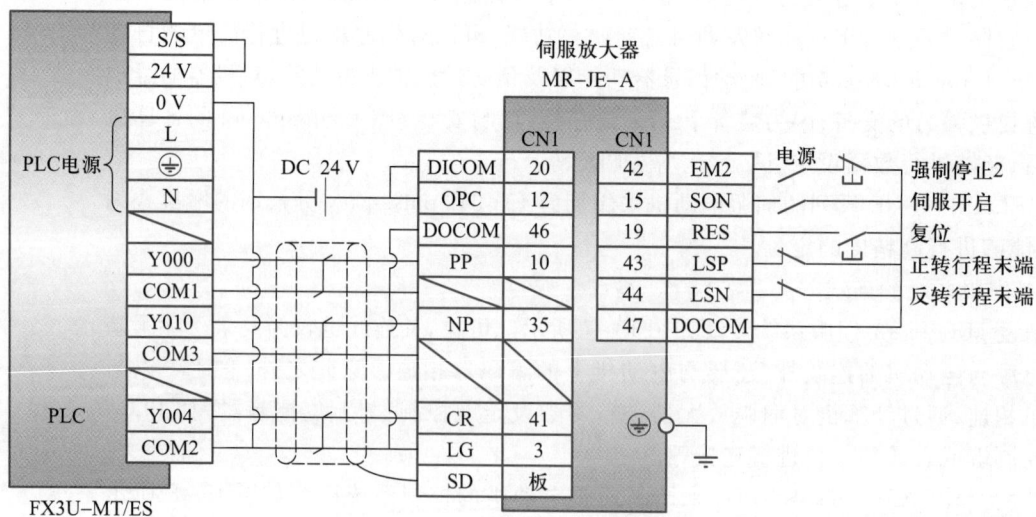

图 13-8   三菱 MR-JE-A 伺服系统接线

表 13-4　MR-JE-A 伺服放大器信号功能表 (部分)

信号名称	缩写	连接器引脚编号	功能
数字 I/F 用电源输入	DICOM	CN1-20 CN1-21	接入 I/O 接口用 DC 24 V (DC 24 V±10%　300 mA); 电源容量根据使用的输入、输出接口的点数不同而改变; 使用漏型接口时, 连接 DC 24 V 外部电源的正极; 使用源型接口时, 连接 DC 24 V 外部电源的负极
集电极开路电源输入	OPC	CN1-12	在通过集电极开路方式输入脉冲串时, 向此端子提供 DC 24 V 的正极
数字 I/F 用公共端	DOCOM	CN1-46 CN1-47	是伺服放大器的 EM2 等输入信号的公共端, 和 LG 相隔离; 使用漏型接口时, 连接 DC 24 V 外部电源的负极; 使用源型接口时, 连接 DC 24 V 外部电源的正极
控制共同	LG	CN1-3 CN1-28 CN1-30 CN1-34	是 TLA、TC、VC、VLA、OP、MO1、MO2、P15R 的公共端; 各引脚在内部连接
屏蔽	SD	屏蔽	连接屏蔽线的外部导体
正转脉冲列	PP NP	CN1-10 CN1-35	输入指令脉冲列: ● 使用集电极开路方式时 (最大输入频率 200 kHz), 在 PP 和 DOCOM 之间输入正转脉冲列; 在 NP 和 DOCOM 之间输入反转脉冲列; ● 使用差动接收器方式时 (最大输入频率 4 MHz),
反转脉冲列	PG NG	CN1-11 CN1-36	在 PG 和 PP 之间输入正转脉冲列; 在 NG 和 NP 之间输入反转脉冲列; 指令输入脉冲列形式, 脉冲列逻辑以及指令输入脉冲列滤波器可以在 [Pr.PA13] 中变更
清空	CR	CN1-41	开启 CR 可以消除设备开启时位置控制计数器累计的脉冲; 将脉冲宽设置为不小于 10 ms
强制停止 2	EM2	CN1-42	当关闭 EM2 与公共端开路时, 将根据指令对伺服电机进行减速停止; 当从强制停止状态转到 EM2 开启 (使公共端之间短路) 时, 则能够解除强制停止状态
伺服开启	SON	CN1-15	在开启 SON 时, 主电路将会通电, 变为可以运行的状态; (伺服 ON 状态) 关闭后主电路将被切断, 伺服电机进入自由运行状态; 在将 [Pr.PD01] 设置为 "_ _ _ 4" 时, 可以在内部变更为自动开启 (始终开启)

续表

信号名称	缩写	连接器引脚编号	功能
复位	RES	CN1-19	开启 RES 50 ms 以上时可以对报警进行复位。有些报警无法通过 RES(复位)进行解除
正转行程末端	LSP	CN1-43	运行时,开启 LSP 以及 LSN;关闭时使用紧急停止并保持锁定状态;
反转行程末端	LSN	CN1-44	在将[Pr. PD30]设置为"＿＿＿1"时,将会变为减速停止;对[Pr. PD01]进行设置时,可以在内部变更为自动开启

3. 伺服放大器的设置

为了让伺服电机能正常工作,需要对伺服放大器进行正确的设置。表 13-5 为基本设置参数[Pr. PA__]的信息。根据控制系统的配置、机械系统的性能等,对相关参数进行设置。其中 PA01(运行模式)、PA06(电子齿轮分子)、PA06(电子齿轮分母)、PA13(指令脉冲输入形态)是需设置的参数。另外,MR-JE-A 系列伺服电机还有增益/过滤器设定参数[Pr. PB__]、扩展设置参数[Pr. PC__]、输入/输出设置参数[Pr. PD__]、扩展设置 2 参数[Pr. PC__]、扩展设置参数[Pr. PF__]可进行选择性的设置,使其应用于复杂的机械系统时也能稳定可靠地工作。

表 13-5　基本设置参数([Pr. PA__])的信息

编号	缩写	名称	初始值
PA01	*STY	运行模式	1000h
PA02	*REG	再生选件	0000h
PA03	—	厂商设置用	0000h
PA04	*AOP1	功能选择 A-1	2000h
PA05	*FBP	每转指令输入脉冲数	10000
PA06	CMX	电子齿轮分子(指令脉冲倍率分子)	1
PA07	CDV	电子齿轮分母(指令脉冲倍率分母)	1
PA08	ATU	自动调整模式	0001h
PA09	RSP	自动调整响应性	16
PA10	INP	限制范围	100
PA11	TLP	正转转矩限制	100.0
PA12	TLN	反正转转矩限制	100.0
PA13	*PLSS	指令脉冲输入形态	0100h
PA14	*POL	旋转方向选择	0
PA15	*ENR	编码器输出脉冲	4000
PA16	*ENR2	编码器输入脉冲 2	1
PA19	*BLK	参数写入禁止	00AAh
PA20	*TDS	Tough Drive 设置	0000h

续表

编号	缩写	名称	初始值
PA21	*AOP3	功能选择 A-3	0001h
PA23	DRAT	驱动记录器任意警报触发器设定	0000h
PA24	AOP4	功能选择 A-4	0000h
PA25	OTHOV	单键调整过冲容许水平	0
PA26	*AOP5	功能选择 A-5	000h

注:参数缩写前附有 * 标记的参数需在设置后先关闭电源 1 s 以上,然后再接通才会有效。

项目分析

本项目开关量输入 9 个,输出接口需用 9 个。需控制 2 台伺服电动机的工作。需要有 2 路高速脉冲信号作为伺服的控制输入。需要输出高速脉冲的 PLC 应是晶体管输出型的。另外,伺服电动机控制的二维平台,胶枪的轨迹都是直线,不需用具有圆弧插补功能的 PLC。所以,选用 FX3U-32MT 型号的 PLC。伺服系统采用 MR-JE-A 系列 400 W 的伺服电动机及放大器。这样性能达到要求,价格较低,经济性好。

X 轴采用带滑块的滚珠丝杠在滑轨上运动,滑轨两端安装有极限开关,开关需有一组动合触点(用于给 PLC 极限信号),一组动断触点(给伺服放大器正转、反转行程末端信号)。

项目实施

13.3　I/O 分配

自动灌胶机 I/O 分配表见表 13-6。

表 13-6　自动灌胶机 I/O 分配表

输入			输出		
名称	符号	输入点	名称	符号	输出点
启动/下一步	SB1	X0	X 轴脉冲输出口	PP1	Y0
伺服 ON	SB2	X1	Y 轴脉冲输出口	PP2	Y1
X 轴限位开关 1	SQ1	X2	X 轴方向	NP1	Y2
X 轴限位开关 2	SQ2	X3	Y 轴方向	NP2	Y3
Y 轴限位开关 1	SQ3	X4	X 轴伺服 ON	SON1	Y4
Y 轴限位开关 2	SQ4	X5	Y 轴伺服 ON	SON2	Y5
X 轴近点信号	DOG1	X6	吐胶控制继电器	KA1	Y10
Y 轴近点信号	DOG2	X7	绿指示灯	HL1	Y11
归零按钮	SB3	X10	红指示灯	HL2	Y12

13.4 控制系统设计

1. 触摸屏人机界面设计

自动灌胶机触摸屏用到的 PLC 软元件见表 13-7。设置的参数要采用停电保持的元件,这样断电时,设置的参数不会丢失。表中的数据寄存器都是停电保持寄存器。设置的开关使用停电保持继电器,如 M3010、M3020。

表 13-7　触摸屏用到的 PLC 软元件

软元件	作用	软元件	作用
M15	确认/下一步	D5301 ~ 16	每段路径执行后的停顿时间
M16	停止	D5401 ~ 16	每段路径执行前的停顿时间
M18	上电	D5501 ~ 16	每段路径的速度(脉冲频率)
M53	归零	D6000	工作点 X 坐标(脉冲数)
M71	手动吐胶	D6002	去工作点的 X 方向速度(频率)
M3010	手动吐胶开关	D6200	工作点 Y 坐标(脉冲数)
M3020	自动清洗(防堵)开关	D6202	去工作点的 Y 方向速度(频率)
M4101 ~ 16	X 轴、Y 轴路径选择	D5900	X 轴每毫米行程脉冲数
M4201 ~ 16	路径是否吐胶	D5902	Y 轴每毫米行程脉冲数
D504	X 路径	D4220	手动吐胶时间设定
D506	Y 路径	D4222	自动清洗时吐胶时间长度
D5100	路径段数	D4223	自动清洗间隔时间秒设定
D5101 ~ 16	路径每段长度(mm)	D4224	自动清洗间隔时间分设定

(1)自动灌胶机触摸屏首页

自动灌胶机触摸屏首页画面如图 13-9 所示。图中,5 个操作按钮分别为"上电""下一步""归零""停止""手动吐胶"。页面跳转按钮 2 个:"系统设置"和"路径设置"。另有,四个指示灯,即"伺服 ON"指示灯 2 个,工作状态指示灯 2 个(红、绿)。另外,在"伺服 ON"指示灯左边有一数值显示,显示值为当前胶枪坐标值(单位为 mm)。

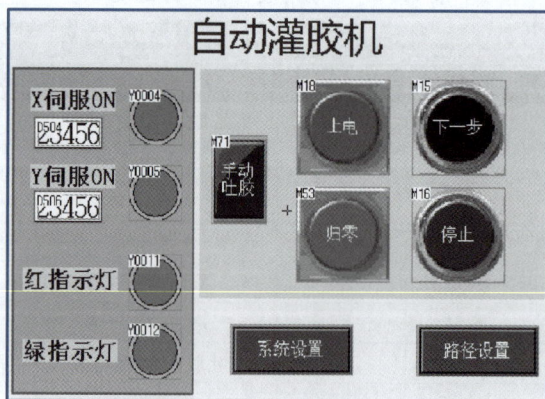

图 13-9　自动灌胶机触摸屏首页画面

（2）路径设置画面

路径设置画面如图 13-10 所示，包括工作点的设置和灌胶区路径的设置。工作点坐标实际上要设置的是脉冲数量，速度设置脉冲频率，一般设为几十千赫兹。画面中一共可以设置 16 段路径，每段路径可以选择是 X 轴走向还是 Y 轴走向、是否灌胶、路径长度、速度、路径执行前停顿时间和路径执行后停顿时间。在制作路径时，只需放置好一条路径的上述设置栏目，通过"连续复制"操作，可以方便地得到每一列部件（开关、数值输入）。

源程序
自动灌胶机触摸屏
工程文件

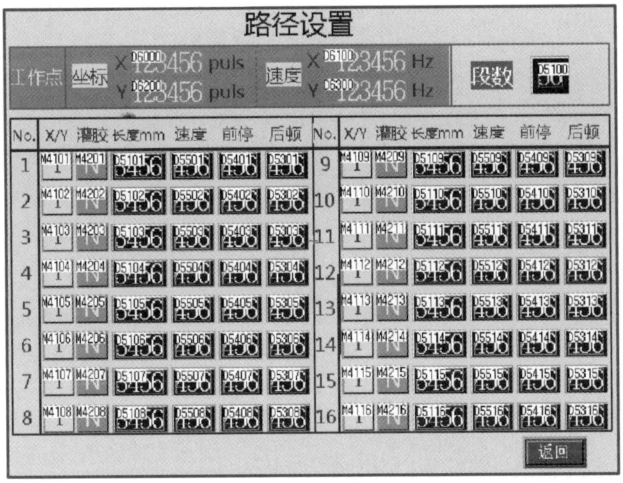

图 13-10 自动灌胶机路径设置画面

（3）系统设置画面

在系统设置画面中，是管理员对胶机系统进行设置参数的页面，如图 13-11 所示。一般要有较高权限的人员才能进入。画面中每 mm 行程脉冲数的设置，可以通过试验后计算得到，当改动电子齿轮后，这个参数也要改动。另外，画面中有两个设置开关和一些时间参数的设置部件。

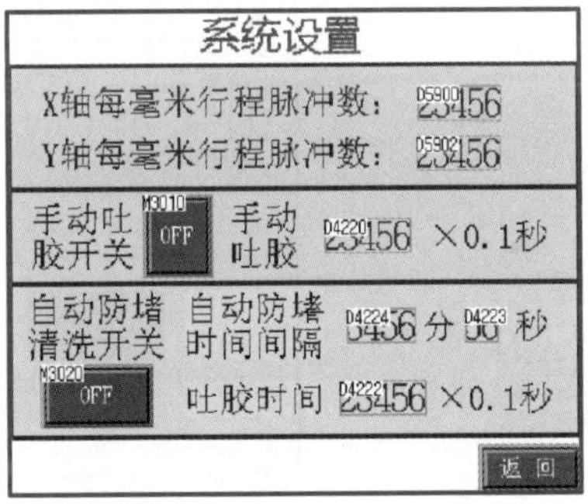

源程序
自动灌胶机

图 13-11 系统设置画面

2. PLC 控制程序设计

控制程序主要是要驱动伺服电动机，使胶枪沿设置的路径行走。根据设计要求，对程序进行规划设计，可分为"伺服 ON"处理程序、去工作点程序、路径行走执行程序、路径循环控制程序、归零执行程序、灌胶输出处理及手动吐胶自动清洗程序。

（1）"伺服 ON"处理程序

按触摸屏上的"上电"或"启动"按钮，两轴的伺服都 ON；按触摸屏"停止"，伺服 OFF。每轴可以单独伺服 ON 与伺服 OFF，方便调试时操作。程序如图 13-12 所示。

（2）去工作点程序

S10 状态下为"去工作点"处理程序，程序的两路脉冲是同时输出给伺服放大器的，所以是两台伺服电机同时工作，当 PLC 发完设定的脉冲数，对应的轴停止。当两路脉冲都发送完成时，程序转移到下一个工作状态（S11）。程序如图 13-13 所示。

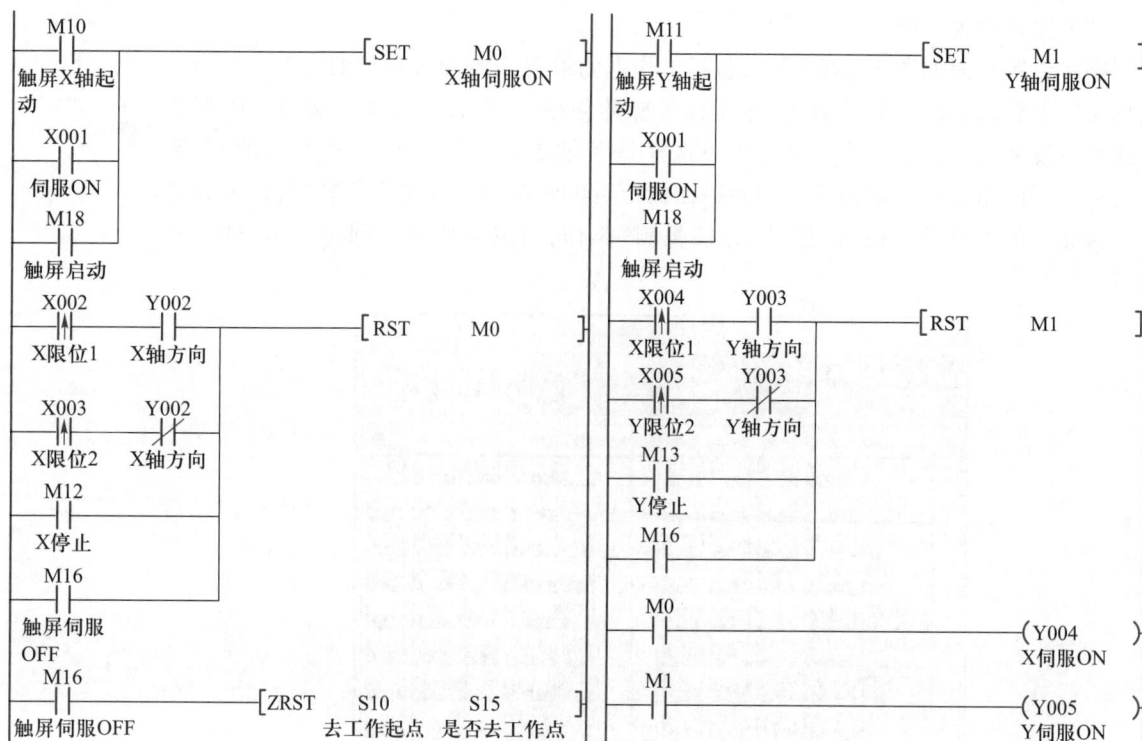

图 13-12 "伺服 ON"处理程序

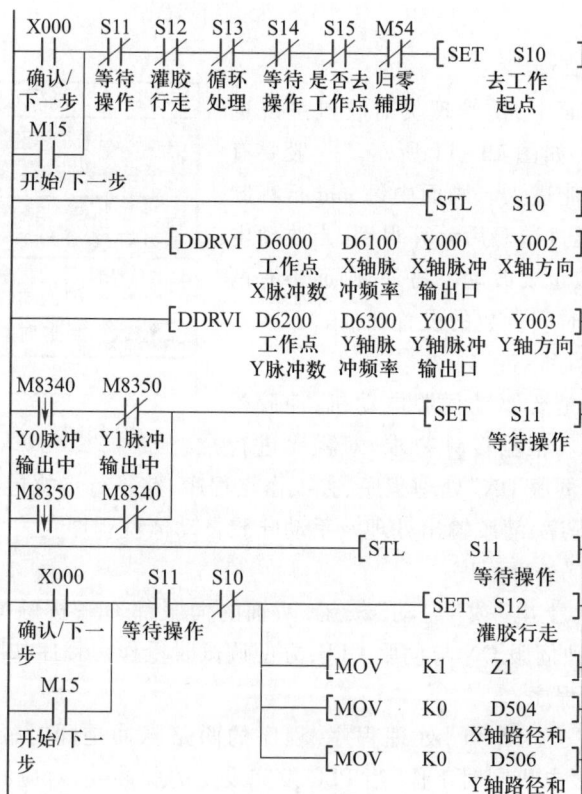

图 13-13 去工作点程序

（3）路径行走执行程序

在 S12 状态中，首先进行路径行走前的停顿（T6）；由变址寄存器 Z1 确定第几条路径，由 M4101～M4116 的值决定是 X 轴还是 Y 轴动作。D504 中的值是 X 方向距离工作点的距离，D506 中的值是 Y 方向距离工作点的距离。D5890 中存放当前段行走所需脉冲数量。由 M66 输出这段路径是否注胶的信号。当前段路径脉冲发送完毕，状态转移到 S13。程序如图 13-14 所示。

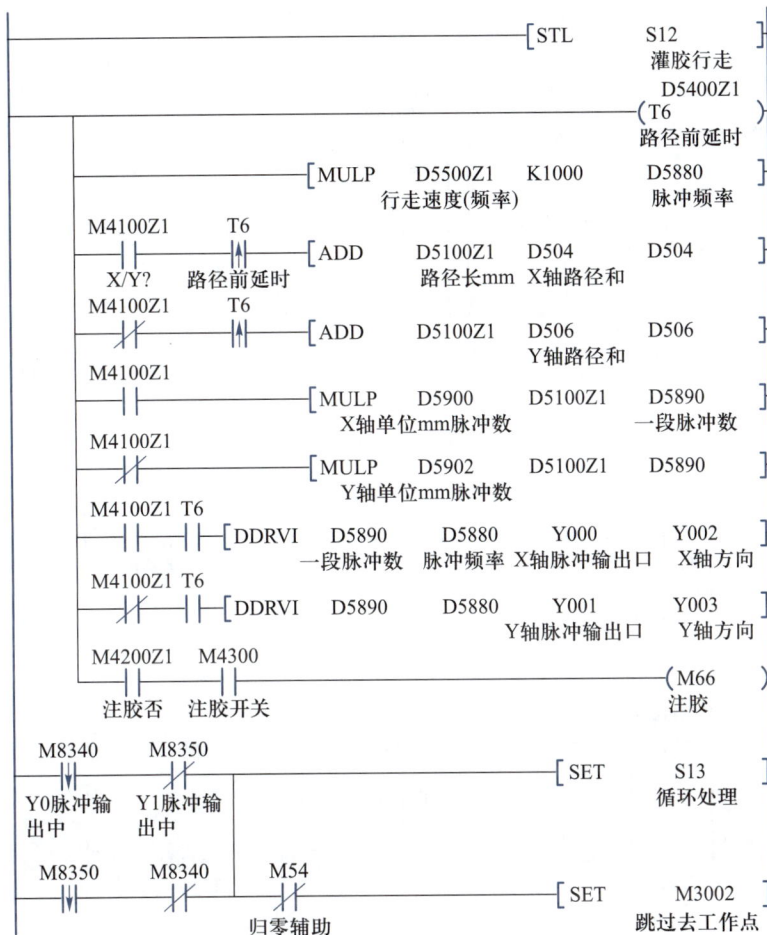

图 13-14　路径行走执行程序

（4）路径循环控制程序

在 S13 状态，执行路径走完后的停顿（T4）；如果 Z1 中的值小于或等于设置的段数，则对 Z1 进行处理，转移到 S12，执行下一段路径；如果 Z1 中的值大于段数，则状态转移到 S14。S14 为等待操作状态，当按动"下一步"（触摸屏或按钮），则跳转到 S15。S15 状态，根据是否归零过，确定下一个状态是否执行 S10 状态的"去工作点"。程序如图 13-15 所示。

（5）归零执行程序

当需要归零时，按下"归零"按钮，M54 得电，对程序原来的执行状态进行复位，并

执行归零工作。归零时为先 X 轴归零,再 Y 轴归零。归零完成,M54 复位。程序如图 13-16 所示。

(6) 灌胶输出处理及手动吐胶自动清洗程序

因为胶嘴中是混合的胶水,经过一定时间会固化,所以当处于等待状态时(即不吐胶时),需要定时自动吐胶一小段时间,防止胶嘴被堵。程序如图 13-17 所示。

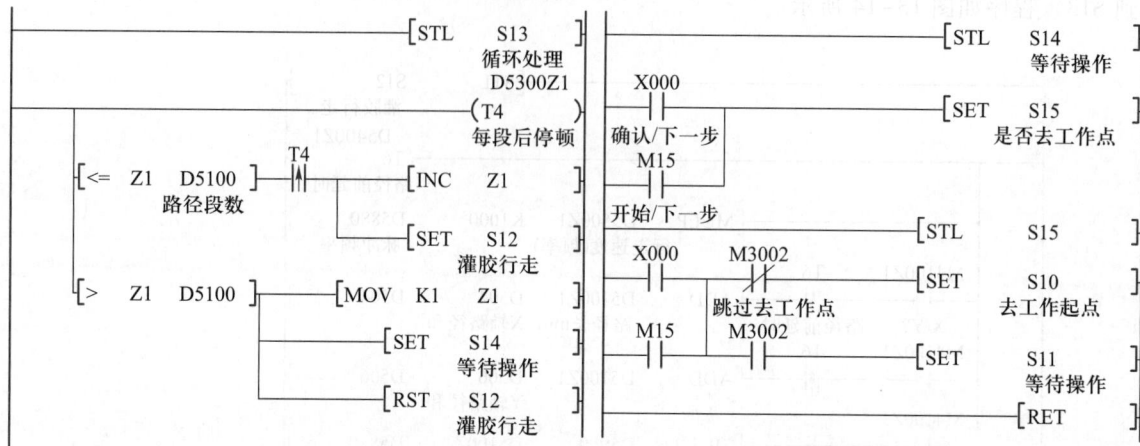

图 13-15　路径循环控制程序

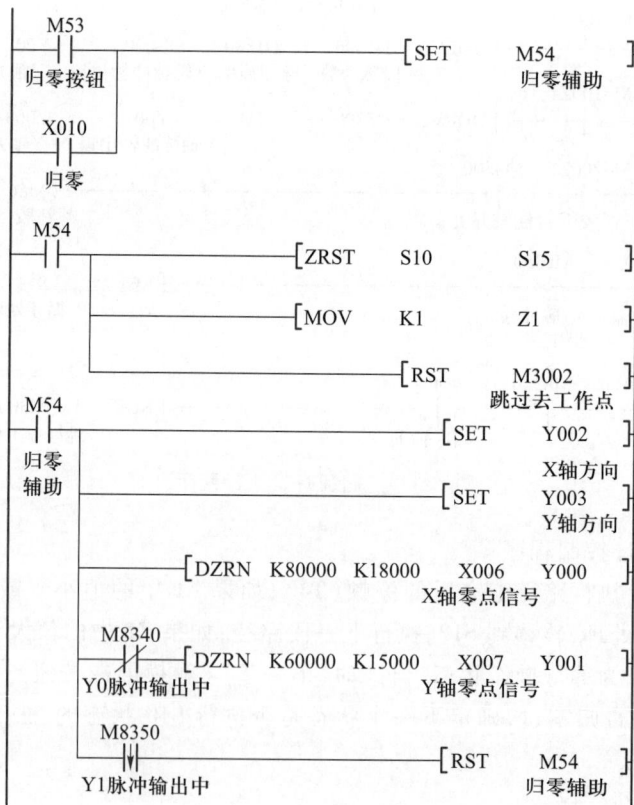

图 13-16　归零执行程序

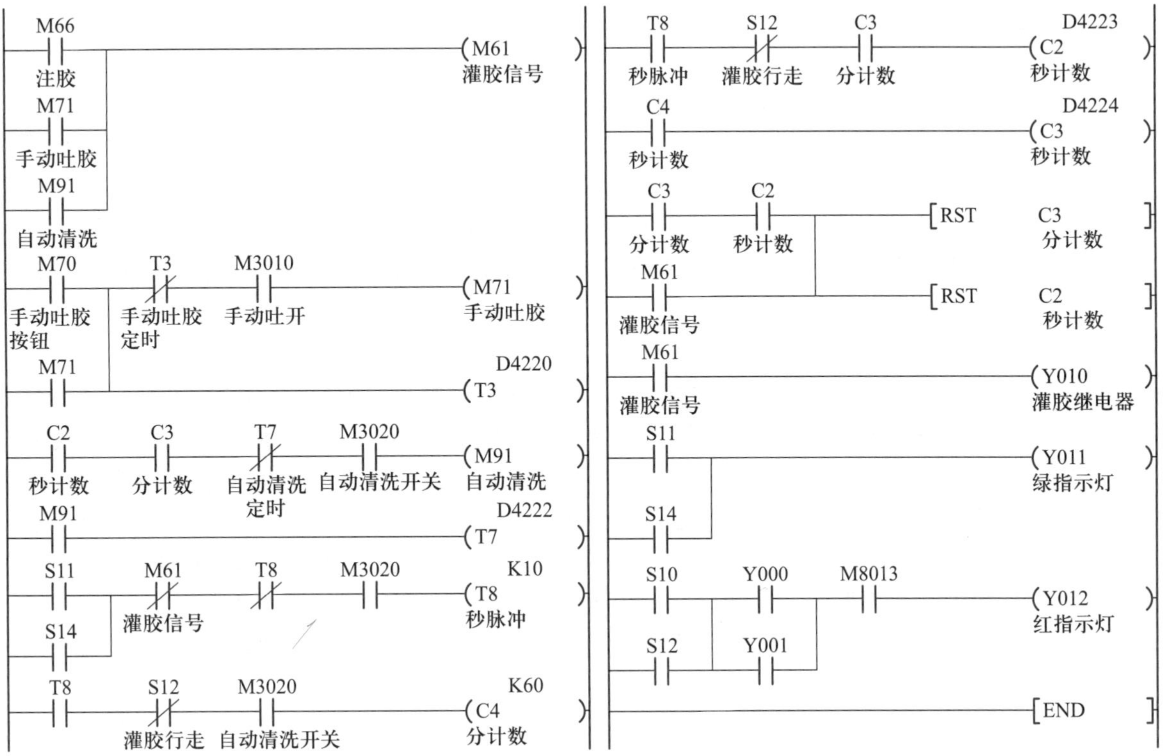

图 13-17　灌胶输出处理及手动吐胶自动清洗程序

13.5　系统接线与调试

自动灌胶机控制系统接线如图 13-18 所示。伺服放大器有其他信号接线参照图 13-8。

仿真实验
自动灌胶机的调试

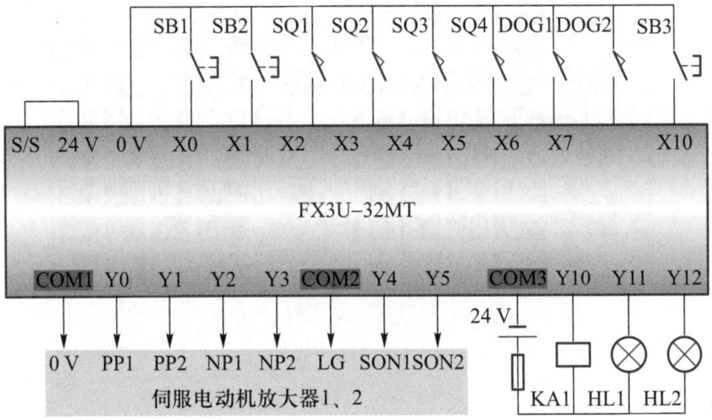

图 13-18　自动灌胶机控制系统接线

调试的主要内容如下。

（1）伺服放大器的设置

需设置指令脉冲输入形态（PA13）为"0011h"，即"负逻辑，脉冲列+方向信号"。另外，电子齿轮根据所需运行速度的合适范围进行选择，即"PA06"和"PA07"值，一般要

求当脉冲频率为最大 100 kHz 时,其速度满足需要的最大移动速度。

（2）伺服行程末端与急停

将 X 轴极限开关的动断触点分别接至 X 轴伺服放大器的正转行程末端和反转行程末端,确认是否有效,具体方法:让伺服电动机驱动滑块在行程中间慢速行走,手动触发行进方向的极限开关,看伺服电动机是否停止。如果不停止,则接线错误,一般是 LSP 和 LSN 接线错误,应交换位置接线。确定 2 个轴的 4 个极限开关都有效。另外,在程序中,也要确认极限开关信号是否有效。伺服放大器的 EM2 端口接急停按钮,并检查是否有效。

（3）每毫米行程所需脉冲数测定

每毫米行程所需脉冲数可以通过滚珠丝杠螺距、伺服放大器电子齿轮、伺服电动机转一圈脉冲数等参数通过计算得到。其中,电子齿轮分子、分母的设置,根据实际所需要的最大行走速度设定。当 PLC 输出脉冲频率为最大值 100 kHz 时,达到设计要求的最大行走速度。工程上也可以通过实际行走来测定,方法是通过脉冲输出指令发送固定数量的脉冲,让滑块移动尽可能长的行程,然后测量出实际移动的距离,用脉冲数除以测到的距离,便得到每 mm 行程所需脉冲数。多次测定后,数据通过"系统设置"界面输入 PLC。通常,测定的精度完全可以满足设计要求。

（4）设置路径数据并调试

控制要求的路径设置值如图 13-19 所示。验证路径行走是否正确,长度是否准确。因为沿路径走一遍后会回到工作点位置,所以 X 轴所有路径长度之和为零,Y 轴所有路径长度之和也为零。

拓展练习

1. 将自动灌胶机路径行走的程序用 FOR、NEXT 指令来实现。

2. 在路径设置画面加 1 个按钮及 2 个数值显示部件,用来检查 X 轴所有路径长度之和、Y 轴所有路径长度之和是否都是零,编写相应 PLC 程序加以实现。

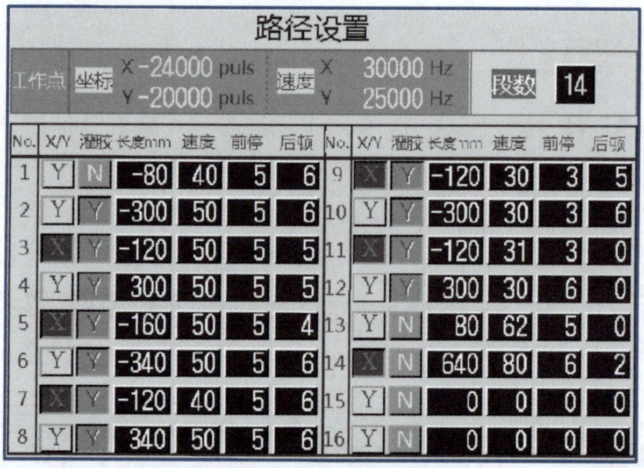

路径设置

工作点 坐标	X -24000 puls Y -20000 puls	速度	X 30000 Hz Y 25000 Hz	段数	14

No.	X/Y	灌胶	长度mm	速度	前顿	后顿	No.	X/Y	灌胶	长度mm	速度	前顿	后顿
1	Y	N	-80	40	5	6	9	X	Y	-120	30	3	5
2	Y	Y	-300	50	5	6	10	Y	Y	-300	30	3	6
3	X	Y	-120	50	5	5	11	X	Y	-120	31	3	0
4	Y	Y	300	50	5	6	12	Y	Y	300	30	6	0
5	X	Y	-160	50	5	4	13	Y	N	80	62	5	0
6	Y	Y	-340	50	5	6	14	X	N	640	80	6	2
7	X	Y	-120	40	5	5	15		N	0	0	0	0
8	Y	Y	340	50	5	6	16		N	0	0	0	0

图 13-19　路径设置值

延伸阅读

源程序
自动灌胶机（含拓展）

13.6　FOR、NEXT 指令

从循环指令 FOR（FNC 08）开始到 NEXT（FNC 09）之间的程序按指定次数重复运

行。重复了指定次数后,执行 NEXT 指令后的处理。将 FOR、NEXT 指令嵌套编程时,最多允许嵌套 5 层。FOR、NEXT 指令如图 13–20 所示。

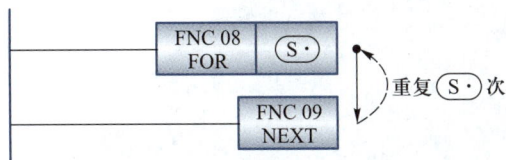

图 13–20　FOR、NEXT 指令

思考与练习

1. 三菱 FX 系列定位控制指令包括哪几个指令?
2. 原点回归的控制指令包括哪几个参数,分别表示什么含义?
3. 相对位置控制和绝对位置控制的区别是什么?
4. 伺服控制器有哪几种工作模式?
5. 运动行程两端为什么要提供一组动合触点和一组动断触点?
6. 变址寄存器在程序中的作用是什么?

参考答案

项目 **14**

生产线中机器人的控制

　　工业机器人在制造业中常简称为机器人，它有别于仿生机器人、医疗机器人等其他类型的机器人。它是在机械化、自动化生产过程中发展起来的一种新型装置。在现代生产过程中，工业机器人被广泛运用于自动化生产线中，完成自动装配、识别、分拣、打包及搬运等工作。在这些生产线中，工业机器人只是其中的一个组成环节。它需要和生产线中的其他设备相互配合才能完成工作任务。对工业机器人进行控制非常重要。

　　本项目模拟了工业应用中常见的码垛任务，使用了 PLC 来协调工业机器人和其他设备，从而完成工作任务。在本项目中，将介绍工业机器人的功能和系统构成、通信方式、I/O 板和信号的配置、编程方法以及系统的硬件接线和调试。智能制造离不开工业机器人技术，安全、可靠、智能、高效、低功耗等性能是工业机器人应用开发的方向，应用开发工程技术人员应具有良好的安全意识和质量意识，具有精益求精、不断创新的精神。

思维导图

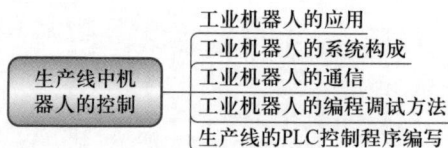

生产线中机器人的控制	工业机器人的应用
	工业机器人的系统构成
	工业机器人的通信
	工业机器人的编程调试方法
	生产线的PLC控制程序编写

设计要求

本项目是使用机器人完成码垛工作。如图 14-1 所示,系统由 PLC、机器人、按钮盒、送货传送带、码垛盘和棋子组成。将棋子作为码垛的对象,通过 PLC 控制机器人、传送带及其他设备。最后将棋子搬运到码垛盘上。

本项目中对各部分组件的动作要求如下。

(1)按钮盒

① 按下启动按钮,系统启动。

② 按下停止按钮,系统停止。

(2)传送带

① 启动后送货传送带开始运送棋子。

② 当棋子到达指定位置后传送带停止,此时通知机器人来拿取。

③ 等待机器人取走棋子后继续运行。

④ 码垛完成或按下停止按钮后,停止运行。

(3)机器人

① 启动后回到初始位置。

② 等待送货传送带的通知信号。

③ 接收到通知信号后,运行到送货传送带位置,开始拿取棋子。

④ 打开真空吸盘,吸住棋子,然后取走棋子。

⑤ 取走棋子后,通知送货传送带继续运行。

⑥ 将棋子按照码垛要求放置到码垛位置。

⑦ 关闭吸盘真空,放下棋子。

⑧ 进入下一个棋子的码垛工作。

⑨ 完成所有棋子的码垛后回到初始位置,同时发出码垛完成信号,使传送带停止。

为了完成这个项目,需要进行控制信号分析、设备选型、设备连线、参数配置、程序编写、系统调试等工作。

图 14-1　码垛系统结构

教学视频
机器人码垛过程

教学视频
机器人码垛完整过程

思政学习
智能制造

知识基础

14.1 工业机器人介绍

14.1.1 工业机器人的应用

工业机器人是在机械化、自动化生产过程中发展起来的一种新型装置。它是机器人的一个重要分支。它的特点是可通过编程来完成各种预期的作业任务,在构造和

性能上兼有人和机器的部分优点,尤其体现了"智能"和适应性。在现代生产过程中,机器人被广泛运用于自动生产线中,虽然目前机器人还不如人手那样灵活,但它具有能够不断重复工作,不知疲劳,不怕危险,抓举重物的力量比人手力大的优点。所以,机器人已经越来越广泛地得到了应用。图14-2所示为机器人在生产中的应用。

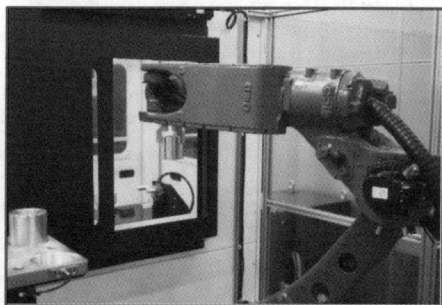

(a) 机床上下料

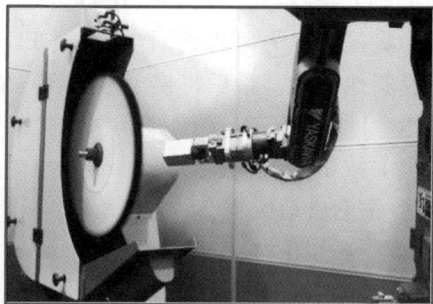

(b) 抛光

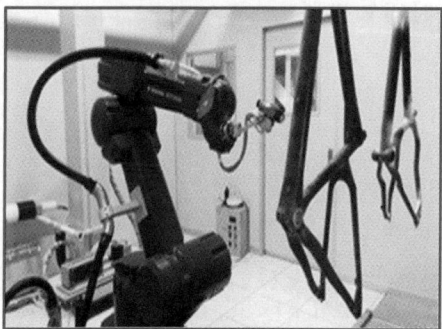

(c) 喷涂

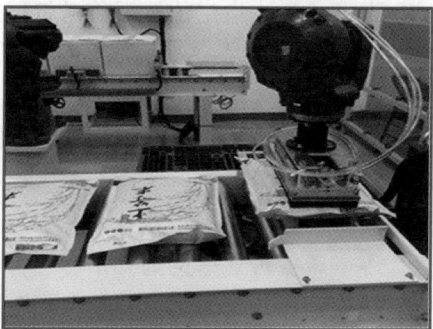

(d) 码垛

图 14-2　机器人在生产中的应用

14.1.2　工业机器人的系统结构

工业机器人系统由机器人本体、控制柜、示教器、外围设备等组成。

1. 机器人本体

机器人本体由底座和执行机构等构成。其中执行机构包括臂部、腕部和手部,有的机器人还有行走机构。大多数工业机器人有 3~6 个运动自由度,其中腕部通常有 1~3 个运动自由度;除此以外机器人本体中还安装了各种传感器,可以检测作业对象及环境或机器人与它们的关系,包括触觉传感器、视觉传感器、力觉传感器、接近觉传感器、超声波传感器和听觉传感器等,大大改善了机器人工作状况,使其能够更充分地完成复杂的工作。

本项目中使用了 ABB IRB120 机器人,如图 14-3 所示,主要用于物料搬运、装配应用等领域。其特点如下。

① 紧凑轻量。作为 ABB 机器人中目前最小的型号,IRB 120 在紧凑空间内凝聚了 ABB 机器人产品系列的全部重要功能与技术。其质量仅 25 kg,结构设计紧凑,几乎可以安装在任何地方,例如工作站内部、机械设备上方或生产线上其他机器人的

旁边。

② 用途广泛。IRB 120 广泛适用于电子、食品、饮料、制药、医疗、研究等领域。这款六轴机器人最高承重能力为 3 kg[手腕(五轴)垂直向下时为 4 kg],工作范围为 580 mm。

③ 易于集成。IRB 120 控制管线与用户信号线缆从底座至手腕全部嵌入机身内部,易于集成。

④ 优化工作范围。除工作范围达 580 mm 以外,IRB 120 还具有一流的工作行程,底座下方拾取距离为112 mm。IRB 120 采用对称结构,第 1 轴无外凸,回转半径极小,可靠近其他设备安装,纤细的手腕进一步增强了手臂的可达性。IRB 120 配备轻型铝合金伺服电动机,结构轻巧,功率强劲,可实现机器人高加速运行,在任何应用中都能确保优异的精准度与敏捷性。

2. 控制器

机器人控制器是整个机器人的控制单元,也是数据处理中心。一般由以下几部分组成:操作面板及其电路板、主板、主板电池、I/O 板、电源供给单元、紧急停止单元、伺服放大器单元、变压器、风扇单元、电源断路器、再生电阻等。

图 14-3　ABB IRB120 机器人

3. 控制柜

图 14-4 所示为 ABB 机器人常用的 IRC5 控制柜。面板左侧是电源开关、模式切换、急停按钮以及示教器线缆接口等装置。控制柜内部有控制器模块、电源模块、扩展模块、伺服驱动模块、安全面板等。门板下方是用来安装各种扩展板卡的位置。

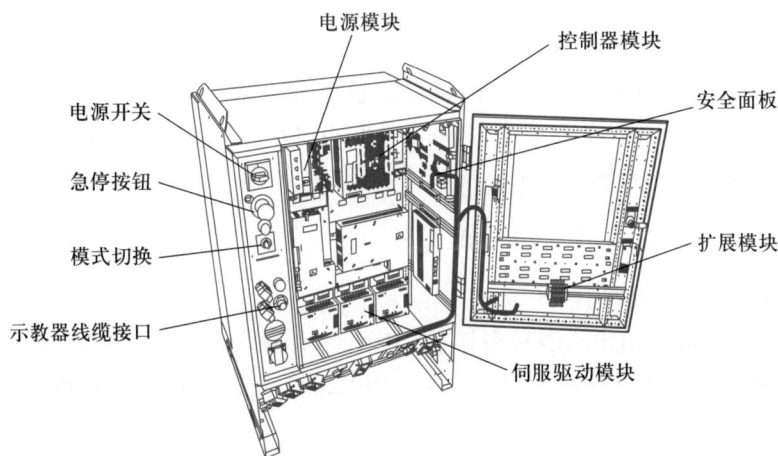

图 14-4　IRC5 控制柜

4. 示教器

示教器是操作人员操作机器人时使用的一个人机交互设备。不同品牌的机器人示教器的外形不一样,但是主要功能大致相同,都能用来手动操作机器人执行各种移

动方式并到达指定位置,对机器人进行各种参数的配置,编写机器人的程序并自动运行,同时监视机器人当前的运动状态。

图 14-5 所示为 ABB 机器人的示教器。

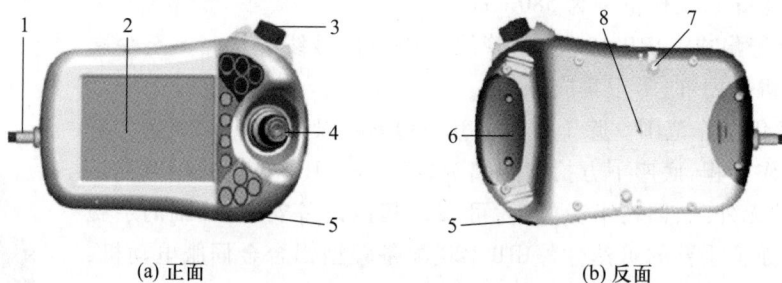

(a) 正面   (b) 反面

图 14-5 ABB 机器人的示教器

1—接口,用来连接控制柜;2—触摸屏,用来进行各项参数的设置和程序编辑等功能;3—紧急停止按钮;4—控制杆,用来操作机器人移动;5—USB 接口,用来进行系统的备份和恢复等;6—使动装置,用来在手动操作模式时给伺服电动机上电;7—触摸笔放置位置,只能用触摸笔和手指在触摸屏上操作;8—重置按钮,用于恢复示教器的出厂配置

5. 外围设备

外围设备是针对机器人的具体工种需要的各种专用设备,如焊接机、变压器、稳压器。

根据工作对象的不同,机器人会使用各种不同的工具来完成工作任务。例如,焊接时机器人使用焊枪,搬运时使用吸盘或夹爪,喷涂时使用喷枪。

本项目中用来搬运棋子的工具就是真空吸盘。

14.2 工业机器人通信

即使生产工艺不断提高,单独的机器人也不能完成生产任务。为了提高生产效率,机器人必须和其他设备相互配合,如工业相机、PLC、多台机械手协同工作等。为了能实现相同设备或者不同设备之间的协同工作,设备之间的通信尤为重要。

14.2.1 工业机器人的通信协议

1. 工业机器人的通信模式

工业机器人的通信模式多种多样,有 DeviceNet、CC-LINK、Profibus、Profinet、Ether-Net IP、modbus 等。不同品牌的机器人支持的通信协议不一样,一般在机器人的控制柜中可以找到对应的接口。

2. Device Net 总线

本项目以 ABB 机器人为例,使用的是 DeviceNet 总线。在 DeviceNet 总线下使用专用的通信模块也可以实现 CC-LINK、Porfinet 等常用的总线形式。

Device Net 总线起源于美国,现在已经列为欧盟标准。

ABB 机器人可以使用 DeviceNet 总线实现与 PLC 的通信,将机器人作为一个从站使用。ABB 机器人支持 64 位输入和 64 位输出,使用的通信模块是 DSQC659。

微课
工业机器人的通信

图 14-6 中 A 为机器人控制柜;B 为控制柜上 DSQC659 板卡;C 和 D 为板卡上的 DeviceNet 总线接口;E 为总线接口上两根信号线之间的终端匹配电阻;F 为通过总线连接的其他控制柜或者扩展模块。

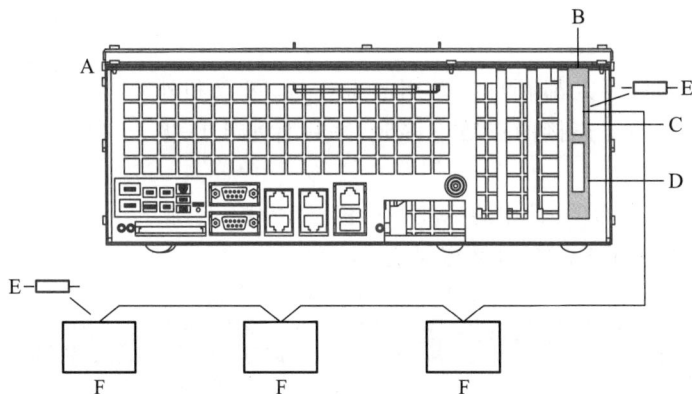

延伸阅读
机器人 CC - LINK
总线通信

图 14-6　Device Net 总线架构

3. DSQC659 板卡接口和接线

DSQC659 板卡接口外观如图 14-7 所示。

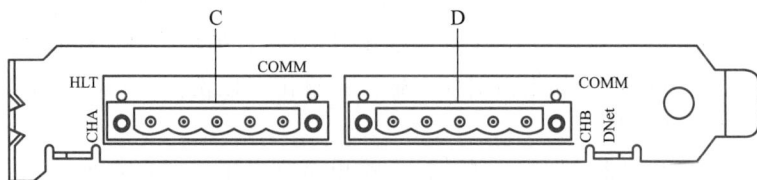

图 14-7　DSQC659 板卡接口外观

板卡上有两个 X5 通信接口 C 和 D,即 CHA(通道 A)和 CHB(通道 B),它们的端子排列是一样的,都由 5 个端子组成,编号分别为 1~5,如图 14-8 所示。

X5 通信接口功能见表 14-1。

1 和 5 是电源端,分别是 1 号 0 V(黑色)、5 号 24 V(红色)。

2 和 4 是信号线,4 号是高电平信号线(白色),2 号是低电平信号线(蓝色)。信号线的电平由两者的电位差来决定。这两根信号线之间需要安装一个 121 Ω、0.25 W 的终端电阻,用于减少信号反射现象,以减少信号干扰。

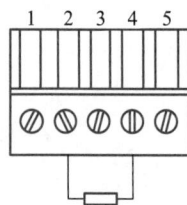

图 14-8　接口端子编号

表 14-1　X5 通信接口功能

X5 端子编号	功能
1	0 V(黑色)
2	CAN 信号线 low(蓝色)
3	屏蔽线
4	CAN 信号线 high(白色)
5	24 V(红色)

3 号是屏蔽线,用于信号屏蔽,减少干扰。

将 DeviceNet 通信电缆按照图 14-9 方式接线,就可以将这块板卡连接到 DeviceNet。

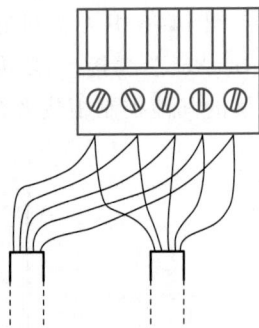

图 14-9   接线图

14.2.2   工业机器人的 I/O 板

1. 标准 I/O 板类型

不同品牌的机器人都有自己专用的 I/O 板,可以和外围设备连接。当需要连接的点数不多时,采用标准 I/O 板接线最方便。

以 ABB 机器人为例,常用的标准 I/O 板是 DSQC 系列,包括 651、652、653、355A 等,其特点见表 14-2。

表 14-2   ABB 标准 I/O 板

型号	晶体管输出(漏型、源型)
DSQC651	分布式 I/O 模块,di8/do8 ao2
DSQC652	分布式 I/O 模块,di16/do16
DSQC653	分布式 I/O 模块,di8/do8 带继电器
DSQC355A	分布式 I/O,模块 ai4/ao4

DSQC651 有 8 个数字输入、8 个数字输出、2 个模拟输出。如果点数不够可以选用 DSQC652,有 16 个数字输入和 16 个数字输出,但是没有模拟信号。DSQC653 有 8 个数字输入,8 个继电器输出。如果需要模拟输入和输出可以选择 DSQC355A,共有 4 个模拟输入和 4 个模拟输出。

需要注意,ABB 机器人 I/O 板的输入、输出是高电平。所以在连接传感器等设备时需要选择高电平输出的。和一些低电平输入、输出的 PLC 端口连接时,一定要做电平的转换。

2. DSQC653 板卡端口和接线

继电器输出的 DSQC653 外观如图 14-10 所示,可以免去电平转换的外部电路,在本项目中可以方便地和三菱 PLC 连接。

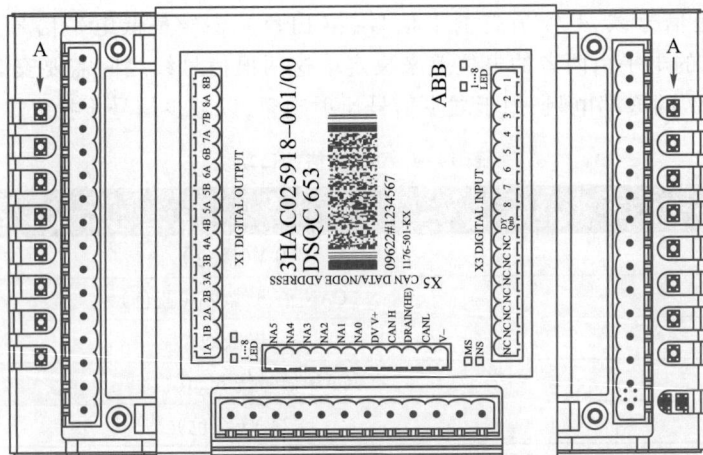

图 14-10   DSQC653 外观示意图

（1）接口分布

从图 14-10 中可以看出,接口的分布是左侧为 X1,右侧为 X3,下方为 X5。其中,左侧和右侧的 A 处分别是 X1 的输出指示灯及 X3 的输入指示灯,可以看到输入、输出的情况。灯亮表示高电平有效;灯灭表示低电平有效。

（2）输出接口 X1

输出接口 X1 功能见表 14-3。输出接口 X1 共有 8 组继电器输出,每组继电器输出由 A、B 两个端子组成,从左往右分别为 1A1B ~ 8A8B 共 16 个,输出接口地址为 0 ~ 7,可以和 PLC 的输入接口连接。

表 14-3　X1 接口功能

X1 端子编号	1	2	3	4	5	6	7	8	9	10	11	12	13	14	15	16
继电器输出	1A	1B	2A	2B	3A	3B	4A	4B	5A	5B	6A	6B	7A	7B	8A	8B
地址分配	0		1		2		3		4		5		6		7	

（3）输入接口 X3

输入接口 X3 功能见表 14-4。输入接口 X3 虽然有 16 个端子,但是只有前 9 个端子是有用的。从右往左分别为 1 ~ 8 共 8 个数字输入端,地址为 0 ~ 7。端子 9 是 0 V,10 ~ 16 是不使用的。输入接口可以和 PLC 的输出接口连接。

表 14-4　X3 接口功能

X3 端子编号	10 ~ 16	9	8	7	6	5	4	3	2	1
地址分配			7	6	5	4	3	2	1	0
数字输入	未使用	0 V	8	7	6	5	4	3	2	1

（4）DeviceNet 网络接口 X5

X5 是用来配置 DeviceNet 网络的接口,功能见表 14-5。

表 14-5　X5 接口功能

X5 端子编号	功能
1	0 V(黑色)
2	CAN 信号线 low(蓝色)
3	屏蔽线
4	CAN 信号线 high(白色)
5	24 V(红色)
6	GND 地址选择公共端
7	模块 ID bit 0(LSB)
8	模块 ID bit 1(LSB)
9	模块 ID bit 2(LSB)
10	模块 ID bit 3(LSB)
11	模块 ID bit 4(LSB)
12	模块 ID bit 5(LSB)

其中,1~5 端子是 DeviceNet 接线端,和之前讲过的 DeviceNet 总线中的功能完全相同。

6~12 的跳线用来决定这个模块在 DeviceNet 网络中的地址。其中 6 脚是公共端 GND,7 脚表示 2^0 即 1,8 脚表示 2^1 即 2,9 脚表示 2^2 即 4,10 脚表示 2^3 即 8,11 脚表示 2^4 即 16,12 脚表示 2^5 即 32。

如图 14-11 所示,将端子 8 和 10 的跳线剪去,那么这块板卡在 DeviceNet 网络中的地址就是 2+8 即 10。

如果要把地址配置为 35,计算出 35 = 32+2+1,减去对应的 7、8、12 端子的跳线。

需要注意,地址可用范围为 10~63,而不是 0~63。

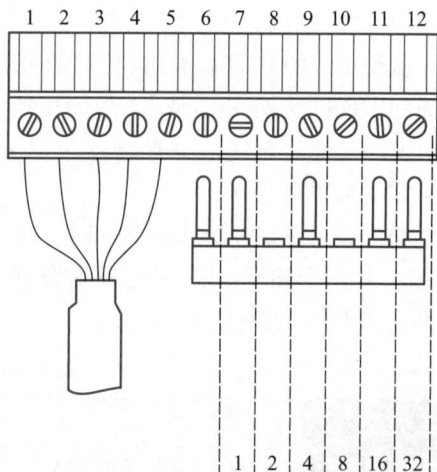

图 14-11　X5 端口地址配置

延伸阅读

机器人标准 I/O 板和输入、输出信号的配置

14.2.3　机器人标准 I/O 板和 I/O 信号的配置

1. 机器人标准 I/O 板的配置

在 ABB 机器人中 CC-LINK 总线、ProfibusDP 总线及标准 I/O 板等都是挂在 DeviceNet 现场总线下的设备,通过 X5 接口与 DeviceNet 现场总线进行通信。

对标准 I/O 板 DSQC653,配置总线连接的相关参数见表 14-6。

教学视频

标准 I/O 板的配置

表 14-6　DSQC653 配置总线连接的相关参数

参数名称	配置值	说明
Name	D653_10	I/O 板在系统中的名字
Type of Unit	d653	I/O 板的类型
Connectted to Bus	DeviceNet1	I/O 板连接的总线
DeviceNet Address	10	I/O 板在总线中的地址

2. 配置数字输入信号 di1

配置数字输入信号 di1 的相关参数见表 14-7。

表 14-7　配置数字输入信号 **di1** 的相关参数

教学视频

数字输入、输出信号的配置

参数名称	配置值	说明
Name	di1	数字输入信号的名称
Type of Signal	Digital Input	信号的类型
Assigned to Unit	D653_10	信号所在 I/O 模块
Unit Mapping	1	信号所占用的地址

3. 配置数字输出信号 do1

配置数字输出信号 do1 的相关参数见表 14-8。

表 14-8 配置数字输出信号 **do1** 的相关参数

参数名称	配置值	说明
Name	do1	数字输出信号的名字
Type of Signal	Digital Input	信号的类型
Assigned to Unit	D653_10	信号所在 I/O 模块
Unit Mapping	1	信号占用的地址

14.3 工业机器人编程调试方法

1. 模式选择

机器人在编程时的工作模式和自动运行时的工作模式是不一样的。

编程时使用手动模式(示教模式),在此模式下可以进行程序的编写和调试、变量的定义、系统参数修改等工作。自动运行使用自动模式(再现模式),在此模式下机器人接受外部的控制信号,按照程序的内容进行自动运行。在编程前,首先确定当前的控制模式是手动模式。对于 ABB 机器人来说,是通过控制柜的模式键来切换的。

2. 建立程序

ABB 机器人程序的结构包括任务、模块、例行程序三层。

在创建机器人系统时,就会创建一个任务。在这个任务下可以建立各种功能模块,其中系统模块是自动建立的,不能修改。

需要创建新的功能模块,然后在模块中创建例行程序,最后在例行程序中进行程序的编写。其中例行程序中和 C 语言一样,必须有且只能有一个主程序,而且其名字只能是 main。只有在建立好的例行程序中通过"添加指令"才能够编程,如图 14-12 所示。

教学视频
工作模式选择

教学视频
程序创建和指令添加

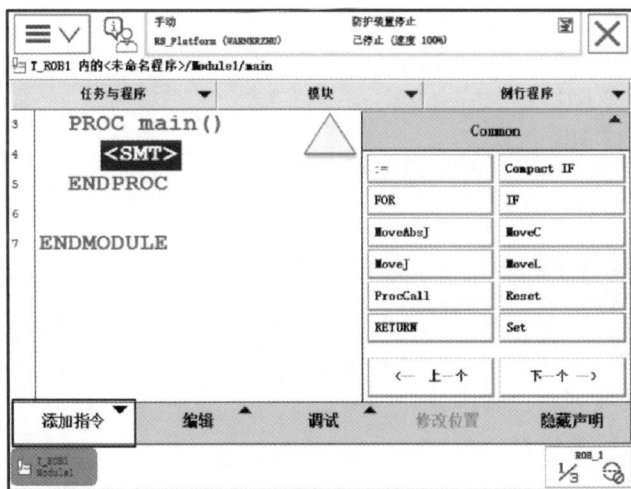

图 14-12 编程界面

3. 添加指令

在例行程序中可以进行程序的编写,通过使用触摸笔可以在示教器的触摸屏上进

行各种操作。ABB 机器人的常用指令有很多,在此仅介绍本项目中将会用到的指令。

(1) 移动指令

移动指令用于控制机器人的运动轨迹。在本项目中使用了 MoveJ、MoveL 指令。

① MoveJ 指令。

MoveJ 称为关节插补运动指令,它的运动模式是机器人调整 6 个关节轴同时动作,自动调整姿态到达指定位置。它的特点是动作轨迹不受控制,但是在移动过程中不太容易发生关节到达极限位置的情况。

② MoveL 指令。

MoveL 称为直线插补运动指令,顾名思义,它可以使机器人严格按照直线轨迹运行到指定位置。但是需要注意,在长距离的运动过程中,容易出现关节到达极限位置的情况。

一般在机器人运动轨迹控制时会根据实际条件将两个指令配合使用。

(2) I/O 控制指令

I/O 控制指令主要用来对机器人的输入信号进行查询,以及对输出信号进行控制。

① 置位指令 set 和复位指令 reset。

set、reset 指令用于控制输出信号的状态。

例如,在之前设置了 do1 这个输出信号,如果要控制它的输出状态,就可以使用 set 和 reset 指令。通过"set do1"置位以后输出信号为"真",在程序中表示为"TURE",对应的输出端口输出高电平。通过"reset do1"复位以后输出信号为"假",在程序中表示为"FALSE",对应的输出端口输出低电平。

② WaitDI 指令。

WaitDI 指令用于等待输入信号。同样以之前设置好的 di1 为例。"WaitDI di1,1"表示等待输入信号 di1,直到其为高电平 1,然后执行之后的指令。

(3) 程序指令

程序指令用于控制程序的走向,包括循环指令和判断指令。

① 循环指令 WHILE。

　WHILE 条件 DO

　循环体

ENDWHILE

当条件为真时执行循环体,直到条件变为假。

② 判断指令 IF。

IF 条件 THEN

　指令 1

ENDIF

　指令 2

条件为真时执行指令 1,然后再执行指令 2。

条件为假时不执行指令 1,直接执行指令 2。

(4) 运算指令

运算指令用来进行简单的数据处理,常用的算数运算和逻辑运算都能实现。这里

只介绍除法指令。

除法指令包括两数相除取商指令 DIV 和取余指令 MOD。

例如：

A = 7

B = A　DIV　3

C = A　MOD　3

显然,7 除以 3 的结果是商为 2,余为 1。所以执行完以上程序以后 B = 2,C = 1。

这些指令的具体使用方法在机器人程序编写中会详细进行说明。

4. 运行调试

程序编写完成以后还不能直接运行,需要经过调试。

在手动模式下进行每一条指令的单步运行,观察机器人的动作是否正常。特别要关注机器人的运动轨迹和速度。

确定机器人的动作没有问题以后,再把模式切换到自动,和其他设备一起进行整机运行,观察机器人和其他设备的动作是否符合控制要求。遇到问题后需要判断原因,并做出调整。

项目分析

14.4　通信方式选择

本项目要实现 PLC 和机器人之间的通信,可以使用的方法很多。首先需要对信号进行分析。

根据项目要求列出 PLC 和机器人的信号,见表 14-9。

表 14-9　PLC 和机器人的信号

输入		输出	
流向	功能	流向	功能
按钮输入	启动信号	输出到传送带	传送带的启动和停止信号
	停止信号	输出到电磁阀	控制吸盘真空打开
传感器输入	棋子到位传感器信号		控制吸盘真空关闭
机器人输入	码垛完成信号	输出到机器人	启动信号
	吸盘控制信号		停止信号
			棋子到位信号

微课

工业机器人控制项目分析

可以看到 PLC 的输入点数有 5 个,输出点数有 6 个。机器人的输入点数有 3 个,输出点数有 2 个。

ABB 机器人可以使用 DeviceNet 和 CC-LINK 总线通信。

三菱 PLC 可以选用 QJ71DN91 等模块来构建 DeviceNet 通信总线,或者使用 AJ65SBTB1 等模块来构建 CC-LINK 通信总线。

采用总线通信时,PLC 和机器人都需要安装额外的扩展模块,成本必然很高。从系统信号分析来看,机器人和 PLC 之间的信号数量一共只有 5 个,使用总线通信资源过于浪费。设备之间的距离较近,也没有必要使用总线通信。

综合考虑以上方面,本项目中采用了 PLC 输入、输出端子和机器人 I/O 板之间点对点直接连线的方式。

14.5　硬件选型

本项目需要的设备包括 PLC、机器人、吸盘工具、按钮盒、传送带和直流电动机、码垛盘、棋子等。

在本项目中因为条件限制,无法完全按照工业现场来搭建码垛系统。虽然控制对象和外围设备使用简单的替代品,但是在工作原理和控制系统上是和工业现场完全匹配的。

下面对这些设备进行详细的分析。

1. 码垛盘和棋子

在码垛任务中,码垛对象的重量、尺寸、材质是非常关键的因素。不同的对象需要采用不同的码垛工具,例如材质硬、体积小的可以用夹爪来抓取;大面积的木板或者玻璃就要用吸盘式的工具。机器人的负载能力是有限的,需要根据负载的重量来选择不同型号的机器人。本项目中使用塑料材质的圆柱形棋子状物体作为码垛对象(简称棋子)。棋子的直径为 4 cm,高度为 2 cm,质量为 20 g。因为体积小、重量轻、转动惯量小,对机器人运动几乎没有影响。这使得在本项目中只需要考虑棋子的尺寸对任务的影响。

码垛盘的作用只是用来放置棋子,只需要将它放置在机器人的工作范围内。

2. 按钮盒

本项目中需要用到的按钮只有启动和停止按钮。考虑到使用的是 24 V 直流电源,只要工作电压满足这个要求的按钮都可以使用。在这里选用自复位的按钮。

3. 传送带和直流电动机

传送带的动作是单向启动和停止,使用直流电动机驱动同步带实现。因为输送的棋子质量轻,体积小,所以对电动机的输出能力要求不高。选用了 24 V 供电的直流减速电动机。

在传送带的末端安装了一个反射式光电传感器,用于检测棋子是否到位。在这里选用了三线制的光电传感器。

4. 吸盘工具

机器人的工具选用是非常关键的一个环节,需要根据工作对象的特点进行设计。在本项目中,工作对象是棋子,使用夹持式工具会妨碍棋子的放置,所以选用吸盘式工具。棋子材料是塑料,不能用电磁吸盘,所以选用真空吸盘作为码垛棋子的工具。

使用真空吸盘需要安装必要的电气控制回路。在本项目中使用了一个真空发生器来产生负压,使吸盘吸取棋子。用一个双电控电磁阀控制真空发生器。

5. 机器人

本项目中选择了 IRB120 机器人,它的负载能力、定位精度、工作范围等都能够达

到项目要求。它的通信方式很多,能够很方便地和 PLC 进行信号交换。示教器操作方便,编程方法简单,容易上手。

通信方式是标准 I/O 板和 PLC 直接连线。选用继电器输出的 DSQC653 板卡。

6. PLC

因为三菱 PLC 的数字输出是低电平,而机器人 I/O 板的输入是高电平,为了简化电路,选择继电器输出的 FX3U-16MR PLC。它的 8 路数字输入和 8 路继电器输出能够满足本项目的需求。

项目实施

14.6　I/O 分配

1. PLC I/O 分配

结合项目分析中的表 14-9,进行 I/O 分配,见表 14-10。

表 14-10　PLC I/O 分配表

输入			输出		
名称	符号	输入点	名称	符号	输出点
启动按钮	SB1	X0	传送带的启动和停止信号	KA	Y0
停止按钮	SB2	X1	吸盘开真空	YV1	Y1
棋子到位传感器	SQ	X2	吸盘关真空	YV2	Y2
码垛完成信号	do1	X3	机器人启动信号	di1	Y3
吸盘控制信号	do2	X4	机器人停止信号	di2	Y4
			棋子到位信号	di3	Y5

输入信号中 X0、X1 来自启动按钮 SB1 和停止按钮 SB2。X2 是传送带末端的传感器 SQ 信号。X3 和 X4 是来自机器人的输出信号,分别为码垛完成信号 do1 和吸盘控制信号 do2。

输出信号中 Y0 控制一个中间继电器 KA,用于控制传送带直流电动机。Y1 和 Y2 控制双控电磁阀的 YV1 和 YV2,实现开真空和关真空。Y3、Y4、Y5 都输出到机器人,作为机器人的启动信号 di1、停止信号 di2 和棋子到位信号 di3。

2. 机器人 I/O 分配

在本项目中机器人的 I/O 接口只和 PLC 连接,所以在 PLC 的 I/O 分配表(表 14-10)中 PLC 的输入就是机器人的输出,PLC 的输出就是机器人的输入。

首先进行 I/O 板的配置。然后在配置好的 I/O 板上进行 I/O 配置。

在机器人的 I/O 分配中,每个端子的地址是确定的,名称可以自己定义。在本项目中使用 di1、di2、di3 来命名 3 个输入,使用 do1、do2 来命名两个输出。

它们的具体地址要根据实际的接线位置来确定。为了和信号名称相对应,便于信号管理,di1 地址为 1,di2 地址为 2,依次类推,具体见表 14-11。

表 14-11　机器人 I/O 分配表

输入				输出			
名称	符号	端子	地址	名称	符号	端子	地址
启动信号	di1	X3-2	1	码垛完成信号	do1	X1-2A2B	1
停止信号	di2	X3-3	2	吸盘控制信号	do2	X1-3A3B	2
棋子到位信号	di3	X3-4	3				

14.7　系统接线

生产线中机器人 PLC 控制外部接线图如图 14-13 所示。

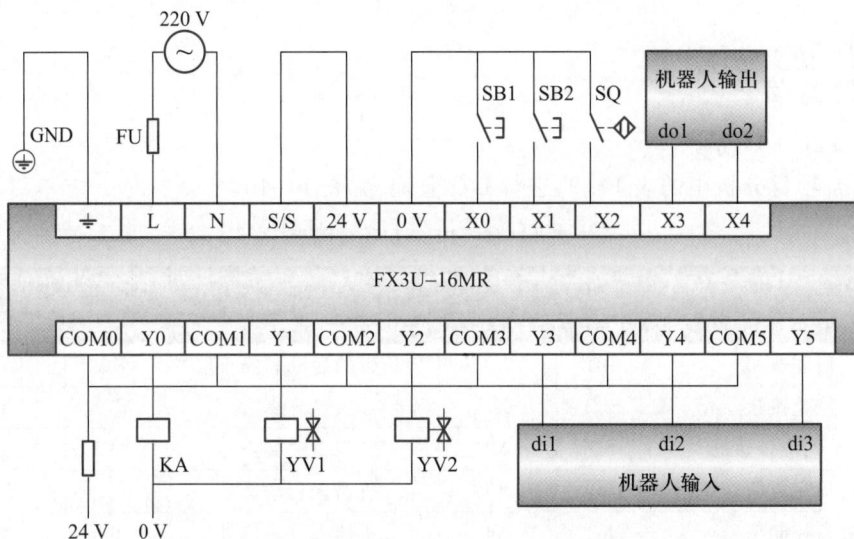

微课
工业机器人控制的
接线

图 14-13　生产线中机器人 PLC 控制外部接线图

1. PLC 电源部分

L、N 端接 220 V 交流电源,在 L 端需要加装熔断器 FU。接地端接 GND。

系统其他设备的 24 V 直流电源由 PLC 提供。S/S 端和 24 V 直流电源相连。

2. PLC 输入接线

因为将 S/S 端和 24 V 直流电源相连,所以其他的设备一端都和 0V 相连,另一端和输入端相连。其中,启动按钮 SB1 接到 X0 端,停止按钮 SB2 接到 X1 端。光电传感器 SQ 输入端分别接直流电源,输出端接 X2 端。

机器人端的输出信号 do1 和 do2 地址分别为 1 和 2,对应的端子就是 2A、2B 和 3A、3B。将 2B 和 3B 相连后接入 0 V。2A 接 X3,3A 接 X4。

3. PLC 输出接线

输出设备的工作电压都是 24 V,所以首先将 6 个输出的 COM 端相连,然后接到 24 V 直流电源。Y0 信号接中间继电器 KA 后接到 0V 端。KA 的动合触点连接直流电动机驱动器。当 Y0 得电后 KA 动作。KA 动合触点闭合,电动机启动,驱动传送带运行。Y1 和 Y2 连接双电控电磁阀,分别控制吸盘真空的打开和关闭。

Y3、Y4、Y5 输出到机器人的数字输入端,分别接到 di1、di2、di3,作为机器人的启动信号、停止信号、棋子到位信号。

14.8　控制程序编写

1. PLC 程序

使用三菱 GX Works2 软件编程。在本项目中,PLC 需要对传送带和吸盘状态进行控制,接受棋子检测传感器的信号,和机器人进行信号的交换。机器人码垛 PLC 程序如图 14-14 所示。

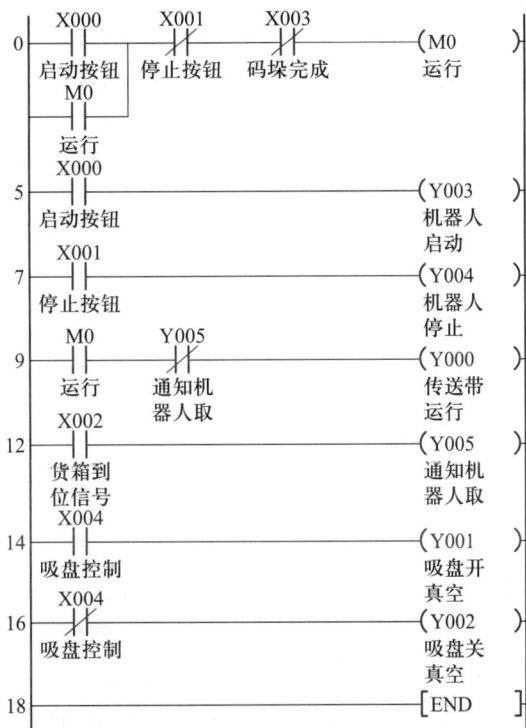

```
0    X000      X001      X003                        (M0    )
     启动按钮   停止按钮   码垛完成                     运行
     M0
     ┤├
     运行
     X000                                            (Y003  )
5    ┤├                                               机器人
     启动按钮                                          启动
     X001                                            (Y004  )
7    ┤├                                               机器人
     停止按钮                                          停止
     M0        Y005                                  (Y000  )
9    ┤├        ┤/├                                    传送带
     运行       通知机                                  运行
               器人取
     X002                                            (Y005  )
12   ┤├                                               通知机
     货箱到                                            器人取
     位信号
     X004                                            (Y001  )
14   ┤├                                               吸盘开
     吸盘控制                                          真空
     X004                                            (Y002  )
16   ┤/├                                              吸盘关
     吸盘控制                                          真空
18                                                   [END ]
```

图 14-14　机器人码垛 PLC 程序

2. 机器人程序

以下是全部源程序。

MODULE MainModule

　CONST robtarget phome:

　=[[561.90,−360.76,336.21],[6.982 93E−05,−0.008 726 62,−0.999 962,5.245 37E−06],[0,0,0,0],[9E+09,9E+09,9E+09,9E+09,9E+09,9E+09]];

!初始位置坐标数据

　CONSTrobtarget pPick:=

　[[746.37,−235.27,92.28],[2.047 31E−07,−0.008 728 45,−0.999 962,−8.471 87E−07],[0,−1,0,0],[9E+09,9E+09,9E+09,9E+09,9E+09,9E+09]];

延伸阅读
机器人程序分析

```
                                              ! 取棋子位置坐标数据
        CONST robtarget pPlace:=
        [[222.70,14.36,60.61],[1.338 08E-07,0.008 728 42,0.999 962,1.419 87E-06],
    [1,-1,1,0],[9E+09,9E+09,9E+09,9E+09,9E+09,9E+09]];
                                              ! 第一个棋子的放置位置坐标数据
        CONST robtarget pFlyby:=
        [[645.35,-126.53,171.85],[2.982 44E-07,-0.008 728 6,-0.999 962,
    -1.208 34E-06],[0,-1,0,0],[9E+09,9E+09,9E+09,9E+09,9E+09,9E+09]];
                                              ! 过渡点坐标数据
        PERS speeddata vMinSpeed:=[300,50,5 000,1 000];
                                              ! 机器人慢速运行速度数据
        PERS speeddata vMAXSpeed:=[1 000,300,5 000,1 000];
                                              ! 机器人快速运行速度数据
        VAR num n:=0;                         ! 棋子计数,初始值为0
        VAR num hang:=0;                      ! 放置位置的行数,初始值为0
        VAR num lie:=0;                       ! 放置位置的列数,初始值为0
        VAR num HJJ:=70;                      ! 放置位置行间距,初始值为70
        VAR num LJJ:=70;                      ! 放置位置列间距,初始值为70
        VAR bool flag;                        ! 码垛运行标志

    PROC rMaduo()                             ! 码垛子程序
        n:=0;                                 ! 棋子个数清0
        flag:=true;                           ! 将码垛标志配置为"真"
        WHILE flag=TRUE DO                    ! 当码垛标志为真时进入循环
            WaitDI di3,1;                     ! 等待棋子到位信号(来自 PLC 的 Y3)
            MoveJ offs(pPick,0,0,50),vMAXSpeed,z10,tool0;
                                              ! 高速移动到取棋子位置的上方50 mm处
            MoveL offs(pPick,0,0,0),vMinSpeed,fine,tool0
                                              ! 低速移动到取棋子位置
            Set do2;                          ! 将吸盘控制信号置位(送到 PLC 的 X4)
            WaitTime 1                        ! 等待1 s
            MoveJ offs(pPick,0,0,50),vMinSpeed,z10,tool0;
                                              ! 低速移动到取棋子位置的上方50 mm处
            MoveJ pFlyby,vMAXSpeed,z50,tool0; ! 高速移动到过渡点
            MoveJ offs(pPlace,HJJ * hang,LJJ * lie,50),vMAXSpeed,z10,tool0;
                                              ! 高速移动到棋子放置位置的上方50 mm处
            MoveL offs(pPlace,HJJ * hang,LJJ * lie,0),vMinSpeed,fine,tool0;
                                              ! 低速移动到棋子放置位置
            Reset do2;                        ! 将吸盘控制信号复位(送到 PLC 的 X4)
```

```
    WaitTime 1;                                      ! 等待 1 s
    MoveJ offs(pPlace,HJJ * hang,LJJ * lie,50),vMinSpeed,z10,tool0;
                                                     ! 低速移动到棋子放置位置的上方 50 mm 处
    MoveJ pFlyby,vMAXSpeed,fine,tool0;               ! 高速移动到过渡点
    n:=n+1;                                           ! 完成一次棋子的码垛后,棋子计数值加一
    IF n=9 THEN                                       ! 判断棋子数量是否达到设定值
       flag:=false;                                   ! 将码垛标志设定为"假"
       Set do1;                                       ! 码垛完成信号置位(送到 PLC 的 X3)
    ENDIF                                            ! 结束判断
    hang:=n DIV 3;                                    ! 将棋子计数除以 3,取商,获得放置行数
    lie:=n MOD 3;                                     ! 将棋子计数除以 3,取余,获得放置列数
    ENDWHILE                                         ! 结束循环
ENDPROC                                              ! 结束子程序


    PROC teach( )                                     ! 示教位置子程序
    MoveJ phome,v200,fine,tool0;                     ! 示教初始位置
    MoveJ pPick,v200,fine,tool0;                     ! 示教取棋子位置
    MoveJ pPlace,v200,fine,tool0;                    ! 示教第一个放置位置
    MoveJ pFlyby,v200,fine,tool0;                    ! 示教过渡点位置
    ENDPROC


    PROC main( )                                      ! 主程序(程序从这里开始运行)
    Reset do1;                                        ! 复位码垛完成信号(送到 PLC 的 X3)
    Reset do2;                                        ! 复位吸盘控制信号(送到 PLC 的 X4)
    HJJ:=70;                                          ! 放置位置行间距赋值为 70
    LJJ:=70;                                          ! 放置位置列间距赋值为 70
    WaitDI di1,1;                                     ! 等待启动信号(来自 PLC 的 Y3)
    MoveJ phome,vMAXSpeed,fine,tool0;                ! 机器人回到初始位置
    rMaduo;                                           ! 调用码垛子程序
       MoveJ phome,vMAXSpeed,fine,tool0;             ! 码垛完成后回到初始位置
    ENDPROC                                          ! 程序结束


ENDMODULE
```

思考与练习

1. 分析在此项目中选用了继电器输出的 PLC 和继电器输出的机器人 I/O 板的原因。
2. 分析 PLC 和机器人之间采用 I/O 点连接的方式的优缺点。
3. 分析 ABB 机器人 I/O 板配置的要点。
4. 分析机器人 I/O 信号的配置方法。

5. 分析机器人自动模式的使用方法。

6. 如果因为长时间工作的振动导致机器人和传送带、码垛区的位置发生了变化,应该怎么调整位置数据?

7. 分析 PLC 和机器人的 I/O 分配。

8. 简述工业机器人的组成部分和功能。

9. 分析工业机器人程序的创建和指令添加功能。

10. 在系统中加入一个按钮,实现系统复位功能,如何实现?

参考答案

参考文献

1. 殷庆纵,李洪群,孙岚.可编程控制器原理与实践(三菱 FX 系列)[M].2 版.北京:清华大学出版社,2019.

2. 崔龙成.三菱电机小型可编程序控制器应用指南[M].北京:机械工业出版社,2012.

读者意见反馈

为收集对教材的意见建议,进一步完善教材编写并做好服务工作,读者可将对本教材的意见建议通过如下渠道反馈至我社。

咨询电话　400-810-0598

反馈邮箱　gjdzfwb@ pub. hep. cn

通信地址　北京市朝阳区惠新东街 4 号富盛大厦 1 座
　　　　　高等教育出版社总编辑办公室

邮政编码　100029